新工科教育创新改革系列丛书

新工科创新教育与实践

主　编　刘莉莉
副主编　董作霖　杨其锋　张清叶　康玉辉

北京航空航天大学出版社

内 容 简 介

本书是河南工学院新工科教育创新改革系列丛书之一,全书共分三篇。第1篇数学逻辑思维创新,以培养能力为核心,采用案例驱动法教学。各章节相对独立,内容涵盖斐波那契数列、MATLAB编程、MATLAB绘图、线性回归、数学规划、传染病模型、层次分析法、图论初步、蒙特卡罗模拟以及博弈论,其中MATLAB是基础,本课程问题的求解均是在MATLAB平台完成的。第2篇电子设计创新,以电子产品创新设计的全过程为主线,讲述了常见电子元器件的识别和检测、电路原理图和电路板图的绘制、印制电路板的制作、元器件的焊接技术、常用工具和仪表的使用、电子产品的检测和调试等知识。第3篇机械设计创新,引入了机械创新设计大赛、全国3D大赛和工程训练综合能力竞赛中的优秀作品,以案例贯穿创造学、设计方法学和各种创新理论。

本教材可供高校工科专业师生使用,也可以作为相关专业技术人员的参考资料。

图书在版编目(CIP)数据

新工科创新教育与实践 / 刘莉莉主编. -- 北京：北京航空航天大学出版社,2021.10

（新工科教育创新改革系列丛书）

ISBN 978 - 7 - 5124 - 3613 - 8

Ⅰ.①新… Ⅱ.①刘… Ⅲ.①创造教育—教育研究—工科院校 Ⅳ.①G640

中国版本图书馆 CIP 数据核字(2021)第 213805 号

版权所有,侵权必究。

新工科创新教育与实践

主　编　刘莉莉
副主编　董作霖　杨其锋　张清叶　康玉辉
策划编辑　董宜斌　　责任编辑　张冀青

*

北京航空航天大学出版社出版发行

北京市海淀区学院路 37 号(邮编 100191)　http://www.buaapress.com.cn
发行部电话：(010)82317024　传真：(010)82328026
读者信箱：copyrights@buaacm.com.cn　邮购电话：(010)82316936
三河市华骏印务包装有限公司印装　各地书店经销

*

开本：710×1 000　1/16　印张：21.75　字数：484 千字
2022 年 1 月第 1 版　2022 年 1 月第 1 次印刷
ISBN 978 - 7 - 5124 - 3613 - 8　定价：69.00 元

若本书有倒页、脱页、缺页等印装质量问题,请与本社发行部联系调换。联系电话:(010)82317024

新工科教育创新改革系列丛书

新工科教育创新改革系列丛书系河南省高等教育教学改革研究项目"先进制造业强省背景下应用型高校新工科卓越工程人才培养体系的研究与实践"[2019SJGLX160]、河南省新工科研究与实践项目"新工科视域下电子信息类专业创新创业教育课程体系研究与实践"[2020JGLX086]、河南省高等教育教学改革研究项目"应用型本科院校创新创业教育改革的研究与实践"[2019SJGLX611]成果。

新工科教育创新改革系列丛书编委会

主　编：刘莉莉

副主编：董作霖　姚永刚　郭祖华

编　委：

程雪利	褚有众	康玉辉	刘　丹	刘　刚	孙　冬
孙　波	王　栋	王玉萍	杨雪莲	杨其锋	张清叶

参编人员：

迟明路	陈修铭	陈荣尚	陈学锋	常帅兵	丁海波
刁修慧	段翠芳	冯　婕	郭朝博	郭战永	葛　焱
耿　磊	何朦凡	侯锁军	靳静波	刘玉堂	刘慧芳
李敬伟	李景阳	李金花	李金玉	李扬波	李　坤
李慧芳	李发闯	李　燕	马同伟	马世霞	马秉馨
马天凤	毛　强	璩晶磊	司媛媛	王　珂	王党生
王强胜	王　敏	杨　航	闫雷兵	翟海庆	张　茜
张英争	赵卫康	赵　梦	赵向阳	朱亚宁	朱松梅

前　言

创新是国家持续发展的动力源泉。对个人来说，创新也同样十分重要。因此，需要科学理论的指导、循序渐进的培养、融合专业的实践。在国务院《关于深化高等学校创新创业教育改革的实施意见》中，明确要求建立健全集创新创业课程教学、自主学习、结合实践、指导帮扶、文化引领于一体的高校创新创业教育体系，实现人才培养质量显著提升。

近些年，我国着重实施创新驱动战略，在创新型国家的建设中，天宫遨游、蛟龙潜海、天眼望星、悟空探测、墨子通信等一大批重大科技成果相继问世，这是我国创新成果的新纪录。这些超越了自己、实现了突破、代表了前沿或领先于国际的科技成果，使我们能够从一直以来在科技领域处于追赶者的角色逐渐转变为与先进国家并驾齐驱甚至在某些领域开始处于领跑者的角色，推动着以高铁、核电等为代表的中国制造，并将先进产能输送出去，促进了中国经济向中高端迈进。

创新是引领发展的第一动力，是建设现代化经济体系的战略支撑。为加快建设创新型国家，党的十九大报告进一步明确了创新在引领经济社会发展中的重要地位，标志着创新驱动作为一项基本国策，在新时代中国发展的行程上，将发挥越来越显著的战略支撑作用。

多年来，河南工学院一直致力于新建一系列的创新模块课程，在新工科创新教育与实践方面建设起了"基础创新模块"、"专业创新模块"和"综合创新模块"等一系列创新课程，本书就属于新工科基础创新模块课程的配套教材，是为适应本科学生创新思维培养而编写的。本书着重从应用型本科院校学生的特点和需求着手，教材中设置了大量贴近学生专业的创新应用案例，增强学生对创新思维和创新能力的锻炼，达到培养新工科专业人才的目的。

本书是河南工学院新工科教育创新改革系列丛书之一。本书注重理论联系实际，案例丰富新颖，紧跟时代、贴近生活，将理论知识的学习与实践动手能力的培养融合在一起，对大学生开展创新实践具有很强的指导作用。

全书共分三篇。第1篇为数学逻辑思维创新，不以讲授具体数学知识为重点，而以培养能力为核心。具体来说，以学生为中心，以学生已有数学知识为基础，以问题为载体，采用案例驱动法教学。在案例教学中逐步改善学生的思维模式，培养学生的逻辑思维能力、创新能力，以及勇于探索、敢于创新的意识和良好的团队协作精神，为后续学习、工作提供方法论指导。本课程各章节相对独立，内容涵盖斐波那契数列、MATLAB 编程、MATLAB 绘图、线性回归、数学规划、传染病模型、层次分析法、图论初步、蒙特卡洛模拟以及博弈论。其中 MATLAB 是基础，本课程问题的求解均是在 MATLAB 平台完成的。对于课时较少的专业，可选修部分章节进行学习；对于已掌握至少一门编程语言，如 Phthon、R 语言等的学生，可略过 MATLAB 的学习，利用已掌握软件进行求解即可。

第 2 篇为电子设计创新，以电子产品创新设计的全过程为主线，讲述了常见电子元器件的识别和检测、电路原理图和电路板图的绘制、印制电路板的制作、元器件的焊接技术、常用工具和仪表的使用、电子产品的检测和调试等知识。本书面向电类专业零基础的学生，本着在夯实基础知识的前提下逐步培养学生的创新意识和创新精神的原则，围绕学生喜闻乐见的电子产品设计制作展开，注重学生动手能力和工程素养的培养，提高学生的学习兴趣和专业自信心，为下一步的深入学习打下基础，也为学生后面参加电类专业的各种竞赛做准备。

第 3 篇为机械设计创新，引入了机械创新设计大赛、全国 3D 大赛和工程训练综合能力竞赛中的优秀作品，以案例贯穿创造学、设计方法学和各种创新理论。在讲述中密切联系工程实际，循序渐进，深入浅出，突出体现创新思维特征，注重培养学生创新意识和能力，提高学生从事创新活动的兴趣和自信，为学生将来在工作实践中开展技术创新打下良好的基础。

本书由刘莉莉担任主编，董作霖、杨其锋、张清叶、康玉辉担任副主编，张英争、杨航、陈学锋、陈荣尚、王珂、璩晶磊、李景阳、司媛媛、王强胜、耿磊、刘慧芳为参编。具体分工如下：

第 1 篇数学逻辑思维创新，参加编写的人员有耿磊(第 1、7、8 章)、张清叶(第 2、3、5、6 章)、刘慧芳(第 4、9、10 章)。

第 2 篇电子设计创新，参加编写的人员有杨其锋(第 1、5、7 章)、张英争(第 2、6 章)、杨航(第 3 章)、陈学锋(第 4 章)。

第 3 篇机械设计创新，参加编写的人员有陈荣尚(第 1、10 章)、康玉辉(第 2、8 章)、王珂(第 3 章)、璩晶磊(第 4、5 章)、李景阳(第 6 章)、司媛媛(第 7 章)、王强胜(第 9 章)。

本书在撰写过程中，借鉴了大量国内外学者的研究成果，在此，我们向有关专家学者、作者和出版者一并致以衷心的感谢！

由于编者编写水平有限，书中可能存在疏漏和不当之处，恳请学术同仁与广大读者批评指正。

编　者
2021 年 9 月于新乡

目　　录

第 1 篇　数学逻辑思维创新

第 1 章　从兔子到黄金分割——神奇的斐波那契数列 ········· 3

1.1　兔子问题和斐波那契数列 ········· 3
   1.1.1　兔子问题 ········· 3
   1.1.2　斐波那契数列 ········· 3
   1.1.3　相关的问题 ········· 3
1.2　黄金分割 ········· 5
   1.2.1　定　义 ········· 5
   1.2.2　黄金分割尺规作图 ········· 5
   1.2.3　黄金分割的美 ········· 5
   1.2.4　优选法 ········· 6
   1.2.5　数学的统一美 ········· 6
习　题 ········· 7

第 2 章　从一元方程求根到 MATLAB 编程 ········· 8

2.1　一元方程近似解算法介绍 ········· 8
2.2　MATLAB 入门 ········· 8
   2.2.1　MATLAB 概述 ········· 8
   2.2.2　MATLAB 的特点与功能 ········· 9
   2.2.3　MATLAB 的窗口 ········· 9
   2.2.4　MATLAB 的帮助功能 ········· 12
   2.2.5　MATLAB 常用命令及数据操作 ········· 12
   2.2.6　MATLAB 的基本运算 ········· 13
   2.2.7　符号运算功能 ········· 15
   2.2.8　M 文件编程 ········· 16
2.3　一元方程近似解的 MATLAB 编程 ········· 19
习　题 ········· 20

第 3 章　从数列极限到 MATLAB 绘图 ········· 21

3.1　数列极限的定义 ········· 21

3.2 MATLAB绘图初步 ·········· 21
3.2.1 plot 二维曲线绘图 ·········· 21
3.2.2 plot3 三维曲线绘图 ·········· 25
3.2.3 其他图形绘制 ·········· 26
3.3 数列极限的 MATLAB 可视化 ·········· 30
习　题 ·········· 33

第 4 章　从身高说起——看线性回归模型 ·········· 34
4.1 问题引入 ·········· 34
4.1.1 什么是回归分析 ·········· 34
4.1.2 回归模型的基本形式 ·········· 35
4.1.3 回归模型的用途 ·········· 36
4.2 一元线性回归模型 ·········· 36
4.2.1 回归系数的估计 ·········· 36
4.2.2 检验、预测与控制 ·········· 37
4.2.3 回归分析命令 ·········· 39
4.2.4 身高问题 ·········· 40
4.3 多元线性回归模型 ·········· 42
4.3.1 回归系数的估计 ·········· 42
4.3.2 检验与预测 ·········· 43
4.3.3 回归分析命令 ·········· 44
4.3.4 牙膏销量问题 ·········· 44
习　题 ·········· 47

第 5 章　如何决策——了解数学规划模型 ·········· 49
5.1 数学规划概述 ·········· 49
5.1.1 引例 1——超市大赢家 ·········· 49
5.1.2 引例 2——如何选课 ·········· 50
5.2 0-1 规划问题的 MATLAB 求解 ·········· 52
5.3 0-1 规划模型 ·········· 55
5.3.1 选课策略 ·········· 55
5.3.2 指派问题 ·········· 56
习　题 ·········· 58

第 6 章　如何预测——看传染病模型 ·········· 60
6.1 研究背景 ·········· 60

6.2 传染病模型 ······ 61
6.2.1 模型1——I 模型 ······ 62
6.2.2 模型2——SI 模型 ······ 62
6.2.3 模型3——SIS 模型 ······ 63
6.2.4 模型4——SIR 模型 ······ 64
6.2.5 模型5——参数时变的SIR模型 ······ 65
习 题 ······ 65

第7章 如何选择——层次分析法 ······ 66
7.1 最佳工作选择问题 ······ 66
7.2 层次分析法的一般方法 ······ 66
7.2.1 建立层次结构图 ······ 67
7.2.2 构造比较矩阵 ······ 68
7.2.3 确定权重向量和一致性检验 ······ 69
7.2.4 确定权重组合向量和组合一致性检验 ······ 71
习 题 ······ 73

第8章 从路径规划到图论初步 ······ 74
8.1 哥尼斯堡七桥问题 ······ 74
8.2 七桥问题的解决方案 ······ 75
8.3 从七桥问题看图论的本源思想与文化内涵 ······ 77
8.3.1 图论的本源思想 ······ 77
8.3.2 图论的文化内涵 ······ 78
习 题 ······ 80

第9章 神奇的圆周率——蒙特卡罗模拟 ······ 81
9.1 圆周率的计算历史 ······ 81
9.1.1 实验时期 ······ 81
9.1.2 几何算法时期 ······ 82
9.1.3 分析方法时期 ······ 83
9.1.4 电子计算机时期 ······ 83
9.2 圆周率的常见计算方法 ······ 84
9.2.1 数值积分法 ······ 84
9.2.2 Taylor级数法(无穷级数法) ······ 85
9.2.3 蒙特卡罗法 ······ 86
9.3 科学计算其他无理数 ······ 88

习 题 ······ 91

第10章 竞争中的数学——博弈论 ······ 92

10.1 新课引入 ······ 92
10.1.1 游戏1——随机写整数 ······ 92
10.1.2 游戏2——拍卖100元钞票 ······ 92
10.1.3 游戏3——囚徒困境 ······ 93
10.2 博弈论的产生和发展 ······ 94
10.3 博弈论研究的假设 ······ 95
10.4 博弈类型 ······ 95
10.5 纳什均衡 ······ 96
10.5.1 案例1——三国中的博弈：联吴抗魏 ······ 96
10.5.2 案例2——智猪博弈 ······ 97
习 题 ······ 98

第2篇 电子设计创新

第1章 电子创新零基础也行 ······ 101

1.1 电子产品设计制作的一般过程 ······ 101
1.2 电子产品制作要用到的工具和仪表 ······ 102
1.2.1 数字式万用表 ······ 102
1.2.2 电烙铁 ······ 106
1.2.3 烙铁架 ······ 107
1.2.4 焊锡丝 ······ 107
1.2.5 助焊剂（松香） ······ 108
1.2.6 吸锡器 ······ 108
1.2.7 镊子 ······ 109
1.2.8 斜口钳和尖嘴钳 ······ 109
1.2.9 螺丝刀 ······ 110
1.2.10 热熔胶 ······ 110
1.2.11 工具包 ······ 111
1.3 电子设计创新制作实例 ······ 111
1.3.1 "俄罗斯方块游戏机"的设计制作 ······ 111
1.3.2 "音乐霹雳灯"的设计制作 ······ 114
1.3.3 "两管调频发射机"的设计制作 ······ 115
1.3.4 "多路抢答器"的设计制作 ······ 116

1.3.5 "脉搏测试仪"的设计制作 ·············· 116
　习　题 ································· 119

第2章　常用电子元器件 ················· 120

　2.1　电阻器 ································ 120
　　2.1.1　电阻器的相关概念 ················ 120
　　2.1.2　电阻器的种类 ···················· 120
　　2.1.3　电阻器的主要参数 ················ 121
　　2.1.4　电阻器的标注方法 ················ 122
　　2.1.5　常用电阻器 ······················ 124
　　2.1.6　电阻器的合理选用和质量判断 ······ 128
　2.2　电容器 ································ 129
　　2.2.1　电容器的基本知识 ················ 129
　　2.2.2　电容器的种类 ···················· 129
　　2.2.3　电容器的主要参数 ················ 132
　　2.2.4　电容器的标识方法 ················ 133
　　2.2.5　电容器的合理选用 ················ 133
　　2.2.6　电容器的检测 ···················· 134
　2.3　晶体二极管 ···························· 136
　　2.3.1　概　述 ·························· 136
　　2.3.2　二极管的主要参数 ················ 136
　　2.3.3　二极管的类型 ···················· 137
　　2.3.4　二极管的检测 ···················· 139
　2.4　LED 数码管 ··························· 140
　　2.4.1　LED 数码管的分类 ················ 140
　　2.4.2　LED 数码管的构成和显示原理 ······ 141
　　2.4.3　LED 数码管的性能特点 ············ 142
　　2.4.4　LED 数码管的检测 ················ 142
　2.5　集成电路 ······························ 142
　　2.5.1　概　述 ·························· 142
　　2.5.2　集成电路的命名 ·················· 143
　　2.5.3　集成电路的选用与检测 ············ 146
　习　题 ································· 148

第3章　电路原理图是怎么来的 ············ 149

　3.1　Altium Designer 10 简介 ················ 149

3.1.1　菜单栏 …………………………………… 150
　　3.1.2　工具栏 …………………………………… 150
　　3.1.3　面　板 …………………………………… 150
　　3.1.4　状态栏 …………………………………… 151
　　3.1.5　语言选择 ………………………………… 151
3.2　PCB工程的创建 ……………………………………… 153
　　3.2.1　创建PCB工程 …………………………… 153
　　3.2.2　添加设计文档 …………………………… 154
3.3　原理图的绘制 ………………………………………… 156
　　3.3.1　原理图编辑环境介绍 …………………… 156
　　3.3.2　放置元器件 ……………………………… 160
3.4　绘制原理图符号 ……………………………………… 164
3.5　绘制PCB封装 ………………………………………… 169
　　3.5.1　使用封装向导创建封装 ………………… 169
　　3.5.2　手工绘制PCB封装 ……………………… 172
　　3.5.3　原理图符号关联PCB封装 ……………… 174
3.6　连接元器件 …………………………………………… 176
　　3.6.1　绘制导线 ………………………………… 176
　　3.6.2　添加网络标签 …………………………… 177
3.7　电气规则检查 ………………………………………… 178
3.8　原理图到PCB的信息转移 …………………………… 180
习　题 ……………………………………………………… 182

第4章　熟悉而又陌生的电路板 …………………………… 183

4.1　印制电路板设计准备 ………………………………… 183
　　4.1.1　PCB编辑环境 …………………………… 183
　　4.1.2　板形绘制 ………………………………… 186
　　4.1.3　禁止布线区域设置 ……………………… 188
　　4.1.4　板层堆栈 ………………………………… 189
　　4.1.5　规则设置 ………………………………… 190
4.2　印制电路板布局 ……………………………………… 194
　　4.2.1　布局的基本原则 ………………………… 194
　　4.2.2　元件布局 ………………………………… 195
4.3　印制电路板布线 ……………………………………… 200
　　4.3.1　布线的基本原则 ………………………… 200
　　4.3.2　自动布线 ………………………………… 202

4.3.3　交互式布线 ··· 205
　　　4.3.4　检查输出 ··· 209
　习　题 ·· 211

第5章　我也可以DIY电路板 ·· 212

　5.1　印制电路板的分类 ·· 212
　　　5.1.1　按照基材的性质分类 ·· 212
　　　5.1.2　按照布线层数分类 ·· 213
　5.2　印制电路板的功能 ·· 213
　5.3　印制电路板的制作 ·· 213
　　　5.3.1　加成法制造印制电路板 ··· 213
　　　5.3.2　减成法制造印制电路板 ··· 214
　习　题 ·· 220

第6章　焊接技术 ··· 221

　6.1　焊接的基础知识 ··· 221
　　　6.1.1　焊接与锡焊 ··· 221
　　　6.1.2　焊接工具 ··· 223
　6.2　焊接材料 ·· 227
　　　6.2.1　焊　料 ·· 227
　　　6.2.2　助焊剂与阻焊剂 ··· 228
　6.3　手工焊接技术 ·· 230
　　　6.3.1　手工焊接的过程 ··· 230
　　　6.3.2　焊接的质量检验 ··· 234
　　　6.3.3　手工拆焊技术 ·· 237
　习　题 ·· 239

第7章　会检测和调试电路才是高手 ·· 240

　7.1　电子产品焊接后的检测 ·· 240
　　　7.1.1　电子产品的"目测" ·· 240
　　　7.1.2　电子产品的"表测" ·· 240
　　　7.1.3　电子产品的"电测" ·· 241
　7.2　电子产品的通电调试 ··· 241
　　　7.2.1　可调直流稳压电源的使用 ·· 242
　　　7.2.2　电子产品调试的一般过程 ·· 246
　习　题 ·· 248

第3篇 机械设计创新

第1章 绪　论 ·· 251

　1.1 机械创新设计概述 ·· 251

　　1.1.1 创　新 ··· 251

　　1.1.2 创新设计 ·· 252

　　1.1.3 机械创新设计 ·· 252

　　1.1.4 机械创新设计的特点 ··· 253

　1.2 创新教育与创新能力的培养 ··· 253

　　1.2.1 创新教育 ·· 253

　　1.2.2 创新能力的培养 ··· 254

　1.3 机械创新设计对社会发展的影响 ··· 256

第2章 扳拧工具 ··· 258

　2.1 常用创新原理 ··· 258

　2.2 案例分析 ··· 259

第3章 注塑件分离装置 ·· 260

　3.1 类比创新法 ·· 260

　3.2 案例分析 ··· 261

　　3.2.1 背　景 ··· 261

　　3.2.2 结构原理 ·· 261

　　3.2.3 创新点及应用 ·· 262

　3.3 其他案例分析 ··· 262

第4章 绘图仪内容 ·· 264

　4.1 凸轮机构的运动规律 ·· 264

　　4.1.1 凸轮机构的组成 ··· 264

　　4.1.2 凸轮与从动杆的运动关系 ··· 264

　　4.1.3 从动件的常用运动规律 ·· 264

　4.2 平面四杆机构 ··· 266

　　4.2.1 基本概念 ·· 266

　　4.2.2 铰链四杆机构 ·· 267

　4.3 机构组合创新 ··· 270

　4.4 案例分析 ··· 270

	4.4.1	背　景	270

    4.4.1　背　景 ·· 270
    4.4.2　结构原理 ·· 270
    4.4.3　创新点及应用 ······································ 271
  4.5　知识拓展 ·· 272
    4.5.1　运动仿真介绍 ······································ 272
    4.5.2　运动仿真的意义 ···································· 272
    4.5.3　实例讲解 ·· 272

第 5 章　送料机 275

  5.1　送料原理 ·· 275
  5.2　送料机构 ·· 276
    5.2.1　曲柄滑块送料机构 ·································· 276
    5.2.2　间歇转动送料机构 ·································· 276
    5.2.3　电池底盖送料机构 ·································· 277
    5.2.4　由凸轮-连杆组成的供料机构 ························· 277
    5.2.5　由连杆构成的步进供料机构 ·························· 278
    5.2.6　由齿轮和连杆构成的步进供料机构 ···················· 279
  5.3　案例分析 ·· 279
    5.3.1　背　景 ·· 279
    5.3.2　功能分解与工艺动作分解 ···························· 279
    5.3.3　方案选择 ·· 280
    5.3.4　方案分析与评价 ···································· 281
  5.4　知识拓展 ·· 282

第 6 章　仿生机械 283

  6.1　仿生机械学中的注意事项 ·································· 283
  6.2　案例分析 ·· 283
    6.2.1　背　景 ·· 283
    6.2.2　结构原理 ·· 284
    6.2.3　腿机构的设计 ······································ 285

第 7 章　摘果器 290

  7.1　联想创新法 ·· 290
  7.2　移植创新法 ·· 290
  7.3　组合创新法 ·· 291
  7.4　案例分析 ·· 292

- 7.4.1 背景 ······ 292
- 7.4.2 结构原理 ······ 292
- 7.4.3 创新点及应用 ······ 293
- 7.5 其他案例 ······ 294

第 8 章 破障钳 ······ 295

- 8.1 全国大学生机械创新设计大赛 ······ 295
  - 8.1.1 大赛的缘起与发展 ······ 295
  - 8.1.2 大赛的目的及持续开展的意义 ······ 295
- 8.2 增力机构 ······ 297
- 8.3 机构的组合应用 ······ 299
- 8.4 破障钳创新设计 ······ 302

第 9 章 无碳小车 ······ 304

- 9.1 学情分析 ······ 304
- 9.2 教学过程 ······ 304
  - 9.2.1 情景导入 ······ 304
  - 9.2.2 知识建构 ······ 304

第 10 章 创新实例与分析 ······ 310

- 10.1 多功能齿动平口钳 ······ 310
- 10.2 省力变速双向驱动车用驱动机构的设计 ······ 311
  - 10.2.1 设计背景 ······ 311
  - 10.2.2 设计思路 ······ 312
  - 10.2.3 工作原理与方案 ······ 312
- 10.3 机器螃蟹的机械运动方案设计 ······ 314
  - 10.3.1 设计要求 ······ 314
  - 10.3.2 设计构思与设计过程 ······ 314
  - 10.3.3 设计方案与设计点评 ······ 318
- 10.4 新型内燃机的开发 ······ 319

参考文献 ······ 325

第1篇
数学逻辑思维创新

第1章 从兔子到黄金分割
——神奇的斐波那契数列

1.1 兔子问题和斐波那契数列

1.1.1 兔子问题

意大利数学家斐波那契的《算盘书》(1202年)中有这样一个问题：
如果一对兔子每月生一对兔子，一对新生兔从第二个月起就开始生兔子；假定每对兔子都是一雌一雄，试问一对兔子一年能繁殖多少对兔子？

1.1.2 斐波那契数列

用 F_n 表示第 n 个月兔子的对数，若设 $F_0=1, F_1=1, F_2=2, F_3=3, F_4=5, F_5=8, F_6=13,\cdots$，则当 $n>1$ 时，$F_{n+2}=F_{n+1}+F_n$，而 $F_0=F_1=1$。

令 $n=1,2,3,\cdots$，依次写出数列 $\{F_n\}$，即
$$1,1,2,3,5,8,13,21,34,55,89,144,233,377,\cdots$$
该数列就是斐波那契数列。其中的任一个数，都叫斐波那契数。

1.1.3 相关的问题

1. 跳格游戏

一个人站在"梯子格"的起点处向上跳，从格外只能进入第1格，进入格中后，每次可向上跳一格或两格。问：可以用多少种方法跳到第 n 格？

解：设跳到第 n 格的方法有 t_n 种。

因为跳入第1格，只有一种方法；跳入第2格，必须先跳入第1格，所以也只有一种方法，从而 $t_1=t_2=1$。而能一次跳入第 n 格的，只有第 $n-1$ 和第 $n-2$ 两格，因此，跳入第 n 格的方法数 t_n 等于跳入第 $n-1$ 格的方法数 t_{n-1} 加上跳入第 $n-2$ 格的方法数 t_{n-2}，综合可得递推公式：
$$\begin{cases} t_1=t_2=1 \\ t_n=t_{n-1}+t_{n-2} \quad (n=3,4,5,\cdots) \end{cases}$$

容易算出,跳格数列 $\{t_n\}$ 就是斐波那契数列,即
$$1,1,2,3,5,8,13,21,34,\cdots$$

2. 连分数

$$x = \cfrac{1}{1+\cfrac{1}{1+\cfrac{1}{1+\cfrac{1}{1+\cdots}}}}$$

不难看出,其分子、分母恰为斐波那契数有规律的排列。(你能说出如何排列的吗?)

3. 黄金矩形

(1) 定 义

一个矩形,如果从中裁去一个最大的正方形,剩下的矩形的宽长比与原矩形的宽长比一样(即剩下的矩形与原矩形相似),则称具有这种宽与长之比的矩形为黄金矩形。显然,黄金矩形可以用上述方法无限地分割下去。

(2) 试求黄金矩形的宽长比(也称为黄金比)

设黄金比为 x,则有

$$x = \frac{b}{a} = \frac{a-b}{b} = \frac{\frac{a-b}{a}}{\frac{b}{a}} = \frac{1-\frac{b}{a}}{\frac{b}{a}} = \frac{1-x}{x}$$

将 $x = \frac{1-x}{x}$ 变形为 $x^2 + x - 1 = 0$,解得

$$x = \frac{-1 \pm \sqrt{5}}{2}$$

其正根为 $x = \frac{\sqrt{5}-1}{2} \approx 0.618$。

(3) 黄金矩形与斐波那契数列的联系

为讨论黄金矩形与斐波那契数列的联系,我们将黄金比化为连分数,然后去求黄金比的近似值。化连分数时,沿用"迭代"的思路:

$$\frac{\sqrt{5}-1}{2} = \frac{1}{\frac{2}{\sqrt{5}-1}} = \frac{1}{\frac{2(\sqrt{5}+1)}{5-1}} = \frac{1}{\frac{\sqrt{5}+1}{2}} = \frac{1}{\frac{\sqrt{5}-1+2}{2}}$$

$$= \cfrac{1}{1+\cfrac{\sqrt{5}-1}{2}} = \cfrac{1}{1+\cfrac{1}{1+\cfrac{\sqrt{5}-1}{2}}} = \cdots$$

反复迭代,得

$$\frac{\sqrt{5}-1}{2} = \cfrac{1}{1+\cfrac{1}{1+\cfrac{1}{1+\cfrac{1}{1+\cdots}}}}$$

它竟然与我们在上段中研究的连分数一样！因此，黄金比的近似值可以写成用分数表达的数列，即

$$\frac{1}{1}, \frac{1}{2}, \frac{2}{3}, \frac{3}{5}, \frac{5}{8}, \cdots, f_n, \cdots \to \frac{\sqrt{5}-1}{2}$$

该数列的分子、分母都由斐波那契数列构成，并且，这一数列的极限就是黄金比 $\frac{\sqrt{5}-1}{2}$。

1.2　黄金分割

1.2.1　定　义

把任一条线段分割成两段，使 $\frac{大段}{全段} = \frac{小段}{大段}$，这样的分割叫黄金分割，这样的比值叫黄金比(可以有两个分割点)。

1.2.2　黄金分割点尺规作图

设线段为 AB，作 $BD \perp AB$，且 $BD = \frac{1}{2}AB$，连接 AD。作 $\odot D(DB)$ 交 AD 于 E，再作 $\odot A(AE)$ 交 AB 于 C，则 $\frac{|AC|}{|AB|} = \frac{\sqrt{5}-1}{2}$，$C$ 点即为 AB 的黄金分割点，如图 1-1.1 所示。

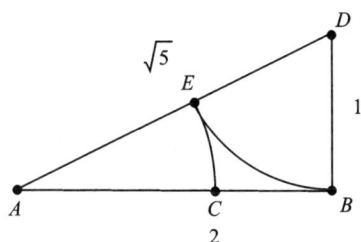

图 1-1.1　黄金分割点尺规作图

1.2.3　黄金分割的美

黄金分割之所以称为"黄金"分割，是比喻这一"分割"如黄金一样珍贵。黄金比，是

工艺美术、建筑、摄影等许多艺术门类中审美的因素之一,被认为它表现了恰到好处的"和谐"。

1. 人体各部分的黄金分割点

例如,肚脐(头—脚);印堂穴(口—头顶);肘关节(肩—中指尖);膝盖(髋关节—足尖)。

2. 著名建筑物中各部分的黄金比

例如,埃及的金字塔,高(137 m)与底边(227 m)之比为 0.629;古希腊的巴特农神殿,塔高与工作厅高之比为 340∶553≈0.615。

3. 矩形的黄金比

例如,国旗和其他用到矩形的地方(建筑、家具)。

4. 照片中地平线位置的安排

风景照片中地平线的位置,一般不在正中,往往安排在黄金分割点的位置,如天与海相连的相片。当然,地平线有上、下两种安排。

5. 正五角星中的黄金比

据说正五角星中的比例是希腊数学家首先发现的,边长与对角线长的比值恰为黄金比。

6. 舞台报幕者的最佳站位

根据人们的审美感觉,主持人或舞台报幕者站在整个舞台宽度的 0.618 处最美。

7. 小说、戏剧的高潮

大多数人认为,小说、戏剧的高潮部分在整个作品的 0.618 处安排最好。

1.2.4 优选法

20 世纪 60 年代,华罗庚创造并证明了优选法,还花费很多的精力去推广优选法。优选法,就是对某类单因素问题用最少的试验次数找到"最佳点"的方法。

该方法又名 0.618 法。

1.2.5 数学的统一美

数学中,"从不同的范畴、不同的途径,得到同一个结果"的情形是屡见不鲜的。这反映了客观世界的多样性和统一性,也反映了数学的统一美。

黄金分割点 0.618 的发现,就是一个能说明问题的例子。从不同途径导出黄金比的方法,归纳起来有:

① 黄金分割线段的分割点满足:"$\dfrac{大段}{全段} = \dfrac{小段}{大段}$",这一比值正是 $\dfrac{\sqrt{5}-1}{2}$。

② 斐波那契数列组成的分数数列 $\dfrac{1}{1}, \dfrac{1}{2}, \dfrac{2}{3}, \dfrac{3}{5}, \dfrac{5}{8}, \cdots, F_n, \cdots$ 的极限正是 $\dfrac{\sqrt{5}-1}{2}$。

③ 方程 $x^2+x-1=0$ 的正根是 $\frac{\sqrt{5}-1}{2}$。

④ 黄金矩形的宽长比正是 $\frac{\sqrt{5}-1}{2}$。

⑤ 连分数的值正是 $\frac{\sqrt{5}-1}{2}$。

⑥ 优选法的试验点正是 $\frac{\sqrt{5}-1}{2}$。

从上面的几种情形,我们真正地感受到了数学的统一美——殊途同归美。

习　题

1. 从地面开始向共有 13 级的台阶上跳,规定每次可向上跳 1 级或 2 级,但是第 1 次只能跳到第 1 级上。问跳到第 12 级上共有几种跳法?

2. 斐波那契数列与黄金分割有什么关系?

3. 证明斐波那契数列中对任何 $n>1$,有 $F_n^2+F_{n+1}^2=F_{2n+1}$。

第 2 章　从一元方程求根到 MATLAB 编程

截至目前,我们学到的数学知识大多是可以通过推导得出解析解或精确解的,如函数的导数、矩阵的特征值等。但事实上,在科学技术问题中,经常会遇到求解高次方程或超越方程的问题,此时要求得这类方程的精确解往往是很困难的,甚至是不可能的。那么是否可以求得其近似解呢?如何求?本章在回顾高等数学一元方程求根的基础上,介绍 MATLAB 编程的思想,并用之解决方程近似解的求解问题。

2.1　一元方程近似解算法介绍

在同济大学《高等数学(上册)》第一章第十节"闭区间上连续函数的性质"中,我们学习了零点定理,知道如果函数 $y=f(x)$ 在闭区间 $[a,b]$ 上连续且区间端点处函数值异号,即 $f(a)f(b)<0$,则在开区间 (a,b) 上至少存在一点 ξ_n,使得 $f(\xi)=0$。该定理由于指出了根的存在性及根的范围,故也被称为根的存在定理。在《高等数学》第三章第八节"方程的近似解"中给出了求方程近似解的三种方法,分别是二分法、切线法和割线法。下面我们介绍这三种方法。

2.2　MATLAB 入门

2.2.1　MATLAB 概述

MATLAB 是一种广泛应用于工程计算机数值分析领域的高级语言,自 1984 年推向市场以来,历经 30 多年的发展,现已成为国际公认的最优秀的工程应用开发环境和科学计算软件之一。

MATLAB 是英文 MATrix LABoratory(矩阵实验室)的缩写,在 20 世纪 80 年代由美国 Clever Moler 博士首创。其充分利用了 Windows 环境的交互性、多任务功能和图形功能,开发了矩阵的智能表达方式,创建了一种建立在 C 语言基础上的 MATLAB 专用语言,使得矩阵运算、数值运算变得极为简单。作为一种数学应用软件,MATLAB 不仅可以处理代数问题和数值分析问题,而且还具有强大的图形处理及仿真模拟等功能。

MATLAB 的发行：

1984 年,MATLAB 1.0(DOS 版,182K,20 多个函数);
1992 年,MATLAB 4.0(1993 年推出 Windows 版);
1994 年,MATLAB 4.2(得到广泛重视和应用);
1999 年,MATLAB 5.3(实现 32 位运算);
2002 年,MATLAB 6.5;
2004 年,MATLAB 7.0;
2006 年,MATLAB R2006a,R2006b;
……
2016 年,MATLAB R2016a(仅 64 位版本);
2019 年,MATLAB R2019a。

2.2.2　MATLAB 的特点与功能

MATLAB 是一个交互式的软件系统,输入一条命令,立即可得到其结果;MATLAB 具有很强的数值计算功能,MATLAB 以矩阵作为数据操作的基本单位,但无须预先制定矩阵的维数(动态定维),可以按 IEEE 的数值计算标准进行计算,而且还提供了十分丰富的数值计算函数。MATLAB 命令与数学中的符号、公式非常接近,可读性强,易于掌握;MATLAB 的符号计算功能强大,能代替手工计算;MATLAB 提供了丰富的绘图命令,可方便实现数据的可视化;MATLAB 的编程功能,具有程序结构控制、函数调用、数据输入、结果输出、面向对象等程序语言特征;MATLAB 根据专门领域中的特殊需要设计了各种可选的工具箱(toolbox),如 Symbolic Math,Signal Process,Control System,PDE,Image Process,Optimization,Statistics 等;MATLAB 的动态仿真环境 Simulink 提供了建立系统模型、选择仿真参数和数值算法、设置不同的输出方式来观察仿真结果等功能。

2.2.3　MATLAB 的窗口

MATLAB 的安装,需运行系统自带的安装程序 setup.exe,按照提示依次操作。安装程序可在 MATLAB 官网 https://www.mathworks.com/下载,使用官方试用版。安装完成之后,可启动 MATLAB 系统,常用方法有两种:①双击桌面快捷方式 matlab;②从 Windows"开始"菜单启动。启动后,展现在屏幕上的界面为 MATLAB 的默认界面,如图 1-2.1 所示。要退出 MATLAB,只需单击 MATLAB 主窗口右上角的关闭按钮,或在命令行窗口输入 exit 或 quit 命令。

(1) 命令行窗口

命令行窗口是 MATLAB 的主要交互窗口,用于输入命令并显示除图形外的所有执行结果。当命令行窗口出现提示符">>"时,表示 MATLAB 已做好准备,可以输入命令、变量或运行函数。例如,从键盘输入：

```
A=[1 2 3;4 5 6;7 8 9]
```

图 1-2.1　MATLAB 界面

(2) 工作区

工作区是 MATLAB 用于存储各种变量和结果的内存空间。显示工作区中所有变量的名称、大小、字节数和变量类型等说明,可在工作区对变量进行观察、编辑、保存和删除。

(3) 当前目录窗口

当前目录是指 MATLAB 运行文件时的工作目录,只有在当前目录或搜索路径下的文件、函数才可以被运行或调用。在当前目录窗口中可改变当前目录,将新目录设置成当前目录,方法有两种:一是用鼠标单击 ；二是使用 cd 命令。例如,使用命令 mkdir 在指定位置新建一个文件夹,然后再使用命令 cd 将其设为当前目录,如下:

```
mkdir E:\zqy
cd   E:\ zqy
```

(4) 当前文件夹

当前文件夹可以显示当前目录下的所有文件。

(5) 详细信息

当用鼠标单击当前文件夹中某个文件时,详细信息窗口将显示该文件的详细信息。

【例1】 计算 $[12+5\times(7-4)]\div 3^2$。

```
>> (12+5*(7-4))/3^2
ans =
     3
```

说明：在 MATLAB 中，区分运算优先级的符号只有圆括号，加、减、乘、除、幂次的输入分别用 +、-、*、/、^ 符号，乘号不能省略。返回 ans=3，其中，ans 是 answer（答案）的缩写，是 MATLAB 默认的变量名，当没有指定将运算结果赋给哪个变量时，系统自动将结果赋给 ans；这里 3 是式子 $[12+5\times(7-4)]\div 3^2$ 的运算结果。

【例2】 输入矩阵 $\boldsymbol{A}=\begin{bmatrix} 1 & 2 & 3 \\ 4 & 5 & 6 \\ 1 & 2 & 4 \end{bmatrix}$，并计算 $\boldsymbol{A}$。

```
>> A=[1 2 3;4 5 6;1 2 4]
A =
     1     2     3
     4     5     6
     1     2     4
>> det(A)
ans =
    -3
```

说明：矩阵的输入方式：所有元素放在方括号内，同一行元素之间用空格或逗号分隔，不同行元素之间用分号分割；A=[1 2 3;4 5 6;1 2 4] 中，"="为赋值号，表示把等号右端的表达式或运算结果赋给等号左边的 A，这里的 A 为变量名，由用户自己定义；det( ) 为 MATLAB 的内部函数，表示计算括号内方阵的行列式。注意，在 MATLAB 里所有函数调用都是先写函数名，然后写圆括号，圆括号内是输入参数。

MATLAB 变量名的命名规则：以字母开头，后面只能跟字母、数字和下画线。例如 matlab_2016，M2020，sxljswcx 都是合法变量名，但 matlab#2021，2020_Matlab，3M 均不合法。注意，MATLAB 的变量名区分字母大小写。

【例3】 定义球的体积和表面积计算公式，并计算当球的半径 $r=1$ 时的体积值和表面积值。

```
>> s=@(r) 4*pi*r^2;
>> v=@(r) 4/3*pi*r^3;
>> s(1),v(1)
ans =
   12.5664
ans =
    4.1888
```

说明：圆周率π的输入由命令 pi 实现；一行的末尾加分号（;），其作用是抑制显示；@(r)用于指明在后面的表达式中，r为自变量，s=@(r) 4*pi*r^2 用于定义匿名函数 s，其中自变量为 r，因变量为 s；匿名函数的调用可由因变量(自变量取值)实现，如 s(1),v(1)。

2.2.4 MATLAB 的帮助功能

MATLAB 最常用的帮助命令是 help 和 doc。通常，可以通过"help＋函数名"在命令行窗口显示该函数的帮助信息，如 help plot；通过"doc＋函数名"打开帮助浏览器，并在帮助浏览器中以文档形式显示帮助信息。建议初学者使用 doc 查询帮助。

2.2.5 MATLAB 常用命令及数据操作

clear：删除 MATLAB 工作区中的变量。

clc：清除命令行窗口中的内容。

who：显示 MATLAB 工作区中的变量，仅显示变量名称。

whos：显示 MATLAB 工作区中的变量，并给出它们的大小、所占字节数及数据类型等信息。

save 文件名[变量名表][-append][-asci]：保存 MATLAB 工作区中的变量，扩展名为.mat。

load 文件名[变量名表][-ascii]：加载 MATLAB 工作区中的变量，扩展名为.mat。

向量的生成：直接输入，如 a=[1 2,3,4]；利用冒号生成，如 a=[1:4],b=1:2:9; c=10:-1:1；利用 linspace 生成，如 d=linspace(1,9,5)。

矩阵的生成：直接输入，如 a=[1 2 3;2 3 4]；由向量生成，如 x=1:3; y=2:4; a=[x;y]；由函数生成，如 c=magic(3), d=rand(2,3),zeros(3,4), ones(2,3), eye(3), randn(2,3), tril(a), triu(a), diag(x)；通过 M 文件生成。

【例 4】建立随机矩阵，要求：

① 在区间[20,50]内均匀分布的 2 行 3 列随机矩阵；

② 均值为 0.6，方差为 0.1 的三阶正态分布随机矩阵。

```
>> x = 20 + 30 * rand(2,3)
x =
    26.7144    27.6529    40.9723
    42.5380    35.1787    46.7271
>> y = 0.6 + sqrt(0.1) * randn(3)
y =
    1.0883    0.3653    0.4053
    0.6272    0.2643    0.8366
    0.1283    1.3433    0.5392
```

字符串：用单撇号括起来的字符序列。

MATLAB 将字符串当作一个行向量,每个元素对应一个字符,其标识方法和数值向量相同。字符串以 ASCII 码形式存储,abs 和 double 都可以用来获取字符串矩阵所对应的 ASCII 码数值矩阵。char 函数可以把 ASCII 码矩阵转换为字符串矩阵。与字符串有关的一个重要函数是 eval,其调用格式是 eval(t),其中 t 为字符串,作用是把字符串的内容作为对应的 MATLAB 语句来执行,如 t='sin(1)',eval(t)。

元胞数组：MATLAB 的一种特殊数据类型,可将其看作一种无所不包的通用矩阵,元胞数组的元素叫作元胞(cell)。可以使用{}或 cell 函数创建元胞数组,如 mycell={1,2,'text',{11;22}};可以使用()或{}访问元胞数组的元素,如

```
A = {'I am a student',pi;{1,101},rand(3)}    % 创建元胞数组 A
A(2,1)           % 返回元胞数组 A 在(2,1)位置上的元胞
A{2,1}           % 返回元胞数组 A 在(2,1)位置上的元胞中的数据
```

显示元胞数组的内容,使用命令 celldisp,如 celldisp(A)。

2.2.6 MATLAB 的基本运算

MATLAB 提供了两种算术运算方式。一种是普通的数组运算方式,在数组中对应元素之间进行运算;另一种是矩阵运算方式,不改变输入形式和书写方法,不需要加以说明,只是把常数看成标量(即 $1×1$ 阶的矩阵),一维数组看成一行或一列的向量(即 $1×n$ 阶或 $n×1$ 阶的矩阵),二维数组看成 $m×n$ 阶的矩阵,然后按照矩阵的运算规则进行运算。二者的差别仅在于使用了不同的运算符。

MATLAB 中的矩阵运算和数组运算：

① A+B 与 A−B　要求 A 与 B 是同型矩阵,对应元素相加减。

② k+A 与 k−A　其中 k 为实数,A 为一个矩阵,运算时相当于语法规则 k*ones(size(A))+(−)A。

③ A*B　矩阵乘法。

④ A.*B　数组乘法(对应元素相乘)。

⑤ A/B　矩阵右除,等价于 AB^{-1}。

⑥ A./B　数组右除,对应元素相除。

⑦ A^k　方阵的幂次。

⑧ A.^k　数组乘方(A 的每个元素取 k 次幂)。

MATLAB 中的关系运算与逻辑运算：

① MATLAB 的关系运算符有 6 个,分别为>,>=,<,<=,==,~=。关系运算的结果为逻辑值,只有真(MATLAB 用 1 表示)和假(MATLAB 用 0 表示)。

② MATLAB 的逻辑运算符有 3 个,分别是 |,&,~。逻辑运算的结果仍为逻辑值。

举例：3>4 返回 0；4~=5 返回 1；0==0 返回 1；(3<4)|(5>6)返回 1；(3>4)&(8~=0)返回 0。

除此之外,在对数值矩阵施加逻辑运算时,MATLAB将非零元素都处理成真(用 1 表示),将零元素处理成假(用 0 表示)。在程序设计时,常常使用 find 函数查找满足条件的元素。其语法规则为 ind=find(x),表示将 x 中非零元素的下标返回给 ind。例如输入

```
输入    >> x = [1 -2 0 0 4];
输入    >> ind = find(x)
返回    ind =
             1    2    5
输入    >> x = [1 0 2;0 0 1]
返回    x =
             1    0    2
             0    0    1
输入    >> ind = find(x)              % MATLAB 中输入矩阵时,其元素按列存储
返回    ind =
             1
             5
             6
```

常用函数如下:

    sin,cos,tan,cot,asin,acos,atan,acot,sec,csc,log,exp,

    floor,round,ceil,fix,size,length,sum,prod,min,max,

    mean,std,det,inv,rank,trace,eig,rand,randi,randn,⋯

其中,sin,cos,tan,asin,acos,atan,acot,set,csc 为三角函数;log 表示自然对数,exp 为指数函数,exp(x)即 e^x;floor,round,ceil,fix 为取整函数;size 表示求矩阵的尺寸,返回矩阵的行数和列数,如输入 A=[1 2 3;4 5 6],则 size(A)将返回"2 3";length 表示求向量的长度,如输入 B=[1 2 3],则 length(B)将返回 3;sum,prod,min,max,mean,std 都是按列运算;det,inv,rank,trace,eig 为矩阵运算函数;rand,randi,randn 为随机数函数。

下面简单举两个例子,具体每个函数的语法规则,可通过 help、doc 或其他参考书查询。

```
输入    >> a = [1 2 3;4 5 6];
输入    >> sum(a)
返回    ans =
             5    7    9
输入    >> prod(a)
返回    ans =
             4   10   18
输入    >> size(a)
返回    ans =
             2    3
```

2.2.7 符号运算功能

MATLAB 提供了两个命令用来创建符号变量和表达式,分别是 sym 和 syms。x=sym('x')创建一个符号变量 x,它可以是字符、字符串、表达式或字符表达式。函数 syms 用于一次创建多个符号变量,其调用格式如下:

syms　a　b　c…

按照数学上的习惯,在数学表达式中,比较靠前的字母表示常量,比较靠后的字母如 x、y、z 表示自变量。例如,在表达式 $y=ax^2+bx+c$ 中,通常认为 x 是自变量,a、b、c 是常量或参数。i 和 j 通常表示虚数单位,在符号运算中不能作为自变量。

极限是微积分的基础,在 MATLAB 中,极限的求解由 limit 实现。其调用格式如下:

limit(F,x,a)　　计算符号表达式 F 在 x 趋向于 a 条件下的极限。

limit(F,a)　　计算符号表达式 F 在默认自变量趋向于 a 时的极限。

limit(F)　　计算符号表达式 F 在默认自变量趋向于 0 时的极限。

limit(F,x,a,'right')　　计算符号表达式 F 在 x 趋向于 a 条件下的右极限。

limit(F,x,a,'left')　　计算符号表达式 F 在 x 趋向于 a 条件下的左极限。

在符号数学工具箱中,表达式的微分由函数 diff 实现。其调用格式如下:

diff(S)　　求符号表达式 S 对默认自变量的微分。

diff(S,v)　　求符号表达式 S 对自变量 v 的微分。

diff(S,n)　　求符号表达式 S 对默认自变量的 n 次微分。

在符号数学工具箱中,表达式的积分由函数 int 实现。其调用格式如下:

int(S)　　求符号表达式 S 对默认自变量的不定积分。

int(S,v)　　求符号表达式 S 对自变量 v 的不定积分。

int(S,a,b)　　求符号表达式 S 对默认自变量从 a 到 b 的定积分。

在符号数学工具箱中,求解表达式的代数方程由函数 solve 实现。其调用格式如下:

g=solve(eq)　　求解符号表达式 eq=0 的代数方程。自变量为默认自变量。

g=solve(eq,var)　　求解符号表达式 eq=0 的代数方程。自变量为 var。

g=solve(eq1,eq2,…,eqn,var1,var2,…,varn)　　求解符号表达式 eq1,eq2,…,eqn 组成的代数方程组,自变量分别是 var1,var2,…,varn。

在符号数学工具箱中,求表达式常微分方程的符号解由函数 dsolve 实现。其调用格式如下:

r=dsolve('eq1,eq2,…','cond1,cond2,…','v')　　求由 eq1,eq2,…指定的常微分方程的符号解。参数 cond1,cond2,…为指定常微分方程的边界条件或初始条件;自变量 v 如果不指定,将为默认自变量。

在方程中,用大写字母 D 表示一次微分,D2 和 D3 分别表示二次及三次微分,D 后面的字符为因变量,如 dsolve('Dy=a*y'),dsolve('Dy=a*y','y(0)=b')。

MATLAB 命令有两种执行方式:一种是交互式的命令执行方式,另一种是 M 文件的程序执行方式。在前一种工作方式下,MATLAB 被当作一种高级"数学演草纸和图形显示器"来使用。在程序执行方式下,用户将有关命令编成程序存储在一个文件中(称为 M 文件),当运行该程序后,MATLAB 就会自动依次执行该文件中的命令,直至全部命令执行完毕。

2.2.8 M 文件编程

MATLAB 是一种高效的编程语言,用户可以用普通的文本编辑器把一系列 MATLAB 语句写进一个文件里,然后给出文件名存储。文件的扩展名为.m,因此称为 M 文件。在运行 M 文件时只需要在 MATLAB 命令窗口中键入该文件名即可。M 文件在运行之前必须先保存运行文件,在命令窗口中输入要运行的文件名即可开始运行。

M 文件有两种形式:命令文件(Script File)和函数文件(Function File)。命令文件通常用于执行一系列的 MATLAB 命令,运行时只需要键入文件名,MATLAB 就会自动按顺序执行文件中的命令。和命令文件不同,函数文件可以接收参数,也可以返回参数。一般情况下,用户不能靠单独键入其文件名来运行函数文件,而必须由其他语句来调用。MATLAB 的大多数应用程序都是由函数文件的形式给出的。

如果 M 文件的第一个可执行行以 function 开始,那么该文件就是函数文件。每一个函数文件都定义一个函数。事实上,MATLAB 提供的函数命令大部分都是由函数文件定义的。这足以说明函数文件的重要。而对于简单的函数,为了减少文件的个数,可利用 MATLAB 提供的匿名函数来定义,这给简单函数的定义带来了极大的便利性。

【例 5】用匿名函数法定义函数 $y = x\sin x$。

分析:MATLAB 定义匿名函数的方法是 y=@(x) f(x)。其中 y 为因变量,也叫函数名;@用于指出自变量,@(x)里的 x 可以是一个自变量,也可以有多个自变量,或者是一个多维的向量,f(x) 是对应法则。输入:

```
>> y = @(x) x * sin(x)        % 这里自变量 x 是一个一维的实数
```

若要调用匿名函数,比如求其在 x=1 处的函数值,只需输入:

```
>> y(1)
```

则返回:

```
ans = 0.8415
```

【例 6】用匿名函数法定义函数 $z = x^2 + y^2$。

```
>> z = @(x,y) x^2 + y^2        % 这里有两个自变量
>> z(1,2)                      % 调用时应在函数名后输入两个实数
```

返回:

```
ans = 5
```

【例 7】用匿名函数法定义函数 $z = x_1^2 + x_2^2 - x_3^2$。

```
>> z = @(x) x(1)^2 + x(2)^2 - x(3)^2;    %这里自变量是一个向量,由表达式可以看出有三个分量
>> z([1 2 1])                             %调用时应在函数名后输入一个三维向量
```

返回:

```
ans = 4
```

当函数较复杂,如函数选择、循环等时,利用匿名函数法不易表达,此时需利用 function 来定义函数。

1. 程序结构

MATLAB 语言除了按正常顺序执行的程序结构外,还提供了 8 种控制程序流程的语句,如 for、while、if、switch、try、continue、break、return 等。

(1) 循环方式

MATLAB 提供了两种循环方式:for 循环和 while 循环。

for 语句为计数循环语句。在许多情况下,循环条件是有规律变化的,通常是把循环条件的初值、判别和变化放在循环的开头,这种形式就是 for 语句的循环结构。概括地讲,for 循环的一般形式如下:

for v＝表达式
    语句体
end

while 语句是条件循环语句。while 循环使语句体在逻辑条件下重复不确定次数,直到循环条件不成立为止。while 循环的一般形式如下:

while 表达式
    语句体
end

(2) 条件语句

1) if-end 语句

这是一种最简单的条件语句。语句形式如下:

if 表达式
    语句体
end

如果表达式值为真,则执行 if 和 end 之间的所有语句;否则跳过 if 结构,执行 end 后面的语句。

2) if-else-end 语句

if-else-end 语句在 if 和 end 之间增加了一个 else 选择,语句形式如下:

if 表达式
    语句体 1;
else
语句体 2;

end

当计算的表达式结果为真时,执行语句体 1;当表达式结果为假时,执行语句体 2。

3) if-else if-end 语句

在 else 子句中也可以嵌套 if 语句,于是就形成了 else if 结构。实际上这种 else if 结构实现了一种多路选择。语句形式如下:

if 表达式 1
  语句体 1;
else
  if 表达式 2
    语句体 2;
  else
    语句体 3;
end

首先计算表达式 1,如果满足条件就执行语句体 1,然后跳出 if 结构;如果不满足表达式 1 的条件,再计算表达式 2,如果满足表达式 2 的条件就执行语句体 2,然后跳出 if 结构;如果前面的表达式都不满足,就执行语句体 3。

根据程序设计的需要,可以使用多个 else if 语句,也可以不使用 else 语句。

4) switch-case-end 语句

通过对某个变量值的比较做多种不同的执行选择,以实现程序的分支结构的语句。语句的一般形式如下:

switch 表达式(数值或字符串)
case 数值或字符串 1
  语句体 1;
case 数值或字符串 2
  语句体 2;
  ……
otherwise
  语句体 n;
end

switch 后面的表达式的结果是数值变量或字符变量(数值或字符),通过这个字符或数值与 case 后面的数值或字符相比较,满足哪一个 case 就执行哪一个 case 下面的语句体。如果所有的 case 都不满足,就执行 otherwise 下面的语句体,otherwise 语句不是必需的。如果没有 otherwise,当所有的 case 都不满足时就跳出该分支结构。switch 与 end 必须配对使用。

2. 流程控制语句

① continue 语句用于控制 for 循环和 while 循环跳过某些执行语句。在 for 循环和 while 循环中,当出现 continue 语句时,则跳过循环体中剩余的语句,继续下一次循

环。在嵌套循环中，continue 控制执行本嵌套中的下一次循环。

② break 语句用于终止 for 循环和 while 循环的执行。当遇到 break 语句时，则退出循环体，继续执行循环体外的下一个语句。在嵌套循环中，break 只存在于最内层的循环中。

③ return 语句用于终止当前的命令序列，并返回到调用的函数或键盘，也用于终止 keyboard 方式。在 MATLAB 中，被调用的函数运行结束后会自动返回调用函数。使用 return 语句时将 return 插入被调用函数中的某一位置，根据某种条件迫使被调用函数提前结束并返回调用函数。在计算行列式的函数中，可以用 return 语句处理如空矩阵之类的特殊情况。

2.3 一元方程近似解的 MATLAB 编程

【例8】用二分法求方程 $x^3+1.1x^2+0.9x-1.4=0$ 在 $[0,1]$ 内的实根的近似值，使误差不超过 10^{-3}。

```
clear;clc;
f = @(x) x^3 + 1.1 * x^2 + 0.9 * x - 1.4;
eps = 1e - 3;a = 0;b = 1;k = 0;    %k 为循环计数器
while 1    % 由于不知道循环次数，所以用 while
    c = (a + b)/2;fc = f(c);fa = f(a);
    if abs(fc)<eps x_gen = c,fx = fc,k,break;end
    if fa * fc<0 b = c;else a = c;end
    k = k + 1;
end
```

返回：x_gen = 0.6709,fx = 8.9833e-04,k = 9。

进阶：将二分法抽象成函数。

步骤 1　定义函数文件 erfenfa。

```
function [k,x_gen,fx] = erfenfa(f,a,b,eps)
k = 0;
while 1
    c = (a + b)/2;fc = f(c);fa = f(a);
    if abs(fc)<eps k,x_gen = c,fx = fc,return,end
    if fa * fc<0 b = c;else a = c;end
    k = k + 1;
end
```

步骤 2　定义待求解方程并给出主程序。

```
clear;clc;
a = 0;b = 1;eps = 1e - 3;
```

```
f = @(x) x^3 + 1.1 * x^2 + 0.9 * x - 1.4;
[k,x_gen,fx] = erfenfa(f,a,b,eps);
```

拓展：用二分法求方程 $x^4+5x^3+2x^2+5x+1=0$ 在 $[-1,3]$ 内的实根，误差不超过 10^{-6}。

仍调用刚才定义的函数 erfenfa，只修改主程序如下：

```
clear;clc;a = -1;b = 3;eps = 1e-6;
y = @(x) x^4 + 5 * x^3 + 2 * x^2 + 5 * x + 1;
[k,x_gen,fx] = erfenfa(y,a,b,eps);
```

返回：$k = 22, x\_gen = -0.2087, fx = 2.4647e-07$。

习　题

1. 阅读《非线性方程迭代法近似求根及程序实现》(汪天友,刘木静,等,贵阳建筑大学学报,2005(3):117-119),利用 MATLAB 编写牛顿法求方程近似根的函数,并对所写函数求方程 $x^3-3x^2+6x-1=0$ 在 $[0,1]$ 上的近似根,误差不超过 10^{-6}。

2. (角谷猜想)一个正整数 n,如果是偶数则除以 2,如果是奇数则乘以 3 加 1;得到的新数继续按上述规则运算,最后结果都为 1。例如：

1→4→2→1
2→1→4→2→1
3→10→5→16→8→4→2→1
4→2→1
5→16→8→4→2→1

试编写程序计算 $n=27$ 时的运算过程。

3. 写出打印如下九九乘法表的 MATLAB 代码。(提示:制表符\t,换行符\n,格式化打印 fprintf。)

九九乘法表

1×1=1								
1×2=2	2×2=4							
1×3=3	2×3=6	3×3=9						
1×4=4	2×4=8	3×4=12	4×4=16					
1×5=5	2×5=10	3×5=15	4×5=20	5×5=25				
1×6=6	2×6=12	3×6=18	4×6=24	5×6=30	6×6=36			
1×7=7	2×7=14	3×7=21	4×7=28	5×7=35	6×7=42	7×7=49		
1×8=8	2×8=16	3×8=24	4×8=32	5×8=40	6×8=48	7×8=56	8×8=64	
1×9=9	2×9=18	3×9=27	4×9=36	5×9=45	6×9=54	7×9=63	8×9=72	9×9=81

第 3 章　从数列极限到 MATLAB 绘图

MATLAB 除了数值计算功能外,绘图功能是其另一个亮点。本章借助 MATLAB 的图形可视化功能来解决数学问题,当然也可以解决专业问题。首先回忆数列极限的概念及内涵,然后介绍 MATLAB 的基本绘图命令,并通过图形可视化直观地观察数列随着项数 n 的增大,其函数值的变化趋势。

3.1　数列极限的定义

在高等数学中,数列极限的定义如下:

设 $\{x_n\}$ 为一数列,如果存在常数 a,对于任意给定的正数 ε(不论它多么小),总存在正整数 N,使得当 $n > N$ 时,不等式

$$|x_n - a| < \varepsilon$$

都成立,那么就称常数 a 是数列 $\{x_n\}$ 的极限,或者称数列 $\{x_n\}$ 收敛于 a,记为

$$\lim_{n \to \infty} x_n = a \quad \text{或} \quad x_n \to a(n \to \infty)$$

例如,数列 $\left\{\dfrac{n+(-1)^{n-1}}{n}\right\}$ 的极限是 1,数列 $\left\{\left(1+\dfrac{1}{n}\right)\sin\dfrac{n\pi}{2}\right\}$ 发散。

3.2　MATLAB 绘图初步

众所周知,视觉是人们感受世界、认识自然最重要的途径。将数据或函数可视化的目的,是通过图形观察数据间的内在关系,感受由图形传递的内在本质。我们知道,图形是由点组成的,由两个分量组成的点对 (x,y) 表示平面内的一个点,多个点可以连成线,当曲线上的点所满足的方程已知时,可以通过函数关系由 x 找到 y。当已经找到曲线上的多个点时,如何利用 MATLAB 将其可视化?若仅仅给出一组离散的点,能不能通过 MATLAB 找出这些离散点所满足的函数关系呢?本节将给出以上问题的答案。

3.2.1　plot 二维曲线绘图

plot 的功能是绘制二维平面图形,其采用的思想是描点绘图法,即在平面上描出若干点,再连点成线,也可以不连线,仅仅显示点的趋势。基本调用格式如下:

plot(x,y,'s')

其中,x 为点的横坐标组成的向量;y 为点的纵坐标组成的向量;'s' 为可选参数,用于设置线型、点的形状、颜色等,如表 1-3.1～表 1-3.3 所列。若 's' 缺省,则系统默认为蓝色实线。注意,这里 x 与 y 须为同维向量。

表 1-3.1 离散数据点的形状允许设置值

符 号	含 义	符 号	含 义	符 号	含 义
d	菱形符	×	叉字符	<	朝左三角符
h	六角星符	.	实心黑点	>	朝右三角符
o	空心圆圈	+	十字符	v	朝下三角符
p	五角星符	*	米字符		
s	方块符		朝上三角符		

表 1-3.2 连续线型允许设置值

符 号	含 义	符 号	含 义
—	细实线（默认）	-.	点画线
:	虚点线	--	间断线

表 1-3.3 点线的颜色允许设置值

符 号	b	g	r	c	m	y	k	w
含 义	蓝（默认）	绿	红	青	品红	黄	黑	白

除上述基本格式外,plot 还有一些衍生功能。

多个三元组绘制多条曲线,其调用格式如下:

plot(X1,Y1,'s1',X2,Y2,'s2',…,Xn,Yn,'sn');

利用属性设置线型,其调用格式如下:

plot(x, y, 's', 'PropertyName', PropertyValue,…);

表 1-3.4 为线对象的常用属性名（PropertyName）和属性值（PropertyValue）。

表 1-3.4 线对象的常用属性名（PropertyName）和属性值（PropertyValue）

含 义	属性名	属性值	说 明
点、线颜色	Color	$[v_r,v_g,v_b]$,RGB 三元组中每个元素可在[0,1]内取任意值	最常用的色彩可通过表字母表示;常用色彩可通过 's' 设置,蓝色为默认色彩
线型	LineStyle	4 种线型	可通过 's' 设置,细实线为默认线型
线宽	LineWidth	正实数	默认线宽为 0.5
数据点形	Marker	14 种点型	可通过 's' 设置
点的大小	MarkerSize	正实数	默认大小为 6.0

续表 1-3.4

含 义	属性名	属性值	说 明
点边界颜色	MarkerEdgeColor	$[v_r, v_g, v_b]$, RGB 三元组中每个元素可在$[0,1]$上取任意值	—
点域颜色	MarkerFaceColor	$[v_r, v_g, v_b]$, RGB 三元组中每个元素可在$[0,1]$上取任意值	—

坐标轴控制命令: axis, axis equal, axis square, axis image(fill), axis tight。

分割线和坐标框命令: grid 和 box。

图形标识命令: title(s), xlabel(s), ylabel(s), legend(s), text(x,y,s)。

图形叠绘命令: hold on, hold off。

多子图命令: subplot。

【例 1】 绘制函数 $y=x^2-10x+15$ 在$[0,10]$上的图像。

输入:

```
clear;clc;close all;
x = 0:0.1:10;
y = x.^2 - 10 * x + 15;
plot(x,y)
```

输出图形如图 1-3.1 所示。

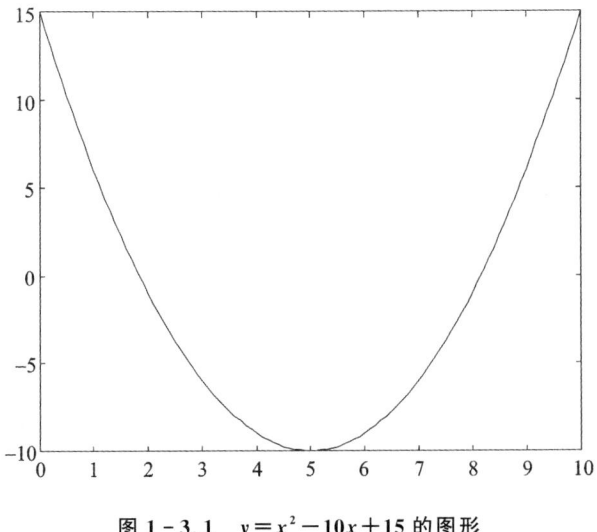

图 1-3.1 $y=x^2-10x+15$ 的图形

拓展: 要求用红色的间断线绘制上述图形, 并添加 x 轴、y 轴标签; 之后将其导函数图像也添加上去, 导函数图形用黑色实线绘制。

输入：

```
clear;clc;close all;
x = 0:0.1:10;
y = x.^2 - 10 * x + 15;
plot(x,y,'r--')
xlabel('x轴');ylabel('y轴');
dy = 2 * x - 10;
hold on
plot(x,dy,'k-')
legend('y','dy')
```

输出图形如图 1-3.2 所示。

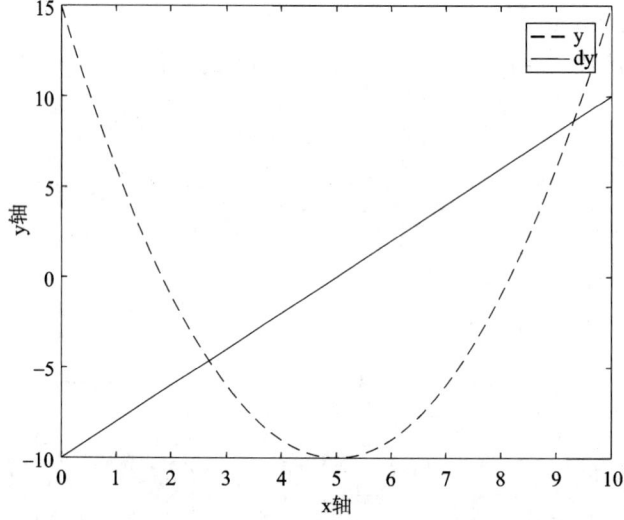

图 1-3.2 $y = x^2 - 10x + 15$ 的图形及其导函数图形

【例 2】设计一个"囧"的动画。要求：

- 随机展示 50 个方向、大小、颜色各异的"囧"字。
- 设置坐标轴范围为 $0 < x < 1, 0 < y < 1$。
- 每次在 (rand,rand) 这个随机的位置，以 10~30 之间随机分布的一个整数为字体大小，随机生成 RGB 颜色，并随机旋转一定角度来显示"囧"。

提示：text, pause, rand, randi；如 text(0.5,0.5,'囧','Fontsize',18,'Color','r','Rotation',45)。

输入：

```
clear;clc;close all; hold on
axis([0 1 0 1]);
for i = 1:50
```

```
text(rand,rand,'囧','fontsize',randi([10,30]),...
    'color',rand(1,3),'rotation',360 * rand);
pause(0.1)
end
```

说明：三个点"..."为续行符，表示一行没输完，下一行继续输入；pause(0.1)表示暂停 0.1 s,之后继续执行后续指令。

输出"囧"字的随机显示如图 1-3.3 所示。

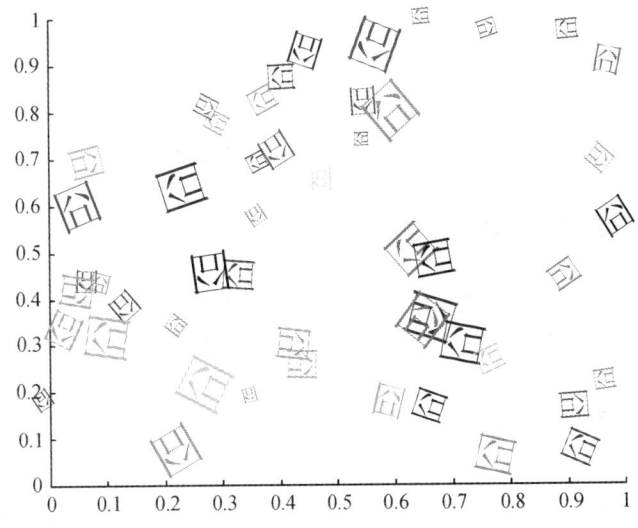

图 1-3.3 "囧"字的随机显示

3.2.2 plot3 三维曲线绘图

调用格式如下：

```
plot3(x,y,z,'s')
```

该命令用于绘制空间曲线，其用法同 plot。

【例 3】绘制空间曲线 $x = e^{-0.2t} \cos \dfrac{\pi}{2} t, y = e^{-0.2t} \sin \dfrac{\pi}{2} t, z = \sqrt{t}$ 的图形，其中 $0 \leqslant t \leqslant 20$。

输入：

```
clear;clc;close all
t = 0:0.1:20;
x = exp(-0.2*t).*cos(pi/2*t);
y = exp(-0.2*t).*sin(pi/2*t);
z = sqrt(t);
plot3(x,y,z,'r-')
```

输出空间曲线图形如图 1-3.4 所示。

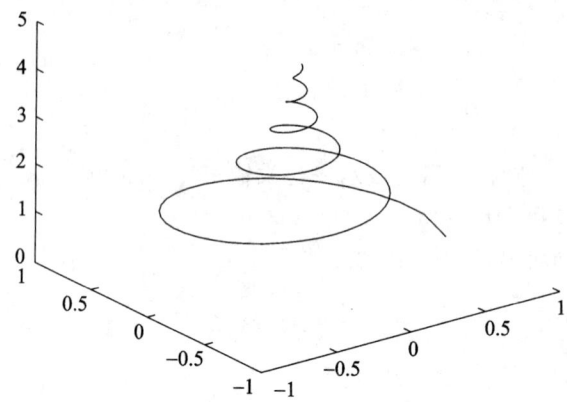

图 1-3.4　利用 plot3 绘制的空间曲线图形(1)

3.2.3　其他图形绘制

利用 plot 可以绘制二维显函数或参数方程的图形,利用 plot3 可以绘制三维参数方程的图形,对于其他图形,如隐函数确定的方程、极坐标方程、曲面方程等,如何绘制呢?

1. 隐函数绘图

【例 4】绘制 $x^2+y^2=1$ 的图形。

分析:这是由方程确定的函数关系,属于隐函数绘图。可使用 MATLAB 的 ezplot 命令来实现,其调用格式如下:

ezplot(fun,[xmin,xmax,ymin,ymax])

该命令可以绘制 fun(x,y)=0 在 xmin＜x＜xmax,ymin＜y＜ymax 上的图形。缺省 x,y 取值范围时,默认 x,y 为 $(-2\pi,2\pi)$。

输入:

```
clear;clc;close all;
syms x y;
f = x2 + y2 - 1;
ezplot(f,[-1.1 1.1 -1.1 1.1])
axis square;
```

输出图形如图 1-3.5 所示。

【例 5】绘制三维曲线 $x=e^{-\frac{t}{10}}\sin 5t, y=e^{-\frac{t}{10}}\cos 5t, z=t$ 在 $-10\leqslant t\leqslant 10$ 内的图形。

方法 1　利用 plot3 绘制。

输入:

```
clear;clc;close all
```

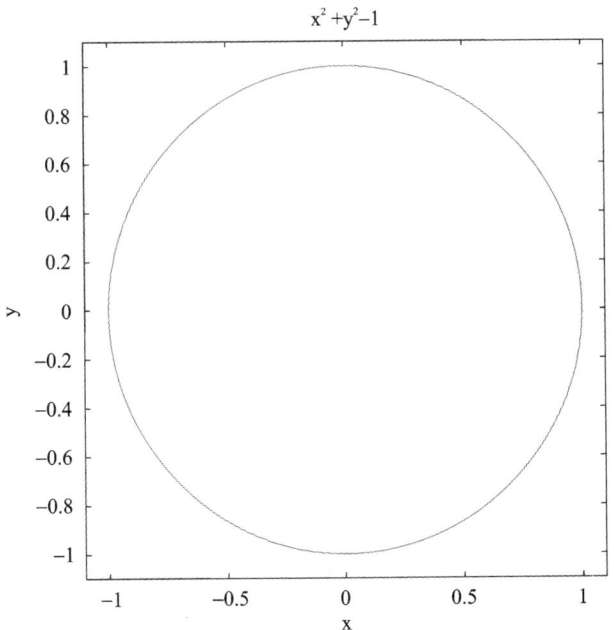

图 1-3.5 利用 ezplot 绘制的图形

```
t = -10:0.1:10;
x = exp(-t/10).*sin(5*t);
y = exp(-t/10).*cos(5*t);
z = t;
plot3(x,y,z)
```

输出图形如图 1-3.6 所示。

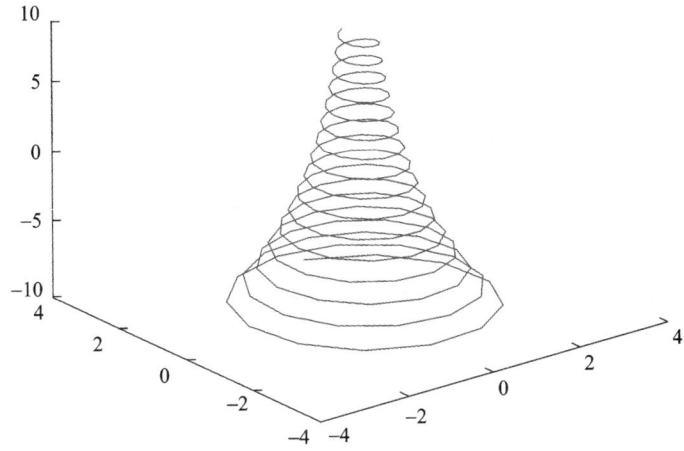

图 1-3.6 利用 plot3 绘制的空间曲线图形(2)

方法 2　利用 fplot3 绘制。

输入：

```
clear;clc;close all
x = @(t) exp( - t/10). * sin(5 * t);
y = @(t) exp( - t/10). * cos(5 * t);
z = @(t) t;
fplot3(x,y,z,[ - 10,10])
```

输出图形如图 1-3.7 所示。

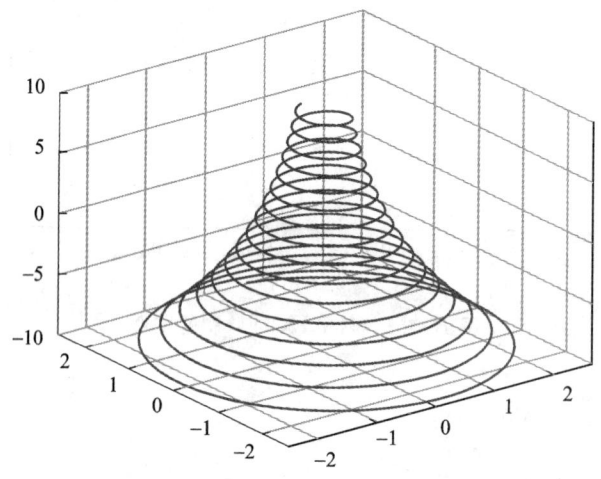

图 1-3.7　利用 fplot3 绘制的空间曲线图形

说明：plot,plot3 与 fplot,fplot3 都是用于绘制二维、三维曲线。其中 plot 和 plot3 是首先分割自变量取值区间,将其离散成一些等距点,然后利用函数关系产生因变量,再描点成线；fplot 和 fplot3 则是首先定义函数,然后自适应绘图,其会在函数变换剧烈处自动将区间细分,而在函数变换平缓处将区间粗分。

2. 极坐标绘图

调用格式如下：

```
polar(theta,rho,'s')
```

该命令用于绘制极坐标方程 rho＝f(theta)的图形,用法同 plot。

【例 6】绘制心形线 $\rho = 2(1+\cos\theta)$ 的图形,其中 $0 \leqslant \theta \leqslant 2\pi$。

输入：

```
clear;clc;close all
theta = 0:0.1:2 * pi;
rho = 2 * (1 + cos(theta));
polar(theta,rho,'r--')
```

输出图形如图 1-3.8 所示。

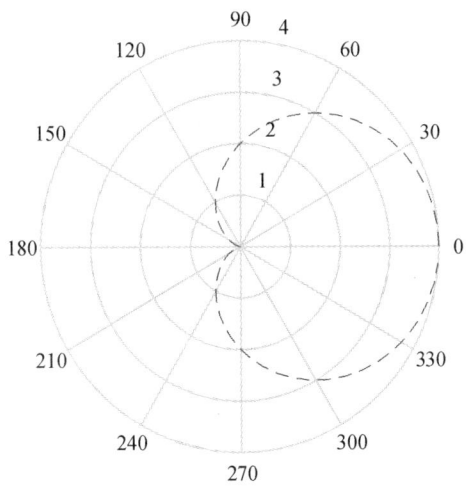

图1-3.8 利用polar绘制的图形

3. 空间曲面图形

在MATLAB中,空间曲面图形由mesh或surf绘制,二者语法规则一样,对所绘制曲面图形的涂色机制不同。mesh通过将网格边界线用不同颜色区分函数值大小,surf通过将网格面用不同颜色区分函数值大小。

调用格式如下:

mesh(x,y,z)

注意:这里的x,y,z须是同维矩阵。绘图机理是:首先将空间曲面投影到xoy坐标面;然后用平行于x轴和y轴的直线分割投影区域,这些直线交叉点的横坐标存入矩阵x中,纵坐标存入矩阵y中;利用函数关系算得相应的z坐标,然后绘图。

【例7】 绘制 $z = x\mathrm{e}^{-x^2-y^2}$ 在 $-2 \leqslant x \leqslant 2, -2 \leqslant y \leqslant 2$ 的图形。

输入:

```
clear;clc;close all
x = -2:0.1:2;y = x;
[xx,yy] = meshgrid(x,y);
zz = xx.*exp(-xx.^2-yy.^2);
mesh(xx,yy,zz)
```

输出图形如图1-3.9所示。

若将mesh(xx,yy,zz)换成surf(xx,yy,zz),则输出图形如图1-3.10所示。

利用MATLAB还可以绘制条形图、饼图、阶梯图等,感兴趣的同学可以参看area、bar、hist、pie、stairs、stem命令等。

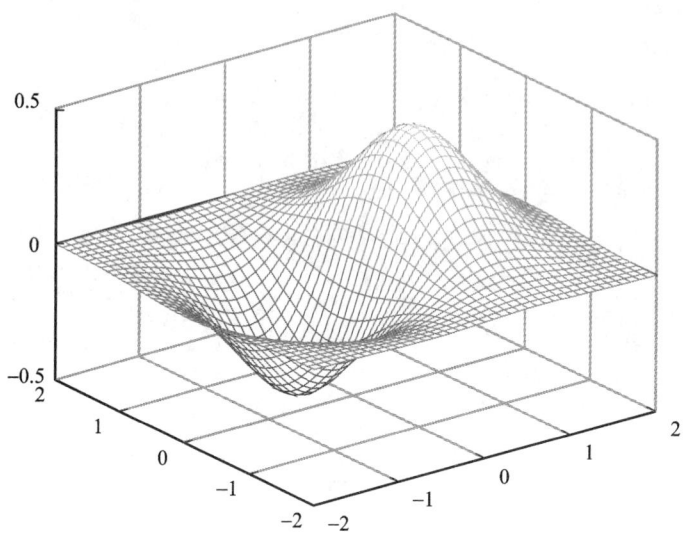

图 1-3.9 利用 mesh 绘制的空间曲面图形

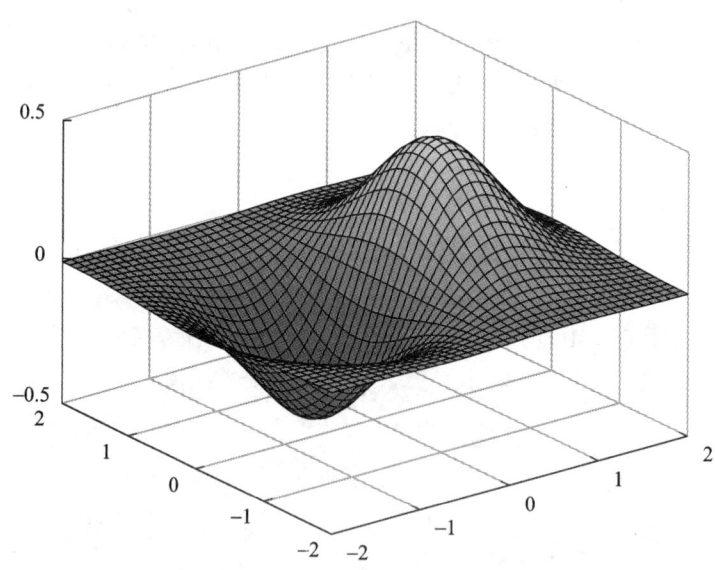

图 1-3.10 利用 surf 绘制的空间曲面图形

3.3 数列极限的 MATLAB 可视化

【例8】用图形显示数列 $\left\{\dfrac{n+(-1)^{n-1}}{n}\right\}$ 的极限是 1。

输入：

```
clear;clc;close all;
axis([0,100,0,2]);hold on
y = @(x)(x+(-1)^(x-1))/x;
plot([1,100],[1,1],'k-','linewidth',1.5)
for i = 1:100
    fi = y(i);
    plot(i,fi,'r.','markersize',8);
    pause(0.05)
end
```

输出图形显示如图 1-3.11 所示。

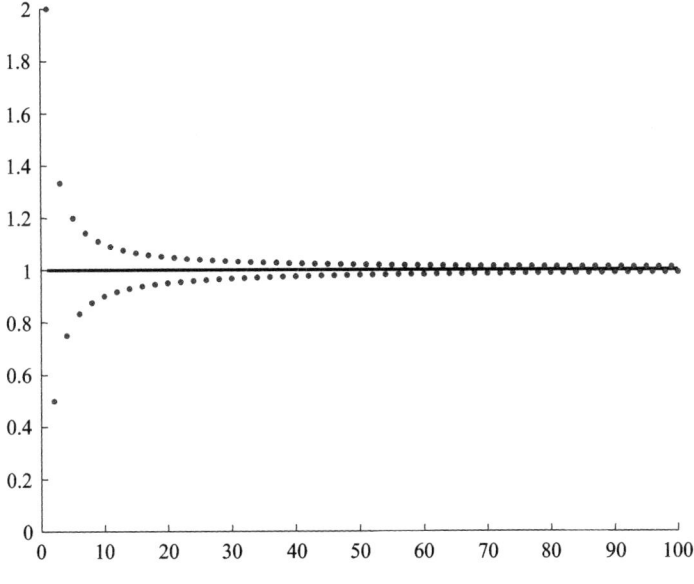

图 1-3.11　例 8 数列极限的图形显示

【例 9】用图形显示数列 $\left\{\left(1+\dfrac{1}{n}\right)\sin\dfrac{n\pi}{2}\right\}$ 发散。

输入：

```
clear;clc;close all;
axis([0,100,-2,2]);hold on
y = @(x)(1+1/x)*sin(x*pi/2);
for i = 1:100
    fi = y(i);
    plot(i,fi,'r.','markersize',8);
    pause(0.05)
end
```

输出图形显示如图 1-3.12 所示。

31

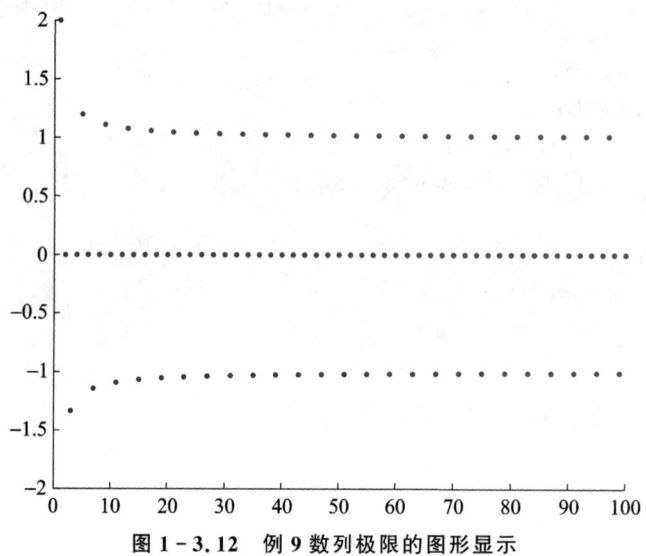

图 1-3.12 例 9 数列极限的图形显示

【例 10】求方程 $x^2-5x+6=0$ 的近似解。

输入：

```
clear;clc;close all;hold on
f = @(x) x^2 - 5 * x + 6;
fplot(f,[1.5,3.5],'r-')
line([1.5,3.5],[0,0],'color','k')
ginput(2)      % 如图 1-3.13 所示
```

输出：

```
ans =  2.0046    0.0006
       3.0046    0.0006
```

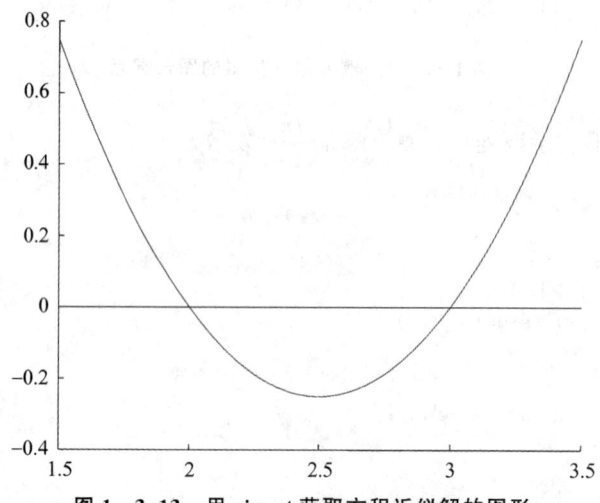

图 1-3.13 用 ginput 获取方程近似解的图形

☞ MATLAB 的绘图功能很强大,这里只是做个初步介绍,希望在今后的学习和工作中能记住这个软件,必要时知道可以借助它来解决一些工程问题。事实上,MATLAB 的强大之处还在于它包含了几乎各行各业可能用到的命令并将其以专业工具箱的形式提供给大家。希望课程学习结束之后,能在自己的计算机上安装 MATLAB 软件,并尝试用它来解决数学及专业中遇到的问题。一句话:只要你有所需,MATLAB 必有所应。

习　题

1. 用 MATLAB 绘图命令 plot 可视化极限
$$\lim_{x \to +\infty} \frac{\sin x}{\sqrt{x}} = 0$$

2. 分别用 plot3 和 fplot3 绘制三维曲线
$$\begin{cases} x = (1+\cos u)\cos u \\ y = (1+\cos u)\sin u \\ z = \sin u \end{cases} \quad (0 < u < 2\pi)$$

3. 绘制隐函数 $x^2 + y^2 = 1 + |x|y$ 在 $-2 \leqslant x \leqslant 2, -2 \leqslant y \leqslant 2$ 区间的图形。

4. 在单位正方形内显示自己的姓名,要求位置、大小、颜色、方向均随机。

第4章 从身高说起——看线性回归模型

回归分析是处理变量之间相关关系的一种数学方法,它是最常用的数理统计方法,能解决预测、控制、生产工艺优化等问题,它在工农业生产和科学研究各个领域中均有广泛应用。回归分析是现在数据分析中用得最多的方法之一,也可以说是一种非常重要的统计思想,绝大多数数据分析问题都可以被规范成为一个回归分析问题。

4.1 问题引入

体坛某知名人物,其身高2.26 m,妻子身高1.90 m,那么,我们能否预测一下他们的女儿长大后的身高呢?

据统计,10个成年女孩及其父母平均身高数据如表1-4.1所列。

表1-4.1 成年女孩及其父母平均身高

序号	女孩身高/cm	父母平均身高/cm	序号	女孩身高/cm	父母平均身高/cm
1	156	158.5	6	166	168.5
2	172	170.5	7	160	165.5
3	162	166	8	155	159
4	158	163.5	9	174	180.5
5	166	166	10	165	169

子女身高和父母身高之间应该存在着某种关系。一般来说,父母平均身高越高,女儿身高也越高;但对平均身高相同的父母来说,女儿的身高也各不相同,这是一种非确定性的关系。那么如何找到这种关系呢?可以借助回归分析的方法。

4.1.1 什么是回归分析

研究一个随机变量 Y 对另一个 X 或一组变量 $(X_1, X_2, \cdots, X_n)$ 的相依关系的统计分析方法称为回归分析。如果在回归分析中,只包含一个自变量和因变量,则这种回归分析称为一元回归。如果回归分析中包含两个或两个以上的自变量,则称为多元回归。

回归分析研究的是变量 Y 和变量 X 之间的相关关系。

这里有三个关键词：相关关系、因变量 Y、自变量 X。

① 相关关系：指当一个变量取一定数值时，与之相对应的另一个变量的数值虽然不确定，但它仍然按照某种规律在一定的范围内变化。这种不确定关系称为相关关系。

② 因变量 Y：因为其他变量的改变而变化的量。这个量很重要，往往是我们的研究目标或者企业里一个核心的业务问题。所以在数据分析里首先要确定因变量，要明确研究目标或关心的核心问题。根据因变量的数据类型，又可分为不同的回归分析模型，比较常见的有：当因变量是连续型数据，比如房价、收入、消费等定量数据时，可以建立线性回归模型；当因变量是离散型数据，比如驾驶员是否出险，贷款是否还贷等定性数据时，可以建立逻辑回归模型；当因变量是计数型数据，比如家庭有几个小孩，某服务台一段时间内收到的客服电话数量等计数型数据时，可以建立泊松回归模型等。在实际的数据分析问题中，用得最多的是线性回归和逻辑回归。在确定研究问题之后，要弄清楚因变量的数据类型，从而正确选择回归模型的类型。

③ 自变量 X：用来解释的 Y 变量，通常有多个，比如因变量 Y 是收入，影响收入的因素可能有职业、学历、年龄等，那么自变量 X 就是职业、学历、年龄等。

注意：自变量可以是定量数据，也可以是定性数据，它不决定回归模型的类型，决定回归模型类型的是因变量；确定自变量的方法可以用头脑风暴法，但同时也要看数据的可获得性，有时候可能用头脑风暴法想得很好，但是没办法获取这个指标的数据也是不行的，所以自变量的选取往往看一个数据的可获得性。

4.1.2 回归模型的基本形式

回归模型的基本形式：

$$Y = f(X) + \varepsilon \tag{4.1}$$

方程左端是因变量 Y，是研究目标或核心的一个业务问题；方程右端由两项组成，一项是系统性因素 $f(X)$，一项是误差项 ε。自变量 X 通过一个函数 f 去影响 Y，f 的形式可以多种多样。在回归模型中最特殊、最重要的项就是误差项 ε，代表的是除了自变量 X 以外，其他观察不到的因素对 Y 的影响。一方面是由于数据可获取性的原因，实在拿不到数据；另一方面也可能是认识不充分或考虑不周全，有一些因素没有纳入模型里边。应把这些统统合并起来放到随机误差项里。

注意：误差项 ε 是观测不到的。在回归模型中，误差项 ε 是不可或缺的，也是统计模型的特色之一。如果没有误差项，回归模型就将变成一个数学公式；而有了误差项，就相当于引进了不确定因素，这是回归模型甚至是数据分析的独特之处。

4.1.3 回归模型的用途

建立回归模型的两个非常重要的任务就是解读和预测。

根据实际问题建立回归模型,再由样本数据估计出回归系数,然后对估计出的回归系数进行解读:X 和 Y 是否显著相关;如果显著相关,那么是正相关还是负相关;给不同的变量赋予不同的权重,即估计系数。预测:根据观测到的 X 和估计出来的回归方程,对 Y 进行预测。

4.2 一元线性回归模型

一般地,称由 $Y=\beta_0+\beta_1 x+\varepsilon$ 确定的模型为一元线性回归模型,记为

$$\begin{cases} Y=\beta_0+\beta_1 x+\varepsilon \\ \varepsilon \sim N(0,\sigma^2) \end{cases} \tag{4.2}$$

固定的未知参数 β_0、β_1 称为回归系数,自变量称为回归变量。对式(4.2)两边同时取期望得到:$y=\beta_0+\beta_1 x$,称为 y 对 x 的回归直线方程。这里,β_0、β_1 是两个未知参数;ε 是 y 的影响因子,x 是可确定观察的;ε 是均值为零的随机变量,是不可观察的。

一元回归分析的主要任务是:

① 用样本值对 β_0、β_1 和 σ 做点估计;
② 对回归系数 β_0、β_1 做假设检验;
③ 在 $x=x_0$ 处对 y 做预测,包括点预测和区间预测。

4.2.1 回归系数的估计

1. 最小二乘估计

一般来说,线性回归都可以通过最小二乘法求其方程。其回归系数的推导如下:有 n 组独立观测值 $(x_1,y_1),(x_2,y_2),\cdots,(x_n,y_n)$,设

$$\begin{cases} y_i=\beta_0+\beta_1 x_i+\varepsilon_i \\ E\varepsilon_i=0, D\varepsilon_i=\sigma^2 \end{cases} (i=1,2,\cdots,n \text{ 且 } \varepsilon_1,\varepsilon_2,\cdots,\varepsilon_n \text{ 相互独立})$$

即

$$Q=Q(\beta_0,\beta_1)=\sum_{i=1}^n \varepsilon_i^2=\sum_{i=1}^n (y_i-\beta_0-\beta_1 x_i)^2$$

称 $Q(\beta_0,\beta_1)$ 为偏离真实直线的偏差平方和。最小二乘法就是选择 β_0、β_1 的估计 $\hat{\beta}_0$、$\hat{\beta}_1$ 使得

$$Q(\hat{\beta}_0,\hat{\beta}_1)=\min Q(\beta_0,\beta_1)$$

可以解出

$$\begin{cases} \hat{\beta}_0 = \bar{y} - \hat{\beta}_1 \bar{x} \\ \hat{\beta}_1 = \dfrac{\sum\limits_{i=1}^{n} x_i y_i - n\bar{x}\bar{y}}{\sum\limits_{i=1}^{n} x_i^2 - n\bar{x}^2} \end{cases}$$

若记

$$L_{xy} = \sum_{i=1}^{n}(x_i - \bar{x})(y_i - \bar{y}) = \sum_{i=1}^{n} x_i y_i - n\bar{x}\bar{y}, \quad L_{xx} = \sum_{i=1}^{n}(x_i - \bar{x})^2 = \sum_{i=1}^{n} x_i^2 - n\bar{x}^2$$

则

$$\hat{\beta}_0 = \bar{y} - \hat{\beta}_1 \bar{x}, \quad \hat{\beta}_1 = L_{xy}/L_{xx}$$

用这种方法求出的估计 $\hat{\beta}_i (i=0,1)$ 称为 β_i 的最小二乘估计,回归方程为 $\hat{y} = \hat{\beta}_0 + \hat{\beta}_1 x = \bar{y} + \hat{\beta}_1 (x - \bar{x})$。

2. σ^2 的无偏估计

记 $Q_e = Q(\hat{\beta}_0, \hat{\beta}_1) = \sum\limits_{i=1}^{n}(y_i - \hat{\beta}_0 - \hat{\beta}_1 x_i)^2 = \sum\limits_{i=1}^{n}(y_i - \hat{y}_i)^2$,称 Q_e 为残差平方和或剩余平方和。

σ^2 的无偏估计为 $\hat{\sigma}_e^2 = \dfrac{Q_e}{n-2}$,称 $\hat{\sigma}_e^2$ 为剩余方差(残差的方差),称 $\hat{\sigma}_e$ 为剩余标准差。$\hat{\sigma}_e^2$ 分布与 $\hat{\beta}_0$、$\hat{\beta}_1$ 独立。$\hat{\sigma}_e$ 越接近零,说明回归方程 $y = \beta_0 + \beta_1 x + \varepsilon$ 越显著。

4.2.2 检验、预测与控制

1. 回归方程的显著性检验

实际工作中,我们事先断定的 y 与 x 之间的线性关系只是一种假设,尽管这种假设也是有一定依据的,但是,求出回归方程后还需要将次方程同实际数据拟合的效果进行检验。对于方程 $y = \beta_0 + \beta_1 x + \varepsilon$,当 $|\beta_1|$ 越大,y 随 x 变化的趋势就越明显;反之,则不明显。当 $\beta_1 = 0$ 时,认为 y 与 x 不存在线性关系;当 $\beta_1 \neq 0$ 时,认为 y 与 x 存在线性关系。因此问题归结为对假设 $H_0: \beta_1 = 0; H_1: \beta_1 \neq 0$ 进行检验。若原假设 $H_0: \beta_1 = 0$ 被拒绝,则回归显著,认为 y 与 x 存在线性关系,所求的回归方程有意义;否则回归不显著,y 与 x 的关系不能用一元线性回归模型来描述,所得方程也无意义。

常用的检验方法有以下三种:

(1) t 检验法

当 H_0 成立时,$T = \dfrac{\sqrt{L_{xx}} \hat{\beta}_1}{\hat{\sigma}_e} \sim t(n-2)$,故当 $|T| > t_{\alpha/2}(n-2)$ 时拒绝 H_0;否则接受 H_0。

(2) F 检验法

当 H_0 成立时，$F=\dfrac{\sum\limits_{i=1}^{n}(\hat{y}_i-\bar{y})^2}{Q_e/(n-2)} \sim F(1,n-2)$，故 $F>F_\alpha(1,n-2)$ 时拒绝 H_0；否则接受 H_0。

(3) r 检验法

记 $r=\dfrac{\sum\limits_{i=1}^{n}(x_i-\bar{x})(y_i-\bar{y})}{\sqrt{\sum\limits_{i=1}^{n}(x_i-\bar{x})^2 \sum\limits_{i=1}^{n}(y_i-\bar{y})^2}}=\dfrac{L_{xy}}{\sqrt{L_{xx}L_{yy}}}$ 称为样本相关系数，简称相关系数。r 可以用来刻画 y 与 x 之间线性相关的密切程度。当 $|r|>r_\alpha(n-2)$ 时拒绝 H_0，否则接受 H_0。

2. 回归系数的置信区间

β_0、β_1 置信水平为 $1-\alpha$ 的置信区间分别为

$$\left[\hat{\beta}_0-t_{\alpha/2}(n-2)\hat{\sigma}_e\sqrt{\dfrac{1}{n}+\dfrac{\bar{x}^2}{L_{xx}}},\hat{\beta}_0+t_{\alpha/2}(n-2)\hat{\sigma}_e\sqrt{\dfrac{1}{n}+\dfrac{\bar{x}^2}{L_{xx}}}\right]$$

和

$$\left[\hat{\beta}_1-t_{\alpha/2}(n-2)\hat{\sigma}_e/\sqrt{L_{xx}},\hat{\beta}_1+t_{\alpha/2}(n-2)\hat{\sigma}_e/\sqrt{L_{xx}}\right]$$

σ^2 置信水平为 $1-\alpha$ 的置信区间为

$$\left[\dfrac{Q_e}{\chi^2_{\alpha/2}(n-2)},\dfrac{Q_e}{\chi^2_{1-\alpha/2}(n-2)}\right]$$

3. 预测与控制

(1) 预 测

用 y_0 的回归值 $\hat{y}_0=\hat{\beta}_0+\hat{\beta}_1 x_0$ 作为 y_0 的预测值，y 的置信水平为 $1-\alpha$ 的置信区间是 $[\hat{y}_0-\delta(x_0),\hat{y}_0+\delta(x_0)]$，其中 $\delta(x_0)=\hat{\sigma}_e t_{\alpha/2}(n-2)\sqrt{1+\dfrac{1}{n}+\dfrac{(x_0-\bar{x})^2}{L_{xx}}}$。特别地，当 n 很大且 x_0 在 $\bar{x}$ 附近取值时，y 的置信水平为 $1-\alpha$ 的预测区间近似为 $[\hat{y}_0-\hat{\sigma}_e z_{\alpha/2},\hat{y}_0+\hat{\sigma}_e z_{\alpha/2}]$。此时的预测带是平行于回归直线在两平行线之间的部分。做这种近似使预测工作得到简化，特别在应用中，经常取 $\alpha=0.05,z_{\alpha/2}=z_{0.025}=1.96$；$\alpha=0.01,z_{\alpha/2}=z_{0.005}=2.58$。也就是说，$y$ 的置信水平为 95% 与 99% 的预测区间分别近似为

$$[\hat{y}_0-1.96\hat{\sigma}_e,\hat{y}_0+1.96\hat{\sigma}_e],\quad [\hat{y}_0-2.58\hat{\sigma}_e,\hat{y}_0+2.58\hat{\sigma}_e]$$

(2) 控 制

所谓控制问题是只通过控制 x 的值，以便把 y 的值控制在指定的范围之内。也就是说，当 $y=\beta_0+\beta_1 x+\varepsilon$ 的值以 $1-\alpha$ 的概率落在指定区间 (y'_1,y'_2) 时，变量 x 应控制

在什么范围内?

只要控制 x 满足两个不等式:$\hat{y}-\delta(x) \geqslant y'_1$ 和 $\hat{y}+\delta(x) \leqslant y'_2$,要求 $y'_2-y'_1 \geqslant 2\delta(x)$。若 $\hat{y}-\delta(x) \geqslant y'_1, \hat{y}+\delta(x) \leqslant y'_2$ 分别有解 x'_1, x'_2,即 $\hat{y}-\delta(x'_1)=y'_1, \hat{y}+\delta(x'_2)=y'_2$,则 (x'_1, x'_2) 就是所求的 x 的控制区间。

4.2.3 回归分析命令

MATLAB 统计工具箱主要提供了多元线性回归、一元多项式回归、多元二项式回归等命令,主要函数如表 1-4.2 所列。

表 1-4.2　MATLAB 统计工具箱的回归分析命令

类　型	命　令	功　能
多元线性回归	b=regress(Y,X)	确定回归系数点估计值
	[b,bint,r,rint,stats]=regress(Y,X,alpha)	求回归系数的点估计和区间估计,并检验回归模型
	rcoplot(r,rint)	作残差图及其置信区间
一元多项式回归	[p,s]=polyfit(x,y,m)	确定多项式系数
	polytool(x,y,m)	一元多项式回归命令
	Y=polyval(p,x)	求回归多项式在 x 处的预测值 y
	[Y,DELTA]=polyconf(p,x,S,alpha)	预测值 y 及其显著性为 alpha 的置信区间为 Y±DELTA;alpha 的缺省值为 0.05
多元二项式回归	Rstool(x,y,'model',alpha) model:linear,purequadratic,interaction,quadratic	多元回归命令,其中的 model 可选线性、纯二次、交叉、完全二次

若为一元线性回归方程:
$$y=\beta_0+\beta_1 x$$
则表 1-4.2 命令中各符号意义如下:

① $\boldsymbol{Y}=\begin{bmatrix} y_1 \\ y_2 \\ \vdots \\ y_n \end{bmatrix}, \boldsymbol{X}=\begin{bmatrix} 1 & x_1 \\ 1 & x_2 \\ \vdots & \vdots \\ 1 & x_n \end{bmatrix}, \boldsymbol{\beta}=\begin{bmatrix} \beta_0 \\ \beta_1 \end{bmatrix}$。

② alpha 为显著水平,缺省值为 0.05。

③ bint 为回归系数的区间估计。

④ r 为残差,rint 为残差的置信区间。

⑤ stats 为检验回归模型的统计量,包含四个数值。第一个是相关系数 r^2;第二个是 F 值;第三个是 $F(1,n-2)$ 分布大于 F 值的概率 p,$p < \alpha$ 时拒绝 H_0,回归模型有效;第四个是剩余方差。

4.2.4 身高问题

对于女孩身高问题,先画出散点图,如图 1-4.1 所示。

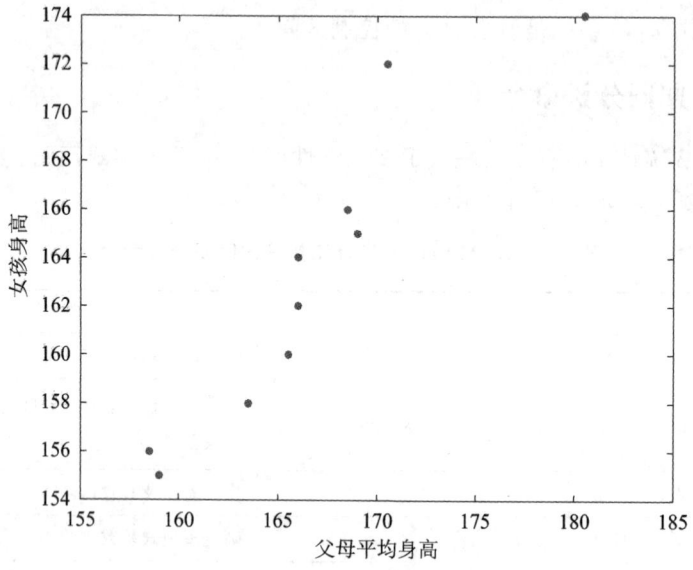

图 1-4.1 女孩身高散点图

从女孩身高散点图可以看出,父母平均身高和女孩身高大致呈线性,因此可建立一元线性回归模型:

$$\begin{cases} y = \beta_0 + \beta_1 x + \varepsilon \\ \varepsilon \sim N(0, \sigma^2) \end{cases}$$

其中,y 是女孩的身高,x 是父母的平均身高,ε 是随机误差项。

利用线性回归命令 regress 求解模型,所得结果如表 1-4.3 所列。

表 1-4.3 身高问题回归分析表(1)

参　数	参数估计值	参数置信区间
β_0	5.009 9	[−44.154 0, 54.173 8]
β_1	0.949 0	[0.654 2, 1.243 7]
$R^2 = 0.873\ 3$, $F = 55.123\ 5$, $P < 0.001$		

统计量值 $F = 55.123\ 5$,对应的 $P < 0.001$,说明回归方程整体有效;判决系数 $R^2 = 0.873\ 3$,说明该模型拟合优度不错,自变量 x 对因变量 y 有不平凡的解释作用,可以解释模型的 87.33%。同时 β_1 的置信区间不包含零点,系数估计有效。

回归方程为

$$y = 5.01 + 0.95x$$

进而可以对女孩的身高做出预测,父母平均身高为 $x_0 = 208$ cm,女孩的预测身高 $y_0 = 202.391\ 7$,y_0 的 95% 的置信区间为 [188.91, 215.88]。

将上述步骤编写成 MATLAB 程序如下：

```
x = [158.5 170.5 166 163.5 166 168.5 165.5 159 180.5 169]';
y = [156 172 162 158 164 166 160 155 174 165]';
figure;
plot(x,y,'r.','markersize',15);
xlabel('父母平均身高(x)');
ylabel('女孩身高(y)');
R = corrcoef(x,y)
n = 10
X = [ones(n,1) x];
[b1,bi1,r1,ri1,s1] = regress(y,X)      % 回归
rcoplot(r1,ri1)                        % 画残差图，见图 1-4.2
xnew = [1,208];
ynew = b1 * xnew;
```

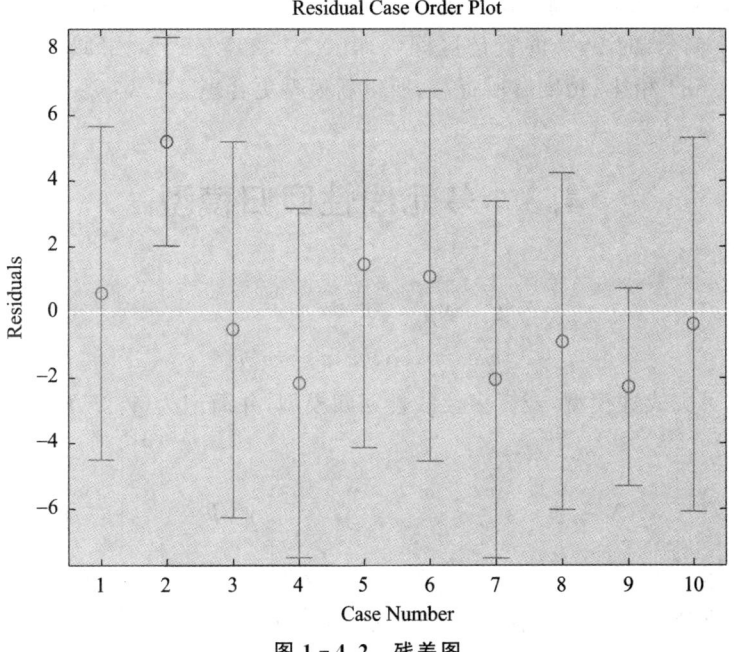

图 1-4.2 残差图

从残差图可以看出，第二个点为异常点，去掉异常值后重新做回归。程序如下：

```
X1 = X;
y1 = y;
X(2,:) = []                            % 剔除第二行异常值
y(2,:) = []                            % 剔除 y 中第二个异常值
X2 = X;
y2 = y;
% %
```

```
[b2,bi2,r2,ri2,s2] = regress(y2,X2)        % 剔除异常值后重新回归
```

回归结果如表 1-4.4 所列。

表 1-4.4 身高问题回归分析表(2)

参　数	参数估计值	参数置信区间
β_0	15.267 6	[-15.787 5, 46.332 7]
β_1	0.883 8	[0.697 1, 1.070 4]
	$R^2 = 0.947\ 1$,　$F = 125.375\ 3$,　$P < 0.001$	

统计量值 $F = 125.375\ 3$, 大于原模型中的 F 值, 对应的 $P < 0.001$, 说明回归方程整体有效; 判决系数 $R^2 = 0.947\ 1$, 拟合优度优于原模型, 自变量 x 对因变量 y 的解释由 87.33% 提高到了 94.71%。

回归方程为

$$y = 15.27 + 0.88x$$

进而可以对女孩的身高做出预测, 父母平均身高为 $x_0 = 208$ cm, 女孩的预测身高 $y_0 = 199.095\ 9$, y_0 的 95% 的置信区间为 [190.51, 207.68]。跟原模型的置信区间 [188.91, 215.88] 相比, 精度有所提高, 所以新模型更合理。

4.3　多元线性回归模型

一般称

$$\begin{cases} \boldsymbol{Y} = \boldsymbol{X}\boldsymbol{\beta} + \boldsymbol{\varepsilon} \\ E\boldsymbol{\varepsilon} = 0, \text{cov}(\boldsymbol{\varepsilon}, \boldsymbol{\varepsilon}) = \sigma^2 I_n \end{cases} \quad (4.3)$$

为高斯-马尔可夫线性模型, 或者多元线性回归模型, 并简记为 $(\boldsymbol{Y}, \boldsymbol{X}, \boldsymbol{\beta}, \sigma^2 I_n)$。其中,

$$\boldsymbol{Y} = \begin{bmatrix} y_1 \\ y_2 \\ \vdots \\ y_n \end{bmatrix}, \quad \boldsymbol{X} = \begin{bmatrix} 1 & x_{11} & x_{12} & \cdots & x_{1k} \\ 1 & x_{21} & x_{22} & \cdots & x_{2k} \\ \vdots & \vdots & \vdots & & \vdots \\ 1 & x_{n1} & x_{n2} & \cdots & x_{nk} \end{bmatrix}, \quad \boldsymbol{\beta} = \begin{bmatrix} \beta_0 \\ \beta_1 \\ \vdots \\ \beta_k \end{bmatrix}, \quad \boldsymbol{\varepsilon} = \begin{bmatrix} \varepsilon_0 \\ \varepsilon_1 \\ \vdots \\ \varepsilon_n \end{bmatrix}$$

对式(4.3)取期望, 得 $y = \beta_0 + \beta_1 x_1 + \cdots + \beta_k x_k$, 称为回归平面方程。

线性模型 $(\boldsymbol{Y}, \boldsymbol{X}, \boldsymbol{\beta}, \sigma^2 I_n)$ 考虑的主要问题是:

① 用样本值对未知参数 $\boldsymbol{\beta}$ 和 $\boldsymbol{\sigma}^2$ 做点估计和假设检验, 从而建立 y 与 $x_1, x_2, \cdots, x_k$ 之间的数量关系。

② 在 $x_1 = x_{01}, x_2 = x_{02}, \cdots, x_k = x_{0k}$ 处对 y 做预测与控制, 即对 y 做区间估计。

4.3.1　回归系数的估计

1. 对 β_i 和 σ^2 做估计

用最小二乘法求 $\beta_0, \beta_1, \cdots, \beta_k$ 的估计量: 做离差平方和, 即

$$Q_e = \sum_{i=1}^{n}(y_i - \beta_0 - \beta_1 x_{i1} - \cdots - \beta_k x_{ik})^2$$

选择 $\beta_0, \beta_1, \cdots, \beta_k$ 使 Q 达到最小值。解得估计值 $\hat{\boldsymbol{\beta}} = (\boldsymbol{X}^T \boldsymbol{X})^{-1}(\boldsymbol{X}^T \boldsymbol{Y})$，得到的 $\hat{\beta}_i$ 代入回归方程，得 $\hat{y} = \hat{\beta}_0 + \hat{\beta}_1 x_1 + \cdots + \hat{\beta}_k x_k$，称之为经验回归平面方程，称 $\hat{\beta}_i$ 为经验回归系数。

同一元回归类似，用最小二乘法可得 σ^2 的无偏估计：

$$S^2 = \hat{\sigma}_2 = \frac{Q_e}{n-k-1} = \frac{\sum_{i=1}^{n}(y_i - \hat{y}_i)^2}{n-k-1}$$

2. 多项式回归

设变量 x、Y 的回归模型为

$$Y = \beta_0 + \beta_1 x + \beta_2 x^2 + \cdots + \beta_p x^p + \varepsilon \tag{4.4}$$

其中，p 是已知的，$\beta_i (i=1,2,\cdots,p)$ 是未知参数，$\varepsilon \sim N(0, \sigma^2)$。对式(4.4)取期望后得 $Y = \beta_0 + \beta_1 x + \beta_2 x^2 + \cdots + \beta_p x^p$，称之为多项式回归。

令 $x_i = x^i (i=1,2,\cdots,p)$ 多项式回归变为多元线性回归模型。当 $p=2$ 时为抛物线回归。

4.3.2 检验与预测

1. 回归方程的显著性检验

假设

$$H_0: \beta_0 = \beta_1 = \cdots = \beta_k = 0$$

F 检验法：

当 H_0 成立时，$F = \dfrac{\sum_{i=1}^{n}(\hat{y}_i - \bar{y})^2 / k}{Q_e / (n-k-1)} \sim F(k, n-k-1)$。如果 $F > F_\alpha(k, n-k-1)$，则拒绝 H_0，认为 y 与 $x_1, x_2, \cdots, x_k$ 之间有显著的线性关系；否则就接受 H_0，认为 y 与 $x_1, x_2, \cdots, x_k$ 之间线性关系不显著。其中 $Q_e = \sum_{i=1}^{n}(y_i - \hat{y}_i)^2$。

2. 回归系数的显著性检验

假设

$$H_0: \beta_j = 0, \quad H_1: \beta_j \neq 0 \quad (j=1,2,\cdots,k)$$

t 检验法：

当 H_0 成立时，$t = \dfrac{\hat{\beta}_j}{\sqrt{C_{jj}} S} \sim t(n-k-1)$。如果 $|t| > t_{\alpha/2}(n-k-1)$，则拒绝 H_0，认为 β_j 显著不为零，回归系数 β_j 有效；否则就接受 H_0，认为 β_j 显著为零，回归系数 β_j

无效。其中 $S^2 = \hat{\sigma}^2 = \dfrac{Q_e}{n-k-1} = \dfrac{\sum_{i=1}^{n}(y_i - \hat{y}_i)^2}{n-k-1}$。

3. 预测

当模型通过显著性检验后，可由自变量的任一给定值 $x = (x_1, x_2, \cdots, x_k)$ 预测因变量 y 的理论值 $\hat{y}$，显然 $\hat{y} = \hat{\beta}_0 + \hat{\beta}_1 x_1 + \cdots + \hat{\beta}_k x_k$。与一元线性回归一样，$\hat{y}$ 是无偏的，并且均方误差 $E(\hat{y} - y)^2$ 最小。

在给定显著水平 α 下，y 的预测区间为
$$[\hat{y} - \delta(x), \hat{y} + \delta(x)]$$
其中
$$\delta(x) = \hat{\sigma}_e t_{\alpha/2}(n-k-1)\sqrt{1 + \frac{1}{n} + (x - \bar{x})^{\mathrm{T}}(\widetilde{X}^{\mathrm{T}}\widetilde{X})^{-1}(x - \bar{x})}$$

特别地，当 n 很大且 x 在 $\bar{x}$ 附近取值时，上述预测区间可简化为 $[\hat{y} - \hat{\sigma}_e z_{\alpha/2}, \hat{y} + \hat{\sigma}_e z_{\alpha/2}]$。

4.3.3 回归分析命令

MATLAB 统计工具箱主要提供了多元线性回归、一元多项式回归、多元二项式回归等命令，主要函数同表 1-4.2。

若为多元线性回归方程：
$$y = \beta_0 + \beta_1 x_1 + \cdots + \beta_k x_k$$
则表 1-4.2 命令中各符号意义如下：

① $Y = \begin{bmatrix} y_1 \\ y_2 \\ \vdots \\ y_n \end{bmatrix}, X = \begin{bmatrix} 1 & x_{11} & x_{12} & \cdots & x_{1k} \\ 1 & x_{21} & x_{22} & \cdots & x_{2k} \\ \vdots & \vdots & \vdots & & \vdots \\ 1 & x_{n1} & x_{n2} & \cdots & x_{nk} \end{bmatrix}, \beta = \begin{bmatrix} \beta_0 \\ \beta_1 \\ \vdots \\ \beta_k \end{bmatrix}$。对一元线性回归，取 $k=1$ 即可。

② alpha 为显著水平，缺省值为 0.05。

③ bint 为回归系数的区间估计。

④ r 为残差，rint 为残差的置信区间。

⑤ stats 为检验回归模型的统计量，包含四个数值。第一个是相关系数 r^2；第二个是 F 值；第三个是 $F(1, n-2)$ 分布大于 F 值的概率 p，$p < \alpha$ 时拒绝 H_0，回归模型有效；第四个是剩余方差。

4.3.4 牙膏销量问题

收集了 30 个销售周期本公司牙膏销售量、价格、广告费用，以及同期其他厂家同类牙膏的平均售价，如表 1-4.5 所列；试建立牙膏销售量与价格、广告投入之间的模型，

预测在不同价格和广告费用下的牙膏销售量。

表 1-4.5 牙膏销量问题数据表

销售周期	本公司价格/元	其他厂家价格/元	广告费用/百万元	价格差/元	销售量/百万只
1	3.85	3.80	5.50	−0.05	7.38
2	3.75	4.00	6.75	0.25	8.51
⋮	⋮	⋮	⋮	⋮	⋮
29	3.80	3.85	5.80	0.05	7.93
30	3.70	4.25	6.80	0.55	9.26

设牙膏销量为因变量 y，影响 y 的因素不光有价格，还有广告费用，即与 y 有关联的自变量不止一个时，就需要用到多元回归模型。

设公司牙膏销量为 y，其他厂家与本公司价格差为 x_1，公司广告费用为 x_2，分别画出 y 和 x_1，y 和 x_2 的散点图，见图 1-4.3。

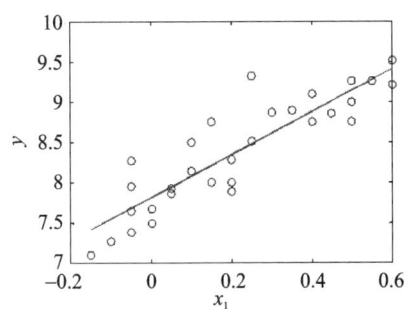
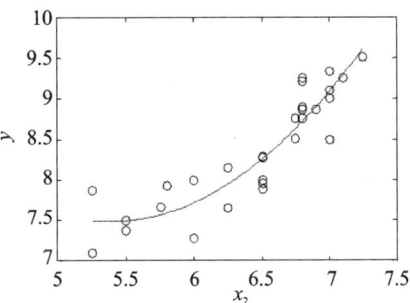

图 1-4.3 牙膏销量-价格散点图

由散点图可以看出，y 和 x_1 大致呈线性关系，y 和 x_2 大致呈二次函数关系，可采用线性回归模型。设

$$y = \beta_0 + \beta_1 x_1 + \beta_2 x_2 + \beta_3 x_2^2 + \varepsilon$$

然后输入具体数据，由 MATLAB 得到结果，如表 1-4.6 所列。

表 1-4.6 牙膏问题回归分析表(1)

参 数	参数估计值	参数置信区间
β_0	17.324 4	[5.728 2, 28.920 6]
β_1	1.307 0	[0.682 9, 1.931 1]
β_2	−3.695 6	[−7.498 9, 0.107 7]
β_3	0.348 6	[0.037 9, 0.659 4]
$R^2 = 0.905\ 4, F = 82.940\ 9, P < 0.001$		

统计量值 $F=82.9409$，对应的 $P<0.001$，说明回归方程整体有效；判决系数 $R^2=0.9054$，说明该模型拟合优度不错，y 的 90.54% 可由模型决定。同时，β_1、β_3 的置信区间不包含零点，这两个系数估计有效，但是 β_2 的置信区间包含零点(右端点距零点很近)，表明 x_2 对 y 的影响不太显著，由于 x_2^2 对 y 的影响显著，可将 x_2 保留在模型中。

回归方程为

$$y=17.3244+1.307x_1-3.6956x_2+0.3486x_2^2$$

进而可以对销售量做出预测，当价格差为 $x_1=0.2$(元)，广告费用 $x_2=650$(万元)时，销售量的预测值为 $y=8.2933$(百万只)，y 的 95% 的置信区间为 $[7.8230,8.7636]$。上限用作库存管理的目标值，下限用来把握公司的现金流。若估计 $x_3=3.9$，设定 $x_4=3.7$，则有 95% 的把握销售额在 $7.8320\times 3.7\approx 29$(百万元)以上。

编写程序如下：

```
m = dlmread('toothpaste.txt');
y = m(:,2);
x1 = m(:,3);
x2 = m(:,4);
figure
plot(x1,y,'ro');
xlabel('')
figure
plot(x2,y,'ro')
x = [x1 x2 x2.^2];
mdl1 = fitlm(x,y);
bi = coefCI(mdl1);            % 估计参数的置信水平为95%的置信区间
figure;
plotResiduals(mdl1,'fitted');  % 绘制残差与拟合值图
xnew = [0.2 6.5 6.5^2];        % 预测
[ynew,yci] = predict(mdl1,xnew); % 预测值和预测区间
```

在上述模型中，假设 x_1、x_2 之间是相互独立的，但实际生活中价格差与广告费用之间不一定独立，两者可能存在交互作用。在模型中加入交互项再做回归，建立模型如下：

$$y=\beta_0+\beta_1 x_1+\beta_2 x_2+\beta_3 x_2^2+\beta_4 x_1 x_2+\varepsilon$$

输入具体数据，由 MATLAB 得到结果，如表 1-4.7 所列。

表 1-4.7 牙膏问题回归分析表(2)

参　数	参数估计值	参数置信区间
β_0	29.113 3	[13.7.13, 44.525 2]
β_1	11.134 2	[1.977 8, 20.290 6]
β_2	-7.608 0	[-12.693 2, -2.522 8]
β_3	0.671 2	[0.253 8, 1.088 7]
β_4	-1.477 7	[-2.851 8, -0.103 7]
$R^2 = 0.920\ 9, F = 72.777\ 1, P < 0.001$		

统计量值 $F = 72.777\ 1$，对应的 $P < 0.001$，说明回归方程整体有效；判决系数 $R^2 = 0.920\ 9$，说明该模型拟合优度不错，y 的 92.09% 可由模型决定。同时 $\beta_1, \beta_2, \beta_3, \beta_4$ 的置信区间均不包含零点，这四个系数估计都有效。

回归方程为

$$y = 29.113\ 3 + 11.134\ 2x_1 - 7.608\ 0x_2 + 0.671\ 2x_2^2 - 1.477\ 7x_1x_2$$

进而可以对销售量做出预测，当价格差为 $x_1 = 0.2$(元)，广告费用 $x_2 = 650$(万元)时，销售量的预测值为 $y = 8.327\ 2$(百万只)，y 的 95% 的置信区间为 [7.895 3, 8.759 2]。跟原模型的预测值 $y = 8.293\ 3$(百万只)，y 的 95% 的置信区间 [7.823 0, 8.763 6] 相比，预测值略有提高，但预测区间更短，模型精度更高。

编写程序如下：

```
% 增加交叉项
xx = [x x1.*x2];
mdl2 = fitlm(xx,y);

bi2 = coefCI(mdl2);
xxnew = [0.2 6.5 6.5^2 0.2*6.5];
[ynew,yci] = predict(mdl2,xxnew);
```

习　题

1. 某商品的需求量与消费者的平均收入、商品价格的统计数据如下：

需求量	100	75	80	70	50	65	90	100	110	60
收入	1 000	600	1 200	500	300	400	1 300	1 100	1 300	300
价格	5	7	6	6	8	7	5	4	3	9

建立回归模型，预测平均收入为 1 000、价格为 6 时的商品需求量。

2. 世界卫生组织颁布的"体重指数"的定义是体重(kg)除以身高(m)的平方，显然它比体重本身更能反映人的胖瘦。下面给出 30 个人的数据：

序号	血压 y	年龄 x_1	体重指数 x_2	吸烟习惯 x_3	序号	血压 y	年龄 x_1	体重指数 x_2	吸烟习惯 x_3
1	144	39	24.2	0	16	130	48	22.2	1
2	215	47	31.1	1	17	135	45	27.4	0
3	138	45	22.6	0	18	114	18	18.8	0
4	145	47	24	1	19	116	20	22.6	0
5	162	65	25.9	1	20	124	19	21.5	0
6	142	46	25.1	0	21	136	36	25	0
7	170	67	29.5	1	22	142	50	26.2	1
8	124	42	19.7	0	23	120	39	23.5	0
9	158	67	27.2	1	24	120	21	20.3	0
10	154	56	19.3	0	25	160	44	27.1	1
11	162	64	28	1	26	158	53	28.6	1
12	150	56	25.8	1	27	144	63	28.3	0
13	140	59	27.3	0	28	130	29	22	1
14	110	34	20.1	0	29	125	25	25.3	0
15	128	42	21.7	0	30	175	69	27.4	1

试建立血压与年龄和体重指数之间的模型,做回归分析。如果还记录了他(她)们的吸烟习惯(表中 0 表示不吸烟,1 表示吸烟),怎样在模型中考虑这个因素,吸烟会使血压升高吗?对 50 岁、体重指数为 25 的吸烟者的血压做预测。

第5章　如何决策——了解数学规划模型

数学规划俗称最优化,是指在一定的资源和条件限制下,将某一个目标最大化或最小化。其从数学的角度表达人们处理实际问题时所遵循的一种理念,即将实际问题转化成数学问题(建立数学规划模型),并设计一种合适的求解算法,将数学问题的求解结果与实际问题的状况进行比较分析,验证这种数理分析的合理性,并试图给出实际问题的解决方案。规划问题在实际生产、生活中随处可见,从而规划模型的应用极其广泛,其作用已越来越被人们所重视。本章在阐述数学规划模型的基础上,重点介绍0-1整数规划。

5.1　数学规划概述

5.1.1　引例1——超市大赢家

为奖励圆满完成任务的优秀员工,王老板联合某超市开展了一项"超市大赢家,你购物我买单"的活动。活动规则如下:

每人一辆购物车(容量为1 000 dm³),可从给定的50种商品中任意选取,购物车装满为止。已知商品 i 所占空间为 v_i(dm³),价值为 w_i(元),数据如表1-5.1所列。

注:这里不考虑商品的空间形状,即只要体积够就能放下。

表1-5.1　商品规格

商品	体积	价值	商品	体积	价值	商品	体积	价值
1	1	1	18	22	82	35	40	100
2	32	118	19	72	180	36	30	60
3	35	98	20	32	96	37	50	80
4	10	20	21	30	73	38	65	66
5	30	105	22	50	120	39	40	125
6	38	100	23	45	75	40	48	122
7	25	95	24	30	88	41	82	208
8	85	198	25	60	72	42	10	58
9	10	15	26	66	165	43	20	69
10	25	50	27	50	155	44	25	63

续表 1-5.1

商品	体积	价值	商品	体积	价值	商品	体积	价值
11	70	192	28	70	180	45	4	5
12	80	220	29	50	70	46	55	160
13	20	65	30	15	30	47	28	90
14	60	110	31	22	115	48	25	158
15	20	56	32	30	77	49	4	8
16	2	3	33	10	10	50	32	101
17	50	162	34	55	130			

(1) 若每种商品限取一件,那么选取哪些商品?

(2) 若一种商品可以取多件,那么选取哪些商品?分别取几件?

分析:我们决策的目标是选取的商品价值最高,约束是拿出的商品体积总和不能超过购物车容量。

对于问题(1),决策变量是每种商品的"取"或"不取"。不妨引入表示标号为 i 的商品"取"或"不取"的 0-1 变量 x_i,即令

$$x_i = \begin{cases} 0, & \text{不选商品 } i \\ 1, & \text{选取商品 } i \end{cases}$$

则原问题可归结为

$$\max \sum_{i=1}^{50} x_i w_i$$

$$\text{s.t.} \begin{cases} \sum_{i=1}^{50} x_i v_i \leqslant 1\,000 \\ x_i = 0 \text{ 或 } 1 \end{cases}$$

对于问题(2),一种商品可以取多件,决策变量是每种商品取的"件数"。这里"件数"只能取非负整数,即自然数。不妨假设标号为 i 的商品取 y_i 件,则原问题可归结为

$$\max \sum_{i=1}^{50} y_i w_i$$

$$\text{s.t.} \begin{cases} \sum_{i=1}^{50} y_i v_i \leqslant 1\,000 \\ y_i \in \mathbf{N} \end{cases}$$

5.1.2 引例 2——如何选课

某校给出可供运筹学专业学生选修的课程列表(见表 1-5.2),包括课程编号(课号)、课程名称(课名)、学分、所属类别和修课要求。学校规定每人至少选修两门数学课、三门运筹学课和两门计算机课。试给出下面两种情形下的最优选课策略:

(1) 为了使选修课程门数最少,应学习哪些课程?
(2) 选修课程最少且学分尽量多,应学习哪些课程?

表 1-5.2 学生选修的课程列表

课 号	课 名	学 分	所属类别	选修课要求
1	微积分	5	数学	
2	线性代数	4	数学	
3	最优化方法	4	数学,运筹学	微积分,线性代数
4	数据结构	3	数学,计算机	计算机编程
5	应用统计	4	数学,运筹学	微积分,线性代数
6	计算机模拟	3	计算机,运筹学	计算机编程
7	计算机编程	2	计算机	
8	预测理论	2	运筹学	应用统计
9	数学实验	3	运筹学,计算机	微积分,线性代数

分析:显然,这里决策变量是每门课的"选"或"不选",不妨引入表示课号为 i 的课程"选"或"不选"的 0-1 变量 x_i,即令

$$x_i = \begin{cases} 0, & \text{不选课号为 } i \text{ 的课程} \\ 1, & \text{选课号为 } i \text{ 的课程} \end{cases}$$

对于问题(1),目标是所选课程门数最少,约束条件包括学校的规定(至少选修两门数学课、三门运筹学课和两门计算机课)和课程性质要求(选修课要求)。原问题可归结为

$$\min Z = \sum_{i=1}^{9} x_i$$

$$\text{s.t.} \begin{cases} x_1 + x_2 + x_3 + x_4 + x_5 \geqslant 2 \\ x_3 + x_5 + x_6 + x_8 + x_9 \geqslant 3 \\ x_4 + x_6 + x_7 + x_9 \geqslant 2 \\ 2x_3 \leqslant x_1 + x_2 \\ 2x_5 \leqslant x_1 + x_2 \\ 2x_9 \leqslant x_1 + x_2 \\ x_4 \leqslant x_7, x_6 \leqslant x_7, x_8 \leqslant x_5 \\ x_i = 0 \text{ 或 } 1 \end{cases}$$

对于问题(2),"选修课程最少且学分尽量多",目标有两个:一是课程门数最少;二是学分最多。需增加如下目标:

$$\max W = 5x_1 + 4x_2 + 4x_3 + 3x_4 + 4x_5 + 3x_6 + 2x_7 + 2x_8 + 3x_9$$

上述两个例子就是我们今天要介绍的数学规划。其一般形式为

$$\max(\min) \ f(\boldsymbol{x})$$
$$\text{s. t. } \boldsymbol{x} \in X$$

其中，$\boldsymbol{x}$ 是一个 n 维向量，被称为决策变量；X 是满足约束条件的点的集合，称为可行域；$f(x)$ 是目标函数。

决策变量、目标函数和可行域构成了数学规划问题的三要素。根据规划问题的结构，可对其进行不同的分类：若 $X = \mathbf{R}^n$，则称之为无约束优化；若 $X \neq \mathbf{R}^n$，则称之为约束优化问题。若目标函数和约束函数均为线性函数且决策变量为连续变量，称之为线性规划；若目标函数或约束函数至少有一个为非线性函数，则称之为非线性规划。若决策变量只取离散值，则称之为离散优化；特别地，当部分或全部决策变量只能取整数时，为整数规划；进一步，若决策变量只能取 0 或 1，则称之为 0-1 规划。引例中的两个问题都属于 0-1 线性规划问题，其一般的解法是隐枚举法。

正如计算机只懂得 0、1 两个数，1 代表是，0 代表否。同样地，在 0-1 整数规划中 0 和 1 并不是真正意义上的数，而是一个衡量事件是否发生的标准。一般来说，当我们要从多个事物中选出其中一部分，在一定的条件下求解最优解时，可考虑采用 0-1 规划。

事实上，在处理实际问题时，将其归结为一个数学规划问题是很重要的一步，但往往也是很困难的一步，这个过程即建模。模型建好后，就是对模型进行求解。然后将求解结果返回问题，给出解决方案，问题得以解决。在所有过程中，选择合适的决策变量，是第一步也是关键的一步。

5.2　0-1 规划问题的 MATLAB 求解

MATLAB 提供了求解整数线性规划问题的函数 intlinprog。其基本语法格式如下：

intlinprog(f, intcon, A, b, Aeq, beq, lb, ub)

在使用该函数时，必须将规划问题转化为如下标准形式：

$$\min z = \boldsymbol{f}^\mathrm{T} \boldsymbol{x}$$
$$\text{s. t.} \begin{cases} \boldsymbol{x}(\text{intcon}) \text{ 为整数} \\ \boldsymbol{A} \cdot \boldsymbol{x} \leqslant \boldsymbol{b} \\ \boldsymbol{Aeq} \cdot \boldsymbol{x} = \text{beq} \\ \text{lb} \leqslant \boldsymbol{x} \leqslant \text{ub} \end{cases}$$

其中，$\boldsymbol{f}$，$\boldsymbol{x}$，intcon，$\boldsymbol{b}$，beq，lb，ub 都是列向量，$\boldsymbol{A}$，Aeq 是矩阵。intcon 为 $\boldsymbol{x}$ 取整数的下标集，约束条件包含若干不等式 $\boldsymbol{A} \cdot \boldsymbol{x} \leqslant \boldsymbol{b}$ 和若干等式 Aeq $\cdot \boldsymbol{x} = $ beq。$\boldsymbol{A}$、$\boldsymbol{b}$，Aeq、beq 分别代表二者的系数矩阵及右端向量。若不等式全缺省，则置 $\boldsymbol{A} = [\ ]$，$\boldsymbol{b} = [\ ]$；若等式全缺省，则置 Aeq$= [\ ]$，beq$= [\ ]$。lb，ub 给出变量 $\boldsymbol{x}$ 取值的下界和上界。

【例1】 利用 MATLAB 的 intlinprog 函数求解下述规划问题：

$$\min 8x_1 + x_2$$
$$\text{s.t.} \begin{cases} x_2 \text{ 为整数} \\ x_1 + 2x_2 \geqslant -14 \\ -4x_1 - x_2 \leqslant -33 \\ 2x_1 + x_2 \leqslant 20 \end{cases}$$

不难发现，intlinprog 函数各参数取值分别为

f = [8;1];intcon = [2];a = [-1 -2;-4 -1;2 1];b = [14;-33;20];

输入：

```
f = [8;1];intcon = 2;
a = [-1 -2;-4 -1;2,1];
b = [14;-33;20];
[x,fx] = intlinprog(f,intcon,a,b)
```

输出：

x = [6.5000 7.0000]', fx = 59.0000

即最优解为 $x_1 = 6.5, x_2 = 7$，目标函数最优值为 59。

【例2】 利用 MATLAB 求解下述规划问题：

$$\min -3x_1 - 2x_2 - x_3$$
$$\text{s.t.} \begin{cases} x_3 \text{ binary} \\ x_1, x_2 \geqslant 0 \\ x_1 + x_2 + x_3 \leqslant 7 \\ 4x_1 + 2x_2 + x_3 = 12 \end{cases}$$

输入：

```
clear;clc;f = [-3 -2 -1];intcon = 3;
a = [1 1 1]; b = 7; aeq = [4 2 1]; beq = 12;
lb = zeros(3,1); ub = [inf,inf,1];
[x,fx] = intlinprog(f,intcon,a,b,aeq,beq,lb,ub)
```

输出：

```
x =
    0
    5.5000
    1.0000
fx =
    -12.0000
```

【例3】 利用 MATLAB 求解下述规划问题：

$$\max 20x_7 + x_9$$

$$\text{s.t.} \begin{cases} x_1 + x_2 = 200 \\ x_1 - 2x_2 + 2x_3 + 2x_4 = 0 \\ 4x_1 - x_3 + 2x_4 - 2x_5 - 2x_6 = 0 \\ 4x_3 - x_5 + 2x_6 - 2x_7 - 2x_8 = 0 \\ 4x_5 - x_7 + 2x_8 - 2x_9 = 0 \\ x_i \geqslant 0, i = 1, 2, \cdots, 9 \end{cases}$$

分析：本例目标函数为求最大，与 MATLAB 内部函数所要求的标准形式不一致，需做处理。方法是：将目标函数先取反，将最大化问题转化为最小化问题，转化后的问题与原问题在同一点达到最优，从而二者的最优解相同，但最优值相差一个负号。

输入：

```
clear;clc;f = [zeros(6,1); -20;0; -1];
intcon = [];a = [];b = [];
aeq = [1 1 zeros(1,7);1 -2 2 4 zeros(1,5);4 0 -1 2 -2 -2 zeros(1,3);...
       0 0 4 0 -1 2 -2 -2 0;zeros(1,4) 4 0 -1 2 -2];
beq = [200; zeros(4,1)]; lb = zeros(9,1);
[x,fx] = intlinprog(f,intcon,a,b,aeq,beq,lb);
x, -fx
```

输出：

```
x =

    55.2846
   144.7154
   117.0732
         0
    52.0325
         0
   208.1301
         0
         0

ans =

   4.1626e + 03
```

说明：本例中对决策变量没有整数约束，事实上，这是一个线性规划，可以使用 MATLAB 优化工具箱里的 linprog 函数来求解。

5.3　0-1规划模型

5.3.1　选课策略

将引例 2 选课策略问题的数学模型转化成 MATLAB 函数 intlinprog 要求的标准形式,然后编写脚本文件。

输入：

```
f = ones(9,1);intcon = (1:9)';
A = [-ones(1,5),zeros(1,4);0 0 -1 0 -1 -1 0 -1 -1;0 0 0 -1 0 -1 -1 ...
    0 -1;-1 -1 2 zeros(1,6);-1 -1 0 0 2 zeros(1,4);-1 -1 zeros(1,6),2;...
     0 0 0 1 0 0 -1 0 0;zeros(1,5) 1 -1 0 0;zeros(1,4) -1 0 0 1 0];
b = [-2;-3;-2;zeros(6,1)];lb = zeros(9,1);ub = ones(9,1);
[x,fx] = intlinprog(f,intcon,A,b,[],[],lb,ub)
```

输出：

```
x = [1.0000  1.0000  1.0000  0  0  1.0000  1.0000  0  1.0000]
fx = 6
```

即选课号依次为 1,2,3,6,7,9 的课程,共 6 门,此时可获得学分 21 分。

问题(2)是一个多目标规划问题,即问题有不止一个目标,多个目标往往存在互相制约关系,通常是将其转化为单目标规划再进行求解。

方法一　在课程最少的前提下,以学分最多为目标。可建立如下规划模型：

$$\max w = 5x_1 + 4x_2 + 4x_3 + 3x_4 + 4x_5 + 3x_6 + 2x_7 + 2x_8 + 3x_9$$

$$\text{s.t.} \begin{cases} \sum_{i=1}^{9} x_i = 6 \\ x_1 + x_2 + x_3 + x_4 + x_5 \geqslant 2 \\ x_3 + x_5 + x_6 + x_8 + x_9 \geqslant 3 \\ x_4 + x_6 + x_7 + x_9 \geqslant 2 \\ 2x_3 \leqslant x_1 + x_2 \\ 2x_5 \leqslant x_1 + x_2 \\ 2x_9 \leqslant x_1 + x_2 \\ x_4 \leqslant x_7, x_6 \leqslant x_7, x_8 \leqslant x_5 \\ x_i = 0 \text{ 或 } 1 \end{cases}$$

代入 MATLAB 求解,可得 x = [1 1 1 0 1 0 1 0 1],fx = 22。即此时选课号依次为 1,2,3,5,7,9 的课程,共 6 门,可获得学分 22 分。

方法二　将两个目标分别赋权,求目标加权和的最优值。如本例中,可将课程门数

和学分数加权,进而形成单目标规划。此时目标函数可表示为

$$\min Y = \lambda_1 z - \lambda_2 W = 0.7z - 0.3W$$
$$= -0.1(8x_1 + 5x_2 + 5x_3 + 2x_4 + 5x_5 + 2x_6 - x_7 - x_8 + 2x_9)$$

用 MATLAB 函数 intlinprog 求解这个问题时,与前面求解选课策略问题(1)时的 A,b,Aeq,beq 数据完全一样,只需把 f 改为 f=-0.1[8 5 5 2 5 2 -1 -1 2]'后再执行命令 intlinprog=(f,intcon,A,b,Aeq,beq,lb,ub),即可得出最优解 x=[1 1 1 0 1 0 1 0 1],最优值 fx=-2.4000,即选课号依次为 1、2、3、5、7、9 的课程。

5.3.2 指派问题

现实中,我们常常会碰到把若干项任务指派给一些候选人来完成,即指派(Assignment)问题。由于每个人的专长不同,从而完成每项任务的效益或需要的资源就有所不同,如何指派任务使获得的总效益最大或消耗的总资源最少,是指派问题所研究的中心课题。

【例 4】混合泳接力赛的队员选拔。

一游泳教练要挑选 4 名队员参加 4×100 m 混合泳接力赛,目前共有 5 名候选人,他们的基本信息如表 1-5.3 所列。如何选拔队员组成接力队?若丁的蛙泳成绩退步到 1 min 15 s 2,戊的自由泳成绩进步到 57 s 5,组成接力队的方案是否应该调整?

表 1-5.3 5 名候选人的百米成绩

泳姿	甲	乙	丙	丁	戊
蝶泳	1 min 6 s 8	57 s 2	1 min 18 s	1 min 10 s	1 min 7 s 4
仰泳	1 min 15 s 6	1 min 6 s	1 min 7 s 8	1 min 14 s 2	1 min 11 s
蛙泳	1 min 27 s	1 min 6 s 4	1 min 24 s 6	1 min 9 s 6	1 min 23 s 8
自由泳	58 s 6	53 s	59 s 4	57 s 2	1 min 2 s 4

分析:本题的决策变量是每位队员是否参加某种泳姿,不妨令 $x_{ij}=1$ 表示选择队员 i 游第 j 种泳姿,$x_{ij}=0$ 表示选择队员 i 不游第 j 种泳姿,$i=1,2,3,4,5; j=1,2,3,4$。令 c_{ij} 表示队员 i 第 j 种泳姿的百米成绩,整理后如表 1-5.4 所列。

表 1-5.4 队员的百米成绩

s

c_{ij}	$i=1$	$i=2$	$i=3$	$i=4$	$i=5$
$j=1$	66.8	57.2	78	70	67.4
$j=2$	75.6	66	67.8	74.2	71
$j=3$	87	66.4	84.6	69.6	83.8
$j=4$	58.6	53	59.4	57.2	62.4

目标为接力队总耗时最少,即

$$\min z = \sum_{i=1}^{5}\sum_{j=1}^{4} c_{ij} x_{ij}$$

约束条件包括：

① 每人最多入选泳姿之一，即

$$\sum_{j=1}^{4} x_{ij} \leqslant 1, \quad i=1,2,3,4,5$$

② 每种泳姿有且只有 1 人，即

$$\sum_{i=1}^{5} x_{ij} = 1, \quad j=1,2,3,4$$

综上，可得规划模型：

$$\min z = \sum_{i=1}^{5} \sum_{j=1}^{4} c_{ij} x_{ij}$$

$$\text{s.t.} \begin{cases} \sum_{j=1}^{4} x_{ij} \leqslant 1, \quad i=1,2,3,4,5 \\ \sum_{i=1}^{5} x_{ij} = 1, \quad j=1,2,3,4 \\ x_{ij} = 0,1 \end{cases}$$

将模型转化为 MATLAB 函数 intlinprog 所要求的标准形式即可进行求解。转化方法：将决策变量矩阵 X 和成绩矩阵 C 按行或列拉开，重新标号；将二者转变成向量形式，注意二者的排列次序需要一一对应。这里给出按列展开的形式：

c_{11} c_{12} c_{13} c_{14} c_{21} c_{22} c_{23} c_{24} c_{31} c_{32} c_{33} c_{34} c_{41} c_{42} c_{43} c_{44} c_{51} c_{52} c_{53} c_{54}

↕ ↕ ↕ ↕ ↕ ↕ ↕ ↕ ↕ ↕ ↕ ↕ ↕ ↕ ↕ ↕ ↕ ↕ ↕ ↕

c_1 c_2 c_3 c_4 c_5 c_6 c_7 c_8 c_9 c_{10} c_{11} c_{12} c_{13} c_{14} c_{15} c_{16} c_{17} c_{18} c_{19} c_{20}

x_{11} x_{12} x_{13} x_{14} x_{21} x_{22} x_{23} x_{24} x_{31} x_{32} x_{33} x_{34} x_{41} x_{42} x_{43} x_{44} x_{51} x_{52} x_{53} x_{54}

↕ ↕ ↕ ↕ ↕ ↕ ↕ ↕ ↕ ↕ ↕ ↕ ↕ ↕ ↕ ↕ ↕ ↕ ↕ ↕

x_1 x_2 x_3 x_4 x_5 x_6 x_7 x_8 x_9 x_{10} x_{11} x_{12} x_{13} x_{14} x_{15} x_{16} x_{17} x_{18} x_{19} x_{20}

在 MATLAB 里编写如下脚本：

```
clear;clc;
f = [66.8  75.6  87  58.6  57.2  66  66.4  53  78  67.8  84.6  59.4  70  74.2  69.6  57.2  67.4  71  83.8  62.4];
intcon = 1:20;
A = [1 1 1 1 0 0 0 0 0 0 0 0 0 0 0 0 0 0 0 0;
     0 0 0 0 1 1 1 1 0 0 0 0 0 0 0 0 0 0 0 0;
     0 0 0 0 0 0 0 0 1 1 1 1 0 0 0 0 0 0 0 0;
     0 0 0 0 0 0 0 0 0 0 0 0 1 1 1 1 0 0 0 0;
     0 0 0 0 0 0 0 0 0 0 0 0 0 0 0 0 1 1 1 1];
b = [1 1 1 1 1];
Aeq = [1 0 0 0 1 0 0 0 1 0 0 0 1 0 0 0 1 0 0 0;
       0 1 0 0 0 1 0 0 0 1 0 0 0 1 0 0 0 1 0 0;
       0 0 1 0 0 0 1 0 0 0 1 0 0 0 1 0 0 0 1 0;
```

```
            0 0 0 1 0 0 0 1 0 0 0 1 0 0 0 1 0 0 0 1];
beq = [1 1 1 1]; lb = zeros(20,1); ub = ones(20,1);
[x,z] = intlinprog(f,intcon,A,b,Aeq,beq,lb,ub)
```

运行后,输出:

```
x = [0 0 0 1 1 0 0 0 0 1 0 0 0 0 1 0 0 0 0 0]
z = 253.2000
```

即,指派甲自由泳,乙蝶泳,丙仰泳,丁蛙泳,总耗时最短,为253.2 s。

若丁的蛙泳成绩退步到1 min 15 s 2,戊的自由泳成绩进步到57 s 5,组成接力队的方案是否应该调整?

此时,只需修改$c_{43}=75.2$和$c_{54}=57.5$,即按列重排后的$c_{15}=75.2$, $c_{20}=57.5$。运行MATLAB脚本文件后,输出:

```
x = [0 0 0 0 1 0 0 0 0 1 0 0 0 0 1 0 0 0 0 1]
z = 257.7000
```

即,指派乙蝶泳,丙仰泳,丁蛙泳,戊自由泳,总耗时为257.7 s。显然,跟原来相比,组成接力队的方案需进行调整。

习 题

1. (指派问题)现有甲、乙、丙、丁四个人,A、B、C、D四项工作,要求每个人只能做一项工作,每项工作只由一人完成,问如何指派总时间最短?

用 时	A	B	C	D
甲	3	5	8	4
乙	6	8	5	4
丙	2	5	8	5
丁	9	2	5	2

2. (投资问题)华美公司有5个项目被列入投资计划,每个项目的投资额和期望的投资收益如下表所列:

项 目	1	2	3	4	5
投资额/万元	210	300	100	130	260
投资收益/万元	150	210	60	80	180

已知该公司只有600万元资金可用于投资,由于技术上的原因,投资受到以下约束:

(1) 在项目1、2和3中必须有一项被选中;

(2) 项目3和4只能选中一项;

(3)项目 5 被选中的前提是项目 1 被选中。

试在满足上述条件下选择一个最好的投资方案,使投资收益最大。

3.(装包问题)一个旅行者要到某地带包旅行两周。装背包时,他发现除了已装的必需物品外,还能再装 5 kg 重的东西。他打算从 4 种物品中选取,使增加的质量不超过 5 kg 而使用价值最大。已知这 4 种物品的质量和使用价值(这里用打分的办法表示使用价值):

物品序号	物 品	质 量	使用价值
1	录音机	2	6
2	罐头	3	7
3	手电筒	1	3
4	书籍	4	9

问旅行者应该选取哪些物品?

第6章 如何预测——看传染病模型

由于新冠肺炎,2020年是一个不平常的年度。通过疾病传播过程中若干重要因素之间的联系建立微分方程加以讨论,研究传染病流行的规律并找出控制疾病流行的方法显然是一件有意义的事。

6.1 研究背景

在历史上,如天花、霍乱、疟疾、鼠疫、流感等,都曾经给人类造成了巨大的损失。

天花:公元前1100年前,印度和埃及出现急性传染病天花。公元前3—前2世纪,印度和中国流行天花。公元165—180年,罗马帝国天花大流行,导致罗马1/4的人口死亡。6世纪,欧洲天花流行,造成10%的人口死亡。17—18世纪,天花是欧洲最严重的传染病,死亡人数高达1.5亿。19世纪中叶,中国福建等地天花流行,病死率超过1/2。1900—1909年,俄国因天花死亡50万人。

霍乱:据史书记载,霍乱于1817年首次在印度流行,1823年传入俄国,1831年传入英国。19世纪初至20世纪末,大规模流行的世界性霍乱共发生8次。1817—1823年,霍乱第一次大规模流行,从"人类霍乱的故乡"印度恒河三角洲蔓延到欧洲,仅1818年前后便使英国6万余人丧生。1961年出现第7次霍乱大流行,始于印度尼西亚,波及五大洲140多个国家和地区,据报告患者达350万。1992年10月,第8次霍乱大流行,席卷印度和孟加拉国部分地区,在短短2~3个月就报告病例10余万,死亡人数达几千人,随后波及许多国家和地区。

疟疾:疟疾每年在全球有5亿宗病例,导致超过100万人死亡,大部分发生在非洲。世界卫生组织指出疟疾平均每30 s杀死一个5岁以下的儿童;疟疾也是导致非洲经济一直陷于困境的主要原因之一。

鼠疫:公元前430—公元前427年,雅典发生鼠疫,近1/2人口死亡,整个雅典几乎被摧毁。第三次世界性鼠疫大流行始于1894年,先在香港地区暴发,之后迅速波及亚洲、欧洲、美洲、非洲和澳洲的60多个国家,死亡逾千万人。其中,印度最严重,20年内死亡102万人。

流感:流行性感冒简称流感,是由流感病毒引起的急性呼吸道传染病,能引起心肌炎、肺炎、支气管炎等多种并发症,极易发生流行,甚至达到世界范围的大流行。1918—1919年,爆发了席卷全球的流感疫病,导致2 000万~5 000万人死亡,是历史上最严重的流感疫情。自2003年来,全世界已有14个国家357人感染了禽流感病毒,其中219人因感染了该病毒而死亡。目前的 H5N1 型病毒株仅能通过禽类传染给人体,必须防范它与人类的流行性感冒病毒株接触进行基因重组,突变出"人传人"的禽流感病毒。禽流感一旦在人际传播,数亿人生命将受到威胁。

艾滋:HIV 是艾滋病的病原体,主要通过体液、血液传播。艾滋病联合规划署和世界卫生组织在"2006 艾滋病流行最新情况"报告中说,世界上每隔 8 s 就有一人感染 HIV,全球每天有 1.1 万人感染 HIV,与此同时,每天有 8 000 名感染者丧命。

SARS:英文全称 Severe Acute Respiratory Syndrome,严重急性呼吸综合征,俗称非典型肺炎,是 21 世纪第一个在 23 个国家和地区范围内传播的传染病。2002 年 11 月 16 日,中国广东佛山发现第一例。截至 2003 年 7 月 11 日,全球共 8 069 名患者,死亡人数达 775,死亡率约为 12%。目前已经找到治疗方法,中国和欧盟科学家联手,成功找到了 15 种能有效杀灭 SARS 病毒的化合物。香港大学的新近研究表明,蝙蝠可能是 SARS 病毒野生宿主。

近年来,随着卫生设施的改善、医疗水平的提高以及人类文明的不断进步,诸如霍乱、天花等曾经肆虐全球的传染性疾病已经得到了有效控制。但是一些新的、不断变异的传染病毒却不断向人类袭来,如 2003 年的 SARS 病毒、2019 年的新冠病毒等。长期以来,传染病一直都是各国医疗卫生部门的官员与专家关注的热点问题,包括:

① 描述传染病的传播过程;
② 分析受感染人数的变化规律;
③ 预报传染病高潮的到来时刻;
④ 寻找预防传染病蔓延的方法手段。

由于人们不可能去做传染病传播的试验以获取数据,而从医疗卫生部门得到的资料也是不完全和不充分的;此外,不同类型传染病的传播过程有其各自不同的特点,弄清这些特点需要相当多的病理知识,故不可能从医学的角度来分析各种传染病的传播机理,只能按照一般的传播机理建立模型。

由于传染病在传播过程中涉及因素较多,在分析问题的过程中,不可能通过一次假设建立完善的数学模型。思路是:先做出最简单的假设,然后对得出的结果进行分析,并针对结果中的不合理之处逐步修改假设,最终得出较好的模型。

对疾病传播过程中若干重要因素之间的联系建立微分方程加以讨论,研究传染病流行的规律并找出控制疾病流行的方法,显然是一件十分有意义的工作。

6.2 传染病模型

建立传染病模型的目的是描述传染过程、分析受感染人数的变化规律、预报高潮期到来的时间等。为简单起见,假定在疾病传播期内所考察地区的总人数 N 不变,既不考虑生死,也不考虑迁移,并且时间以"天"为计量单位。

6.2.1 模型1——I模型

假设在时间 t 内已感染人数（病人）为 $i(t)$，每个病人每天有效接触（足以使人致病）人数为 λ，即每个病人每天可使 λ 个健康者变为病人。于是，有

$$i(t+\Delta t)-i(t)=\lambda i(t)\Delta t$$

上式两边同除以 Δt，并令 $\Delta t \to 0$，取极限得

$$\begin{cases} \dfrac{\mathrm{d}i}{\mathrm{d}t}=\lambda i \\ i(0)=i_0 \end{cases}$$

这是可分离变量微分方程，解之得 $i(t)=i_0 \mathrm{e}^{\lambda t}$。这是一个关于 t 的指数函数，随着 t 的增大，$i(t)$ 将急剧增大，特别地，当 $t \to \infty$ 时，有 $i(t) \to \infty$。这与实际不符，究其原因，若有效接触的是病人，则不能使病人数增加，故必须区分已感染者（病人）和未感染者（健康人）。

6.2.2 模型2——SI模型

假设：

① 人群分为易感染者（Susceptible）和已感染者（Infective）两类，以下简称健康者和病人。时刻 t，这两类人在总人数中所占的比例分别为 $s(t)$ 和 $i(t)$，则 $s(t)+i(t)=1$，健康者有 $Ns(t)$ 人，病人有 $Ni(t)$ 人。

② 每个病人每天有效接触的平均人数是常数 λ，即每个病人平均每天可使 $\lambda s(t)$ 个健康者受感染变为病人，λ 称为日接触率。

根据假设，在 $[t, t+\Delta t]$ 内，病人数的改变量 $Ni(t+\Delta t)-Ni(t)$ 可以表示为 $\lambda s \cdot (t) Ni(t) \Delta t$，即

$$N[i(t+\Delta t)-i(t)]=[\lambda s(t)]Ni(t)\Delta t$$

上式两边同除以 Δt，并令 $\Delta t \to 0$，取极限得

$$\frac{\mathrm{d}i}{\mathrm{d}t}=\lambda s i$$

又 $s(t)+i(t)=1$。设当 $t=0$ 时，病人数所占比例为 i_0，代入上式，可得 Logistic 模型：

$$\begin{cases} \dfrac{\mathrm{d}i}{\mathrm{d}t}=\lambda i(1-i) \\ i(0)=i_0 \end{cases}$$

解之，得

$$i(t)=\frac{1}{1+\left(\dfrac{1}{i_0}-1\right)\mathrm{e}^{-\lambda t}}$$

分析：

① 当 $i=\frac{1}{2}$ 时，$\frac{\mathrm{d}i}{\mathrm{d}t}$ 达到最大值，这个时刻记为 t_m，则 $t_\mathrm{m}=\frac{1}{\lambda}\ln\left(\frac{1}{i_0}-1\right)$。这时病人人数增加得最快，预示着传染病高潮的到来，是医疗卫生部门关注的时刻，通常将其称为传染病高潮到来的时刻。t_m 与 λ 成反比，日接触率 λ 表示该地区的医疗水平，λ 值越小，表明医疗水平越高，所以改善卫生设施，提高医疗水平可以推迟传染病高潮的到来。

② 当 $t\to\infty$ 时，$i\to 1$，即随着时间的推移，所有人都将被感染，全变为病人。这显然不符合实际情况，其原因是模型中没有考虑到病人可以治愈。

6.2.3 模型3——SIS模型

有些传染病如伤风、痢疾等，愈后免疫力很低，通常假定其无免疫性，病人被治愈后变为健康者，健康者还可以再被感染变为病人，这种情况建立的模型称为SIS模型。

假设：

① 人群分为易感染者（Susceptible）和已感染者（Infective）两类，以下简称健康者和病人。时刻 t，这两类人在总人数 N 中所占的比例分别为 $s(t)$ 和 $i(t)$，即 $s(t)+i(t)=1$，那么健康者有 $Ns(t)$ 人，病人有 $Ni(t)$ 人。

② 每个病人每天有效接触的平均人数是常数 λ，即每个病人平均每天可使 $\lambda s(t)$ 个健康者受感染变为病人，λ 称为日接触率。当病人与健康者有效接触后，健康者受到感染变为病人。

③ 病人每天被治愈的人数占病人总数的比例为 μ，称为日治愈率；病人治愈后成为仍可被感染的健康者，则 $\frac{1}{\mu}$ 是这种传染病的平均传染期。

根据假设，在 $[t,t+\Delta t]$ 内，病人数的改变量 $Ni(t+\Delta t)-Ni(t)$ 包括两部分：健康人被感染使病人数增加和病人治愈使病人数减少，即

$$N[i(t+\Delta t)-i(t)]=\lambda s(t)Ni(t)\Delta t-\mu Ni(t)\Delta t$$

设当 $t=0$ 时，病人数所占比例为 i_0，则可建立此时的SIS模型如下：

$$\begin{cases}\dfrac{\mathrm{d}i}{\mathrm{d}t}=\lambda i(1-i)-\mu i \\ i(0)=i_0\end{cases}$$

解之，得

$$i(t)=\begin{cases}\left[\dfrac{\lambda}{\lambda-\mu}+\left(\dfrac{1}{i_0}-\dfrac{\lambda}{\lambda-\mu}\right)\mathrm{e}^{-(\lambda-\mu)t}\right]^{-1}, & \lambda\neq\mu \\ \left(\lambda t+\dfrac{1}{i_0}\right)^{-1}, & \lambda=\mu\end{cases}$$

分析：令 $\sigma = \dfrac{\lambda}{\mu}$，由 λ 和 $\dfrac{1}{\mu}$ 的含义可知，σ 是一个传染期内每个病人有效接触的平均人数，称为接触数。当 $t \to \infty$ 时，

$$i(\infty) = \begin{cases} 1 - \dfrac{1}{\sigma}, & \sigma > 1 \\ 0, & \sigma \leqslant 1 \end{cases}$$

接触数 $\sigma = 1$ 是一个阈值。当 $\sigma \leqslant 1$ 时，病人比例 $i(t)$ 越来越小，最终趋于零，这是由于传染期内经有效接触使健康者变为病人的人数不超过原来病人人数的缘故；当 $\sigma > 1$ 时，$i(t)$ 的增减性取决于 $i(0)$ 的大小，但其极限值 $i(\infty) = 1 - 1/\sigma$ 随 σ 的增加而增加。SI 模型可视为本模型的特例。

6.2.4 模型 4——SIR 模型

大多数传染病如天花、流感、肝炎、麻疹等治愈后均有很强的免疫力，所以治愈后的人既非健康者（易感染者）也不是病人（已感染者），他们退出传染系统称之为移出者（Removed）。这种情况建立的模型称为 SIR 模型。假设：

① 人群分为健康者、病人和病愈免疫的移出者三类。时刻 t，这三类人在总人数 N 中所占的比例分别为 $s(t)$、$i(t)$ 和 $r(t)$，即 $s(t) + i(t) + r(t) = 1$。

② 病人的日接触率为 λ，日治愈率为 μ，$\sigma = \dfrac{\lambda}{\mu}$。

根据假设，在 $[t, t+\Delta t]$ 上，病人数的改变量满足方程 $\dfrac{\mathrm{d}i}{\mathrm{d}t} = \lambda si - \mu i$；健康者的改变量满足方程 $\dfrac{\mathrm{d}s}{\mathrm{d}t} = -\lambda si$；移出者的改变量满足方程 $\dfrac{\mathrm{d}r}{\mathrm{d}t} = \mu i$。记初始时刻健康者和病人的比例分别是 $s_0 (>0)$ 和 $i_0 (>0)$（不妨设移出者的初始值 $r_0 = 0$），则 SIR 模型的方程可以写为

$$\begin{cases} \dfrac{\mathrm{d}i}{\mathrm{d}t} = \lambda si - \mu i \\ \dfrac{\mathrm{d}s}{\mathrm{d}t} = -\lambda si \\ i(0) = i_0 \\ s(0) = s_0 \end{cases}$$

上述关于 $i(t)$ 和 $s(t)$ 的非线性微分方程组没有解析解，只能用数值方式进行分析。

设 $s(0) = 0.99$，$i(0) = 0.01$，在不同参数取值下进行仿真，可得图 1-6.1 所示曲线。从图中可以看出，$s(t)$ 单调递减，$r(t)$ 单调递增，$i(t)$ 先增加后趋于 0。

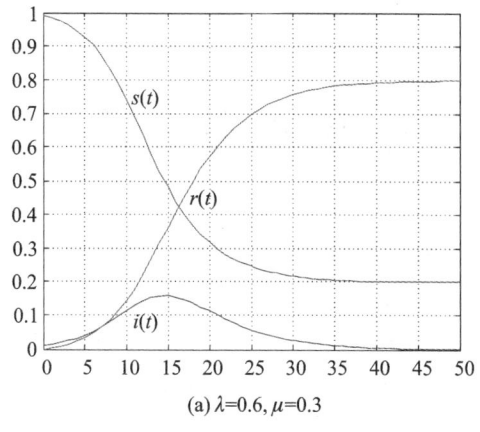
(a) $\lambda=0.6, \mu=0.3$

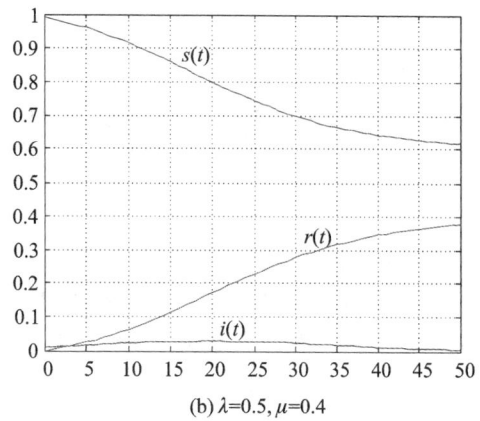
(b) $\lambda=0.5, \mu=0.4$

图 1-6.1 不同参数下仿真曲线

6.2.5 模型 5——参数时变的 SIR 模型

假设 $s(t), i(t), r(t)$ 分别为第 t 天健康者、病人、移出者（治愈与死亡之和）的数量，则 $s(t)+i(t)+r(t)=N$；$\lambda(t), \mu(t)$ 分别为第 t 天的感染率和移出率（治愈率与死亡率之和），则

$$\begin{cases} \dfrac{\mathrm{d}i}{\mathrm{d}t} = \lambda(t)i(t) - \mu(t)i(t) \\ \dfrac{\mathrm{d}r}{\mathrm{d}t} = \mu(t)i(t) \end{cases}$$

上述模型称为时变的 SIR 模型。

☞ 理论上，该模型与实际情况更吻合，但参数难以确定。这里不再赘述，感兴趣的同学可查阅相关文献做进一步研究。

习 题

1. 在 MATLAB 中利用函数 dsolve 求解下列微分方程的解析解：
(1) $x^2 y' + y = 0$ 的通解；
(2) $y' = 2t$ 满足 $y(0)=0$ 的特解；
(3) $y'' + 4y' + 29y = 0$ 满足 $y(0)=0, y'(0)=15$ 的特解。

2. 假设某地区总人数为 1 000 人，根据疫情爆发前 30 天的数据，可估算出日接触率 $\lambda=0.3$ 和日治愈率 $\mu=0.1$，试建立 SIR 模型并预测未来 100 天病人和康复者的变化趋势。

第7章　如何选择——层次分析法

层次分析法(Analytic Hierarchy Process, AHP),是指将与决策总是有关的元素分解成目标、准则、方案等层次,在此基础之上进行定性和定量分析的决策方法。该方法是美国运筹学家、匹茨堡大学 T. L. Saaty 教授于 20 世纪 70 年代初,在为美国国防部研究"根据各个工业部门对国家福利的贡献大小而进行电力分配"课题时,应用网络系统理论和多目标综合评价方法,提出的一种层次权重决策分析方法。

7.1　最佳工作选择问题

某大学毕业生,收到甲、乙、丙(分别记为 P_1、P_2、P_3)三家用人单位的录用通知书,该学生将三家用人单位的条件进行了比较,如表 1-7.1 所列。请你帮他分析一下,哪家单位是他的最佳选择?

表 1-7.1　甲、乙、丙三家用人单位的基本情况

用人单位	年收入	发展前景	社会声誉	人际关系	地理位置
甲	30 000	一般	高	好	大城市
乙	10 000	好	中	一般	小城市
丙	50 000	较好	中	较好	中等城市

7.2　层次分析法的一般方法

层次分析法是一种定量与定性相结合、系统化、层次化的一种综合评价方法。它将半定性、半定量问题转化为定量问题的一种有效方法,其本质是一种层次化的思维方式,即把复杂问题分解成多个组成因素,并将这些因素按支配关系形成递阶层次结构,通过逐层比较,确定决策方案相对重要度的总排序,从而为分析、决策、预测和控制事物的发展提供定量的依据。因此,层次分析法特别适用于解决那些难以完全用定量方法处理的复杂问题,在制订计划、资源分配、选优排序等领域中发挥着重要作用。

运用层次分析法进行综合评价,大体上可分为四个步骤:

① 分析系统中各因素之间的关系,建立系统的递阶层次结构。一般分为三层,最高层为目标层,中间层为准则层,最低层为方案层(或对象层)。

② 对于同一层的各元素关于上一层次中某一准则的重要性进行两两比较,构造两两比较矩阵。

③ 由比较矩阵计算被比较元素对于该准则的相对权重,并进行一致性检验。

④ 计算方案层对目标层的组合权重,并进行组合一致性检验。最后依据权重大小进行综合排序,做出决策方案。

7.2.1 建立层次结构图

复杂问题的决策由于涉及的因素比较复杂,通常是比较困难的,应用层次分析法(AHP)的第一步就是将问题涉及的因素条理化、层次化,构造出一个有层次的结构模型,如图 1-7.1 所示。在这个模型下,复杂问题的组成因素被分为若干组成部分,称之为元素。这些元素又按其属性分成若干层次,上一层次的元素对下一层次的有关元素起支配作用。这些层次可以分为以下三类:

① 最高层为目标层(O)。这一层只有一个因素,它是解决问题的目标或理想结果。

② 中间层为准则层(C)。表示影响或衡量目标的因素,每一个因素称为一个准则。当准则过多时(比如多于 9 个),应进一步分解出子准则层,这时准则层可以有几个子准则层。

③ 最低层为方案层(P)。这一层包括了为实现目标可供选择的各种措施、决策、方案等。

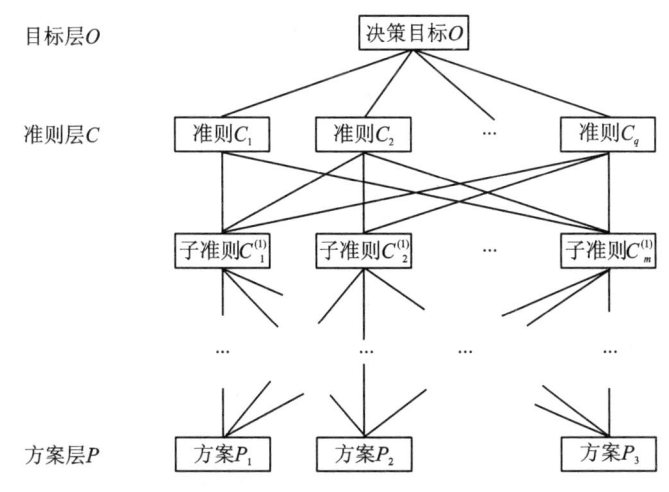

图 1-7.1 层次结构图

例如,对于最佳工作的选择问题,画出层次结构图,如图 1-7.2 所示。

需要指出的是,在层次结构图中,各层之间的因素有的相关联,有的不一定相关联;各层次的元素个数也不一定相同。在实际问题中,要根据问题的性质及各相关因素的类别来确定。

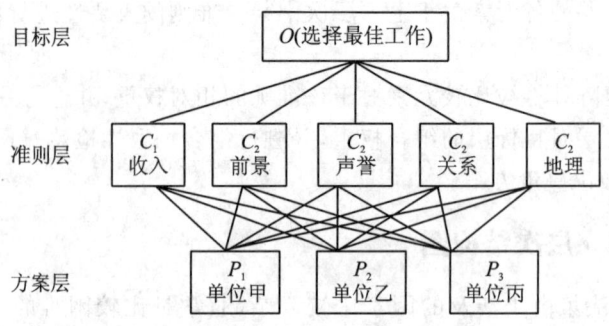

图 1-7.2 最佳工作选择问题的层次结构图

7.2.2 构造比较矩阵

层次分析法(AHP)的特点之一是定性分析与定量计算的结合,定性问题定量化;第二步就是要在已有的层次结构的基础上构造两两比较矩阵。在这一步中,决策者要反复地回答问题:针对准则层 C 所支配的两个元素 C_i 与 C_j,回答哪个更重要,重要程度如何,并按 1～9 标度对重要程度赋值。表 1-7.2 给出了 1～9 标度的含义,这样对于准则层 C,几个被比较元素通过两两比较构成一个比较矩阵:

$$A = (a_{ij})_{n \times n}$$

其中,a_{ij} 就是元素 C_i 与 C_j 相对于 O 的重要程度的比值。

表 1-7.2 层次分析法比例标度值

标度 a_{ij}	含 义
1	C_i 与 C_j 的影响相同
3	C_i 比 C_j 的影响稍强
5	C_i 比 C_j 的影响强
7	C_i 比 C_j 的影响明显强
9	C_i 比 C_j 的影响绝对强
2,4,6,8	C_i 与 C_j 的影响之比介于上述两个相邻等级之间
1,1/2,…,1/9	C_i 与 C_j 的影响之比为上面 a_{ij} 的互反数

比较矩阵 A 满足 $a_{ij} > 0, a_{ij} = 1/a_{ji} (i,j=1,2,\cdots,n)$,满足这种性质的矩阵为正互反矩阵。由比较矩阵具有的性质知,一个 n 阶判断矩阵只需给出其上三角或下三角的 $n(n-1)/2$ 个元素就可以了,即只需作 $n(n-1)/2$ 次两两比较判断。

如果比较矩阵 A 的元素还满足传递性,即

$$a_{ij} \cdot a_{jk} = a_{ik} \quad (i,j,k=1,2,\cdots,n)$$

则称比较矩阵 A 为一致性矩阵,简称一致阵。对于一致阵 A,有以下结论:

① 一致阵 A 的秩为 1,且有唯一非零特征根 n;

② 一致阵 A 的任一列(行)向量都是对应于特征根 n 的特征向量。

然而并不是所有的比较矩阵都具有一致性,事实上,多数比较矩阵(三阶以上)不满足一致性。一致性检验是层次分析法的重要内容。

例如,在最佳工作选择问题中,不妨根据该毕业生的偏好及1~9比例标度,两两比较准则层中五个因素对目标层的影响,可得如下比较矩阵:

$$A = \begin{bmatrix} 1 & 1 & 3 & 3 & 7 \\ 1 & 1 & 3 & 3 & 5 \\ 1/3 & 1/3 & 1 & 1 & 4 \\ 1/3 & 1/3 & 1 & 1 & 4 \\ 1/7 & 1/5 & 1/4 & 1/4 & 1 \end{bmatrix}$$

比较矩阵 A 中,$a_{12}=1$ 表示收入和发展前景对目标 O 影响相同;$a_{13}=3$ 表示收入比社会声誉对目标 O 的影响稍强,影响之比为3:1;$a_{31}=1/3$ 表示社会声誉与收入的影响之比是收入与社会声誉的影响之比的倒数;$a_{35}=4$ 表示社会声誉与地理位置的影响之比介于稍强和强两个等级之间,影响之比为4:1,其他类似。

记图1-7.2中方案层三个单位对准则层五个因素的两两比较矩阵分别为 A_1, A_2, A_3, A_4, A_5。由表1-7.1可知,收入 C_1 是定量的,因此在构造 A_1 时,可以直接用三个单位的收入数值之比作为对应元素 a_{ij} 的取值,于是得到

$$A_1 = \begin{bmatrix} 1 & 3 & 3/5 \\ 1/3 & 1 & 1/5 \\ 5/3 & 5 & 1 \end{bmatrix}$$

同样的方法可以构造 A_2, A_3, A_4, A_5,分别为

$$A_2 = \begin{bmatrix} 1 & 1/5 & 1/3 \\ 5 & 1 & 3 \\ 3 & 1/3 & 1 \end{bmatrix}, \quad A_3 = \begin{bmatrix} 1 & 5 & 5 \\ 1/5 & 1 & 1 \\ 1/5 & 1 & 1 \end{bmatrix}$$

$$A_4 = \begin{bmatrix} 1 & 5 & 3 \\ 1/5 & 1 & 1/3 \\ 1/3 & 3 & 1 \end{bmatrix}, \quad A_5 = \begin{bmatrix} 1 & 5 & 3 \\ 1/5 & 1 & 1/3 \\ 1/3 & 3 & 1 \end{bmatrix}$$

一般地,在实际问题中,对应定性因素常用1~9比例标度确定两两比较矩阵,而对于定量因素,常常直接用各因素的数值之比来确定两两比较矩阵。

7.2.3 确定权重向量和一致性检验

这一步要在第二步的基础上,从给出的每一比较矩阵中求出被比较元素的相对权重向量,并通过一致性检验确定每一比较矩阵是否可以被接受。

1. 确定权重向量

权重计算方法有以下几种:

(1) 特征根法

设 A 是因素 $C_1, C_2, \cdots, C_n$ 对目标 O 的两两比较矩阵。如果 A 是一致阵,则 A 有

唯一的特征根 $\lambda = n$,这时可以用特征根 n 对应的归一化特征向量 w 作为因素 $C_1, C_2, \cdots, C_n$ 对目标 O 的权重向量,这个向量称为相对权重向量。如果 A 不是一致阵,但在不一致允许的范围内,可以用 A 的最大特征根 λ_{max} 对应的归一化特征向量 w 作为相对权重向量,即满足

$$Aw = \lambda_{max} w$$

的特征向量 w(归一化后)作为因素 $C_1, C_2, \cdots, C_n$ 对目标 O 的相对权重向量。

例如,利用 MATLAB 软件,可求出选择最佳工作问题中比较矩阵 A 的最大特征根 $\lambda_{max} = 5.0904$,对应的特征向量为

$$\overline{w}^{(2)} = (0.6742 \quad 0.6405 \quad 0.2528 \quad 0.2528 \quad 0.0858)^T$$

归一化得准则层对目标层的相对权重向量为

$$w^{(2)} = (0.3537 \quad 0.3360 \quad 0.1326 \quad 0.1326 \quad 0.0450)^T$$

(2) 和法(算术平均值)

取比较矩阵 A 的 n 个列向量的归一化后算术平均值近似作为相对权重向量,即有

$$w_i = \frac{1}{n} \sum_{j=1}^{n} \frac{a_{ij}}{\sum_{k=1}^{n} a_{kj}} \quad (i = 1, 2, \cdots, n)$$

(3) 根法(几何平均值)

将 A 的各个向量采用几何平均然后归一化,得到的列向量近似作为加权向量,即有

$$w_i = \frac{\left(\prod_{j=1}^{n} a_{ij}\right)^{\frac{1}{n}}}{\sum_{k=1}^{n} \left(\prod_{j=1}^{n} a_{kj}\right)^{\frac{1}{n}}} \quad (i = 1, 2, \cdots, n)$$

对于方法(2)和(3),最后用公式

$$\lambda_{max} = \frac{1}{n} \sum_{i=1}^{n} \frac{(Aw)_i}{w_i}$$

求比较矩阵 A 最大特征根的近似值,其中 $(Aw)_i$ 表示 Aw 的第 i 个分量。

下面就最佳工作选择问题中构造的两两比较矩阵 A_1, A_2, A_3, A_4, A_5 来求最大特征根和相应的权重向量。

① 由矩阵 A_1 的构造方法可知,A_1 为一致阵,最大特征根 $\lambda_1 = 3$,A_1 的任一列向量归一化后为

$$w_1^{(3)} = (0.3333 \quad 0.1111 \quad 0.5556)^T$$

② 对于矩阵 A_2,用和法求它的最大特征根即权重向量为

$$w_2^{(3)} = (0.1062 \quad 0.6333 \quad 0.2605)^T, \quad \lambda_2 = 3.0387$$

③ 用和法求 A_3, A_4, A_5 的最大特征根,即权重向量为

$$w_3^{(3)} = \begin{pmatrix} 0.7143 \\ 0.1429 \\ 0.1429 \end{pmatrix}, \quad w_4^{(3)} = \begin{pmatrix} 0.6333 \\ 0.1062 \\ 0.2605 \end{pmatrix}, \quad w_5^{(3)} = \begin{pmatrix} 0.7143 \\ 0.1429 \\ 0.1429 \end{pmatrix}$$

$\lambda_3 = 3$，$\lambda_4 = 3.0387$，$\lambda_5 = 3.0387$

2. 一致性检验

用 1～9 比例标度构造的三阶及三阶以上的两两比较矩阵大多数不是一致阵。例如，前面构造的 A_2 就是不一致的。在实际问题中，只要不一致程度在一定容许范围内，就认为构造的正互反矩阵是合适的。要判断其不一致程度是否在容许的范围内，需要对比较矩阵 A 进行一致性检验，其检验步骤如下：

① 计算 A 的一致性指标 CI(Consistent Index)：

$$CI = \frac{\lambda_{\max} - n}{n - 1}$$

② 查找相应的平均随机一致性指标 RI(Random Index)，RI 通常是由实际经验给定的，对于不同的 n，RI 的值如表 1-7.3 所列。

③ 计算一致性比率 CR(Consistent Radio)：

$$CR = \frac{CI}{RI}$$

当 CR＜0.10 时，认为比较矩阵 A 的一致性是可以接受的；否则，应对比较矩阵做适当的修正。

表 1-7.3　随机一致性指标 RI 的数值

n	1	2	3	4	5	6	7	8	9	10	11
RI	0	0	0.58	0.90	1.12	1.24	1.32	1.41	1.45	1.49	1.51

例如，由前面的计算可知，最佳工作选择问题中构造的比较矩阵 A 的一致性指标：

$$CI = \frac{5.0904 - 5}{5 - 1} = 0.0226$$

一致性比率为

$$CR = \frac{CI}{RI} = \frac{0.0226}{1.12} = 0.0202 < 0.10$$

通过一致性检验，$w^{(2)} = (0.3537 \quad 0.3360 \quad 0.1326 \quad 0.1326 \quad 0.0450)^T$ 可以作为准则层对目标层的相对权重向量。同样的方法可计算出矩阵 A_1, A_2, A_3, A_4, A_5 的一致性指标和一致性比率指标，结果如下：

$CI_1 = 0$，$CI_2 = 0.0193$，$CI_3 = 0$，$CI_4 = 0.0193$，$CI_5 = 0.0193$

$CR_1 = 0$，$CR_2 = 0.0334$，$CR_3 = 0$，$CR_4 = 0.0334$，$CR_5 = 0.0334$

全部通过一致性检验。

7.2.4　确定权重组合向量和组合一致性检验

1. 组合权重向量

设第 $p-1$ 层有 n 个元素，第 $p(p \geq 3)$ 层有 m 个元素，并且 $p-1$ 层的 n 个元素对目标层（最高层）的权重向量为

$$w^{(p-1)} = \begin{bmatrix} w_1^{(p-1)} & w_2^{(p-1)} & \cdots & w_n^{(p-1)} \end{bmatrix}^T$$

第 p 层的 m 个元素对第 $p-1$ 层上第 j 个元素的权重向量为

$$w_j^{(p)} = \begin{bmatrix} w_1^{(p)} & w_2^{(p)} & \cdots & w_m^{(p)} \end{bmatrix}^T, \quad j = 1, 2, \cdots, n$$

则 m 行 n 列矩阵

$$\boldsymbol{W}^{(p)} = \begin{bmatrix} w_1^{(p)} & w_2^{(p)} & \cdots & w_n^{(p)} \end{bmatrix}_{m \times n}$$

表示第 p 层的 m 个元素对第 $p-1$ 层上各元素的权重。那么第 p 层上各元素对目标层(最高层)的组合权重向量为

$$w^{(p)} = \boldsymbol{W}^{(p)} w^{(p-1)}$$

一般地,对任意的 $p(p \geq 3)$ 有

$$w^{(p)} = \boldsymbol{W}^{(p)} w^{(p-1)} = \boldsymbol{W}^{(p)} \boldsymbol{W}^{(p-1)} \cdots \boldsymbol{W}^{(3)} w^{(2)}$$

其中,$w^{(2)}$ 表示第二层上各元素对目标层(最高层)的权重向量。

2. 组合一致性检验

组合一致性检验可以逐层进行。设第 p 层的一致性指标为 $\mathrm{CI}_1^{(p)}, \mathrm{CI}_2^{(p)}, \cdots, \mathrm{CI}_n^{(p)}$,随机一致性指标为 $\mathrm{RI}_1^{(p)}, \mathrm{RI}_2^{(p)}, \cdots, \mathrm{RI}_n^{(p)}$,则第 p 层的组合一致性指标为

$$\mathrm{CI}^{(p)} = (\mathrm{CI}_1^{(p)}, \mathrm{CI}_2^{(p)}, \cdots, \mathrm{CI}_n^{(p)}) w^{(p-1)}$$

组合随机一致性指标为

$$\mathrm{RI}^{(p)} = (\mathrm{RI}_1^{(p)}, \mathrm{RI}_2^{(p)}, \cdots, \mathrm{RI}_n^{(p)}) w^{(p-1)}$$

组合一致性比率为

$$\mathrm{CR}^{(p)} = \mathrm{CR}^{(p-1)} + \frac{\mathrm{CI}^{(p)}}{\mathrm{RI}^{(p)}} \quad (p \geq 3)$$

当 $\mathrm{CR}^{(p)} < 0.1$ 时,认为第 p 层通过组合一致性检验,以此类推,当最低层第 k 层的组合一致性比率 $\mathrm{CR}^{(k)} < 0.1$ 时,认为整个层次通过一致性检验,则方案层对目标层的组合权重向量可以作为决策的依据。

例如,由最佳工作选择问题中的计算可知,第二层对目标层的权重向量为

$$w^{(2)} = (0.353\,7 \quad 0.336\,0 \quad 0.132\,6 \quad 0.132\,6 \quad 0.045\,0)^T$$

第三层(方案层)对第二层(准则层)上各元素的权重构成矩阵

$$\boldsymbol{W}^{(3)} = \begin{bmatrix} 0.333\,3 & 0.106\,2 & 0.714\,3 & 0.633\,3 & 0.633\,3 \\ 0.111\,1 & 0.633\,3 & 0.142\,9 & 0.106\,2 & 0.106\,2 \\ 0.555\,6 & 0.260\,5 & 0.142\,9 & 0.260\,5 & 0.260\,5 \end{bmatrix}$$

于是方案层对目标层的组合权重向量为

$$w^{(3)} = \boldsymbol{W}^{(3)} w^{(2)} = (0.360\,8 \quad 0.289\,9 \quad 0.349\,3)^T$$

组合一致性检验:

由前面计算可知,$\mathrm{CI}^{(2)} = 0.022\,6, \mathrm{RI}^{(2)} = 1.12, \mathrm{CR}^{(2)} = 0.020\,2$。

第三层(方案层)对第一层(目标层)的组合一致性指标、组合随机一致性指标、组合一致性比率分别为

$$\mathrm{CI}^{(3)} = (\mathrm{CI}_1^{(3)}, \mathrm{CI}_2^{(3)}, \cdots, \mathrm{CI}_5^{(3)}) w^{(2)} = (0, 0.019\,3, 0, 0.019\,3, 0.019\,3) w^{(2)} = 0.009\,9$$

$$\mathrm{RI}^{(3)} = (\mathrm{RI}_1^{(3)}, \mathrm{RI}_2^{(3)}, \cdots, \mathrm{RI}_5^{(3)}) w^{(2)} = (0.58, 0.58, 0.58, 0.58, 0.58) w^{(2)} = 0.58$$

$$\mathrm{CR}^{(3)} = \mathrm{CR}^{(2)} + \frac{\mathrm{CI}^{(3)}}{\mathrm{RI}^{(3)}} = 0.020\ 2 + \frac{0.009\ 9}{0.58} = 0.037\ 3 < 0.1$$

由 $\mathrm{CR}^{(3)} < 0.1$，则通过组合一致性检验。可以认为整个层次通过一致性检验，组合权重向量 $w^{(3)}$ 可以作为最终决策依据。单位 P_1 权重最大，选择用人单位 P_1 是最佳选择，单位 P_3 次之，P_2 最差。

习　题

1. （旅游景点的选择问题）人们外出旅游选择旅游景点时，往往考虑景色是否迷人、费用是否合适、饮食是否可口、居住是否舒适、交通是否便利等因素。请你利用网络收集旅游地桂林、黄山、北戴河的相关信息，结合自己的偏好，对三个旅游景点进行综合评价，从中选出最适合自己的旅游景点。

2. （旅游景点的选择问题）某投资者欲在中部地区投资，该地区有多个市对他的投资表示欢迎，并且提供了多种不同的优惠条件。在对各种条件进行初步分析之后，该投资者将他的备选投资地削减到三个，记为甲、乙、丙。表 1-7.4 给出了该投资者搜集的甲、乙、丙三个市的相关信息，而且该投资者认为，选择投资地的主要影响因素依次为：地区工资水平、办公成本（这里以商务楼的租金来度量）、市场规模、交通便利性和社会安全性。请你帮这位投资者分析一下哪个投资地是最好的。

表 1-7.4　三个待选投资地的相关信息

影响因素	甲	乙	丙
工资水平/[元·(人·年)$^{-1}$]	12 000	11 000	9 500
商务楼租金/[元·(m^2·天)$^{-1}$]	2.8	3.5	3.0
市场规模	高	高	中
交通便利性	堵塞	通畅	通畅
社会安全性	一般	高	一般

3. （科研成果的评价问题）高等院校、科研部门等单位常常要对多项科研成果进行评价，从中选出最优的科研成果。对于能直接转化为科技产品、产生经济效益的科研成果来说，考虑的评价因素有效益、水平、规模。其中，效益包含直接经济效益、间接经济效益和社会效益；水平包括学识水平、学术创新、技术水平和技术创新；规模指各因素之间的关系。请问如何根据这些因素来综合评价科研成果，使评价的结果更合理、更科学、更具有民主性呢？

第 8 章　从路径规划到图论初步

在校学生时常有家人、同学来学校拜访,有时省市领导来学院参观、视察,此时往往需要带这些来访者在学校参观,由此也就自然而然地被赋予了"学院导游"的身份。一般来说,不同来访者关注的重点不同,那么带他们去哪里参观(参观地方的取舍),怎么走才是最优的线路(所走的路程最短),即如何设计最优的"学院参观路线图",是非常有意义的。

针对上述问题,本章将会介绍和探讨图论的相关知识。图论是研究关联关系的一门科学,具有智力训练和实际应用双重教育价值。智力训练价值表现在,其蕴含强有力的逻辑、漂亮的图形和巧妙的论证,向我们的机敏性和逻辑性挑战。实际应用价值表现在,利用其能解决科技生产与社会生活中大量的优化问题(如本项目问题)。学习和研究图论有助于激发学生对科学的好奇心和参与研究的欲望,有助于培养学生机智灵敏和独立思考能力,有助于训练学生更加智慧、谨慎,知难而进。

8.1　哥尼斯堡七桥问题

图论(也叫网络分析,一维拓扑)是数学的一个分支,以图为研究对象。图论中的图是一个抽象的数学结构,由代表事物的点和表示事物之间联系的边组合而成。和其他许多数学分支的起源(源自典型的计算、运动和测量问题)不同,图论起源于民间的游戏,这个游戏就是 18 世纪著名的哥尼斯堡"七桥问题",距今已有 200 多年的历史。

现今的加里宁格勒,旧称哥尼斯堡,是一座历史名城,在 18—19 世纪,那里是东普鲁士的首府,曾经诞生和培育过许多伟大的人物。著名的哲学家、古典唯心主义的创始人康德,终生没有离开过哥尼斯堡一步!20 世纪最伟大的数学家之一,德国的希尔伯特也出生于此地。

故事就发生在 18 世纪的哥尼斯堡,有一条普雷格尔(Pregel)河横穿哥尼斯堡城,河里有两个小岛。两岸和两个小岛之间有 7 座桥。普雷格尔河的两条支流,环绕岛旁汇成大河,把全城分为图 1-8.1 所示的四个区域:岛区(A)、东区(B)、南区(C)和北区(D)。

早在 18 世纪以前,当地的居民便热衷于以下有趣的问题:

能否设计一次散步,从两岸或两个小岛的某处出发,经过每座桥一次且仅一次,再回到出发点? 这便是著名的哥尼斯堡七桥问题。

这个问题后来变得有点惊心动魄,据说是有一队工兵,因战略上的需要,奉命要炸掉这七座桥。命令要求当载着炸药的卡车驶过某座桥时,就得炸毁这座桥,不许遗漏一座!

这题目似乎不难,谁都愿意试一试,但是谁也答不出。如果有兴趣,完全可以照样子画一张地图,亲自尝试尝试。不过,要告诉大家的是,想把所有的可能线路都试过一遍是极为困难的!因为各种可能的线路有 5 040 种。要想一一试过,真是谈何容易。正因为如此,七桥问题的解答便众说纷纭。有些人在屡遭失败之后,倾向于否定满足条件的解答的存在;有些人则认为,巧妙的答案是存在的,只是人们尚未发现。这在人类智慧所未及的领域,是很常见的事!

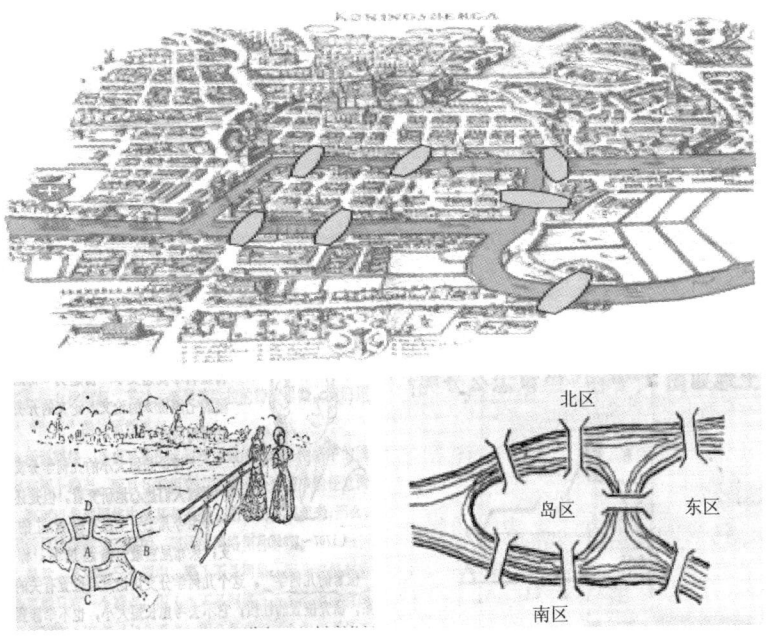

图 1 - 8.1　七桥问题示意图

8.2　七桥问题的解决方案

1735 年,数学家哥德巴赫(Goldbach)把这个问题写信告诉了欧拉(L. Enler),欧拉以其敏锐的洞察力意识到这是一个有价值的问题,不是普通的游戏。公元 1736 年,29 岁的欧拉向圣彼得堡科学院递交了一份题为《哥尼斯堡的七座桥》的论文。论文的开头是这样写的:

讨论长短大小的几何学分支,一直被人们热心地研究着。但是还有一个至今几乎完全没有探索过的分支。莱布尼兹最先提起过它,称之为"位置的几何学"。这个几何学分支只讨论与位置有关的关系,研究位置的性质;它不考虑长短大小,也不牵涉到量的计算。但是至今还未有令人满意的定义来刻画这门位置几何学的课题和方法……

接着,欧拉运用他娴熟的变换技巧,把哥尼斯堡七桥问题变为读者熟悉的、简单的几何图形的"一笔画"问题,即能否笔不离纸,一笔画但又不重复地画完图 1-8.2 所示的图形?

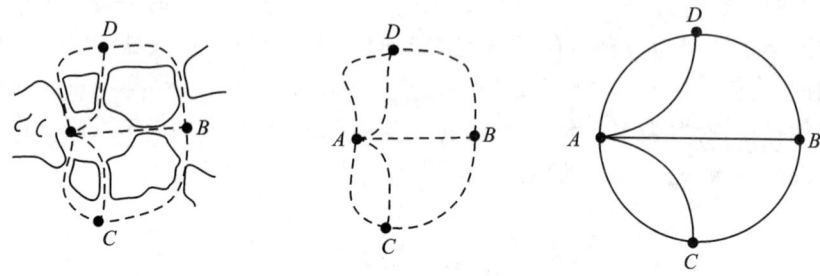

图 1-8.2　七桥问题拓扑图

不难发现,图 1-8.2 中的点 A、B、C、D,相当于七桥问题中的四块区域;而图中的弧线,则相当于连接各区域的桥。想不到轰动一时的哥尼斯堡七桥问题,竟然与孩子们的游戏——想用一笔画画出"串"字和"田"字这类问题一样。

1736 年,欧拉在圣彼得堡科学院做了报告,给出了这个判断准则,即一笔画原理,从而漂亮而彻底地解决了著名的"七桥问题"。漂亮,因为他指出的充分必要条件简单明了,容易检验,用起来方便;彻底,指的是他给出了一笔画的充分必要条件,把一笔画和非一笔画的界限彻底划清了。于是,1736 年被称为图论诞生的元年。

定理 8.1（一笔画原理）　一个图如果可以一笔画成,那么这个图中奇数顶点的个数不是 0 就是 2。

图 1-8.3 所示的 4 只动物都可以用一笔画完成。它们的奇点个数分别为 0 和 2。

图 1-8.3　一笔画举例

既然是由一笔画成的脉络,其奇点个数应不多于两个,那么,两笔或多笔能够画成的脉络,其奇点个数应有怎样的限制呢? 我想,聪明的你完全能自行回答这个问题。

一般地,我们有:

定理 8.2 含有 $2n(n>0)$ 个奇点的脉络,需要 n 笔画成。

想一想,如果在哥尼斯堡七桥问题中再加进去一座桥,如图 1-8.4 所示,会怎么样?

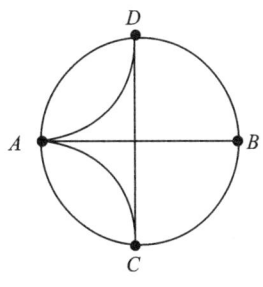

图 1-8.4 七桥加一桥

8.3 从七桥问题看图论的本源思想与文化内涵

图论的本源问题是七桥问题,解决七桥问题的核心思想是图论的本源思想,主要包括特征抽象与拓扑思考、预测结果与探究成因。图论在游戏中诞生并在游戏中发展,它蕴含着数学研究中的 7 种精神、3 层思想和 3 类方法,是值得纳入数学课程的学科领域。

8.3.1 图论的本源思想

1. 特征抽象与拓扑思考

欧拉为什么能抽象出图模型并据此解决七桥问题呢? 因为他利用特征抽象分析法与拓扑思考方式来考虑问题,从而得到结果。所谓特征抽象分析法,就是把研究对象的本质特征抽取出来,舍弃非本质特征的分析法。为了解决七桥问题,首先要给出问题的正确表征,尽量把问题简化,易于抓住问题的要点。对于七桥问题,两岸和岛的大小,桥的曲直长短是无关紧要的,重点在于点与点之间是否有线相连。故可用图来表征七桥问题的情境和结构。所谓拓扑思考方式,就是只考虑图形中顶点和边线的个数,而不考虑其大小和形状的一种思考方式。为了解决七桥问题,将图中顶点和边线的关联情况(顶点的度数)作为切入点,寻找有解的必要条件。在寻找有解必要条件的过程中,这种不考虑所画图的大小和形状,仅考虑图中顶点和边线数的思考方式正是拓扑学的思考方式。欧拉是通过特征抽象法与拓扑思考方式找到了有解的必要条件,从而解决了七桥问题,因此这两种思想方式是解决七桥问题的基本思想方式,可以作为图论产生的本源思想。从图论的理论发展及其应用来看,特征抽象分析和拓扑思考方式是把实际问题变成一个图论问题研究的关键。例如,树是图论中的专有名词,它的原型就是窗外有枝有叶的绿色树木,用特征抽象分析法定义树,所谓树就是无圈的连通图。其中度数为 1 的顶点称为叶,每个连通片皆为树的图称为林。

2. 预测结果与探究成因

在分析特殊问题,给出一般方法的精神活动中,产生了预测结果与探究成因的思想,这对互补思想而言,不仅是图论,也是数学的基本思想,具有方法论意义。解决问题需要有目标意识,缺乏目标或目标不明晰、不正确,都会影响思考的效果。从监控的角度分析欧拉解决七桥问题,可以发现至少有两次意义重大的思维监控。其一,面对七桥问题,欧拉并非像一般人那样用列举验证的方法去寻找途径,而是从千百人的失败中反思,预测这是一个不能问题。只要把一笔画的必要条件找到,说明该图不具备一笔画的必要条件即可。这种大胆预测、小心求证的思想品格促使欧拉寻找一笔画必要条件取得成功。其二,面对七桥问题无解,欧拉并没有止步,而是进一步探究这类问题何时有解。也就是说,根据哪些特征可以断定这类问题一定有解,也就是问上述一笔画的必要条件是否充分。若不满足必要条件,即刻就可断定,该图不能一笔画;然而,若满足必要条件,尚不能断言该图一定能一笔画,还必须实际地用笔来画一画。这是很不方便的,必须设法避免这个麻烦。为此,欧拉预测并证明了所给一笔画的必要条件也是充分的。两种情形合在一起,一笔画的充分必要条件就确立了。

8.3.2 图论的文化内涵

1. 图论蕴含着数学中使用的研究精神

图论解决的问题大多是实际问题,活动于解决实际问题中的 7 种数学精神也活动于图论研究中。这 7 种数学精神分别是:应用化精神;扩张化、一般化精神;组织化、系统化精神;致力于研究和发明发现的精神;统一建设的精神;严密化的精神;思想的经济化精神。例如,把七桥问题数学化,体现了把实际问题变为简单形式的思想经济化精神;类比七桥问题设计出周游世界问题,体现了致力于研究和发明发现的精神;利用树这种图论工具解决优化问题,体现了应用化精神;从初始的图概念发展到有向图和无向图、有限图和无限图,体现了扩张化和一般化的精神;等等。

此外,图论之父欧拉被称为数学的英雄,他是和阿基米德、高斯、牛顿为伍的数学家。作为一种文化现象、思想方法和艺术追求的图论,蕴含着欧拉的顽强拼搏和锐意创新精神。欧拉具有极强的科学敏感性和洞察力,能在众人看来没有关系的事项之间找出隐性关系,并运用这种关系解决大问题。据调查,数学家眼中最优美的数学公式很多,排在前 10 名的有 3 个是欧拉发现的,分别位于第一、第二和第五名的位置,这 3 个公式分别是

$$e^{i\pi}+1=0$$

$$V+F-E=2 \quad (凸多面体欧拉公式)$$

和

$$1+\frac{1}{2^2}+\frac{1}{3^2}+\frac{1}{4^2}+\cdots=\frac{1}{6}\pi^2$$

欧拉是一位多产的数学家,研究领域涉及很多数学分支,当代瑞士欧拉问题研究专家费尔曼通过研究认为,欧拉的宏大业绩归因于三点:一是"他有惊人的记忆力";二是"聚精会神的能力也是少见的,周围的嘈杂和喧闹从不会影响他的思维";三是"镇静自若,孜孜不倦"。因此,学习图论同时要学习欧拉的精神。

2. 图论蕴含着数学思想的应用和提炼

人的正确思想只能从实践中来,在数学实践中,通过人的精神活动产生数学思想。在图论研究中,研究者不断应用已有数学思想,同时不断提炼新的数学思想。反思图论问题的研究过程,可以发现图论主要蕴含如下三个层面的思想。

(1) 一般性的哲学思想:矛盾转化的思想

任何数学思想总是或多或少地以一种哲学思想为基础的。从哲学层面讲,解决图论问题乃至任何数学问题的本质都是变更问题,将陌生的、复杂的、难以解决的问题转化为熟悉的、简单的、易于处理的问题。这种转化思想体现了哲学中的矛盾转化。转化是有条件的,依赖于解题者的素质和已有知识的发展水平。

(2) 功能性的转化思想:最优化、算法化、模型化和直观化的思想

现实世界处处蕴含着图论的原始模型,通过观察、抽象,将原始模型简化为图论模型,然后借助图论模型的逻辑分析,将分析结果解释应用到现实原型中。在矛盾转化过程中包含了数学活动3次功能性转化:实际材料的数学化、数学材料的逻辑组织化、数学理论的应用化。在这3次功能性转化过程中,蕴含了最优化、算法化、模型化和直观化的思想。下面以图论中的最小生成树问题为例说明这一思想。现在有一个现实问题:某县的小镇之间由泥路相连接,打算铺设其中一部分,使得人们可以从任何一个镇出发经过铺设的道路直接或间接地到达任何其他镇。因为预算有限,想尽量减少所需铺设的道路费用。试找出一个满足要求的道路铺设方案。面对这个问题,首先要将这个问题模型转化为一个直观的模拟道路网络图(这是一个赋权图),即"从任何一个镇出发经过铺设的道路直接或间接地到达任何其他镇"。这意味着要找出这个网络的一个连接的、无圈的、连接所有镇(顶点)的并且由各边在网络中给出的距离总和为最小的子图(这个最小子图即该图的最小生成树,在教学中可以让学生自己形成最小生成树的定义),然后系统地找出一个解(选择一条最短边,接着选出余下的最短边。这样继续进行,同时注意不要去选择一条边而形成圈。这种方法就是图论中的避圈法)。为了使解法具有普遍性和可操作性,再把解法叙述成算法。可见,最小生成树就是有关这类问题的最优解,寻找最优解的过程蕴含了模型化、直观化、最优化和算法化等思想。

(3) 特殊性的具体思想:拓扑的思想、统筹的思想

图论诞生于七桥问题,七桥问题最初只是一个游戏,后来才体会到它的拓扑意义。欧拉把七桥问题抽象成用7条曲线与4个点连接的一个图,把图看成由弹性很好的橡皮绳结成的网,点的位置与曲线的曲直长短全然不予计较,每一条边可以任意收缩,也可以任意曲、直变形,只考虑图形中点和线的个数,而不会影响我们所考虑的数学问题的答案,这恰为称作拓扑学的一门重要数学分支的核心思想方法。按照 Klein 分类思想,图是二维复形的一维骨架,所以图论又称一维拓扑。此外,在寻找一笔画的充分必要条件时,也正是抓住了顶点度数的奇偶性这一拓扑不变量而得以实现。如果说七桥问题的解决埋下了拓扑学思想的种子,那么这粒种子在多面体欧拉公式(顶点数,面数,棱数 $E=2$)(1752 年)的发现与证明中发了芽。在学科发展早期,图论与拓扑学有 2 个共有公式:"图 G 中顶点度数之和为边数的 2 倍"和"平面图欧拉公式(顶点数,面数,一

边数 $E=2$)"。从本源上,图论含有拓扑的思想。统筹就是统一筹划,合理安排。统筹思想就是"统筹兼顾,抓住主要矛盾"的思想。这种思想可以用我国宋代著名科学家沈括所著《梦溪笔谈》中的一则记载做出很好的概括与说明。该书在"一举而三役济"一段中,记载了北宋一位名叫丁谓的大臣受命修复宫殿的事迹。丁谓运思巧妙、统筹兼顾、一举三得,同时解决了取土、运输和处理建筑垃圾的问题,结果是"省费以亿万计"。七桥问题的解决体现了统筹兼顾、抓住主要矛盾的思想,同时也正因为图论中蕴含着统筹思想,利用图论中的决策树和统筹法中关键路径等方法又能有效解决统筹管理问题(例如,利用欧拉回路设计最优清雪路线,利用决策树分析购买保险的问题)。高中新课程中把统筹法与图论放在一个专题讲,大概也是基于这一考虑。

3. 图论蕴含着数学研究中的三类方法

数学研究中有三类方法蕴含在图论研究中,分别是发现、证明、发展。发现与发展是为了预测结论,证明是为了探究成因。数学发现的方法至少有归纳与类比,实验与推理。证明的方法有直接证明和间接证明。数学进步发展的方法至少有扩张法(从已知的概念和定理出发,建立以已有结果为特殊情形的更为广泛的概念和定理的方法)和发现法(不依赖已知事项而发现新的数学事项的方法)。这些方法与途径在图论研究中均有体现。此外,图论中还形成了特有的数学方法,如避圈法和破圈法。当然,数学的精神、思想和方法之间不是截然分开的。通过精神活动产生思想,为了实现思想而研究出方法,作为结果,就得出了许多数学定理、法则和公式。而在实际中,由于这些思想、方法促进新精神活动,新精神的活动又进一步产生新思想、新方法,它们就这样互为因果地生长发展,从而建立起深奥宏大的数学大厦。

习　题

根据本章学习的相关知识,(根据抽签)选择各小组将要导游的对象(家人,同学,省市领导等),要求:

(1) 每小组设计一个自认为最优的"河南工学院旅游路线图"。

(2) 每小组提交一份"设计依据",包括:

① 列举导游时可能出现的问题(比如,参观地点取舍;游览一圈之后,刚好到餐厅赶上吃中午饭;或者路上遇到的其他问题),给出问题的解决方案和依据,或该方案体现了何种数学逻辑思维。

② 小组人员具体分工。

注意:下一节课各小组将在讲台上展示和介绍自己设计的产品(需借助 PPT,每小组 10 min),然后根据老师或评委的问题进行小组答辩,之后各小组进行讨论和再设计,再进行展示和答辩(该项每小组合计用时不超过 5 min),最后提交最终产品,评委为各小组的产品进行打分,作为该组学生的答辩成绩。

第9章　神奇的圆周率——蒙特卡罗模拟

本章讲述了圆周率、计算圆周率的四个时期，以及圆周率的相关知识，并对计算圆周率的各种方法有了初步了解。在此基础上，深入讲述了运用数学分析和概率等的思想，结合数学实验的动手操作方法，利用计算机，采用现代方法快捷地进行计算。通过学习千变万化的现代计算方法锻炼学生的思维，激发他们的想象力和创造力。通过漫谈圆周率的计算，让我们也学了一回祖冲之，探索了一下计算的奥秘，同时感叹古人的智慧。对于当代人，要站在巨人的肩膀上，利用所学，不断进取。

9.1　圆周率的计算历史

古今中外，许多人致力于 π 的研究与计算。为了计算出 π 的越来越好的近似值，一代代的数学家为这个神秘的数贡献了无数的时间与心血。以前的人计算 π，是要探究 π 是否为无限循环小数。现在的人计算 π，多数是为了验证计算机的计算能力，还有就是为了兴趣。

问题1：怎样用科学方法计算 π？

问题2：如何用科学方法求其他无理数？

9.1.1　实验时期

该阶段的特点是，圆周率的获得并没有理论上的根据，而是从实际经验中得到的，一般来说，精确度是不高的。

古埃及和巴比伦的圆周率计算属于经验性获得阶段。在古埃及所留下的两批草纸之一的莱登草纸上有一个例子：有一块9凯特（即直径为9）的圆形土地，其面积多大？今取其直径的1/9，即1，则余8，作8乘以8，得64，这个大小就是面积。由此可见，人们认为圆的面积等于一个边长为此圆直径的8/9的正方形面积，通过简单的推算，就可得出圆周长与其直径之比大约是3.160 5。在巴比伦，人们把圆的面积取为圆周平方的1/20，由此可以看出，他们认为圆周是直径的3倍，即取3。但在给出正六边形及外接圆周长之比时，实际上又用了3.125作为其值。以上的这些发生于公元前2000年左右。

在中国，成书大约在1世纪的《周髀算经》上记述了周公和商高的问答，在商高曰"数之法出于圆方"下，有赵爽（220年）注"周三而径一"。东汉科学家张衡提出，而在西汉辑为定本的中国古典数学《九章算术》中，仍沿用周三径一之说，其精度比不上古埃及和巴比伦。

这种状况一直延续到 3 世纪的魏晋时期,因为数学家刘徽的出现而得以改变。

9.1.2 几何算法时期

从几何上推算出圆周率近似值的应该首推古希腊的阿基米德(Archimedes,公元前 287—公元前 212 年),他得到的圆周率是大于 223/71 而小于 22/7。他是用 96 边的圆内接正多边形和圆外切正多边形来进行推算的。大约在公元前 150 年,希腊的天文学家托勒密(Ptolemy)制作了一份弦表,以半径的 $\frac{1}{60}$ 作为长度单位,每一单位分为 $60'$,每一分又分为 $50''$。他算出了圆心角 $1°$ 所对应的弦长为 1 单位 $2'50''$,于是圆内接 360 边形的周长与直径之比是:

$$(360 \times 1 \text{ 单位 } 2'50'') \div 120 \text{ 单位}$$

即

$$\pi = 3 + \frac{8}{60} + \frac{30}{60^2} = \frac{377}{120} = 3.1416$$

这应该是自阿基米德以来的巨大进步。

中国刘徽是 3 世纪著名的数学家,他是用割圆术来求圆周率的。作圆内接正 n 边形和正 $2n$ 边形,设 L_n 为内接 n 边形的周长,S_n 为内接 n 边形的面积,S 表示圆的面积,L 表示圆的周长,圆的半径为 r。如下的式子成立:

$$L_n \times r \div 2 = S_{2n} \to S, \quad L_n \to L \quad (n \to \infty)$$

从而有

$$S = L \times r \div 2$$

刘徽计算到 192 边形时得到 $314.1024 < 100\pi < 314.2704$,他用 $\frac{157}{50} = 3.14$ 表示圆周率,被称为"徽率"。刘徽所建立的一般公式 $S_{2n} < S < S_n + 2(S_{2n} - S_n)$ 可以把圆周率计算到任意的精度,它比阿基米德用内接和外切双方逼近的方法更为简捷。

在刘徽之后的 200 年,南北朝人祖冲之应用刘徽的割圆术,在刘徽的基础上继续推算,求出了 7 位有效数字的精确圆周率的值:$3.1415926 < \pi < 3.1415927$。祖冲之算出的圆周率为 $\frac{335}{113}$,精度是 6 位小数,化为循环小数时实际上循环节达到 112 位。祖冲之的圆周率不但当时最准,而且还领先了世界 1 000 多年。335/113 便于记忆,将最小的奇数 1,3,5 各重复一次后"平均"斩为两段,再让大的"住楼上",小的"住楼下"即可。有趣的是,它的分子和分母都可以用完全平方数简单地表示出来:

$$\frac{335}{113} = \frac{7^2 + 9^2 + 15^2}{7^2 + 8^2}$$

更有趣的是,7,8,9 是连续的自然数,而且 $7+8=15$。在《中国科学技术史》中,李约瑟博士指出:"在这个时期,中国人不久即赶上了希腊人,并且在公元 5 世纪祖冲之和他的儿子祖暅的计算中又出现了跃进,从而使他们领先了 1 000 年。"

祖冲之所得圆周率的精度保持了纪录达 1 000 年,直到 15 世纪中亚数学家阿尔卡西(Al-Kashi)和16世纪法国数学家韦达(Viete)才计算出更精确的值,前者计算到小数点后第14位,后者计算到第9位。到欧洲文艺复兴之前,圆周率的最好结果是1600年鲁道夫·范·科伊伦(Ludolph van Ceulen)所得的第35位。

9.1.3 分析方法时期

欧洲的文艺复兴带来了一个崭新的数学世界,数学公式的出现使圆周率π的计算进入了一个新的阶段。最早的公式之一是数学家Willis所得的,即

$$\frac{2}{\pi} = \frac{1 \cdot 3 \cdot 3 \cdot 5 \cdot 5 \cdot 7 \cdots}{2 \cdot 2 \cdot 4 \cdot 4 \cdot 6 \cdot 6 \cdots}$$

第二最著名的公式是:

$$\frac{\pi}{4} = 1 - \frac{1}{3} + \frac{1}{5} - \frac{1}{7} + \cdots$$

该公式有时被归功于莱布尼茨(Leibniz,1646—1716年),但首先发现该公式的似乎应该是数学家詹姆斯·格雷戈里(James Gregory,1638—1675年)。

利用下面的公式也可以计算出π的值:

$$\frac{\pi}{4} = \arctan \frac{1}{2} + \arctan \frac{1}{3}$$

如果能够找到一个形如 $\frac{\pi}{4} = \arctan \frac{1}{a} + \arctan \frac{1}{b}$ 且具有较大的数 a 和 b 的公式,那么利用一般公式时就能得到较快收敛的级数。1706年,梅钦(Machin)发现了如下公式:

$$\frac{\pi}{4} = 4\arctan \frac{1}{5} - \arctan \frac{1}{239}$$

由于计算公式已经有了,除了需要耐心外,π的计算已经没有什么困难了,而追求更高精度的计算其实没有什么太大的意义了。但还是有一些人花费了大量的时间和精力用于对π的计算。一个相当典型的例子就是英国人Shanks,他用20多年的时间算出了小数点后707位,其结果于1837年发表,遗憾的是,1945年,Ferguson发现只有前572位是正确的。

在Shanks的结果发表之后不久,中国著名的科学家、数学家李善兰在用尖锥术求圆面积时得到了如下式子:

$$\pi = 4 - 4 \times \left(\frac{1}{2} \times \frac{1}{3} + \frac{1}{2 \times 4} \times \frac{1}{5} + \frac{1 \times 3}{2 \times 4 \times 6} \times \frac{1}{7} + \cdots \right)$$

这也是中国在这一时期圆周率计算的代表之一。

Shanks已知道π是一个无理数,因为早在1761年,数学家Lambert就已证明该结果。在Shanks计算π之后不久,Lindemann证明了π是一个超越数。这就意味着,π不可能是任何整系数多项式方程的解,也说明所谓的"化圆为方"是不可能。

9.1.4 电子计算机时期

19世纪前,π的计算进展相当缓慢;19世纪后,计算π的世界纪录频频创新。整个

19世纪,可以说是π的手工计算量最大的世纪。进入20世纪,随着计算机的发明,π的计算有了突飞猛进的发展,借助于超级计算机,人们已经得到了π的31.4万亿位精度。

事实上,在实际运算中我们只取π的前几位数就可以了,但是人们为什么仍然对π的精确推算乐此不疲呢?德国的一位数学家曾经说过:"历史上一个国家所算得的圆周率的准确程度,可以作为衡量这个国家当时数学发展的一个标志。"纵观π的计算发展史,此话确有一番道理。在计算机技术高度发达的今天,计算π值又被认为对测试计算机的性能具有科学价值,如上述提到的,日立公司认为,通过计算圆周率可以进一步提高编译器、数值计算和节点间通信的程序库、磁记录设备的输入/输出性能调节以及长时间高速稳定运行技术。

9.2 圆周率的常见计算方法

古人计算π,一般采用割圆法,即用圆的内接正多边形或外切正多边形来逼近圆的周长。阿基米德用正96边形得到π小数点后3位的精度;刘徽用正3 072边形得到5位精度;Ludolph van Ceulen用正2^{62}边形得到了35位精度。这种基于几何的算法计算量大、速度慢,吃力不讨好。随着数学的发展,数学家们在进行数学研究时有意无意地发现了许多计算π的公式。下面挑选一些经典的常用公式加以介绍。除了这些经典公式外,还有很多其他公式和由这些经典公式衍生出来的公式,就不一一列举了。

9.2.1 数值积分法

数值积分法的基本思想是基于 $\int_0^1 \sqrt{1-x^2} \, dx = \dfrac{\pi}{4}$,$\int_0^1 \dfrac{1}{1+x^2} \, dx = \dfrac{\pi}{4}$。

算法公式(近似数值方法)如下:

梯形公式:

$$\int_a^b f(x) \, dx \approx \left[\dfrac{f(a)+f(b)}{2} + \sum_{i=1}^n f(x_i) \right] \dfrac{b-a}{n}, \quad x_i = a + \dfrac{b-a}{n} i$$

辛普森公式:

$$\int_a^b f(x) \, dx \approx \left[f(a)+f(b) + 4\sum_{i=0}^{n-1} f(x_{i+0.5}) + 2\sum_{i=1}^{n-1} f(x_i) \right] \dfrac{b-a}{6n}$$

编写的MATLAB程序如下:

```
%(1)求精确解
syms x,y;
y = int(sqrt(1-x^2),0,1);
%(2)梯形公式(quad)
f = @(x) sqrt(1-x.^2);
y = quad(f,0,1);
%(3)辛普森公式(trapz)
```

```
x = 1:0.01:1;
y = sqrt(1 - x.^2);
z = trapz(x,y);
```

9.2.2 Taylor 级数法(无穷级数法)

利用反正切函数的泰勒级数

$$\arctan x = x - \frac{x^3}{3} + \frac{x^5}{5} - \cdots + (-1)^{k-1}\frac{x^{2k-1}}{2k-1} + \cdots$$

将 $x=1$ 代入上式得到

$$\frac{\pi}{4} = \arctan 1 \approx 1 - \frac{1}{3} + \frac{1}{5} - \cdots + (-1)^{n-1}\frac{1}{2n-1}$$

即

$$\pi \approx 4\left[1 - \frac{1}{3} + \frac{1}{5} - \cdots + (-1)^{n-1}\frac{1}{2n-1}\right]$$

其中，n 越大越精确。利用 MATLAB 软件编程计算发现，花费的时间很长，所得结果的准确度却很差。分析其原因，是由于当 $x=1$ 时，得到的 arctan 1 的展开式收敛得太慢。

为使泰勒级数收敛得快，应当使 x 的绝对值小于1，最好是远远小于1，这样，随着指数的增加，x 的幂快速接近于 0，泰勒级数就会快速收敛。比如，取 $x=\frac{1}{2}$ 得到的 $\arctan\frac{1}{2}$ 就收敛得快。

例如：$\arctan\frac{1}{2} \approx \frac{1}{2} - \frac{1}{3}\left(\frac{1}{2}\right)^3 + \cdots + (-1)^{n-1}\frac{1}{2n-1}\left(\frac{1}{2}\right)^{2n-1}$ 中取 $2n-1=63$，得到 $\arctan\frac{1}{2}$ 的近似值误差就小于 $\frac{1}{2^{65}}$，准确度已经非常高了。

令 $\alpha = \arctan\frac{1}{2}$，$\beta = \frac{\pi}{4} - \alpha$，则

$$\tan\beta = \tan\left(\frac{\pi}{4} - \alpha\right) = \frac{\tan\frac{\pi}{4} - \tan\alpha}{1 + \tan\frac{\pi}{4}\tan\alpha} = \frac{1 - \frac{1}{2}}{1 + 1\times\frac{1}{2}} = \frac{1}{3}$$

因此 $\beta = \arctan\frac{1}{3}$，即 $\frac{\pi}{4} - \arctan\frac{1}{2} = \arctan\frac{1}{3}$，从而得到

$$\frac{\pi}{4} = \arctan\frac{1}{2} + \arctan\frac{1}{3} \quad (\text{一般公式})$$

$\arctan\frac{1}{3}$ 比 $\arctan\frac{1}{2}$ 收敛得更快。利用泰勒级数计算出 $\arctan\frac{1}{2}$ 与 $\arctan\frac{1}{3}$ 的近似值再相加，然后再乘以4，就得到 π 的近似值。

还可以考虑用 $\alpha = \arctan\frac{1}{5}$ 来计算 π。由 $\tan\alpha = \frac{1}{5}$ 容易算出

$$\tan 2\alpha = \frac{5}{12}, \quad \tan 4\alpha = \frac{120}{119}$$

$$\tan\left(4\alpha - \frac{\pi}{4}\right) = \frac{\tan 4\alpha - \tan\frac{\pi}{4}}{1 + \tan 4\alpha \tan\frac{\pi}{4}} = \frac{\frac{120}{119} - 1}{1 + \frac{120}{119}} = \frac{1}{239}$$

$$4\alpha - \frac{\pi}{4} = \arctan\frac{1}{239}$$

从而得到

$$\pi = 16\arctan\frac{1}{5} - 4\arctan\frac{1}{239} \quad (\text{Machin 公式})$$

利用 $\arctan x$ 的泰勒展开式求出 $\arctan\frac{1}{5}$，$\arctan\frac{1}{239}$ 的近似值，再代入公式就可以求出 π 的近似值。

这个公式是由英国天文学教授 John Machin 于 1706 年发现的。他利用这个公式计算到了 100 位的 π 值。Machin 公式每计算一项可以得到 1.4 位的十进制精度，因为在计算过程中它的被乘数和被除数都不大于长整数，所以可以很容易地在计算机上编程实现。

Machin 公式

$$\pi \approx 16\arctan(1/5) - 4\arctan(1/239)$$

9.2.3 蒙特卡罗法

蒙特卡罗(Monte Carlo)法，或称计算机随机模拟方法，又称统计试验方法或随机模拟。所谓模拟就是把某一现实的或抽象的系统的部分状态或特征，用另一个系统(称为模型)来代替或模仿。在模型上做实验称为模拟实验，所构造的模型为模拟模型。

蒙特卡罗法本质上是一种基于"随机数"的计算方法。这一方法源于美国在第二次世界大战时研究原子弹"曼哈顿计划"。该计划的主持人、数学家冯·诺依曼和乌拉姆将这一秘密工作用驰名世界的赌城——摩纳哥的 Monte Carlo——来命名，为它蒙上了一层神秘色彩，其实他们的具体工作是对裂变物质的中子随机扩散进行模拟。

Monte Carlo 方法的基本思想是将各种随机事件的概率特征(概率分布、数学期望)与随机事件的模拟联系起来，用试验的方法确定事件的概率与数学期望；因此，Monte Carlo 方法的突出特点是概率模型的解，是由试验得到的，而不是计算出来的。这很早以前就被人们发现和利用。早在 17 世纪，人们就知道用事件发生的"频率"来决定事件的"概率"。19 世纪，人们利用"投针试验"方法来决定圆周率 π。20 世纪 40 年代电子计算机的出现，特别是近年来高速电子计算机的出现，使得用数学方法在计算机上大量、快速地模拟这样的试验成为可能。

此外，模拟任何一个实验过程，Monte Carlo 方法都需要用到大量的随机数，计算量很大，人工计算是不可能的，只能在计算机上实现。

基本思想：来源于乌拉姆和冯·诺依曼的核试验模拟和几何概型。

算法公式：

方法 1　蒲丰(Buffon)随机投针法。

$$\pi \approx \frac{2nL}{ak}$$

其中，L 为针长；a 为平行线之间的距离。

方法 2　随机投点法。

$$\frac{m}{n} \approx \frac{S_1}{S} = \frac{\pi}{4}, \quad \pi \approx \frac{4m}{n}$$

蒲丰(Buffon)投针试验

在平面上有等距离为 $a(a>0)$ 的一些平行线，向平面上随机投一些长为 $L(L<a)$ 的针。求针与平行线相交的概率 $P(A)$。

若以 M 表示针的中点，以 x 表示 M 距离最近平行线的距离，θ 表示针与平行线的交角，则针与平行线相交的充分必要条件是 (θ, x)，满足

$$0 \leqslant x \leqslant \frac{L}{2}\sin\theta, \quad 0 \leqslant \theta \leqslant \pi$$

事实上，蒲丰投针试验就相当于向平面区域

$$G = \left\{(\theta, x) \,\middle|\, 0 \leqslant \theta \leqslant \pi, 0 \leqslant x \leqslant \frac{a}{2}\right\}$$

投点的几何概型。此时

$$P(A) = \frac{S_A}{S_G} = \frac{\int_0^\pi \frac{L}{2}\sin\theta \, d\theta}{\pi a} = \frac{2L}{\pi a}$$

由于针与平行线相交的概率(理论值)为 P，可得

$$\pi = \frac{2L}{Pa}$$

当投针次数为 N 时，试验值(针与平行线相交的频率)

$$f(N) \approx P$$

所以有

$$\pi \approx \frac{2L}{f(N)a}$$

于是，可用蒲丰投针试验求 π 值。

蒲丰投针试验在计算机上实现，需要如下两个步骤：

① 产生随机数。首先产生 n 个相互独立的随机变量 θ, x 的抽样序列 (θ_i, x_i)，$i = 1, 2, \cdots, n$，其中 θ_i 服从 $U(0, \pi)$，x_i 服从 $U\left(0, \frac{a}{2}\right)$。

② 模拟试验。检验不等式

$$x_i \leqslant \frac{L}{2}\sin\theta_i$$

是否成立。若该不等式成立,则表示第 i 次试验成功(即针与平行线相交)。设 n 次试验中有 m 次成功,则 π 的估值为

$$\hat{\pi} = \frac{2Ln}{am}$$

其中,$a > L$,且均为预先给定。

将上述步骤编写成 MATLAB 程序如下:

```
n = 100;k = 0;a = 1;l = 0.8
x = unifrnd(0,pi,n);
y = unifrnd(0,a/2,n);
for i = 1:n
    if y(i)< = 1/2 * sin(x(i)),
        k = k + 1;
    else k = k + 0;
    end
end
k/n;
```

进行模拟试验。

① 模拟向平面区域 G 投针 N 次,若投点落入区域 A,则记 1 次,统计落入区域 A 的次数就是针与平行线相交的次数,计算针与平行线相交的频率,并近似计算 π 值。

② 改变投针次数 N,重复步骤①,并将计算结果填入表 1-9.1 中。

表 1-9.1 模拟试验记录结果

投针次数	针与平行线相交次数	针与平行线相交频率	针与平行线相交概率	π 的近似值
1 000	239	0.239		3.138 08
2 000	476	0.238	0.238 732	3.151 26
5 000	1 202	0.240 4		3.119 8
10 000	2 383	0.238 3		3.147 29

调用已经编好的程序进行模拟,取 $n = 100\ 00$,$L = 0.8$,$a = 1$。

9.3 科学计算其他无理数

蒲丰投针试验的模拟过程虽然简单,但基本反映了蒙特卡罗方法求解实际问题的基本步骤,即大致需要建模、模型改进、模拟试验和求解四个过程。

为了便于理解推广,例如能模拟实验计算更多的无理数,如 e、$\sqrt{2}$、$\sqrt{3}$ 等,以下用几

何概率给出求 π 的另一种模拟方法——随机投点方法。

首先,考虑服从 (0,1) 区间上的均匀分布的随机变量 X 和 Y,其联合密度函数为 $f(x,y) = \begin{cases} 1, & 0 < y < 1 \\ 0, & \text{其他} \end{cases}$,则 $P\{X^2 + Y^2 \leqslant 1\} = \dfrac{\pi}{4}$。

其次,考虑边长为 1 的正方形,以一个角(点 O)为圆心、1 为半径的 $\dfrac{1}{4}$ 圆弧,然后,在正方形内等概率地产生 n 个随机点 (x_i, y_i),$i = 1, 2, \cdots, n$,即 x_i, y_i 是 (0,1) 区间上均匀分布的随机数。设 n 个随机点中有 k 个点落在 $\dfrac{1}{4}$ 圆内,即有 k 个点 (x_i, y_i) 满足 $x_i^2 + y_i^2 \leqslant 1$。则当 $n \to \infty$ 时,$\dfrac{k}{n} \to \dfrac{(1/4)\text{圆面积}}{\text{正方形面积}}$,即 $\dfrac{k}{n} \to \dfrac{\pi}{4} (n \to \infty)$,因此 π 的估计值为 $\hat{\pi} = \dfrac{4k}{n}$。

下面是编写的 MATLAB 模拟程序。

```
n = 100;k = 0;
x = unifrnd(0,1,n,1);
y = unifrnd(0,1,n,1);
for i = 1:n
    if x(i)^2 + y(i)^2 < = 1,
        k = k + 1;
    else k = k + 0;
    end
end
Pi2 = 4 * k/n
```

需要注意的是,由于是采用随机投点方法模拟的,所以每次的结果很可能会有微小的不同。

上面讨论的求 π 方法,本质上就是用蒙特卡罗法求定积分 $\int_0^1 \sqrt{1-x^2}\,dx$。

近似计算有数值积分法、无穷级数法和蒙特卡罗法,可以将这些方法推广到其他无理数。

【例 1】 求 ln 2 的近似值。

方法 1 无穷级数法。

令 $f(x) = \ln(1+x)$,则根据泰勒展开式有

$$f(x) = f(x_0) + \dfrac{f'(x_0)}{1!}(x - x_0) + \dfrac{f''(x_0)}{2!}(x - x_0)^2 + \cdots$$

即

$$\ln(1+x) = \ln(1+x_0) + \dfrac{1}{1+x_0}(x - x_0) + \dfrac{-1}{(1+x_0)^2}\dfrac{1}{2!}(x - x_0)^2$$

$$= + \dfrac{1 \times 2}{(1+x_0)^3}\dfrac{1}{3!}(x - x_0)^3 + \cdots + \dfrac{(-1)^{i-1}(i-1)!}{(1+x_0)^i}\dfrac{1}{i!}(x - x_0)^i + \cdots$$

$$= \ln(1+x_0) + \frac{1}{1+x_0}(x-x_0) + \frac{-1}{(1+x_0)^2}\frac{1}{2}(x-x_0)^2$$

$$= + \frac{1}{(1+x_0)^3}\frac{1}{3}(x-x_0)^3 + \cdots + \frac{(-1)^{i-1}}{(1+x_0)^i}\frac{1}{i}(x-x_0)^i + \cdots$$

令 $x=1, x_0=0$,有

$$\ln(1+1) = 0 + 1 - \frac{1}{2} + \frac{1}{3} - \frac{1}{4} + \cdots + \frac{(-1)^{i-1}}{i} + \cdots$$

上式呈现出比较好的规律性,可直接使用 Taylor 函数。

方法 2　蒙特卡罗法。

注意到

$$\ln x = \ln x - \ln 1 = \int_1^x \frac{1}{x}\mathrm{d}x$$

所以 ln 2 可通过前述的积分形式求解。

思路:随机抽取横坐标在 1~2 之间、纵坐标在 0~1 之间的一点 (x,y),如果 $y < \frac{1}{x}$,则标记为 1,否则标记为 0;经过 n 次以后,将前面标记为 1 的点相加,并除以 n,就得到相应的估计值了。在 MATLAB 中可以一次性生成多个随机数,所以前面的思路可以稍做调整以提高效率:随机抽取 n 个点,这些点满足横坐标在 1~2 之间,纵坐标在 0~1 之间;将满足 $y < \frac{1}{x}$ 的点的个数除以 n,即可得到需要的估计值。

编写的 MATLAB 程序如下:

```
n = 10;k = 0
x = unifrnd(1,2,n);
y = unifrnd(0,1,n);
for i = 1:n
    if y(i)< = 1/x(i),
        k = k + 1;
    else k = k + 0;
    end
end
k/n
```

运行上述程序以后,会得到不同的结果。为减小误差,可以多次重复模拟过程,得到更多模拟值,再取所有结果的算术平均值作为 ln 2 的估计值。

☞ 回顾了圆周率从古至今的计算史后,认识到人们为计算它付出的辛劳与智慧,还学习到了前人为追求科学而孜孜不倦的精神,并被深深吸引。同时,应用所学知识,借助计算机,用数学试验方法试着多角度计算了圆周率的值,感受到了知识就是力量,探索是无止境的。

习 题

1. 求 ln 3 的近似值,编写 MATLAB 程序。
2. 求 $\sqrt{2}$ 的近似值,编写 MATLAB 程序。
3. 求 e 的近似值,编写 MATLAB 程序。

第 10 章 竞争中的数学——博弈论

博弈论主要研究公式化了的激励结构间的相互作用,是研究具有斗争或竞争性质现象的数学理论和方法。博弈论考虑游戏中的个体的预测行为和实际行为,并研究它们的优化策略。生物学家使用博弈论来理解和预测进化论的某些结果。博弈论已经成为经济学的标准分析工具之一,在金融学、证券学、生物学、经济学、国际关系、计算机科学、政治学、军事战略和其他很多学科领域都有广泛的应用。

10.1 新课引入

博弈论,又称为对策论(Game Theory)、赛局理论等,既是现代数学的一个新分支,也是运筹学的一个重要学科。下面先看几个小游戏。

10.1.1 游戏 1——随机写整数

写一个 1~100 之间的整数,最接近平均数的 2/3 的人获胜,你会写多少?

分析:如果随机写,这个数应该是 $2/3 \times 50 \approx 33$。如果所有人都发现这个结果并且意识到的话,这个数应该是 $2/3 \times 33 \approx 22$。以此类推,$2/3 \times 22 \approx 15$,$2/3 \times 15 \approx 10$,$2/3 \times 10 \approx 7$,$2/3 \times 7 \approx 5$,$2/3 \times 5 \approx 3$,$2/3 \times 3 \approx 2$,$2/3 \times 2 \approx 1$,结果为 1。

这里假设所有人都理性,而实际上,在一个群体中至少有一部分人是非理性的。若你作为一个理性的人,如何估计这个群体有多理性也会影响到你的选择;在不同的群体里玩这个游戏,出来的结果越小,说明这个群体的理性程度越高,而你写的数字越小,说明你假设这个群体的理性程度越高。

另一种思路:从不可能的选择来倒推结果。

首先,如果大家都选了极端的 100,结果也不可能大于 67,因此,优化结果应该是 $2/3 \times 67$;但是,如果大家都预计到了这个结果,那么最后的数字应该是以 $2/3 \times 2/3 \times 67$ 类推;最后结果也是 1。

10.1.2 游戏 2——拍卖 100 元钞票

该游戏由著名博弈论专家耶鲁大学教授马丁·舒比克设计。

一位拍卖师拿出一张 100 元的人民币,请 2 位买家给这张钞票出价,每次的加价幅度为 5 元钱,最终成交后,出价最高者得到这张钞票,但出价最高者和次高者都要向拍卖师支付自己报价数目的款项。

分析：在 100 元钞票拍卖的多次实验中，研究者发现，最初人们也许只是觉得有趣，但是随着价格的攀升，人们逐渐意识到掉入了一个陷阱，但已经难以全身而退。这时候就试图通过继续加价来迫使对手退出，但双方都这么想，结果价格不断攀升。最后，当价格非常高时，出价者开始深深后悔，但此时已经难以自拔，形成"鹬蚌相争，渔翁得利"的尴尬局面。

作为经济学上的理性人，摆脱这个"陷阱"的方式有以下几种：

① 俩人都不玩，都不报价。

② 第一个出价的人直接报 100 元，另一个人再报价即使买到也是亏损，因此没有理由再加价。

③ 俩人事先共谋，签订协议，结成串通联盟。共谋好只让第一人出价 5 元钱，然后不再出价，这样俩人均分。

④ 俩人持续出价：5，10，15，…当一人出价到 100 元时，聪明的人不应该再继续进行下去。此时成交后，出 100 元者买到钞票，不赔不赚，出价 95 元者亏损 95 元，拍卖师赚 95 元。

⑤ 当一人出到 100 元时，另一人直接报 200。假如第二个人不再加价，拍卖成交，两人各亏损 100 元，双方的损失一样，一个不错的止损点！

10.1.3　游戏 3——囚徒困境

两人因盗窃被捕，警方怀疑其有抢劫行为但未获得确凿证据判他们犯抢劫罪，除非有一人坦白或两人都坦白。即使两人都不坦白，也可以判他们犯盗窃物品的轻罪。

假设囚徒被隔离审查，不允许他们之间互通信息，并交代政策如下：按照"坦白从宽，抗拒从严"的原则，如果两人都坦白，每个人都将因抢劫罪加盗窃罪被判 3 年监禁；如果两人都抵赖，则两人都将因盗窃罪被判 0.5 年监禁；如果一人坦白而另一个人抵赖，则坦白者被认为有功而免受处罚，抵赖者将因抢劫罪、盗窃罪以及抵赖重判 5 年。囚徒困境博弈如表 1-10.1 所列。

表 1-10.1　囚徒困境博弈

甲＼乙	抵　赖	坦　白
抵　赖	0.5,0.5	5,0
坦　白	0,5	3,3

对甲来说，尽管他不知道乙如何选择，但他知道，他选择坦白总是最优的。显然，根据对称性，乙也会选择坦白，结果是两人都被判刑 3 年。但是，倘若他们都选择抵赖，每人只被判刑 0.5 年。在表 1-10.1 所列的选择组合中，（抵赖，抵赖）是帕累托最优，因为偏离这个行动选择组合的任何其他行动选择组合都至少会使一个人的境况变差。但是，"坦白"是任一犯罪嫌疑人的占优战略，而（坦白，坦白）是一个占优战略均衡，即纳什均衡。不难看出，此处纳什均衡与帕累托存在冲突。

单从数学角度讲，这个理论是合理的，也就是甲、乙都选择坦白，但在多维信息共同作用的社会学领域，显然是不合适的。正如中国古代将官员之间的行贿受贿称为"陋规"而不是想方设法清查，这是因为社会体系给人行为的束缚作用迫使人的决策发生改变。比如，从心理学角度讲，选择坦白的成本会更大，一方坦白害得另一方加罪，那么事后的报复行为以及从而不会轻易在周围知情人当中的"出卖"角色将会使他损失更多。

而3年到5年的增加比例会被淡化，人的尊严会使人产生复仇情绪，略打破"行规"。我们正处于大数据时代，想更接近事实地处理一件事就要尽可能多地掌握相关资料并合理加权分析，人的活动影像动因复杂，所以囚徒困境游戏只能作为简化模型参考，具体决策还须具体分析。

这就是博弈！

10.2 博弈论的产生和发展

博弈论思想古已有之，如中国古代的《孙子兵法》等著作，不仅是一部军事著作，而且算是最早的一部博弈论著作。博弈论最初主要研究象棋、桥牌、赌博中的胜负问题，人们对博弈局势的把握只停留在经验上，没有向理论化发展。

博弈论考虑游戏中的个体的预测行为和实际行为，并研究它们的优化策略。近代对于博弈论的研究，开始于策梅洛(Zermelo)、波莱尔(Borel)及冯·诺依曼(von Neumann)。

1928年，冯·诺依曼证明了博弈论的基本原理，从而宣告了博弈论的正式诞生。1944年，冯·诺依曼和摩根斯坦共著的划时代巨著《博弈论与经济行为》将二人博弈推广到n人博弈结构，并将博弈论系统地应用于经济领域，从而奠定了这一学科的基础和理论体系。

1950—1951年，约翰·福布斯·纳什(John Forbes Nash Jr)利用不动点定理证明了均衡点的存在，为博弈论的一般化奠定了坚实的基础。约翰·福布斯·纳什的开创性论文《n人博弈的均衡点》(1950)、《非合作博弈》(1951)等，给出了纳什均衡的概念和均衡存在定理。此外，莱因哈德·泽尔腾(Reinhard Selten)、约翰·海萨尼(John Harsanyi)的研究也对博弈论发展起到推动作用。今天博弈论已发展成一门较完善的学科。

从1994年诺贝尔经济学奖授予3位博弈论专家开始，共有6届的诺贝尔经济学奖与博弈论的研究有关，分别为：

1994年，授予加利福尼亚大学伯克利分校的约翰·海萨尼、普林斯顿大学约翰·纳什和德国波恩大学的莱因哈德·泽尔腾(Reinhard Selten)，以表彰这三位数学家在非合作博弈的均衡分析理论方面做出的开创性贡献，对博弈论和经济学产生的重大影响。

1996年，授予英国剑桥大学的詹姆斯·莫里斯(James A. Mirrlees)与美国哥伦比亚大学的威廉·维克瑞（William Vickrey）。前者在信息经济学理论领域做出了重大贡献，尤其是不对称信息条件下的经济激励理论，后者在信息经济学、激励理论、博弈论等方面都做出了重大贡献。

2001年，授予加利福尼亚大学伯克利分校的乔治·阿克尔洛夫（George A. Akerlof）、美国斯坦福大学的迈克尔·斯宾塞（A. Michael Spence）和美国哥伦比亚大学的约瑟夫·斯蒂格利茨（Joseph E. Stiglitz）。他们的研究为不对称信息市场的一般理论奠定了基石，他们的理论迅速得到了应用，从传统的农业市场到现代的金融市场。他们的贡献是现代信息经济学的核心部分。

2005年，授予美国马里兰大学的托马斯·克罗姆比·谢林（Thomas Crombie Schelling）和耶路撒冷希伯来大学的罗伯特·约翰·奥曼（Robert John Aumann）。他们的研究通过博弈论分析促进了对冲突与合作的理解。

2007年，授予美国明尼苏达大学的里奥尼德·赫维茨（Leonid Hurwicz）、美国普林斯顿大学的埃里克·马斯金（Eric S. Maskin）以及美国芝加哥大学的罗杰·迈尔森（Roger B. Myerson）。他们的研究为机制设计理论奠定了基础。

2012年，授予美国经济学家埃尔文·罗斯（Alvin E. Roth）和罗伊德·沙普利（Lloyd S. Shapley）。他们创建"稳定分配"的理论，并进行"市场设计"的实践。

10.3 博弈论研究的假设

博弈论研究的假设：
① 决策主体是理性的，最大化自己的利益。
② 完全理性是共同知识。
③ 每个参与者被假定为对所处环境及其他参与者的行为形成正确信念与预期。

10.4 博弈类型

根据不同的基准，博弈也有不同的分类。

一般认为，博弈主要分为合作博弈和非合作博弈。合作博弈和非合作博弈的区别在于相互发生作用的当事人之间有没有一个具有约束力的协议。如果有，就是合作博弈；如果没有，就是非合作博弈。从行为的时间序列性，博弈论进一步分为静态博弈和动态博弈两类。静态博弈是指在博弈中参与者同时选择，或虽非同时选择但后行动者并不知道先行动者采取了什么具体行动；动态博弈是指在博弈中参与者的行动有先后顺序，且后行动者能够观察到先行动者所选择的行动。通俗的理解：囚徒困境游戏就是同时决策的，属于静态博弈；而棋牌类游戏等决策或行动是有先后次序的，属于动态博弈。

目前博弈论一般指非合作博弈,由于合作博弈论比非合作博弈论复杂,在理论上其成熟度远远不如非合作博弈论。非合作博弈又分为完全信息静态博弈、完全信息动态博弈、不完全信息静态博弈和不完全信息动态博弈,与这四种博弈相对应的均衡概念是纳什均衡(Nash Equilibrium)、子博弈精炼纳什均衡(Subgame Perfect Nash Equilibrium)、贝叶斯纳什均衡(Bayesian Nash Equilibrium)和精炼贝叶斯均衡(Perfect Bayesian Equilibrium)。

10.5 纳什均衡

所谓纳什均衡,指的是参与者的一种策略组合,即在该策略组合中,任何参与者单独改变策略都不会得到好处。换句话说,在一个策略组合上,如果所有其他人都不改变策略,即没有人改变自己的策略,则该策略组合就是一个纳什均衡。

"纳什均衡"是一种非合作博弈均衡,在现实中非合作的情况要比合作的情况普遍。

10.5.1 案例 1——三国中的博弈:联吴抗魏

A、B、C 三人决斗,每人有 2 颗子弹,每次发一枪。A、B、C 的命中概率分别为 0.3、0.8、1.0。三人依次发射,两轮后对决结束。每次可以选择向对手发射,也可以放空枪。射中即死。问在这场博弈中 A 的最优策略。

分析:A 的行动选择集合:对空发射,向 B 发射,向 C 发射。

如 A 对空发射,B 有 80% 的可能杀死 C(B 必然射 C,因为 C 一定选择射击 B,则 B 必死);然后 A 有 30% 可能杀死 B(仅 A、B;A 必射 B);如未能杀死 B,则 B 向 A 射击(A 存活概率 0.2)。对局结束。存活概率为 $0.8 \times (0.3 + 0.7 \times 0.2) = 0.352$。

如 B 未射死 C,则 C 射杀 B,然后 A 要么成功射杀 C,要么被 C 射杀;存活概率为 $0.2 \times 0.3 = 0.06$。总体存活概率为 41.2%。

A 可以采取的行动:

① 对空发射:存活概率为 $0.8 \times (0.3 + 0.7 \times 0.2) + 0.2 \times 0.3 = 0.412$。

② 向 C 发射:存活概率为 $0.3 \times 0.2 \times (0.7 + 0.3 \times 0.2) + 0.7 \times 0.412 = 0.334$。

③ 向 B 发射:存活概率为 $0.7 \times 0.412 = 0.288\ 4$。

A 和 B 似乎达成了某种默契:在 C 被射杀之前,他们相互不是敌人。

这不难理解,毕竟人总要优先考虑对付最大的威胁,同时因为这个威胁还让他们找到了共同利益,即联手打倒最大威胁的人,他们的生存机会都会上升。从不太乐观的角度看,他们可能不一定能活到相互拼个你死我活的时候。这个"同盟"并不是很牢固,因为两个人都在时时权衡利弊,一旦背叛的好处大于默认的好处,他们马上就会翻脸。在这个"同盟"里,最忠诚的是 B,因为只要 C 不死,B 就不会背叛;A 就要滑头多了,在前面轮流开枪的例子中,A 不向 C 开枪,从"同盟"的角度来说,A 就是没有履行义务,而把盟友 B 送上危险的境地,这不是因为道德水平不同,而是处境不同。B 是 C 的头号目标，C是一定要向B开枪的，完全没有回旋的余地；而A不同，他随时愿意牺牲B换取下次自己的先下手之利。除了压力较小之外，还有一个动力驱使A背叛，那就是一旦干掉C后，B的机会比A要大，A至少要保持先下手，才可能一争高下。

诸葛亮在《隆中对》中提出"跨有荆益、东有孙权、北图中原"，他舌战群儒，力劝东吴孙权与刘备联盟。所以，弱者总是有动力去维持一个稳定的三角形结构：与次强者联盟，但是却不愿真正消灭强者。孙权不但"火烧赤壁"打败曹操，更在此后长期承担了对抗曹操的主要任务。刘备虽在赤壁之战中也出了力，但此后几年未与曹操打过大仗（也就是没有尽联盟义务），反倒是趁此机会扫荡地方势力，扩充地盘，直至占据两川，将曹操赶出汉中，又派关羽北伐，水淹七军，不但取代了孙权原来的老二地位，甚至有可能击败曹操，成为新的老大。孙权地位跌落到老三，其策略也随之改变。孙权想趁关羽北伐后方空虚之机与曹操合谋夺取荆州，杀死关羽。结果是同盟破裂，刘备兴兵报仇，又被孙权打败。蜀汉从此衰落，东吴也面临两面作战的不利局面。

如果分析一下孙权的心理，我们对他遭到背信弃义就会有更多同情。赤壁之战尽管符合他的利益，但到底是他出力挽救了刘备，此后他不但把荆州长期借给刘备，还把妹妹嫁给他。他尽了同盟的义务，曾与曹操大战数次，不仅损兵折将（他的大将太史慈、董袭、陈武等都在战斗中阵亡），他自己也险些在逍遥津送命。从收益上来看，他与刘备是"牛打江山马坐殿"，感到不平衡是正常的。可是从博弈论来看，孙权却犯了一个大错误，由于嫉妒，他过早和刘备翻脸，致使两败俱伤。这就好比枪手A突然翻脸向B开火，坐收渔翁之利的当然是C。虽然曹操的继任者曹丕没能抓住机会夹攻孙权，一举消灭这两个敌手，但蜀和吴此后已经没有可能打败魏国了。那么，孙权的最优策略是什么？回想上面的枪手决斗就明白了。既然已经落到A的地位，就该以A的策略行事。让刘备去和曹操恶斗，自己扩充势力，养精蓄锐，随机应变。无论两者胜负，自己都能从中渔利。

10.5.2 案例2——智猪博弈

经济学中的"智猪博弈"（Pigs' payoffs）讲的是：

假设猪圈里有一头大猪、一头小猪。猪圈的一头有猪食槽，另一头安装着控制猪食供应的按钮。按一下按钮会有10个单位的猪食进槽，但是谁按按钮就会首先付出2个单位的成本。若小猪先到槽边，大小猪吃到食物的收益比是6∶4；同时到槽边，大小猪的收益比是7∶3；大猪先到槽边，大小猪的收益比是9∶1。那么，在两头猪都有智慧的前提下，最终结果是小猪选择等待。

分析："智猪博弈"是由纳什于1950年提出。实际上，小猪选择等待，让大猪去按控制按钮，而自己选择"坐船"（或称为搭便车）的原因很简单：在大猪选择行动的前提下，小猪选择等待的话，小猪可得到4个单位的纯收益；而小猪选择行动的话，则仅仅可以获得大猪吃剩的1个单位的纯收益，所以等待优于行动。在大猪选择等待的前提下，小猪选择行动的话，小猪的收入将不抵成本，纯收益为-1单位；小猪也选择等待的话，那么小猪的收益为零，成本也为零。总之，等待还是要优于行动。

用博弈论中的报酬矩阵可以更清晰地刻画出小猪的选择：

		小猪	
		行动	等待
大猪	行动	5,1	4,4
	等待	9,−1	0,0

从矩阵中可以看出，当大猪选择行动的时候，小猪如果行动，其收益是1，而小猪如果等待，则收益是4，所以小猪选择等待比较好；当大猪选择等待的时候，小猪如果行动，其收益是−1，而小猪如果等待，则收益是0，所以小猪也选择等待。综合来看，无论大猪选择行动还是选择等待，小猪的选择都将是等待，即等待是小猪的占优策略。

在小企业经营中，学会如何"搭便车"是一个精明的职业经理人最为基本的素质。在某些时候，如果能够注意等待，让其他大的企业首先开发市场，是一种明智的选择。这时候有所不为才能有所为！

高明的管理者善于利用各种有利的条件来为自己服务。"搭便车"实际上是提供给职业经理人面对每一项花费的另一种选择，对它的留意和研究可以给企业节省很多不必要的费用，从而使企业的管理和发展走上一个新的台阶。这种现象在经济生活中十分常见，却很少为小企业的经理人所熟知。

在智猪博弈中，虽然小猪的"捡现成"的行为从道义上来讲令人不齿，但是博弈策略的主要目的不正是使用谋略最大化自己的利益吗？

☞ 总的来说，"博弈论"本质是将日常生活中的竞争矛盾以游戏的形式表现出来，并使用数学和逻辑学的方法来分析事物的运作规律。既然有游戏的参与者，那么也必然存在游戏规则的制定者。深入了解竞争行为的本质，有助于我们分析和掌握竞争中事物之间的关系，更方便我们对规则进行制定和调整，使其最终按照我们所预期的目标进行。

习 题

1. （美女的硬币）一位陌生美女主动过来搭讪，并要求和你一起玩个游戏。美女提议："让我们各自亮出硬币的一面，或正或反。如果我们都是正面，那么我给你3元，如果我们都是反面，我给你1元，剩下的情况你给我2元就可以了。"听起来这是个不错的提议。如果我是男性，无论如何我是要玩的，不过从经济学考虑就是另外一回事了，这个游戏真的够公平吗？

2. （沙滩卖冰）假设游客沿沙滩$\{0,1\}$间均匀分布，现有两位卖冰者，他们会将摊位选在哪个位置？假设游客就近购买。

第 2 篇

电子设计创新

第一部

环境与生态系统

第1章 电子创新零基础也行

电子产品种类繁多,它以智能、快速、可靠等一系列的优点服务着我们的生活。我们在学习电子产品设计的过程中还能够体会到它的另一个重要特点——"有趣"。本篇我们将带领同学们一起遨游"电子设计创新"的美妙世界。

"电子设计创新"是一门实践性强、趣味性强的课程。因为我们面向更多的是零基础的同学,所以在本篇的学习中,我们将和大家一起从零开始,结合同学们感兴趣的电子产品,以动手为主,由实践操作带动理论学习,和同学们共同进步。

1.1 电子产品设计制作的一般过程

不同的电子产品,由于起点和难度等方面的差异,其设计的过程也会不同。不过我们在进行电子产品的设计时,一般都会经历以下几个步骤:

1. 电子产品的功能原理设计

电子产品设计往往需要完成一定的任务、达到一定的效果、实现某些特定的功能,所以电子产品的设计首先是功能的设计,希望结合专业知识中的单元电路模块,对其进行创新性的优化,完成整个电路原理图的设计。

2. 电路中实际元器件的选择

原理图中的每个元器件,在现实世界中往往有很多的对应对象。例如开关,在现实中我们能够看到各种大小不一的开关,实际选择时,开关的样式、体积、材质等都要仔细考虑。

3. 原理图和电路板图的绘制

电子产品的电路原理图最终要变成一块电路板,这一过程我们需要借助计算机进行辅助设计,所以熟练掌握一种计算机辅助绘制电路板图的软件尤为重要。

4. 印制电路板的制作

电路板图绘制好之后,接下来就需要动手将其制作成印制电路板。在电子企业中,这项工作一般是交给专业的电路板生成厂家来完成的,因为其电路板种类少、数量大,需要专业厂家批量生产。而同学们要制作的电路板,每个人的都不一样(种类多),且只做一块(数量少),由厂家生成和物流都需要占用较长时间,因此,大多数情况下电路板的制作都是在实验室手工完成。

5. 焊接和装配

虽然现代电子产品的焊接和装配大都实现了自动流水线生成,但是第一块样板都还要"纯手工打造"。同学们需要掌握电子产品的焊接、装配的方法和工艺,提高焊接质量,加强实践动手能力的培养。

6. 硬件电路检测与调试

刚完成焊接工作的电路板,免不了会存在一些隐藏的问题,学会找出问题,掌握硬件电路的检测方法,能够将电子产品调试到最佳的工作状态,这是每一位电类专业学生必须掌握的技能。

7. 软件程序的编写

现在的电子产品绝大多数都在向智能化方向发展,会编写智能控制程序已经成为电类大学毕业生的"标配"。学习编程是一个日积月累、由浅入深的漫长过程,而且一定要结合实际的电子产品制作才会更直观、更容易体会到成功的乐趣;纸上谈兵的编程学习枯燥无味,很难坚持长久。

8. 软件、硬件联合调试

编写软件程序控制硬件电路工作,很少有人能够一气呵成编写一个完整程序,且能够完美实现所有预想的功能。大多都是先逐一编写一个个不同功能的程序并调试成功,然后将它们汇总到一起来实现一系列的复杂功能。这些"程序功能模块"需要结合"硬件电路模块"分别进行编写和调试,然后进行系统的软、硬件联调。

1.2 电子产品制作要用到的工具和仪表

在进行电子产品设计制作的过程中,需要用到一些专业的工具和仪表,大家首先想到的可能是电烙铁、万用表,其实还有很多,下面我们一起来看一看。

1.2.1 数字式万用表

万用表有指针式万用表和数字式万用表。数字式万用表具有使用简单、灵敏度高、准确度高、显示清晰、过载能力强、便于携带等优点,已经逐步取代了指针式万用表。

万用表最基本的功能有电阻的测量,直流、交流电压的测量,直流、交流电流的测量;有的万用表还可以进行二极管的测量、三极管的测量、短路情况的测量、电容的测量、温度的测量、频率的测量等。

数字式万用表的界面大致相似,但又有所不同。图2-1.1所示是几种常见万用表的界面。

下面简单介绍数字式万用表常见功能的使用方法。

1. 初次使用万用表的准备工作

初次使用万用表,应先认真阅读万用表的使用说明书,熟悉电源开关、量程开关、插

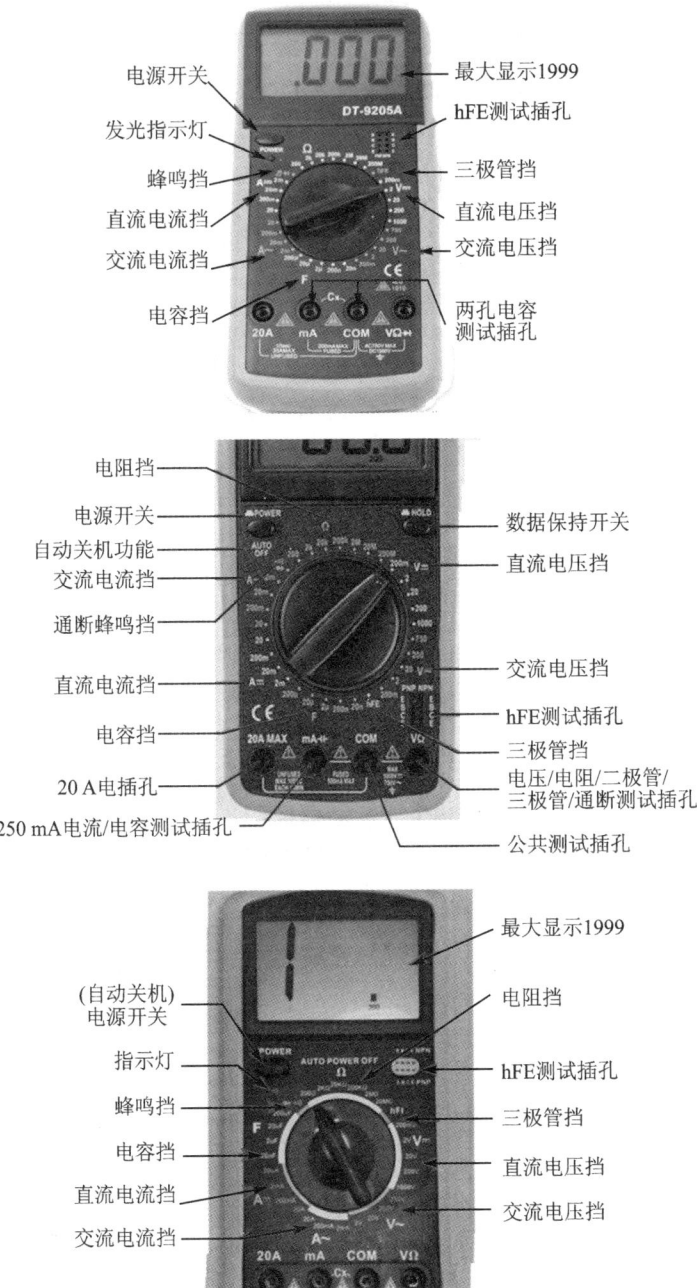

图 2-1.1 几种常见万用表的界面

孔的作用,检查万用表的电池是否安装好。

2. 万用表的开机

如果万用表有独立的电源开关,则要将电源开关置于 ON 位置。

3. 电阻的测量

测量电阻时,先将旋转挡位开关拨至 Ω 的合适量程,红表笔插入 VΩ 孔,黑表笔插入 COM 孔。如果被测电阻值超出所选量程的最大值,则万用表将显示"1",这时应选择更高的量程。测量电阻时,红表笔为正极,黑表笔为负极(这与指针式万用表正好相反)。因此,测量晶体管、电解电容器等有极性的元器件时,必须注意表笔的极性;测量电阻时,电路不可以通电。电阻焊接在电路板上时,因为有其他并联电路的存在,可能会出现测量受影响而不准确的情况。

4. 二极管的测量

测量二极管(PN 结)时,先将旋转挡位开关拨至二极管挡 ▶|,红表笔插入 VΩ 孔,黑表笔插入 COM 孔。测量时,红表笔接二极管的阳极,黑表笔接二极管的阴极,万用表将显示二极管 PN 结此时的管压降;反之,当红表笔接二极管的阴极,黑表笔接二极管的阳极时,万用表将显示"1",表示此时二极管 PN 结反向截止。测量晶体管时,电路不可以通电,元器件焊接在电路板上时也可能出现测量受影响而不准确的情况。

5. 发光二极管的测量

测量发光二极管和测量其他二极管一样,先将旋转挡位开关拨至二极管挡 ▶|,红表笔插入 VΩ 孔,黑表笔插入 COM 孔。测量时,红表笔接发光二极管的阳极(长脚),黑表笔接发光二极管的阴极(短脚),万用表将显示发光二极管导通时的管压降,同时发光二极管可能会被点亮;反之,当红表笔接发光二极管的阴极,黑表笔接发光二极管的阳极时,万用表将显示"1",表示此时二极管 PN 结反向截止,发光二极管不会发光。

这时如果是小功率的红色或绿色发光二极管,其工作电压一般为 1.6~2.4 V,工作电流一般不大于 20 mA,可以通过其是否发光来判断二极管的好坏。如果是白色或蓝色发光二极管,它们的工作电压大都在 3~3.3 V,而数字万用表二极管挡的输出电压一般不大于 3 V,测试电流也只有 1 mA 左右,故在测量白色或蓝色发光二极管时,可能无法将其点亮(即使点亮,亮度也很弱)。

如果发光二极管是焊接在电路板上的,在测量发光二极管两端时,由于它可能存在一个未知的并联电路,导致流过发光二极管支路的电流过小,所以此时发光二极管是否会被点亮,也不确定。

因此,不能单凭发光二极管在测量时是否发光来判断其好坏。

6. 蜂鸣挡的使用

万用表的蜂鸣挡主要用来检查线路通断,挡位符号一般类似 Wi-Fi 的标志 •)),或者一个音乐的符号 ♫。检查线路时,使用蜂鸣挡进行测量,将旋转挡位开关拨至蜂鸣挡位置,红表笔插入有蜂鸣挡标识的孔,黑表笔插入 COM 孔。测量时如果数字万用表发出蜂鸣声,那么这个线路是通的;如果没有蜂鸣声,说明电路断路。

注意:蜂鸣挡在一定的阻值下是会响的,一般为小于几十 Ω。所以在测量非常小的电阻时,不要认为电阻坏了,此时应该再用电阻挡检查。

7. 交直流电压的测量

测量交、直流电压时,先根据需要将旋转挡位开关拨至 DCV(直流电压)或 ACV(交流电压)的合适量程(量程可大不可小,稍大最合适),红表笔插入 VΩ 孔,黑表笔插入 COM 孔,并将表笔与被测线路并联。因为直流电压分正负极,所以当万用表显示的数值为正数时,与红表笔连接的就是正极,与黑表笔连接的就是负极;反之,当万用表显示的数值为负数时,与红表笔连接的就是负极,与黑表笔连接的就是正极。交流电压不需要区分正负极。

8. 交直流电流的测量

测量交、直流电流时,先根据需要将旋转挡位开关拨至 DCA(直流电流)或 ACA(交流电流)的合适量程(量程可大不可小,稍大最合适),红表笔插入 mA 孔(<200 mA 时)或 20A 孔(>200 mA 时),黑表笔插入 COM 孔,并将万用表串联在被测电路中。测量直流电流时,数字万用表能自动显示极性:当万用表显示的电流数值为正数时,直流电流从红表笔流入,从黑表笔流出;反之,当万用表显示的电流数值为负数时,直流电流从黑表笔流入,从红表笔流出。交流电流不需要区分电流的流动方向,所以无论两表笔如何接,万用表都显示正数值。

9. 电容的测量

有些型号的数字万用表具有测量电容的功能,有些则没有此功能。图 2-1.2 所示是具有测量电容功能的两款万用表的旋转挡位开关界面。

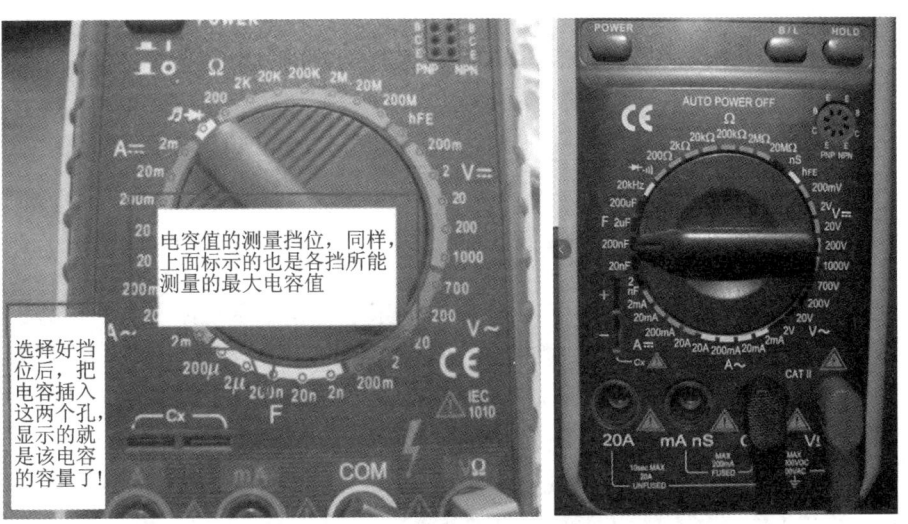

图 2-1.2　两种有测量电容功能的万用表

一般用数字万用表测量的电容容量范围在 2 nF~200 μF 之间,太大或者太小容量的电容都不能测量。

先将旋转挡位开关拨至电容挡(C 或 F)的合适量程,量程要比被测电容的标称值略大,不知道标称值时,先将量程放到最大。注意:每次转换量程时,复零需要稍稍等待一定的时间,有漂移读数存在不会影响测试精度。

测量前需要先将电容两端短接,对电容进行放电,确保数字万用表的安全,再将电容器插入电容测试座(Cx)中。如果电容测试座(Cx)标有正负号,则在测量电解电容等有极性的电容时,务必要注意方向。此时在万用表的屏幕上就会显示电容的测量值。

注意:在测量大电容时,稳定读数需要等待一定的时间。

以上是万用表的简单使用方法,万用表的型号众多,旋转挡位开关界面不尽相同,功能也千差万别,有些万用表还有基本温度测量功能和频率测量功能等。另外,在使用万用表进行测量操作的时候,还要结合元器件的自身特点和电路的结构特性制定具体的检测方案。数字万用表在使用时一般还要注意以下事项:

① 如果无法预先估计被测电压或电流等参数的大小,则应先将旋转挡位开关拨至最高量程测量一次,再视情况逐渐把量程减小到合适位置。

② 满量程时,仪表仅在最高位显示数字"1",其他位均消失,这时应选择更高的量程。

③ 测量电压时,应将数字万用表与被测电路并联;测量电流时,应将数字万用表与被测电路串联。用数字万用表测量直流量时,可以不特意考虑表笔的正、负极性,结合读取数值的正、负号来判断被测参数的极性。

④ 当误用交流电压挡去测量直流电压,或者误用直流电压挡去测量交流电压时,显示屏将显示"000",或低位上的数字出现跳动。

⑤ 禁止在测量高电压(220 V 以上)或大电流(0.5 A 以上)时换量程,以防止产生电弧,烧毁开关触点。

⑥ 当显示 、BATT 或 LOW BAT 时,表示电池电压低于工作所需电压,此时的测量数据就不再准确了,需要更换新的电池。

⑦ 测量完毕,应将量程开关拨到最高电压挡,并关闭电源(若电源开关在"旋转挡位开关"中时,要旋转到 OFF 挡,关闭电源)。

1.2.2 电烙铁

电子设计创新不能"纸上谈兵",需要同学们亲手制作电子产品。电子产品中的电路板焊接离不开电烙铁,电烙铁种类繁多,同学们在学校制作电子产品时最常用的就是尖头的"外热式电烙铁",功率一般选择在 30 W 上下,如图 2 - 1.3 所示。电烙铁的具体介绍和使用方法见本篇 6.1.2 小节。

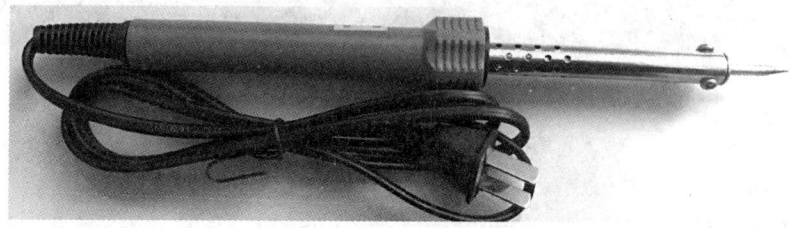

图 2 - 1.3 外热式电烙铁

1.2.3 烙铁架

电烙铁由 220 V 电源供电,自身又发热,如果操作不当,会造成烙铁烫坏电源线的现象,而电源线中的铜线裸露在外,又会有触电的风险。为了安全且方便使用,烙铁架必不可少。我们常用的烙铁架如图 2-1.4 所示。

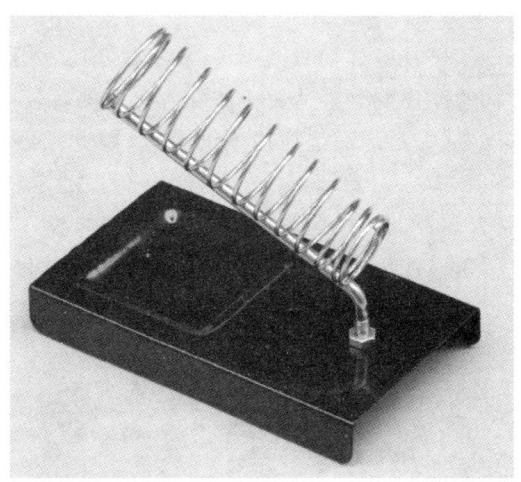

图 2-1.4 烙铁架

1.2.4 焊锡丝

在电子产品焊接中,常用到锡铅焊料,并且常做成细丝状,俗称焊锡丝。焊锡是一种锡和铅的合金,焊锡丝分为有铅焊锡丝和无铅焊锡丝,其中有铅焊锡丝的主要成分是铅和锡。锡铅合金共晶点是 6337,也就是说,锡(Sn)含量为 63%,铅(Pb)含量为 37%,其共晶温度为 183 ℃。晶体结构的晶粒很细,不容易受环境的影响而变化,从而使电路板焊接的可靠性得到保障。另外,作业温度低,便于焊接操作。

在实际应用中,又划分出很多合金配比焊锡丝,如 60 锡/40 铅、55 锡/45 铅、50 锡/50 铅、45 锡/55 铅、40 锡/60 铅等,选择何种合金配比,需要考虑质量的需求、成本预算及焊接效率等。

为了满足环保要求,目前许多场合会选用无铅焊锡丝,常规锡含量在 99.3%。

虽然我们在电子产品制作过程中用到焊锡丝的量不是太大,但质量不能马虎,同学们可以选择小分装的优质焊锡丝。常用的焊锡丝如图 2-1.5 所示。

图 2-1.5 焊锡丝

1.2.5 助焊剂(松香)

松香在固态时呈非活性,只有液态时才呈活性,其熔点为 127 ℃,活性可以持续到 315 ℃。锡焊的最佳温度为 240～250 ℃,所以正处于松香的活性温度范围内,且它的焊接残留物不存在腐蚀问题,这些特性使松香成为非腐蚀性焊剂而被广泛应用于电子设备的焊接中。

为了不同的应用需要,松香助焊剂有液态、糊状和固态 3 种形态。固态的助焊剂适用于烙铁焊,液态和糊状的助焊剂分别适用于波峰焊。在实际使用中发现,当松香为单体时,化学活性较弱,对促进焊料的润湿往往不够充分,因此需要添加少量的活性剂提高它的活性。

松香系列焊剂根据有无添加活性剂和化学活性的强弱,被分为非活性化松香、弱活性化松香、活性化松香和超活性化松香 4 种。在电路板焊接过程中用到的助焊剂松香如图 2-1.6 所示。

图 2-1.6 松　香

1.2.6 吸锡器

吸锡器是一种在修理时使用的工具,当需要将某个元器件从电路板上拆掉时,可以使用吸锡器和电烙铁配合来完成。吸锡器如图 2-1.7 所示。

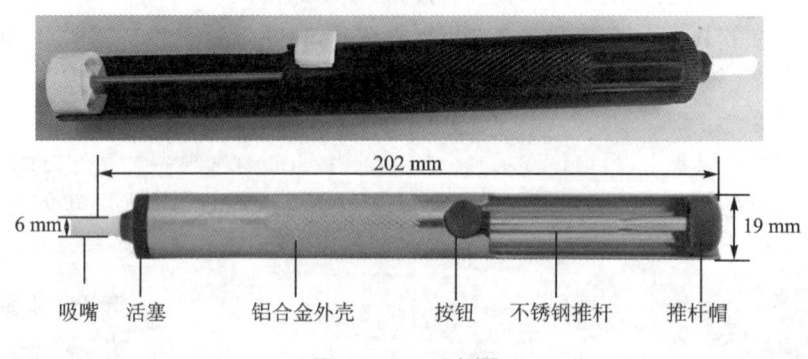

图 2-1.7 吸锡器

1. 吸　锡

先把吸锡器的长柄按进去(会自动卡住),再把烙铁的尖头贴近多脚元件的其中一个脚,等待锡彻底熔化时,迅速把吸锡器的吸嘴对准熔化的锡点,并按下吸锡器的释放按钮,即可把元件脚周围的锡吸除。吸锡器的吸嘴越贴近熔化的锡点,越能够将熔化的液态锡吸干净。

2. 排　锡

吸锡完成后立即把吸锡器的长柄快速按进去,即可把吸进去的锡排出,一次不行可重复一次。

3. 保　养

吸锡器的吸嘴较耐高温,但不宜长时间放在熔化的锡点上。吸锡时,释放吸锡器的动作要快,并快速移除吸锡器,可延长吸锡器吸嘴的寿命。

1.2.7 镊　子

有些电子元器件的体积比较小巧,直接用手拿不太方便;有些元器件安装得比较紧密,在操作时,手没有办法伸进去,于是就经常需要用到镊子。常用到的镊子如图 2-1.8 所示。

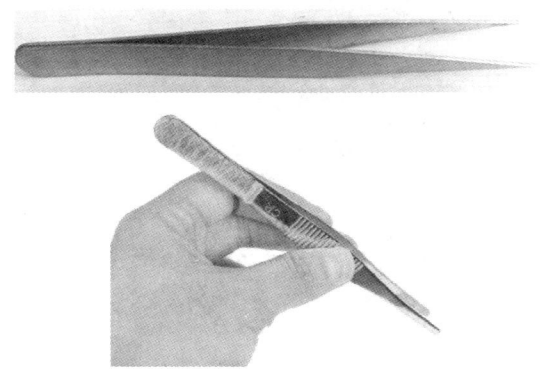

图 2-1.8　镊　子

1.2.8　斜口钳和尖嘴钳

电子产品制作过程中需要用到的钳子比较特殊,也比较小巧,主要有斜口钳和尖嘴钳两种,如图 2-1.9 所示。

斜口钳的钳口形状与众不同,这种设计主要是用来剪断焊接完成后的元器件引脚,元器件原本的引脚一般都比较长,焊接工作完成以后,需要将多余的引脚剪掉,一般要求剩余引脚的长度不超过 1~2 mm。

尖嘴钳的前端比较长,适合在比较狭小的空间工作,常常用来对元器件引脚进行整形或者拧小螺丝。

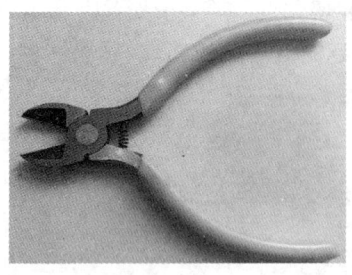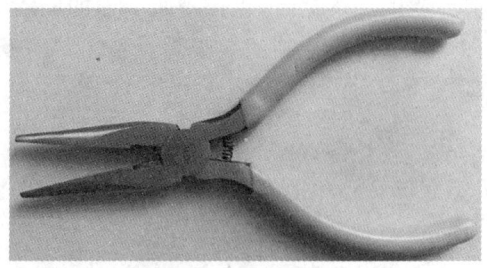

图 2-1.9　斜口钳和尖嘴钳

1.2.9　螺丝刀

在电子产品制作过程中需要用到的螺丝刀一般有如图 2-1.10 所示的两种，大螺丝刀一般选择 3 mm×75 mm 尺寸的型号，小螺丝刀一般选择钟表螺丝刀套装。

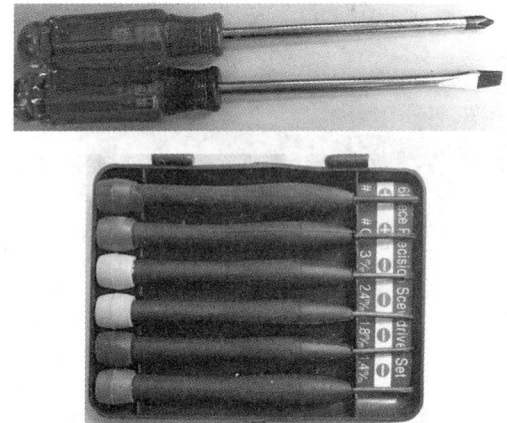

图 2-1.10　各种螺丝刀

1.2.10　热熔胶

电子产品制作过程中还会用到热熔胶，它可以用来完成一般要求的焊接工作，还可以用来加固比较大的体积的元器件，使之能够更好地固定到电路板上，防止在运输和使用过程中因为颠簸而造成脱离。图 2-1.11 所示是常见的热熔胶棒，以及热熔胶枪的内部结构图。

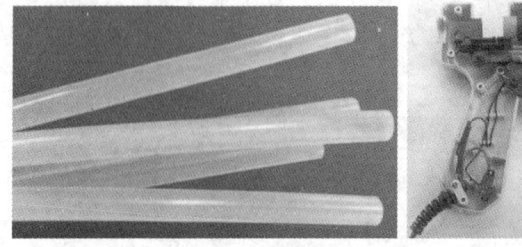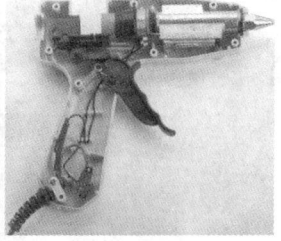

图 2-1.11　热熔胶棒和热熔胶枪

1.2.11 工具包

电子产品设计制作过程中需要用到的工具比较多,体积一般都还比较小,如何有序收纳也是需要考虑的问题,因此有一个合适的工具包还是很有必要的。图 2-1.12 所示是一款常用的工具包,基本能够将我们常用的工具收纳进去。

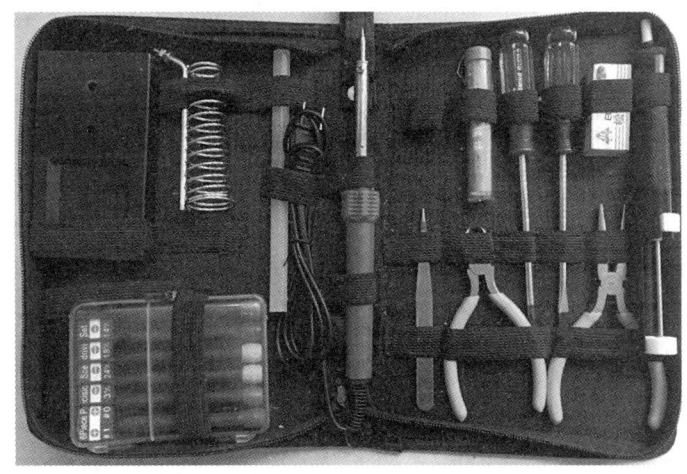

图 2-1.12　工具包

前面介绍的这些仪表和工具只是我们在电子设计创新过程中会用到的众多工具中的一部分,这些工具的使用频率较高。另外,还有很多其他工具和仪表,需要我们在电子产品设计制作的实践过程中见到了再学习和熟悉。

"工欲善其事必先利其器",对电子设计创新感兴趣的同学,需要准备一套适合自己的工具。我相信,它不仅能够在你学习的过程中发挥重要的作用,还能够给你的日常生活带来意想不到的方便。

1.3　电子设计创新制作实例

在"电子设计创新"课程建设的过程中,我们选择了大量富有趣味性的制作实例。同学们在学习的过程中也可以寻找和提出更多、更有趣的设计制作思路。下面列举一些同学们比较感兴趣的制作实例,以供大家一起来探讨和学习。

1.3.1　"俄罗斯方块游戏机"的设计制作

1. "俄罗斯方块游戏机"的电路原理图

俄罗斯方块这款游戏,估计很多人都玩过,和现在的大型网络游戏相比,它实在是简单,但这丝毫没有影响它给我们童年的生活增添色彩。

当我们学习了一些关于电子学的专业知识之后,很多同学都萌发了自己设计制作游戏机,找回儿时欢声笑语的梦想。

如图 2-1.13 所示,就是利用常见的 MCS51 系列单片机设计的"俄罗斯方块游戏机"的电路原理图。

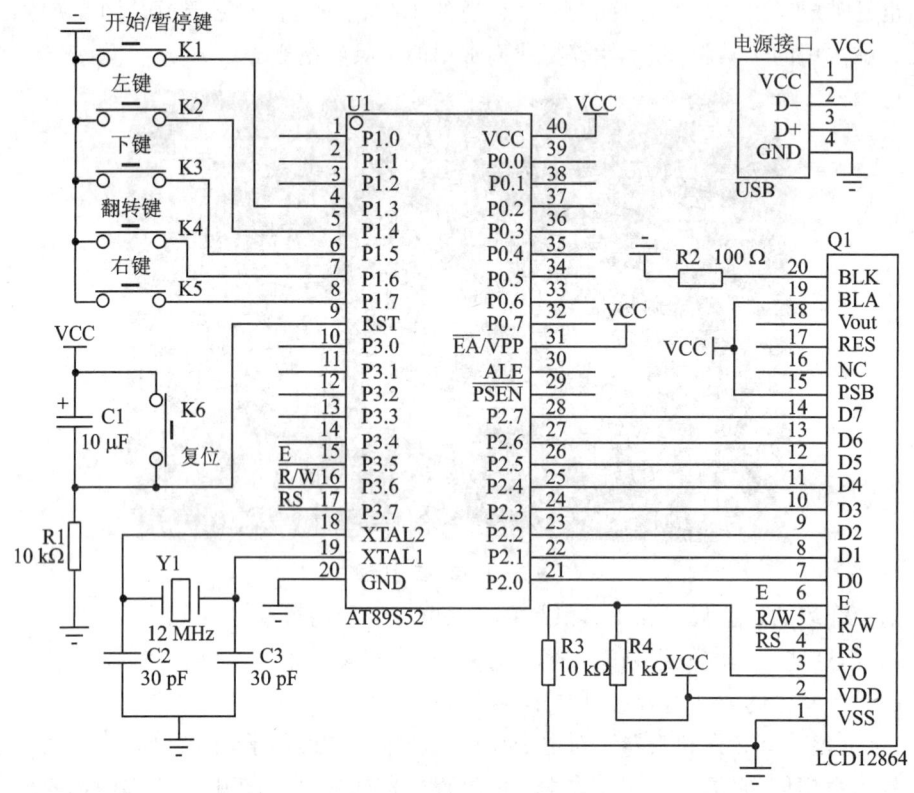

图 2-1.13 "俄罗斯方块游戏机"的原理图

2. "俄罗斯方块游戏机"的实物照片

这一款游戏机以 AT89S52 单片机为核心,外接液晶屏 LCD12864,游戏机由 5 V 直流电源供电,用 6 个按键来实现整个游戏机的操控,利用 C51 编程语言编写俄罗斯方块游戏程序。制作完成的游戏机如图 2-1.14 所示。

3. "俄罗斯方块游戏机"的电路板图

如何将设计好的电路原理图变成好玩的游戏机呢?这正是"电子设计创新"课程要解决的问题。我们能够在此学习一种电路图绘制软件,学会电路板图的设计过程,图 2-1.15 就是我们设计的"俄罗斯方块游戏机"的电路板图。

在设计好电路板图之后,我们还会一起学习如何制作电路板,如何认识元器件,如何焊接完成电子产品的硬件电路,如何将游戏机程序烧写到单片机中,直至将俄罗斯方块游戏机检测和调试成功。

兴趣是学习的动力,是创新的源泉。让同学们能够快乐学习,能够在快乐中提高创

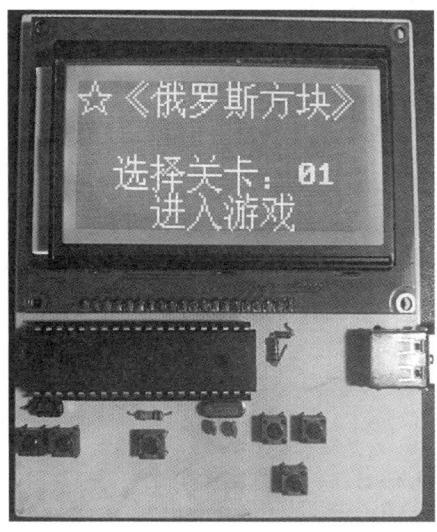

图 2-1.14 "俄罗斯方块游戏机"的实物图

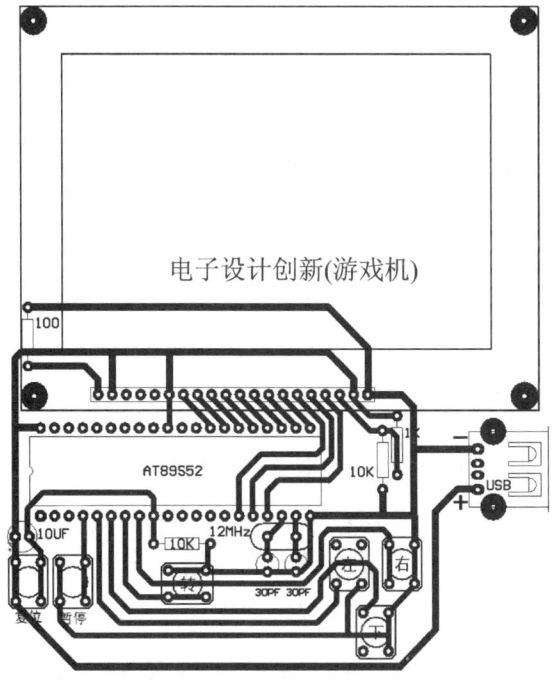

图 2-1.15 "俄罗斯方块游戏机"的电路板图

新能力,是我们"电子设计创新"课程的初心!

  游戏机的硬件电路制作成功之后,适当修改单片机中的程序,不用改变硬件电路,就可以将"俄罗斯方块游戏机"改变成其他功能的游戏机,例如"超级玛丽""贪吃蛇""赛车"等。期待着同学们一起来创新。

1.3.2 "音乐霹雳灯"的设计制作

1. "音乐霹雳灯"的电路原理图

图 2-1.16 所示为"音乐霹雳灯"的电路原理图。

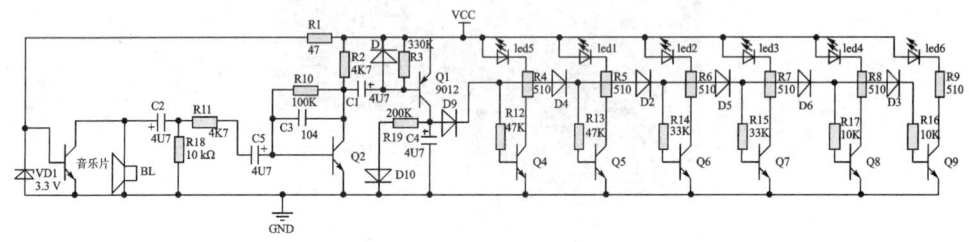

图 2-1.16 "音乐霹雳灯"的电路原理图[①]

2. "音乐霹雳灯"的电路装配图

图 2-1.17 所示为"音乐霹雳灯"的电路装配图。

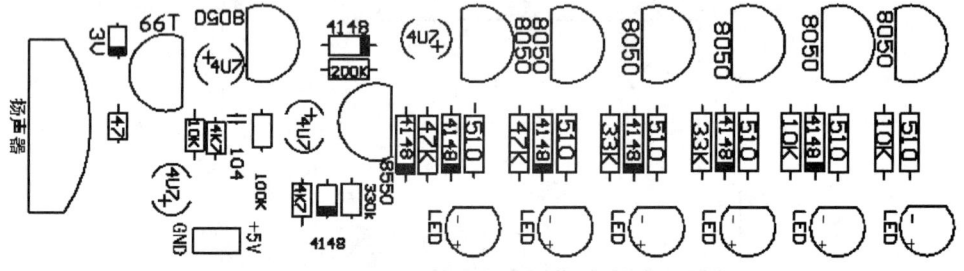

图 2-1.17 "音乐霹雳灯"的电路装配图

3. "音乐霹雳灯"的重要元件引脚图

图 2-1.18 所示为"音乐霹雳灯"的重要元件引脚图。

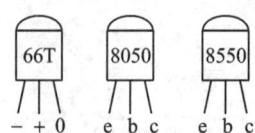

图 2-1.18 "音乐霹雳灯"的重要元件引脚图

4. "音乐霹雳灯"的元件清单

表 2-1.1 所列为"音乐霹雳灯"的元件清单。

[①] 在电路图上,为了简便起见,凡是阻值小于 10 Ω 的电阻,可以不加符号"Ω";凡是阻值大于 1 kΩ 且小于 1 MΩ 的电阻,其值后只需加符号"K",1 MΩ 以上的电阻,其值后只需加符号"M"。

表 2-1.1 "音乐霹雳灯"的元件清单

元件名称及参数		数量	注意事项
电阻	47，即 47 Ω	1	不分正负，焊接前要注意区分阻值大小 棕 红 橙 黄 绿，蓝 紫 灰 白 黑 1　2　3　4　5，6　7　8　9　0
	510，即 510 Ω	6	
	4K7，即 4.7 kΩ	2	
	10K，即 10 kΩ	3	
	33K，即 33 kΩ	2	
	47K，即 47 kΩ	2	
	100K，即 100 kΩ	1	
	200K，即 200 kΩ	1	
	330K，即 330 kΩ	1	
电容	104，即 0.1 μF	1	瓷片电容，不分正负
	4U7，即 4.7 μF	4	电解电容，有方向，长脚为正
二极管	1N4148(D1～D6,D9,D10)	8	区分方向，黑线为负
	led1～led6	6	有方向，长脚为正
	稳压二极管 VD1 3.3 V	1	区分方向，黑线为负
三极管	8050(Q2,Q4～Q9)	7	区分三个脚的名称和位置
	8550(Q1)	1	区分三个脚的名称和位置
音乐片	66T	1	区分三个脚的名称和位置
扬声器	BL(8 Ω,0.25 W)	1	将其他元件剪下的引脚焊上做引脚，引脚要焊到两边黄铜的位置，千万不能焊到中部有锡的位置
电源接口	SIP2	1	短头插入并且焊到电路板上
电路板	—	1	—

注：(1) 焊接工作完成后，要先检查一遍，确认无误后再通电调试。

(2) 通电电压为 5 V，电压超过 3.5～5.5 V 范围会损坏电路。

(3) 通电时一定要注意电源方向，千万不能接反。

1.3.3 "两管调频发射机"的设计制作

1. "两管调频发射机"的电路原理图

图 2-1.19 所示为"两管调频发射机"的电路原理图。

2. "两管调频发射机"的电路装配图

图 2-1.20 所示为"两管调频发射机"的电路装配图。

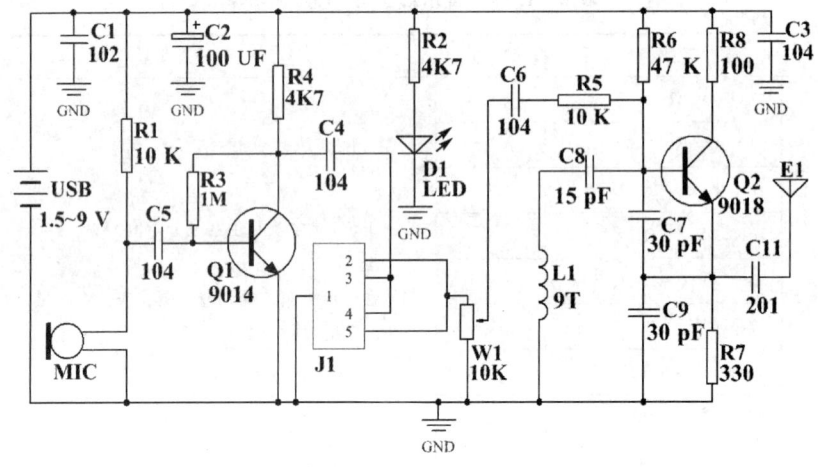

图 2-1.19 "两管调频发射机"的电路原理图

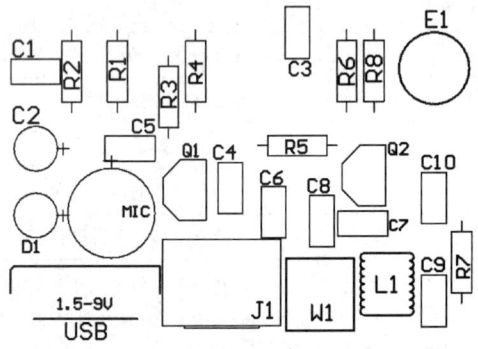

图 2-1.20 "两管调频发射机"的电路装配图

1.3.4 "多路抢答器"的设计制作

1. "多路抢答器"的电路原理图

图 2-1.21 所示为"多路抢答器"的电路原理图。

2. "多路抢答器"的电路装配图

图 2-1.22 所示为"多路抢答器"的电路装配图。

1.3.5 "脉搏测试仪"的设计制作

1. "脉搏测试仪"的电路原理图

图 2-1.23 所示为"脉搏测试仪"的电路原理图。

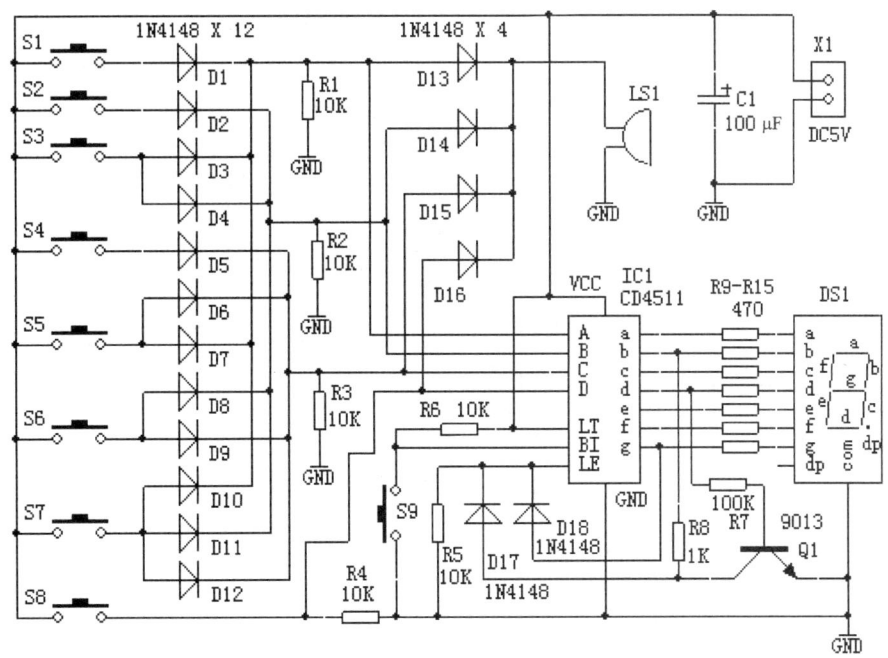

图 2-1.21 "多路抢答器"的电路原理图

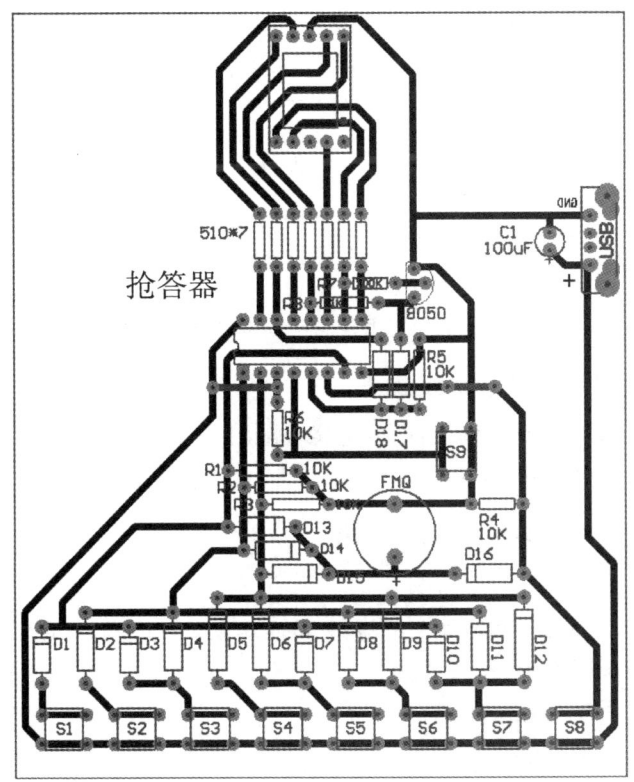

图 2-1.22 "多路抢答器"的电路装配图

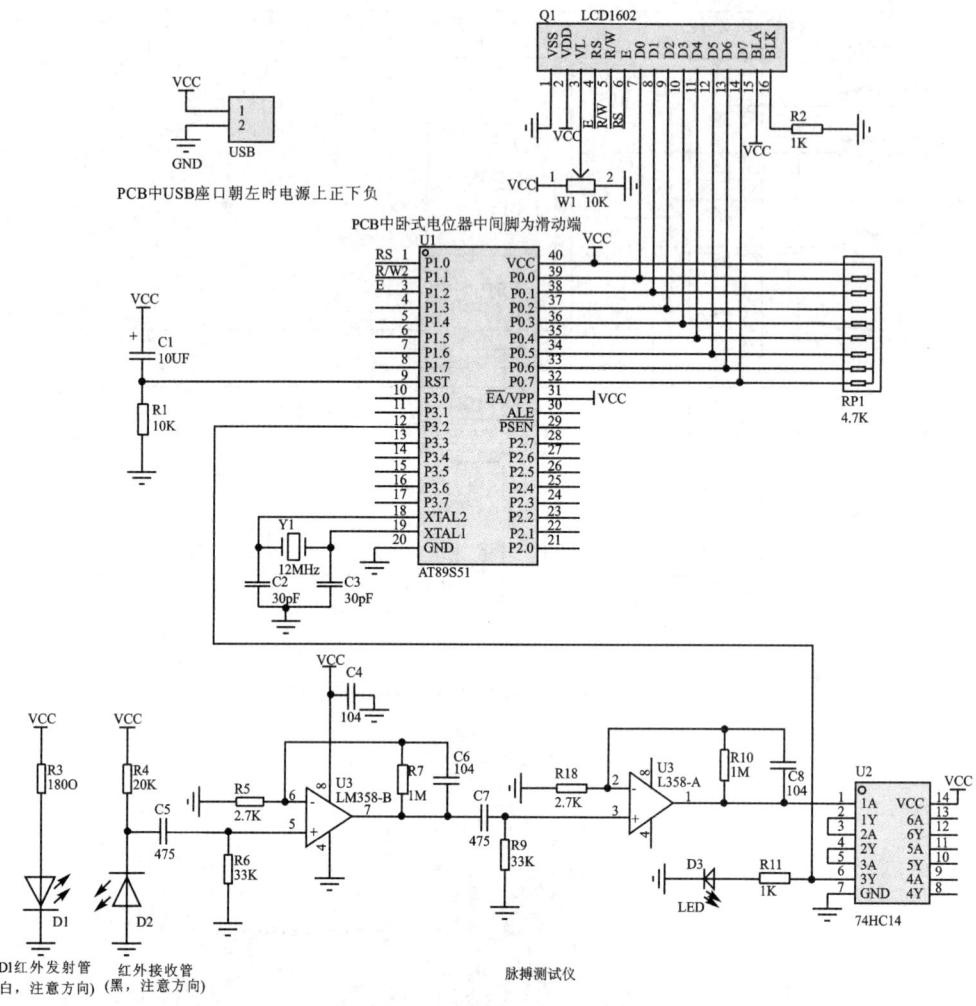

图 2-1.23 "脉搏测试仪"的电路原理图

2. "脉搏测试仪"的电路装配图

图 2-1.24 所示为"脉搏测试仪"的电路装配图。

3. "脉搏测试仪"的照片

图 2-1.25 所示为"脉搏测试仪"的照片。

注意:

① 两个红外对管(红外发射二极管、红外接收二极管)引脚之间的距离建议为 3 cm。

② 两个红外对管引脚 90°折弯。

③ 焊接高度建议 1 cm。

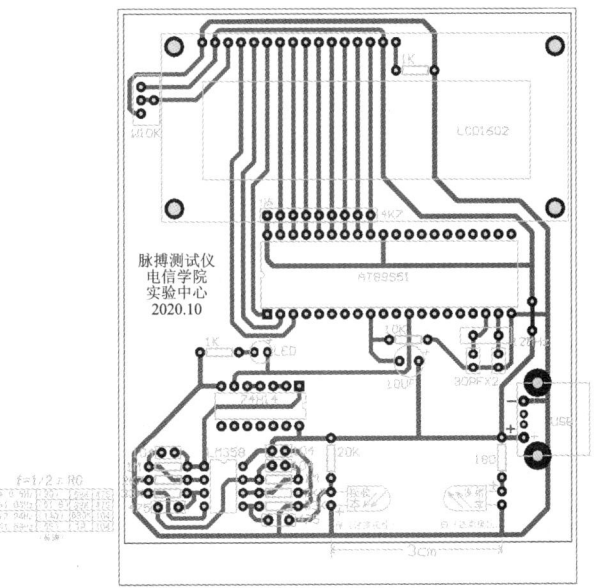

图 2-1.24 "脉搏测试仪"的电路装配图

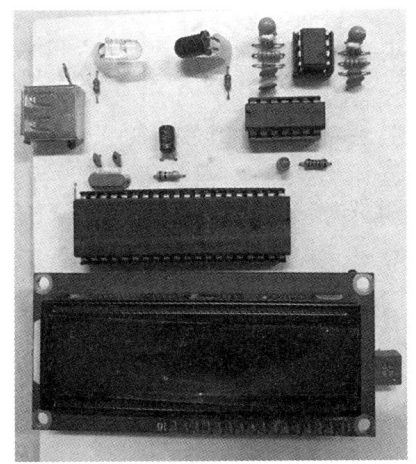

图 2-1.25 "脉搏测试仪"的照片

习 题

1. 电子产品设计制作的过程一般包含哪几步?
2. 简述产品设计制作会用到哪些工具。
3. 简述如何用数字万用表来测量电阻。
4. 简述如何使用吸锡器。
5. 选一款自己感兴趣的制作,并简述其工作原理。

第 2 章   常用电子元器件

电子元器件是构成电子产品的基本元素,它的性能和质量直接影响电子产品的质量,因此,电子元器件的识别与检测知识是设计、组装和维修电子产品中必不可少的环节,是掌握电子产品生产工艺的基础。

2.1 电阻器

2.1.1 电阻器的相关概念

电子在物体内作定向运动时会遇到阻力,这种阻力称为电阻。在物理学中,用电阻来表示导体对电流阻碍作用的大小。具有一定电阻值的元器件称为电阻器,习惯简称电阻。电阻器是电子电路中应用最多的元件之一,常用来进行电压、电流的控制和传送。

对于两端元器件,伏安特性满足 $U=RI$ 关系的理想电子元器件称为电阻器。电阻器简称电阻,其阻值大小就是比例系数 R,当电流的单位为安培(A)、电压的单位为伏特(V)时,电阻的单位为欧姆(Ω)。电阻器是在电子电路中应用最为广泛的元器件之一,在电路中起分压、限流、耦合、负载等作用。

电阻器用符号 R 表示,单位为欧姆(Ω)。常用单位还有千欧($k\Omega$)和兆欧($M\Omega$),其换算关系为:$1\ k\Omega = 10^3\ \Omega, 1\ M\Omega = 10^3\ k\Omega$。

2.1.2 电阻器的种类

电阻器的种类繁多,按阻值特性,可分为固定电阻、可变电阻(电位器)和敏感电阻;按材料种类,可分为碳膜电阻、金属膜电阻、金属氧化膜电阻和线绕电阻等。按照使用范围及用途,可分为普通型(允许误差为±5%、±10%、±20%)、精密型(允许误差为±2%~±0.001%)、高频型(也称为无感电阻)、高压型(额定电压可达 35 kV)、高阻型(阻值在 10 MΩ 以上,最高可达 $10^{14}\ \Omega$)、集成型(集成电阻,也称为电阻排)。

固定电阻器是指阻值固定不变的电阻器,主要用在阻值固定而不需要调节变动的电路中;阻值可以调节的电阻器称为可变电阻器(又称为变阻器或电位器),其又分为可变电阻器和半可变电阻器。半可变(或微调)电阻器主要用在阻值不经常变动的电路中;敏感电阻器是指其阻值对某些物理量表现敏感的电阻元件。常用的敏感电阻有热敏电阻器、光敏电阻器、压敏电阻器、湿敏电阻器、磁敏电阻器、气敏电阻器和力敏电阻器等。它们是利用某种半导体材料对某个物理量敏感的性质而制成的,也称为半导体电阻器。

常用电阻器的电路符号如图 2-2.1 所示。

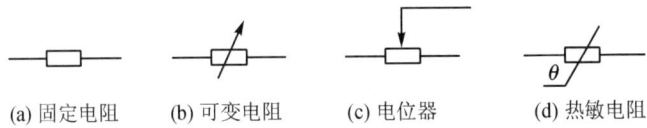

图 2-2.1 常用电阻器的电路符号

2.1.3 电阻器的主要参数

1. 标称阻值

在电阻器表面所标注的阻值称为电阻器的标称阻值,电阻器的阻值通常是按照国家标准中的规定进行生产的。目前,电阻器标称阻值系列有 E6、E12、E24,其中 E24 系列最全。表 2-2.1 所列为通用电阻器的标称阻值系列和允许偏差。

电阻的标称阻值为表 2-2.1 中所列标称值的 10^n 倍。以 E12 系列中的标称值 1.5 为例,它所对应的电阻标称阻值为 1.5 Ω、15 Ω、150 Ω、1.5 kΩ、15 kΩ、150 kΩ 和 1.5 MΩ 等,其他系列以此类推。

表 2-2.1 通用电阻器的标称阻值系列和允许偏差

系 列	允许误差	标称值
E24	Ⅰ级(±5%)	1.0,1.1,1.2,1.3,1.5,1.6,1.8,2.0,2.2,2.4,2.7,3.0,3.3,3.6,3.9,4.3,4.7,5.1,5.6,6.2,6.8,7.5,8.2,9.1
E12	Ⅱ级(±10%)	1.0,1.2,1.5,1.8,2.2,2.7,3.3,3.9,4.7,5.6,6.8,8.2
E6	Ⅲ级(±20%)	1.0,1.5,2.2,3.3,4.7,6.8

2. 允许误差

在电阻的实际生产中,由于所用材料、设备和工艺等方面的原因,电阻的标称阻值往往与实际阻值有一定的偏差,这个偏差与标称阻值的百分比称为电阻器的相对误差。允许相对误差的范围称为允许误差,也称为允许偏差。普通电阻的允许误差可分为三级:Ⅰ级(±5%)、Ⅱ级(±10%)、Ⅲ级(±20%)。精密电阻的允许误差可分为 ±2%、±1%、…、±0.001% 十多个等级。电阻的精度等级可以用符号标明,如表 2-2.2 所列。误差越小,电阻器的精度越高。

表 2.2 允许偏差常用符号

符号	W	B	C	D	F	G	J	K	M	N	R	S	Z
允许偏差/%	±0.05	±0.1	±0.2	±0.5	±1	±2	±5	±10	±20	±30	+100~ -10	+50~ -20	+80~ -20

3. 额定功率

额定功率是指电阻器在产品标准规定的大气压和额定温度下,电阻长时间安全工作所允许消耗的最大功率。一般常用的有 $\frac{1}{8}$ W、$\frac{1}{4}$ W、$\frac{1}{2}$ W、1 W、2 W 和 5 W 等多种规格。在使用过程中,电阻的实际消耗功率不能超过其额定功率,否则会造成电阻器过热而烧坏。在电路图中,电阻器额定功率采用不同符号表示,如图 2-2.2 所示。

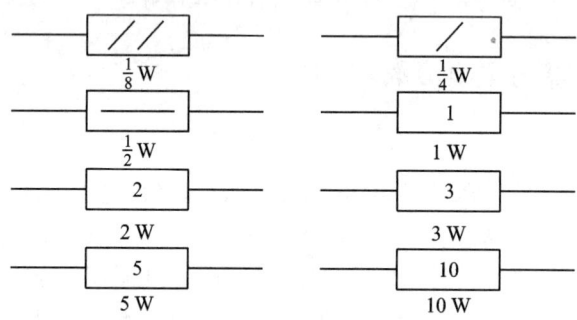

图 2-2.2 电阻器的额定功率图形符号

4. 温度系数

温度每变化 1 ℃时,引起电阻阻值的相对变化量称为电阻的温度系数,用 a 表示。

$$a = \frac{R_2 - R_1}{R_1(t_2 - t_1)}$$

式中,R_1、R_2 分别为温度在 t_1、t_2 时的阻值。

温度系数可正、可负,温度升高,电阻值增大,称该电阻具有正的温度系数;温度升高,电阻值减小,称该电阻具有负的温度系数。温度系数越小,电阻的温度稳定度越高。

2.1.4 电阻器的标注方法

1. 直标法

直标法主要用在体积较大(功率大)的电阻器上,它将标称阻值和允许偏差直接用数字标在电阻器上。例如在图 2-2.3 中,电阻器采用直标法标出其阻值为 2.7 kΩ,允许偏差为±10%。

2. 文字符号法

文字符号法是指用文字符号和数字有规律的组合,在电阻上标示出主要参数的方法。具体方法为:用文字符号表示电阻的单位(R 或 Ω 表示 Ω,k 表示 kΩ,M 表示 MΩ),电阻值(用阿拉伯数字表示)的整数部分写在阻值单位前面,电阻值的小数部分写在阻值单位的后面。用特定字母表示电阻的偏差,可见表 2-2.2。例如 R12 表示 0.12 Ω,1R2 或 1Ω2 表示 1.2 Ω,1k2 表示 1.2 kΩ。

如图 2-2.4 所示,电阻器采用文字符号法标出 3Ω9 表示阻值为 3.9 Ω。

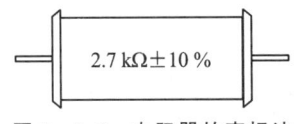
图 2-2.3 电阻器的直标法

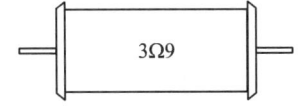
图 2-2.4 电阻器的文字符号法

3. 数码法

数码法是用 3 位数码来表示电阻值的方法,其允许偏差通常用字母符号表示。识别方法是,从左到右第一、第二位为有效数值,第三位为乘数(即零的个数),单位为 Ω,常用于贴片元件。

例如 103k,"10"表示两位有效数字,"3"表示倍乘为 10^3,k 表示允许偏差为 ±10%。同理,222J 表示阻值标称值为 2.2 kΩ,允许偏差为 ±5%。

电阻值的 4 位数码表示法中,前 3 位表示有效数字,第 4 位表示有多少个 0,单位是 Ω,例如 1502 表示阻值标称值为 15 000 Ω=15 kΩ。图 2-2.5b 所示为贴片电阻。

(a) 10 kΩ 贴片电阻

(b) 15 kΩ 贴片电阻

图 2-2.5 贴片电阻

4. 色环标志法

用不同颜色的色环表示电阻器的阻值和误差,简称为色标法。色标法的电阻器有四色环标注和五色环标注两种,前者用于普通电阻器,后者用于精密电阻器。

电阻器用四色环标注时,四色环所代表的意义为:从左到右第一、第二色环表示有效值,第三色环表示乘数(即零的个数),第四色环表示允许偏差,单位为 Ω。其表示方法如图 2-2.6(a)所示。

电阻器用五色环标注时,五色环所代表的意义为:从左到右第一、二、三色环表示有效值,第四色环表示乘数(即零的个数),第五色环表示允许偏差,单位为 Ω。其表示方法如图 2-2.6(b)所示。

色标符号规定如表 2-2.3 所列。

表 2-2.3 色标符号规定

色环颜色	棕	红	橙	黄	绿	蓝	紫	灰	白	黑	金	银	无
有效数字	1	2	3	4	5	6	7	8	9	0	—	—	—
倍乘率	10^1	10^2	10^3	10^4	10^5	10^6	10^7	10^8	10^9	10^0	10^{-1}	10^{-2}	—
允许偏差/%	±1	±2	—	—	±0.5	±0.25	±0.1	—	±50~±20	—	±5	±10	±20

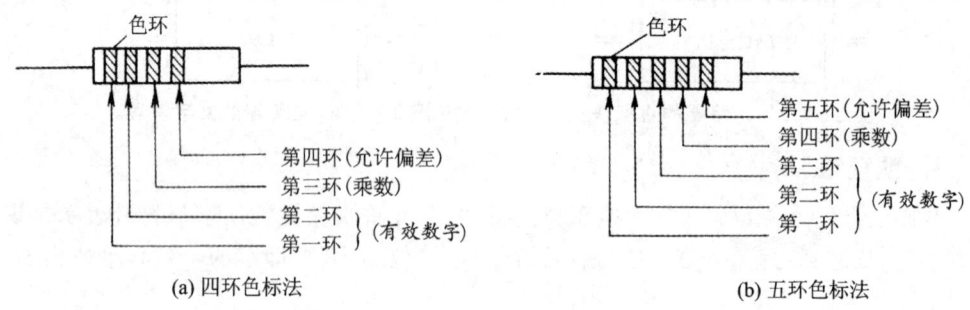

图 2-2.6 色环标志法

色环顺序的识读：
➢ 从色环到电阻引线的距离看，离引线较近的一环是第一环。
➢ 从色环间的距离看，间距最远的一环是最后一环，即允许偏差环。
➢ 金色、银色只能出现在色环的第三、第四的位置上，而不能出现在色环的第一、第二的位置上。
➢ 若均无以上特征，且能读出两个电阻值，可根据电阻的标称系列标准，若在其内者，则识读顺序是正确的；若两者都在其中，则只能借助万用表加以识别。

例如：红、红、红、银四环表示的阻值为 $22\times10^2=2\ 200\ \Omega$，允许偏差为 $\pm10\%$；棕、黑、绿、棕、棕五环表示的阻值为 $105\times10^1=1\ 050\ \Omega=1.05\ \mathrm{k}\Omega$，允许偏差为 $\pm1\%$。

2.1.5 常用电阻器

1. 碳膜电阻器

碳膜电阻器的特点：有良好的稳定性，负温度系数小，能在 70 ℃ 的温度下长期工作，高频特性好，受电压频率影响较小，噪声电动势较小，脉冲负荷稳定；阻值范围宽，一般为 1 Ω～10 MΩ；额定功率有 $\frac{1}{8}$ W、$\frac{1}{4}$ W、$\frac{1}{2}$ W、1 W、2 W、5 W 和 10 W 等；制作容易，生产成本低，广泛应用在电视机、音响等家用电器产品中。其实物外形如图 2-2.7(a)所示。

2. 金属膜电阻器

金属膜电阻器除具有碳膜电阻器的特点外，还具有比较好的耐高温特性（能在 125 ℃ 的高温下长期工作）。当环境温度升高后，其阻值随温度的变化很小。除此之外，其工作频率较宽，高频特性好，精度高，但成本稍高、温度系数小，可以在精密仪表和要求较高的电子系统中使用。其实物外形如图 2-2.7(b)所示。

3. 金属氧化膜电阻器

金属氧化膜电阻器与金属膜电阻器的性能和形状基本相同，而且具有更高的耐压、耐热性能。金属氧化物的化学稳定性好，具有较好的机械性能，硬度大，耐磨，不易损伤；金属氧化膜电阻器功率大，可高达数百 kW，电阻阻值范围窄，温度系数比金属膜电阻器大，稳定性高等特点。其实物外形如图 2-2.7(c)所示。

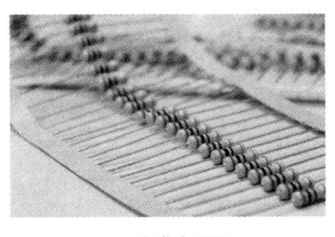
(a) 碳膜电阻器

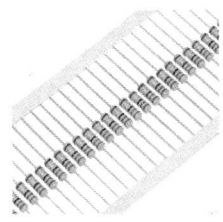
(b) 金属膜电阻器

(c) 金属氧化膜电阻器

图 2-2.7　常用电阻器实物(1)

4. 线绕电阻器

线绕电阻器是用康铜、锭铜等特殊的合金制成细丝绕在绝缘管上制成的，外面有一层保护层，保护层有一般釉质和防潮釉质两种。这种电阻的优点是：阻值精确，有良好的电气性能，工作可靠、稳定，温度系数小，耐热性好，功率较大。缺点是：阻值不大，成本较高。线绕电阻器适用于功率要求较大的电路中，有的可用于要求精密电阻的地方；但因存在电感，不宜用于高频电路。其实物外形如图 2-2.8(a)所示。

5. 水泥电阻器

水泥电阻器是将电阻线绕在耐热瓷片上，用特殊不燃性耐热水泥填充密封而成。其特点是：散热大，功率大；具有优良的绝缘性能，绝缘电阻可达 100 MΩ；具有优良的阻燃、防爆特性；在负载短路的情况下，可迅速在压接处熔断，进行电路保护。水泥电阻器具有多种外形和安装方式，可直接安装在印制电路板上，也可利用金属支架独立安装焊接。其实物外形如图 2-2.8(b)所示。

(a) 线绕电阻器

(b) 水泥电阻器

图 2-2.8　常用电阻器实物(2)

6. 热敏电阻器

热敏电阻器大多由单晶或多晶半导体材料制成，它的阻值会随温度的变化而变化。热敏电阻器在电路中的文字符号用"R"或"RT"表示。

按温度变化特性可分为正温度系数(PTC)热敏电阻器和负温度系数(NTC)热敏

电阻器。

PTC 热敏电阻器广泛应用于彩色电视机消磁电路、电冰箱压缩机启动电路及过热保护、过电流保护等电路中，还可用于如电子驱蚊器、卷发器等小家用电器中，作为加热元件。其实物外形如图 2-2.9(a)所示。

NTC 热敏电阻器广泛应用于电冰箱、空调器、微波炉、电烤箱、复印件和打印机等家用电器、办公产品中，做温度检测、温度补偿、温度控制、微波功率测量及稳压控制之用。其实物外形如图 2.9(b)所示。

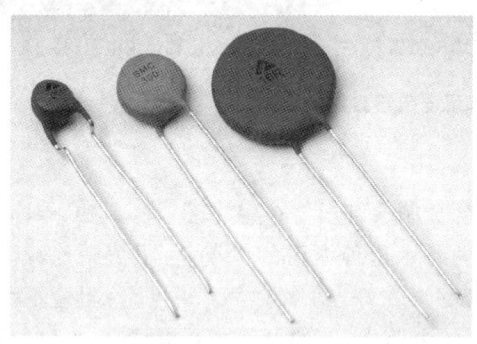

(a) 正温度系数热敏电阻器　　　　(b) 负温度系数热敏电阻器

图 2-2.9　常用热敏电阻器实物

7. 压敏电阻器

压敏电阻器(简称为 VSR)的阻值随加到电阻两端的电压大小变化而变化。当加到压敏电阻器两端的电压小于一定值时，压敏电阻器的阻值很大。当它两端的电压大到一定程度时，压敏电阻器的阻值迅速减小。压敏电阻器在电路中的文字符号用"R"或"RV"表示。其实物外形如图 2-2.10 所示。

压敏电阻器广泛应用于家用电器及其他电子产品中，起过电压保护、防雷、抑制浪涌电流、吸收尖峰脉冲、限幅、高压灭弧、消噪和保护半导体元器件等作用。

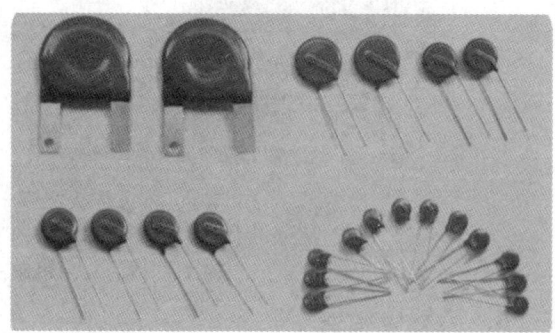

图 2-2.10　压敏电阻器实物

8. 光敏电阻器

光敏电阻器是利用半导体光电导效应制成的一种特殊电阻器,它通常由光敏层、玻璃基片(或树脂防潮膜)和电极等组成。它的电阻值能随着外界光照强弱(明暗)变化而变化。当无光照射时,呈高阻状态;当有光照射时,其电阻值迅速减小。光敏电阻器在电路中用字母"R"或"RL"、"RG"表示。其实物外形如图 2-2.11 所示。

由于光敏电阻器对光线有特殊的敏感性,因此,广泛应用于各种自动控制电路(如自动照明灯控制电路、自动报警电路等)、家用电器(如电视机中的亮度自动调节,照相机中的自动曝光控制等)及各种测量仪器中。

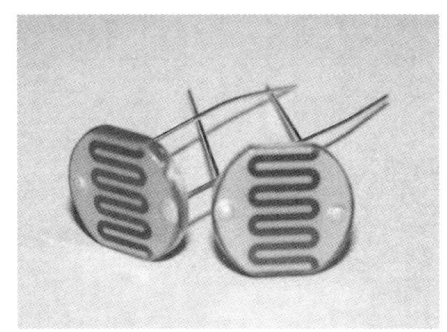
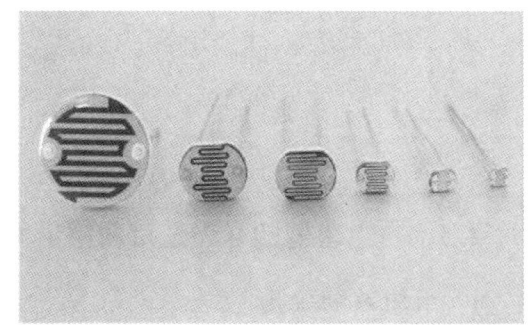

图 2-2.11 光敏电阻器实物

9. 排电阻器

排电阻器也称为集成电阻器或网络电阻器,它是一种按一定规律排列,集成多只分立电阻于一体的组合式电阻器。常见的排电阻有单列式(SIP)和双列直插式(DIP)两种外形结构,此外还有贴片式排电阻(SMD)。排电阻器实物外形如图 2-2.12 所示。排电阻器内部电路结构有多种形式,如图 2-2.13 所示。排电阻器具有体积小、安装方便、阻值一致性好等优点,广泛应用在各类电子产品中。

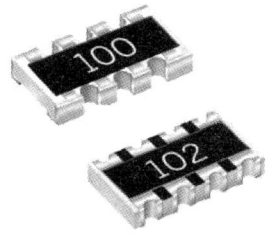

(a) 单列式排电阻　　　　(b) 双列直插式排电阻　　　　(c) 贴片式排电阻

图 2-2.12 排电阻器实物

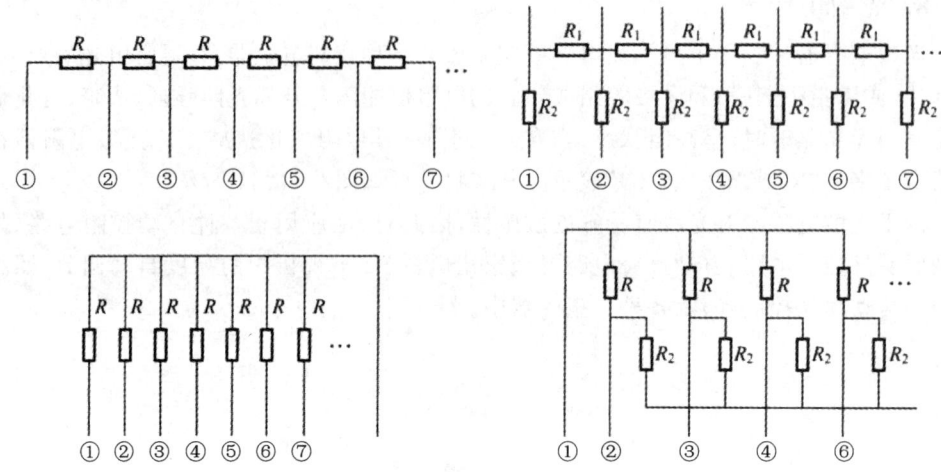

图 2-2.13 常见排电阻器的内部电路

2.1.6 电阻器的合理选用和质量判断

1. 电阻器的选用

(1) 按用途选择电阻器的种类

电路中使用什么种类的电阻器,应按其用途进行选择。如果电路对电阻器的性能要求不高,可选用碳膜电阻器;如果电路对电阻器的工作稳定性、可靠性要求较高,可选用金属膜电阻器。对于要求电阻器功率大、耐热性好和频率不高的电路,可选线绕电阻器。精密仪器及特殊要求的电路中选用精密电阻器。

(2) 电阻器额定功率的选用

在电路设计和使用中,选用电阻器的功率不能过大,也不能过小。如果选用电阻器的功率过大,势必增大电阻器的体积;如果选用电阻器的功率过小,就不能保证电阻器能安全可靠地工作。一般选用电阻的额定功率值,应是电阻在电路工作中实际消耗功率值的 1.5~2 倍。

(3) 电阻器的阻值和误差的选择

在选择电阻器时,要求参数符合电路的使用条件,所选电阻器的阻值应接近电路设计的阻值,优先选用标准系列的电阻器。一般电路使用的电阻器允许偏差为 $\pm 5\%$~$\pm 10\%$。在特殊电路中根据要求选用。

另外,选用电阻器时还要考虑工作环境与可靠性,首先要了解电子产品整机工作环境条件,然后与电阻器技术性能中所列的工作环境条件相对照,从中选用条件相一致的电阻器;还要了解电子产品整机工作状态,从技术性能上满足电路技术要求,保证整机能正常工作。

2. 电阻器的质量判断

电阻器的阻值一般用万用表进行检测,检测方法有开路测试法和在线测试法。开路测试法就是对单独的电阻器进行检测,在线测试法就是对印制电路板上的电阻器进行检测。

(1) 电阻器的开路测试

数字万用表对电阻器的测试:用数字万用表测试电阻器时无须调零,根据电阻器的标称值将数字万用表挡位旋转到适当的挡位。测量时,黑表笔插入 COM 孔,红表笔插入"V"孔,两表笔分别接被测电阻器的两端,显示屏显示被测电阻器的阻值。如果显示"000",则表示电阻器已经短路;如果仅最高位显示"1",则说明电阻器开路。如果显示值与电阻器标称值相差很大,超过允许误差,则说明该电阻器质量不合格。

(2) 电阻器的在线测试

在线测试印制电路板上电阻器的阻值时,印制电路板不得带电(称为断电测试),而且还需对电容器等储能元件进行放电。通常,需对电路进行详细分析,估计某一电阻器有可能损坏时,才能进行测试,此方法常用于维修中。

例如,怀疑印制电路板上的某一只阻值为 10 kΩ 的电阻器烧坏时,用万用表红、黑表笔并联在 10 kΩ 电阻器的两个焊接点上,如果指针指示值接近(由于电路存在总的等效电阻,通常是略低一点)10 kΩ,则可排除该电阻器出现故障的可能性;若测试后的阻值与 10 kΩ 相差较大,则表明该电阻器可能已经损坏。进一步确定,可将这个电阻器的一个引脚从焊盘上脱焊,再进行开路测试,以判断其好坏。

2.2 电容器

2.2.1 电容器的基本知识

电容器是由两个彼此绝缘的金属极板,中间夹有绝缘材料(绝缘介质)构成的。绝缘材料不同,构成电容器的种类也不同。电容器是一种储能元件,在电路中具有隔直流、通交流的作用,常用于滤波、去耦、旁路、级间耦合和信号调谐等方面。

电容用 C 表示,单位是法拉(F),常用的单位还有微法(μF)、纳法(nF)、皮法(pF)。它们的换算关系为:$1 \text{ F}=10^6 \mu\text{F}=10^9 \text{ nF}=10^{12} \text{ pF}$。

2.2.2 电容器的种类

1. 瓷介电容器

瓷介电容(见图 2-2.14)的优点是体积小、成本低、介电损耗小,因此频率特性好,特别适于高频旁路,在电子电路中用得最多;不足之处是,其容量受环境温度的影响较大,且不能做成大的容量,受振动会引起容量变化。

(1) 高频瓷介电容(CC)

➢ 电容量:1~6 800 pF。
➢ 额定电压:63~500 V。

- 主要特点:高频损耗小,稳定性好。
- 应用:高频电路。

(2) 低频瓷介电容(CT)
- 电容量:10 pF～4.7 μF。
- 额定电压:50～100 V。
- 主要特点:体积小,价格低,损耗大,稳定性差。
- 应用:要求不高的低频电路。

2. 薄膜电容器

薄膜电容(见图2-2.15)的最大优点是稳定性好,容量不受环境温度的影响,介质频率特性好,介电损耗小;不足之处是用聚酯、聚苯乙烯等低损耗塑材作介质,因此耐热能力差,不能做成大的容量。其广泛用于滤波器、积分电路、振荡电路、定时电路等电路中。

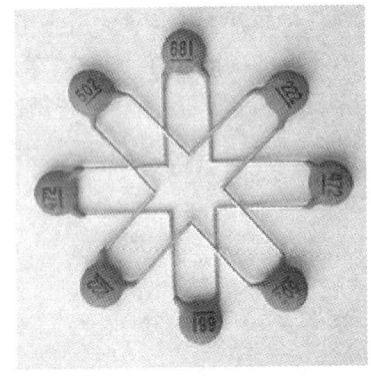

图2-2.14 瓷介电容器

图2-2.15 薄膜电容器

(1) 聚酯(涤纶)电容(CL)
- 电容量:40 p～4 μF。
- 额定电压:63～630 V。
- 主要特点:小体积,大容量,耐热、耐湿,稳定性较差。
- 应用:对稳定性和损耗要求不高的低频电路。

(2) 聚苯乙烯电容(CB)
- 电容量:10 pF～1 μF。
- 额定电压:0.1～30 kV。
- 主要特点:稳定,损耗低,体积较大。
- 应用:对稳定性和损耗要求较高的电路。

(3) 聚丙烯电容(CBB)
- 电容量:1 000 pF～10 μF。
- 额定电压:63～2 000 V。
- 主要特点:性能与聚苯乙烯电容相似,但体积小、稳定性略差。

- 应用：代替大部分聚苯或云母电容，用于要求较高的电路。

3. 独石电容器

独石电容（见图 2-2.16）的本质是多层陶瓷电容器。在电子电路的所有电容中，独石电容的体积是最小的。其工艺特点是在若干片陶瓷薄膜坯上披覆电极浆材料，叠合后一次烧结成一块不可分割的整体，外面再用树脂包封成小体积、大容量、高可靠和耐高温的电容器。其具有体积小、介电常数高、Q 值高等优点；不足之处，一是容量误差较大，二是容量受环境温度的影响较大。

- 电容量：$0.5\ pF \sim 4.7\ \mu F$。
- 耐压：二倍额定电压。
- 主要特点：电容量大，体积小，可靠性高，电容量稳定，耐高温，耐湿性好。
- 应用：电子精密仪器及各种小型电子设备，作谐振、耦合、滤波、旁路。

4. 铝电解电容器

在电子电路中，铝电解电容（见图 2-2.17）也是应用最多的一种。其主要优点是容量大，能耐受大的脉动电流；不足之处是容量误差大，泄漏电流大，不适合在高频和低温下应用。

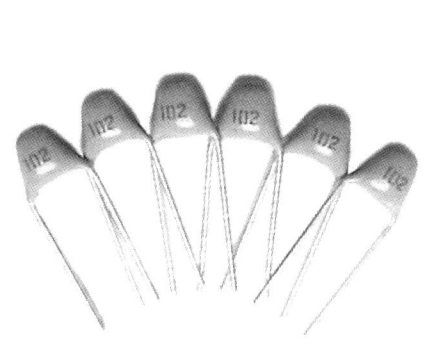

图 2-2.16 独石电容器

图 2-2.17 铝电解电容器

铝电解电容器内部是用浸有糊状电解质的吸水纸夹在两条铝箔中间卷绕而成的，即采用极薄的氧化膜作为介质，由于氧化膜具有单向导电特性，所以电解电容器在使用时要注意极性。

- 电容量：$0.47 \sim 10\ 000\ \mu F$。
- 额定电压：$6.3 \sim 450\ V$。
- 主要特点：体积小，容量大，损耗大，漏电大。
- 应用：电源滤波，低频耦合，去耦，旁路等。

5. 钽电解电容器

钽电解电容（见图 2-2.18）用烧结的钽块作正极，电解质使用固体二氧化锰。其温度特性、频率特性和可靠性均优于普通电解电容器,特别是漏电流极小,储存性良好,寿命长,容量误差小,而且体积小,单位体积下能得到最大的电容电压乘积。其不足之处是,对脉动电流的耐受能力差,若损坏易呈短路状态。

- 电容量:0.1～1 000 μF。
- 额定电压:6.3～125 V。
- 主要特点:损耗、漏电小于铝电解电容。
- 应用:在要求高的电路中可代替铝电解电容。

图 2 - 2.18 钽电解电容器

2.2.3 电容器的主要参数

1. 电容器的标称容量和允许误差

标在电容器外壳上的电容量数值称为电容器的标称容量。它表征了电容器存储电荷的能力。标称容量有许多系列,常用的有 E6、E12、E24 系列。表 2 - 2.4 是固定电容器的标称容量系列。

表 2 - 2.4 固定电容器的标称容量系列

系 列	允许偏差	标称值
E24	Ⅰ级(±5%)	1.0,1.1,1.2,1.3,1.5,1.6,1.8;2.0,2.2,2.4,2.7,3.0,3.3,3.6,3.9,4.3,4.7,5.1,5.6,6.2,6.8,7.5,8.2,9.1
E12	Ⅱ级(±10%)	1.0,1.2,1.5,1.8,2.2,2.7,3.3,3.9,4.7,5.6,6.8,8.2
E6	Ⅲ级(±20%)	1.0,1.5,2.2,3.3,4.7,6.8

电容器的允许偏差含义与电阻器相同,其允许偏差常用的是±5%、±10%、±20%。通常容量越小,允许偏差越小。

2. 额定工作电压

额定工作电压(也称为耐压值)是指在规定温度范围内,电路中电容器长期可靠地工作所允许加的最高直流电压。电容器在使用中不允许超过这个耐压值,如果超过,电容器可能损坏或被击穿。电容器工作在交流电路中时,交流电压的峰值不能超过额定工作电压。

3. 绝缘电阻

绝缘电阻是指电容器两极之间的电阻,也称为漏电阻,它表明电容器漏电的大小。绝缘电阻的大小取决于电容器的介质性质,一般在 1 000 MΩ 以上。绝缘电阻越小,漏电越严重。电容器漏电会引起能量损耗,这种损耗不仅影响电容的寿命,而且会影响电路的工作,因此,电容器的绝缘电阻越大越好。

2.2.4 电容器的标识方法

1. 直标法

直标法是利用数字和文字符号在产品上直接标示出电容器的主要参数(如标称容量、耐压和允许偏差等)的方法,主要用于体积较大的电容器的标注,如电解电容,瓷介电容等。若电容上未标注偏差,则默认偏差为±20%。有的电容器由于体积小,习惯上省略其单位,但应遵循如下规则:

① 不带小数点的整数,若无标志单位,则表示 pF,例如 3300 表示 3 300 pF。
② 带小数点的数值,若无标志单位,则表示 μF,例如 0.47 表示 0.47 μF。
③ 许多小型固定电容器,如瓷介电容器等,其耐压均在 100 V 以上,由于体积小可以不标注耐压。

2. 文字符号法

文字符号法是用特定符号和数字表示电容器主要参数的方法,其中数字表示有效数值,字母表示数值的量级。常用字母有 m、μ、n、p 等。字母 m 表示毫法(mF),字母 μ 表示微法(μF),字母 n 表示纳法(nF),字母 p 表示皮法(pF),例如 10p 表示 10 pF。字母有时也表示小数点,例如 3μ3 表示 3.3 μF,2p2 表示 2.2 pF。

有时数字前面加字母 μ 或 p,表示零几微法或皮法。例如 p33 表示 0.33 pF,μ22 表示 0.22 μF。另外,零点几微法电容器,也可在数字前加上 R 来表示,例如 R33 表示 0.33 μF。

3. 数码法

用 3 位数码表示电容器容量的方法称为数码法,单位为 pF。前两位为有效数字,后一位表示有效数字后零的个数,但当第三位数为"9"时,用有效数字乘上 10^{-1} 来表示。例如 102 表示 1 000 pF;103 表示 0.01 μF;339 表示 3.3 pF。

2.2.5 电容器的合理选用

电容器的种类繁多,性能指标各异,合理选用电容器对于产品的设计十分重要。在满足电路要求的前提下,应综合考虑体积、重量、成本、可靠性,了解每个电容器在电路中的作用等因素。

1. 电容器的额定工作电压

不同类型的电容器有不同的额定电压,所选电容器应符合标准系列。对于普通电容器,额定电压应高于加在电容器两端电压的 1~2 倍。不论选用何种型号的电容器,其额定电压都不得低于电路的实际工作电压,否则电容会被击穿;其额定电压也不能太高,否则成本会提高,电容器体积也会加大。选用电解电容器时,由于其自身结构的特点,一般应使线路的实际电压相当于所选额定电压的 50%~70%,这样才能发挥其作用。

2. 标称容量及精度等级

各类电容器均有标称容量、精度等级系列。电容器在电路中的作用各不相同,绝大多数应用场合对电容器容量要求并不严格。例如,在旁路、去耦电路、低频耦合电路中,对容量的精度没有很严格的要求,选用时根据设计值,选用容量相近或略大一些的电容器。但在振荡回路、音调控制电路中,电容器的容量应尽可能和设计值一致。在各种滤波器和各种网络中,对电容器的精度要求更高,应选用高精度的电容器来满足电路的要求。在制造电容器时,控制容量比较困难,不同精度的电容器,价格相差很大。因此,在确定电容器的容量精度时,应考虑电路的实际需要,不应盲目追求电容器的精度等级。

3. 根据电路特点选择

根据电路要求,一般用于低频耦合、旁路、去耦等,电气性能要求较低时,可采用纸介电容器、电解电容器;高频电路和要求电容量稳定的地方,应选用高频瓷介电容器、云母电容器或钽电解电容器。

4. 根据电容器的使用环境选择

电容器的性能与环境条件有密切的关系,在气候炎热、工作温度较高的环境中,电容器容易发生老化,故在设计安装时,应尽可能使电容器远离热源和改善机内通风散热。对于在寒冷环境中工作的电容器,由于温度很低,普通电解电容器会因电解液冻结而失效,所以必须选择耐寒的电解电容器。

5. 考虑电容器的外表和形状

电容器的形状各式各样,要根据实际情况来选择电容器的形状,且注意外表面无损,标志要清晰。

2.2.6 电容器的检测

为使电容器能在电路中正常工作,在装配电路前要对电容器进行检测。

1. 固定电容的检测

(1) 5 000 pF 以上无极性电容器的检测

用指针万用表电阻挡 $R \times 10 \text{ k}\Omega$ 或 $R \times 1 \text{ k}\Omega$ 测量电容器两端,表头指针应先摆动

一定角度后返回∞。若指针没有任何变动,则说明电容器已开路;若指针最后不能返回∞,则说明电容漏电较严重;若电阻为 0 Ω,则说明电容器已击穿。电容器容量越大,指针摆动幅度就越大。可以根据指针摆动最大幅度值来判断电容器容量的大小,以确定电容器容量是否减小了。这就要求记录好测量不同容量的电容器时万用表指针摆动的最大幅度,以便比较。若因容量太小看不清指针的摆动,则可调转电容两极再测一次,这次指针摆动幅度会更大。

(2) 5 000 pF 以下无极性电容器的检测

用指针万用表 $R \times 10$ kΩ 挡测量,指针应一直指到∞。指针指向无穷大,说明电容器没有漏电,但不能确定其容量是否正常。可利用数字万用表电容挡测量其容量。

2. 电解电容器的检测

(1) 电解电容器极性的判别

① 外观判别。由电容器引脚和电容体的白色色带来判别,带"▭"的白色色带对应的引脚为负极。长引脚是正极,短引脚是负极,如图 2-2.19 所示。

② 万用表识别。用指针万用表的 $R \times 10$ kΩ 挡测量电容器两端的正向、反向电阻值,在两次测量中,漏电阻小的一次,黑表笔所接为负极。

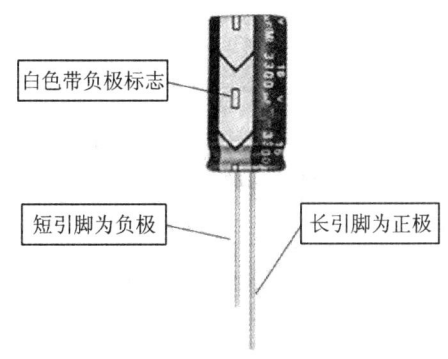

图 2-2.19 电解电容器极性外观判别

(2) 电解电容器漏电阻的测量

指针万用表的红表笔接电容器的负极,黑表笔接正极。在接触的瞬间,万用表指针立即向右偏转较大幅度(对于同一电阻挡,容量越大,摆幅越大),然后逐渐向左回转,直到停在某一位置。此指示电阻值即为电容器的正向漏电阻。

再将红、黑表笔对调,万用表指针将重复上述摆动现象。此时所测阻值为电容器的反向漏电阻,此值应略小于正向漏电阻。若测量电容器的正向、反向电阻值均为 0,则该电容器已击穿损坏。

经验表明,电解电容的漏电阻一般应在 500 kΩ 以上性能较好,在 200~500 kΩ 时性能一般,小于 200 kΩ 时漏电较为严重。

注意:电解电容的容量较一般固定电容大得多,所以测量时应针对不同容量选用合适的量程。一般情况下选用 $R \times 10$ kΩ 挡或 $R \times 1$ kΩ 挡,但 47 μF 以上的电容器不再选用 $R \times 10$ kΩ 挡;对容量大于 470 μF 的电容器进行测量时,可先用 $R \times 1$ Ω 挡测量,对电容充满电后(指针指向无穷大)再调至 $R \times 1$ kΩ 挡,待指针稳定后,就可以读出其漏电电阻。

从电路中拆下的电容器(尤其是大容量和高压电容器),应先对电容器放电,之后再用万用表进行测量,否则会造成仪表损坏。

3. 可变电容器的检测

用万用表的 $R \times 10 \text{ k}\Omega$ 挡测量动片与定片之间的绝缘电阻,即用两表笔分别接触电容器的动片和定片,然后慢慢旋转动片;如果转动到某一位置时阻值为零,则表明有碰片短路现象;如果动片转到某一位置时表针不为无穷大,而是出现了一定的阻值,则表明动片与定片之间有漏电现象;如果将动片全部旋进、旋出后阻值均为无穷大,则表明可变电容器良好。

2.3 晶体二极管

2.3.1 概　述

晶体二极管(简称二极管)是晶体管的主要种类之一,应用十分广泛。它是采用半导体晶体材料(如硅、锗、砷化镓等)制成的。晶体二极管是由一个 PN 结加上相应的电极引线和密封壳做成的半导体器件,其主要特性是单向导电性。

晶体二极管按结构材料可分为锗二极管、硅二极管和砷化镓二极管等;按制作工艺可分为点接触型二极管和面接触型二极管;按功能用途可分为整流二极管、检波二极管、开关二极管、稳压二极管、变容二极管、双色二极管、发光二极管、光敏二极管、压敏二极管和磁敏二极管等。图 2-2.20 所示为常见二极管的符号。

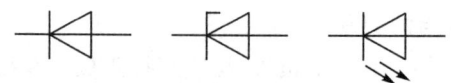

图 2-2.20　常见二极管的符号

2.3.2 二极管的主要参数

一般常用的检波整流二极管有以下四个参数。

1. 最大整流电流 I_{DM}

最大整流电流是指半波整流连续工作的情况下,为使 PN 结的温度不超过额定值(锗管约为 80 ℃,硅管约为 150 ℃),二极管中允许通过的最大直流电流。因为电流流过二极管时要发热,电流过大二极管就会过热而烧毁,所以应用二极管时要特别注意其最大电流不超过 I_{DM} 值。

2. 最大反向电压 U_{RM}

最大反向电压是指不致引起二极管击穿的反向电压。工作电压的峰值不能超过 U_{RM},否则反向电流增大,整流特性变坏,甚至烧毁二极管。二极管的反向工作电压一般为击穿电压的1/2,而有些小容量二极管,其最高反向工作电压则定为反向击穿电压的 2/3。晶体管的损坏,一般来说,电压比电流更为敏锐,也就是说,过电压更容易引起管子的损坏,故应用中一定要保证不超过最大反向工作电压。

3. 最大反向电流 I_{RM}

在给定(规定)的反向偏压下,通过二极管的直流电流称为反向电流。理想情况下二极管是单向导电的,但实际上反向电压下总有一点微弱的电流。这一电流在反向击穿之前大致不变,故又称为反向饱和电流。实际的二极管的反向电流往往随反向电压的增大而缓慢增大。在最大反向电压 U_{RM} 时,二极管中的反向电流就是最大反向电流 I_{RM}。通常在室温下,硅管为 1 μA 或更小,锗管为几十 μA 至几百 μA。反向电流的大小,反映了二极管单向导电性能的好坏,反向电流的数值越小越好。

4. 最高工作频率 f_M

二极管的材料、制造工艺和结构不同,其使用频率也不相同,有的可以工作在高频电路中,如 2AP 系列、2AK 系列等;有的只能在低频电路中使用,如 2CP 系列、2CZ 系列等。二极管保持原来良好工作特性的最高频率,称为最高工作频率。

2.3.3 二极管的类型

1. 整流二极管

顾名思义,整流二极管就是将输入交流电整流为脉动直流时使用的二极管。其特点是额定电流大,反向击穿电压高,反向漏电流小,高温性能良好。通常高压大功率整流二极管都用高纯单晶硅制造。由于结面积较大所以能通过较大电流(最大可达数 kA),但工作频率不高,一般在几十 kHz 以下。

整流二极管主要用于各种低频整流电路,如需全波整流则需多个二极管连成整流桥。目前,市场上整流二极管的型号较多,额定电压从 25~3 000 V,分 A~X 共 22 挡可选,额定电流从 1 A 到几百 A 上 kA 都有,选择的余地较大。其中国产型号有 2CZ 系列,进口型号有 1N400、1N500 系列等(见图 2 - 2.21)。

2. 稳压二极管

稳压二极管(见图 2 - 2.22)是利用二极管反向击穿特性而工作的器件,由硅材料制作,外观上与其他类型的二极管封装没有太大的差别。市场上稳压二极管的类型不是很多,但每个型号的稳压范围几乎都是从 3 V 到 150 V,且按每隔 10% 的电压间距划分成稳压等级,所以,设计时的选择余地仍很大。

稳压二极管的单管耗散功率从 0.2 W 至 100 W 以上都有。在一般电子电路的设计制作中,选用耗散功率 0.5 W 以下的稳压二极管可满足绝大多数情况的要求。

3. 开关二极管

开关二极管(见图 2 - 2.23)主要用在高速数字电路和功率斩波电路中,既有在 10 mA 以下使用的高速数字电路需要,也有在数百 mA 下使用的磁芯激励需要,所以开关二极管的型号也是很多的。

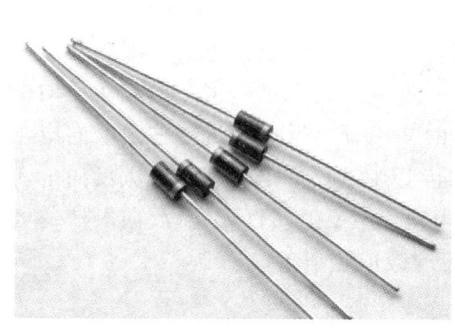
图 2.21　整流二极管

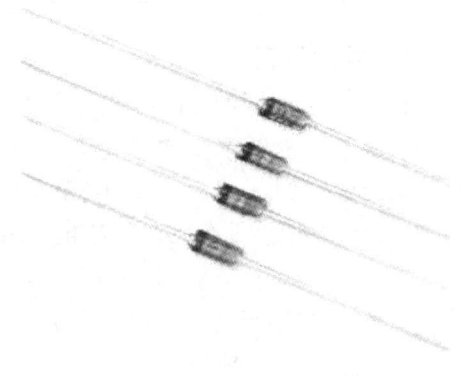
图 2.22　稳压二极管

小电流的开关二极管通常有点接触型和键型等结构,也有在高温下还能工作的硅扩散型、台面型和平面型结构。开关二极管的特点是开关速度快。

市场上的国产型号有 2AK 和 2CK 系列,其中 2AK 型为中速开关电路用,2CK 型为高速开关电路用。

4. 肖特基二极管

图 2-2.24 所示为具有肖特基特性的二极管。其正向起始电压较低,可以采用金、钼、镍、钛等材料。其半导体材料采用硅或砷化镓,且多为 N 型半导体。

肖特基二极管中少数载流子的存储效应甚微,其频率响应只受时间常数 RC 的限制,因此是高频和快速开关的理想器件。例如肖特基(SBD)硅大电流开关二极管,其正向压降小,速度快,效率高,常用于电力电子变流电路中。

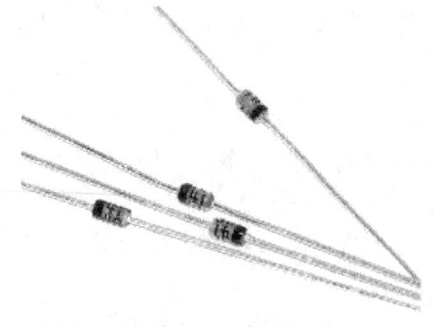
图 2-2.23　开关二极管

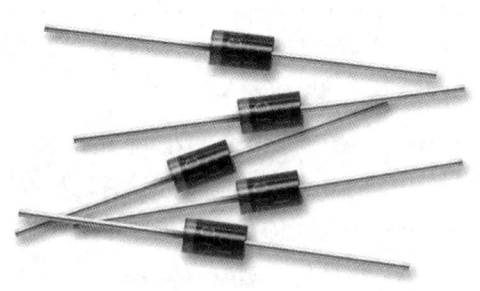
图 2-2.24　肖特基二极管

5. 发光二极管

图 2-2.25 所示为半导体二极管的一种,可以把电能转化成光能,常简写为 LED。发光二极管与普通二极管一样是由一个 PN 结组成的,也具有单向导电性。当给发光二极管加上正向电压后,从 P 区注入到 N 区的空穴和由 N 区注入到 P 区的电子,在 PN 结附近数 μm 内复合,产生自发辐射的荧光。不同的半导体材料其电子和空穴所处

的能量状态不同,因此复合时释放的能量也不同,释放的能量越多,发出的光波长越短。

常见的发光二极管可分成红色、橙色、绿色(又细分为黄绿、标准绿和纯绿)、蓝光、白光等。另外,有的单个发光二极管中含两种或三种颜色的发光芯片,可通过分别控制流过不同颜色芯片的电流,使合成的总颜色发生大范围的连续变化。此外,根据发光二极管发光处掺或不掺散射剂、有色还是无色,上述各种颜色的发光二极管还可分为有色透明、无色透明、有色散射和无色散射四种类型。若按发光管发光面特征进行分类,还可进一步分为圆灯、方灯、矩形灯、面发光管、侧向管、表面安装用微型管等。其中,圆形封装发光二极管,按直径分为 2 mm、4.4 mm、5 mm、8 mm、10 mm 及 20 mm 等多种。

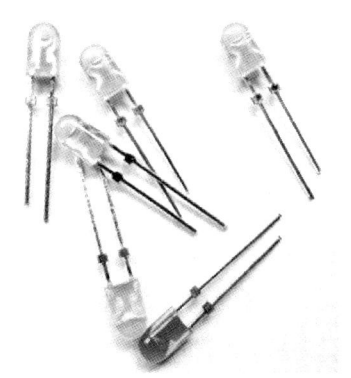

图 2-2.25 发光二极管

发光二极管的最大优点是:工作电压很低,通常 1~2 V 即可工作,工作电流很小,一般 0~1 mA 即可发光,抗冲击和抗震性能好,可靠性高,寿命长。通过调制通过的电流大小可以方便地调制发光的强弱。基于这些特点,发光二极管常在一些光电控制设备中用作光源,而在电子电路的制作中用来指示信号。

2.3.4 二极管的检测

1. 普通二极管的检测

根据 PN 结的单向导电性原理,最简单的方法是用万用表测其正、反向电阻。对于小功率锗管,用万用表 $R \times 1 \text{ k}\Omega$ 挡测其正向电阻一般为 100 Ω~3 kΩ,硅管一般在 3 kΩ 以上;反向电阻一般都在几百 kΩ 以上,且硅管的比锗管大。由于二极管的伏安特性的非线性,测量时用不同的欧姆挡或灵敏度不同的万用表所得的数据不同。所以,测量时,对于小功率二极管一般选用 $R \times 100 \text{ k}\Omega$ 或 $R \times 1 \text{ k}\Omega$ 挡,中、大功率二极管一般选用 $R \times 1 \text{ k}\Omega$ 或 $R \times 10 \text{ k}\Omega$ 挡。如果测得正向电阻为 ∞,说明二极管内部开路;如果反向电阻值近似为零,说明管子内部短路;如果测得正、反向电阻相差不多,说明管子性能差或失效。

用数字万用表的二极管挡测试二极管:将数字万用表旋置在二极管挡,然后将二极管的负极与数字万用表的黑表笔相接,正极与红表笔相接,此时显示屏上显示的是二极管正向电压降。不同材料的二极管,其正向电压降不同,比如硅材料二极管为 0.5~0.7 V,锗材料二极管为 0.1~0.3 V。若显示的值过小,接近于"0",则说明管子短路;若显示"OL"或"1"过载,则说明二极管内部开路或处于反向状态,此时可对调表笔再测。

二极管的引脚有正、负之分。在电路符号中,三角底边一侧为正,短杠一侧为负极。实物中,有的将器件符号印在二极管的实体上;有的在二极管负极一端印上一道色环作为负极标号;有的二极管两端形状不同,平头一端为正极,圆头一端为负极。用万用表识别和检测二极管的引脚:将万用表置于 $R\times1\ k\Omega$ 挡,两表笔分别接到二极管的两端,如果测得的电阻值较小,则为二极管的正向电阻,这时与黑表笔(即表内电池正极)相连接的是二极管正极,与红表笔相连接的是二极管的负极。用数字万用表识别:测得正向管压降值小的那一次,红表笔(即表内电池正极)相连接的是二极管正极,与黑表笔相连接的是二极管的负极。

2. 发光二极管的检测

检测发光二极管的正、负极及性能,原则上可以采用前述检测普通二极管好坏的方法。对非低压型发光二极管,由于其正向导通电压大于 1.8 V,而指针式万用表大多用 1.5 V 电池($R\times10\ k\Omega$ 挡除外),所以无法使管子导通,测量其正、反向电阻均很大,难以判断管子的好坏。一般可以使用以下几种方法判断发光二极管的正负极和性能好坏。

① 一般发光二极管的两引脚中,较长的是正极,较短的是负极。对于透明或半透明塑封的发光二极管,可以用肉眼观察到它的内部电极的形状,正极的内电极较小,负极的内电极较大。

② 用指针式万用表检测发光二极管时,必须使用 $R\times10\ k\Omega$ 挡。因为发光二极管的管压降为 1.8~2.5 V 左右,而指针式万用表的其他挡位的表内电池仅为 1.5 V,低于管压降,无论正向、反向接入,发光二极管都不可能导通,也就无法检测。$R\times10\ k\Omega$ 挡表内接 9 V 或 15 V 高压电池,高于管压降,所以可以用来检测发光二极管。此时判断发光二极管好坏与正负极的方法与使用万用表检测普通二极管相同。检测时,万用表黑表笔接 LED 的正极,红表笔接 LED 的负极,测其正向电阻。这时表针应偏转过半,同时 LED 中有一微弱的发光亮点。反方向检测时,LED 无发光亮点。

③ 用数字万用表检测发光二极管时,必须使用二极管检测挡。检测时,数字万用表的红表笔接 LED 的正极,黑表笔接 LED 的负极,这时显示的值是发光二极管的正向管压降,同时 LED 中有一微弱的发光亮点。反方向检测时,显示为"1"过载,LED 无发光亮点。

2.4 LED 数码管

LED 数码管是目前最常用的一种数显器件。把发光二极管制成条状,再按照一定方式连接,组成数字"8",就构成了 LED 数码管。使用时按规定使某些笔段上的发光二极管发光,即可组成 0~9 的一系列数字。

2.4.1 LED 数码管的分类

目前国内外生产的 LED 数码管种类繁多、型号各异,大致有以下几种分类方式:
① 按外形尺寸分类。目前我国 LED 显示器的型号一般由生产厂家自定。小型

LED 数码管一般采用双列直插式,大型 LED 数码管采用印制电路板插入式。

② 按器件所含显示位数的多少划分,有一位、两位、多位 LED 显示器。一位 LED 显示器就是通常所说的 LED 数码管,两位以上的一般称为显示器。两位 LED 显示器是将两只数码管封装成一体,相对于两只一位数码管,其特点是结构紧凑、成本较低。多位 LED 显示器一般采用动态扫描显示方式,这样可以简化外部引线数量和降低显示器功耗。

③ 按显示亮度划分,有普通亮度和高亮度。普通亮度 LED 数码管的发光强度 $I_v \geqslant 0.3$ mcd,而高亮度 LED 数码管的发光强度 $I_v \geqslant 0.5$ mcd,后者提高了将近一个数量级,并且在大约 1 mA 的工作电流下即可发光。

④ 按字形结构划分,有数码管和符号管。符号管可显示正(+)、负(—)极性,比如"±1"符号管能显示+1 或−1;而"米"字管的功能最全,除显示运算符号"+、—、×、÷"之外,还可显示 A~Z 共 26 个英文字母,常用作单位符号显示。

2.4.2 LED 数码管的构成和显示原理

LED 数码管可分为共阳极和共阴极两种,如图 2-2.26(a)所示,内部结构如图 2-2.26(b)、(c)所示。a~g 代表 7 个笔段的驱动端,亦称笔段电极;DP 是小数点;第 3 引脚与第 8 引脚内部连通,"+"表示公共阳极,"—"表示公共阴极。对于共阳极 LED 数码管,将 8 只发光二极管的阳极(正极)短接后作为公共阳极。其工作特点是,当笔段电极接低电平、公共阳极接高电平时,相应笔段可以发光。共阴极 LED 数码管则与之相反,它是将发光二极管的阴极(负极)短接后作为公共阴极。当驱动信号为高电平、阴极接低电平时,相应笔段才能发光。

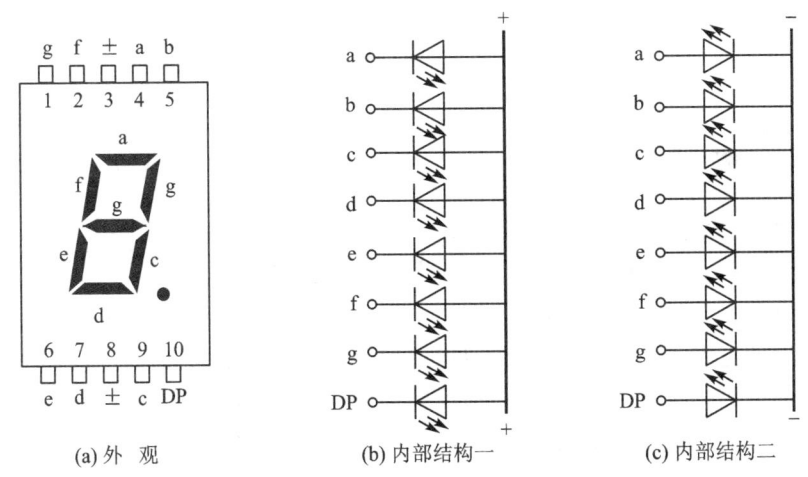

图 2-2.26 LED 数码管

LED 数码管等效于多只具有发光性能的 PN 结。当 PN 结导通时,依靠少数载流子的注入及随后的复合而辐射发光,其伏安特性与普通二极管相似。在正向导通之前,正向电流近似于零,笔段不发光。当电压超过开启电压时,电流就急剧上升,笔段发光。因此,LED 数码管属于电流控制型器件,其发光亮度(单位是 cd/m^2)与正向电流值有关,用公式表示为

$$L = KI_F$$

即亮度与正向电流成正比。LED 的正向电压 U_F 与正向电流、管芯材料有关。使用 LED 数码管时,工作电流一般选 10 mA/段,既保证亮度适中,又不会损坏器件。

2.4.3 LED 数码管的性能特点

LED 数码管的主要特点如下:
① 能在低电压、小电流条件下驱动发光,能与 CMOS、TTL 电路兼容;
② 发光响应时间极短(<0.1 μs),高频特性好,单色性好,亮度高;
③ 体积小,重量轻,抗冲击性能好;
④ 寿命长(使用寿命在 10 万小时以上,甚至可达 100 万小时),成本低。

2.4.4 LED 数码管的检测

LED 数码管外观要求颜色均匀、无局部变色及无气泡等。以共阴极数码管为例检查:将数字万用表的挡位转到二极管挡,黑表笔固定接触在 LED 数码管的公共负极端上,红表笔依次移动接触笔画的正极端。当表笔接触到某一笔画的正极端时,那一笔画就应显示出来。用这种简单的方法就可以检查出数码管是否有断笔(某笔画不能显示)和连笔(某些笔画连在一起)。若检查共阳极数码管,只需将正、负表笔交换即可。

2.5 集成电路

2.5.1 概 述

集成电路(英文缩写为 IC),就是在一块极小的硅单晶片上,利用半导体工艺制作许多晶体二极管、三极管及电阻等元件,并连接成能完成特定电子技术功能的电子电路。集成电路在体积、重量、耗电、寿命、可靠性及电性能指标方面,远远优于晶体管分立元件组成的电路,因而在电子设备、仪器仪表及电视机、录像机、收音机等家用电器中得到广泛的应用。

集成电路的种类相当多,如图 2-2.27 所示,按其功能不同可分为模拟集成电路和数字集成电路两大类。前者用来产生、放大和处理模拟电信号,后者则用来产生、放大和处理各种数字电信号。模拟信号是指幅度随时间连续变化的信号。数字信号是指在时间上和幅度上离散取值的信号,通常又把模拟信号以外的非连续变化的信号统称为数字信号。

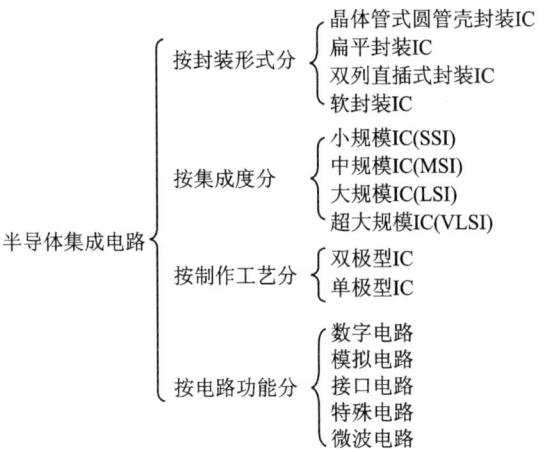

图 2-2.27 半导体集成电路分类

2.5.2 集成电路的命名

1. 集成电路的命名

集成电路的品种型号很多,并且各厂商或公司都按自己的一套命名方法来生产,所以在应用过程中需要查手册,了解电路和主要参数。集成块体表上字母很多,首先要知道哪几个字母与数字表示型号。下面介绍一种按集成电路型号主要特征来查找的方法。

集成电路的型号主要包含公司代号、电路系列(或种类代号)、电路序号、封装形式代号、温度范围代号和其他一些代号。如果公司将集成电路型号的开头字母表示厂商或公司的缩写、代号,则应首先找到公司代号,按相应的集成电路手册去查找。此外,如果开头的字母不表示厂商代号,而是表示功能、封装或种类等,还可以用先找出产品公司商标的方法。确定生产厂商(或公司)后,再查找相应的手册。

我国的半导体集成电路的型号命名由五部分组成。五个部分的表达方式及内容见表 2-2.5。

2. 集成电路引脚识别

集成电路封装材料常有塑料、陶瓷及金属三种。封装外形有圆顶形、扁平形及双列直插形等。虽然集成电路的引脚数目很多(几个至上百个引脚不等),但其排列还是有一定规律的,在使用时可按照这些规律来正确识别引脚。

(1) 圆顶封装的集成电路

对于圆顶封装的集成电路(一般为圆形或菱形金属外壳封装),识别其引脚时应将集成电路的引脚朝上,再找出其标记。常见的定位标记有锁口突平、定位孔及引脚不均匀排列等。引脚的顺序由定位标记对应的引脚开始,按顺时针方向依次排列 1,2,3,…,如图 2-2.28 所示。

表 2-2.5 我国半导体集成电路的型号组成

第 0 部分		第 1 部分		第 2 部分		第 3 部分		第 4 部分	
用字母表示器件		用字母表示器件的类型		用阿拉伯数字表示器件的系列器件代号		用字母表示器件的工作温度范围		用字母表示器件的封装	
符号	意义	符号	意义	符号	意义	符号	意义	符号	意义
C	中国制造	T	TTL		与国际同品种保持一致	C	0~70 ℃	W	陶瓷扁平
		H	HTL			E	-40~85 ℃	B	塑料扁平
		E	ECL			R	-55~85 ℃	F	全密封扁平
		C	CMOS			M	-55~125 ℃	D	陶瓷直插
		F	线性放大器					P	塑料瓷直插
		D	音响电视电路					J	黑陶瓷直插
		W	稳压器					K	金属菱形
		J	接口电路.					T	金属圆形
		B	非线性电路						
		M	存储器						
			微型机电路						

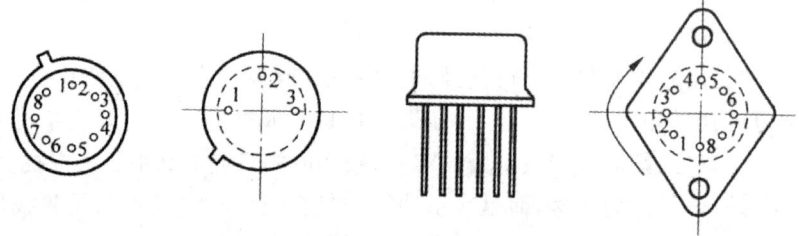

图 2-2.28 圆顶封装的集成电路引脚排列

(2) 单列直插式集成电路

对于单列直插式集成电路,识别其引脚时应使引脚朝下,面对型号或定位标记,自定位标记对应一侧的第一个引脚数起,依次为 1,2,3,…。这一类集成电路上常用的定位标记为色点、凹坑、小孔、线条、色带、缺角等,如图 2-2.29(a)所示。但有些厂家生产的同一种芯片,为了能在印刷电路板上灵活安装,其封装外形有多种。例如,为适合双声道立体声音频功率放大电路对称性安装的需要,其引脚排列顺序对称相反:一种按常规排列,即自左至右;另一种则自右向左,如图 2-2.29(b)所示。对这类集成电路,若封装上有识别标记,按上述方法不难分清其引脚顺序。若其型号后缀中有一字母 R,则表明其引脚顺序为自右向左反向排列。如 M5115P 与 M5115PR,前者其引脚排列顺序自左向右,后者自右向左。还有些集成电路,设计封装时尾部引脚特别分开一段距离作为标记,如图 2-2.29(c)所示。

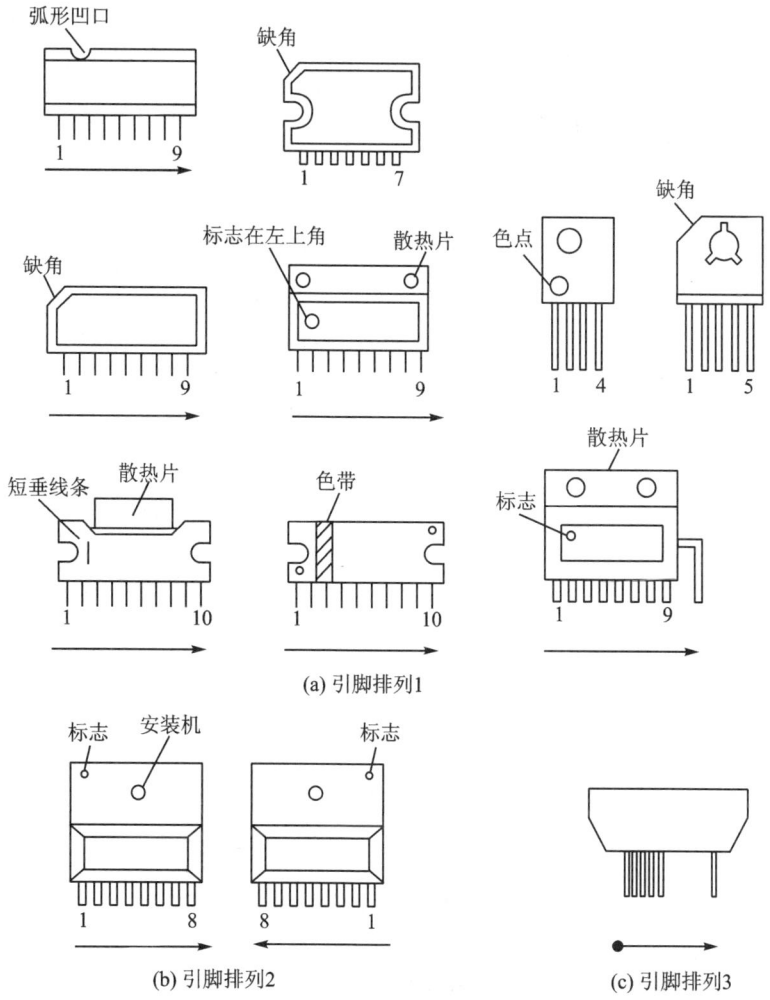

图 2-2.29 单列直插式集成电路引脚排列

(3) 双列直插式集成电路

双列直插式集成电路识别引脚时,若引脚朝下,即其型号、商标朝上,定位标记在左边,则从左下角第一个引脚开始,按逆时针方向,依次为 1,2,3,…,如图 2-2.30 所示。若引脚朝上,型号、商标朝下,定位标志位于左边,则应从左上角第一个引脚开始,按顺时针方向,依次为 1,2,3,…。顺便指出,个别集成电路的引脚在其对应位置上有缺脚符号(即无此引出脚),对于这种型号的集成电路,其引脚编号顺序不受影响。

(4) 四列扁平封装的集成电路

四列扁平封装的集成电路引脚排列顺序如图 2-2.31 所示。

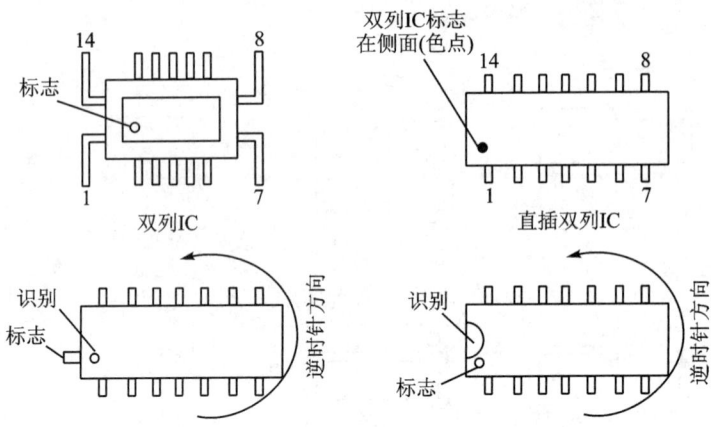

图 2-2.30 双列直插式集成电路引脚排列

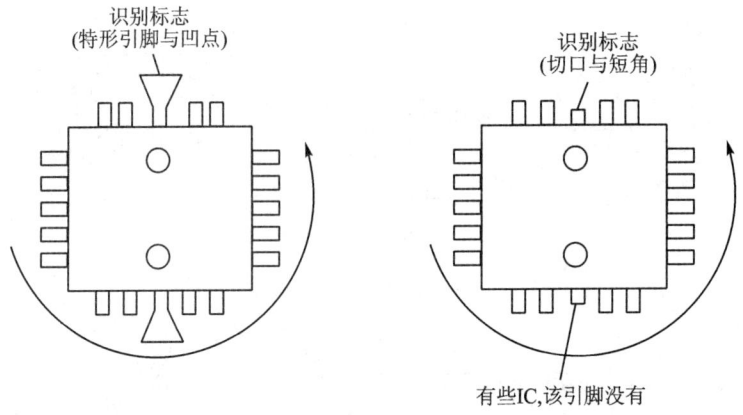

图 2-2.31 四列扁平封装的集成电路引脚排列

2.5.3 集成电路的选用与检测

1. 集成电路的选用

集成电路种类很多,按其功能一般分为模拟集成电路、数字集成电路和模/数混合集成电路三大类。其中模拟集成电路包括运算放大器、比较器、模拟乘法器、集成功率放大器、集成稳压器以及其他专用模拟集成电路等;数字集成电路包括集成门电路、驱动器、译码器/编码器、数据选择器、触发器、寄存器、计数器、存储器、微处理器、可编程器件等;混合集成电路有定时器、A/D转换器、D/A转换器、锁相环等。

按其制作工艺不同,可分为半导体集成电路、膜集成电路和混合集成电路三类。其中半导体集成电路是采用半导体工艺技术,在硅基片上制作包括电阻、电容、二极管、三极管等元器件并具有某种功能的集成电路。膜集成电路是在玻璃或陶瓷片等绝缘物体上,以"膜"的形式制作电阻、电容等无源器件。但目前的技术水平尚无法用"膜"的形式来制作晶体二极管、三极管等有源器件,因而使膜集成电路的应用范围受到很大限制。

在实际应用中,多半是在无源膜电路上外加半导体集成电路或分立的二极管、三极管等有源器件,使之构成一个整体,这便是混合集成电路。根据膜的厚薄不同,又可分为厚膜集成电路(膜厚为 $1\sim 10~\mu m$)和薄膜集成电路(膜厚为 $1~\mu m$ 以下)两种。

按导电类型不同,又可分为双极型和单极型集成电路两类。前者频率特性好,但功耗大,而且制作工艺复杂,绝大多数模拟集成电路和数字集成电路中的 TTL、ECL、HTL、LSTTL 型等属于这一类。后者工作速度低,但输入阻抗高、功耗小、制作工艺简单、易于大规模集成,其主要产品有 MOS 型集成电路等。MOS 型集成电路又分为 NMOS、PMOS、CMOS 型。其中 NMOS 和 PMOS 是以其导电沟道的载流子是电子还是空穴来区分的。CMOS 型则是 NMOS 管和 PMOS 管互补构成的集成电路。

除了上面介绍的各类集成电路外,又有许多专门用途的集成电路,称为专用集成电路。例如电视专用集成电路就有伴音集成电路,行、场扫描集成电路,彩色解码集成电路,电源集成电路,遥控集成电路等。另外还有音响专用集成电路、电子琴专用集成电路及音乐与语音集成电路等。

通用的模拟集成电路有集成运算放大器和集成稳压电源。在数字集成电路中,CMOS 型门电路应用非常广泛。但由于 TTL 电路、CMOS 电路、ECL 电路等逻辑电平不同,因此当这些电路相互连接时,一定要进行电平转换,使各电路都工作在各自允许的电压工作范围内。

2. 集成电路性能检测

集成电路内部元件众多,电路复杂,所以一般常用以下几种方法概略判断其好坏。

(1) 电阻法

① 通过测量单块集成电路各引脚对地的正向、反向电阻,与参数资料或另一块好的相同集成电路进行比较,从而做出判断。注意,必须使用同一万用表的同一挡测量,结果才准确。

② 在没有对比条件的情况下只能使用间接电阻法测量,即在印制电路板上通过测量集成电路引脚外围元件的好坏(电阻、电容、晶体管)来判断。若外围元件没有损坏,则原集成电路有可能已损坏。

(2) 电压法

测量集成电路引脚对地的静态电压(有时也可测其动态电压),与线路图或其他资料所提供的参数电压进行比较,若发现某些引脚电压有较大差别,其外围元件又没有损坏,则判断集成电路有可能已损坏。

(3) 波形法

用示波器测量集成电路各引脚波形是否与原设计相符,若发现有较大区别,并且外围元件又没有损坏,则判断原集成电路有可能已损坏。

(4) 替换法

用相同型号的集成电路进行替换试验,若电路恢复正常,则判断集成电路已损坏。

3. 使用注意事项

集成电路结构复杂、功能多、体积小、价格贵、安装与拆卸麻烦,在选购、检测时应十分仔细，以免造成不必要的损失。使用时注意以下几点。

① 集成电路在使用时不允许超过极限参数。

② 集成电路内部包含几千甚至上万个 PN 结，因此，它对工作温度很敏感，其各项指标都是在 27 ℃下测出。环境温度过低不利于其正常工作。

③ 手工焊接集成电路时，不得使用功率大于 45 W 的电烙铁，连续焊接时间不能超过 10 s。

④ MOS 集成电路要防止静电感应击穿。焊接时要保证电烙铁外壳可靠接地，必要时，焊接者还应佩戴防静电手环，穿防静电服装和防静电鞋。存放 MOS 集成电路时，必须将其放在金属盒内或用金属箔包起来，防止外界电场将其击穿。

习 题

1. 看一看你身边都能够发现哪些种类的电阻？
2. 找一个带色环的直插电阻，试着用读色环的方法读出其标称值。
3. 用哪些方法可以快速区分二极管的正负极？
4. 合理选用电容器时，都要注意电容器的哪些因素？
5. 电容器数值的标识方法都有哪些？

第 3 章　电路原理图是怎么来的

在今天,任何一款电子产品的设计,都离不开产品的原理性设计和最终的物理实现。一个稳定可靠的电子系统,需要设计者在深刻掌握各种电子线路基础知识的前提下,结合实践锻炼中所积累的经验,才能较好地去实现。另一方面,在现代电子产品中,设计好的电子产品在生产过程中都离不开一个被誉为"电子产品之母"的重要的部件——印制电路板,而更多的时候我们称其为 PCB(Printed Circuit Board)。在本章中,我们将带领大家使用 EDA(Electronic Design Automation)软件来设计一款游戏机的 PCB 电路板。

3.1　Altium Designer 10 简介

Altium Designer 是 Altium 公司推出的运行在 Windows 操作系统上的一款商业 EDA 软件,发展至今已经过了若干版本的更迭,在国内电子信息类相关企业和电子设计爱好者中有较多的使用者。在本章的讲解中,将使用 Altium Designer 10 这个版本。

Altium Designer 10 使用了典型的 Windows 视窗风格,其运行界面如图 2 - 3.1 所示,主要由菜单栏、工具栏、面板、状态栏与编辑窗口等组成。

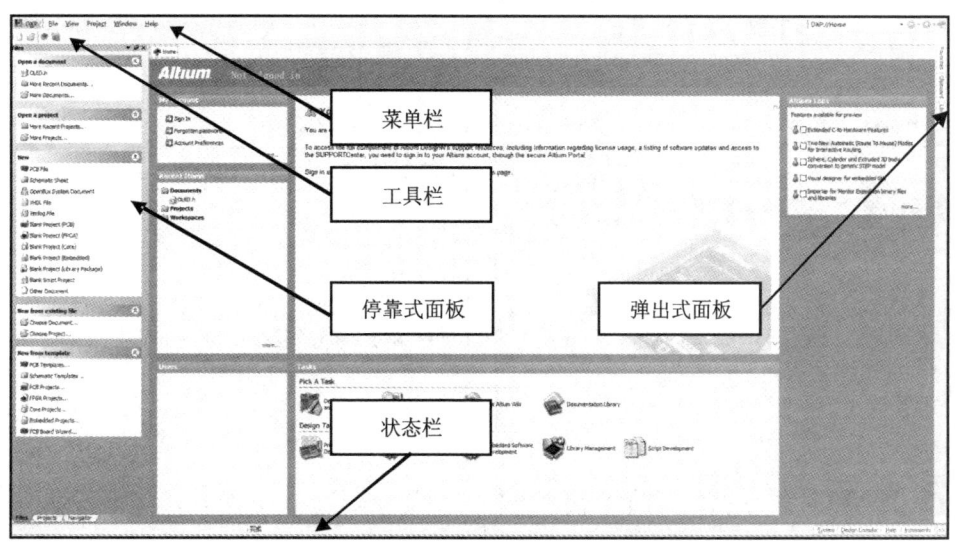

图 2 - 3.1　Altium Designer 10 运行界面

3.1.1 菜单栏

Altium Designer 10 菜单栏位于主界面的左上方,如图 2-3.2 所示。包括 File(文件)、View(察看)、Project(工程)、Window(窗口)和 Help(帮助)等菜单。菜单栏的主要功能是进行各种命令操作、设置各种参数以及打开帮助文档等。

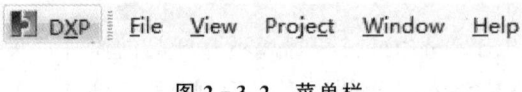

图 2-3.2 菜单栏

3.1.2 工具栏

Altium Designer 10 的工具栏可随着用户操作的文档类型而自动进行调整,但其主界面总是以固定位置显示一个主工具栏,如图 2-3.3 所示。

图 2-3.3 工具栏

其作用主要是打开 Files 工作面板或者加载其他已经存在的项目或文档。工具栏主要是为方便用户操作而设定的,部分菜单命令可以通过工具栏按钮来实现。

3.1.3 面 板

面板是 Altium Designer 中非常有特色的组成部分,每个面板都具有其独特的作用,许多功能都是通过面板的形式提供操作。灵活掌握面板的使用,将帮助用户更加高效、便捷地进行电路设计工作。

在原理图设计过程中,常用的面板有 Projects、Libraries、SCH Library 和 PCB Library 等面板,Projects 面板和 Libraries 面板如图 2-3.4 所示。面板的相关操作将在后续内容中进行介绍。

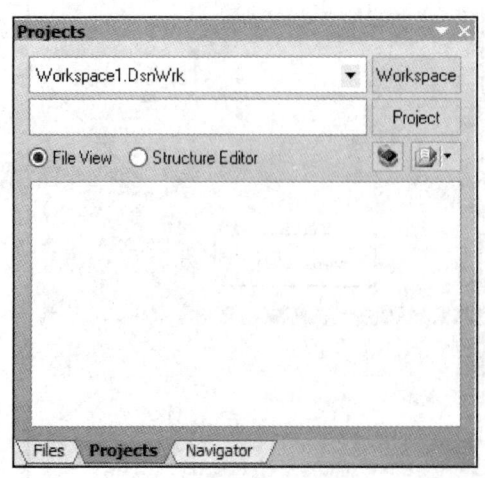
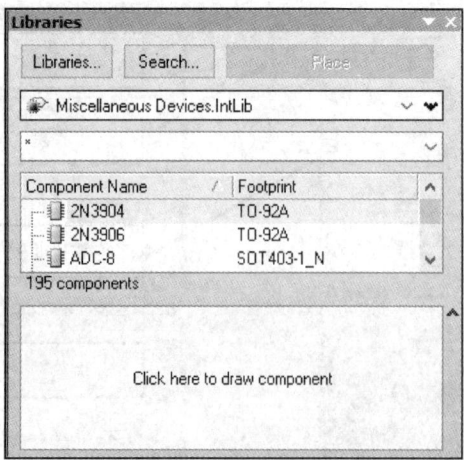

(a) Projects面板　　　　　　　　(b) Libraries面板

图 2-3.4 工程管理面板和库面板

3.1.4 状态栏

状态栏主要显示光标当前坐标位置、栅格大小、当前操作的提示以及快捷键信息，如图 2-3.5 所示。状态栏可以分为三个区域，拖动区域之间的分隔符号便可以调整区域显示宽度。

图 2-3.5 状态栏

3.1.5 语言选择

Altium Designer 10 初始默认的界面语言为英语，通过如下设置可将其界面、菜单进行部分的中文汉化。

① 单击软件窗口左上角的 DXP 菜单。
② 在展开的菜单中，选择 Preferences 命令，如图 2-3.6 所示。

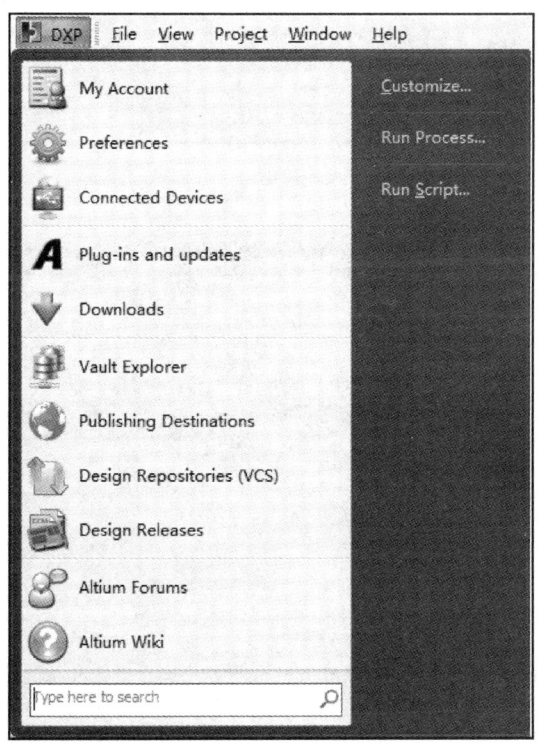

图 2-3.6 DXP 菜单命令

③ 选中 Preferences 窗口左侧 System 下的 General 选项，将右侧 Localization 中的 Use localized resources 勾选上，单击 OK 按钮确认，如图 2-3.7 所示。

汉化后的软件界面如图 2-3.8 所示。

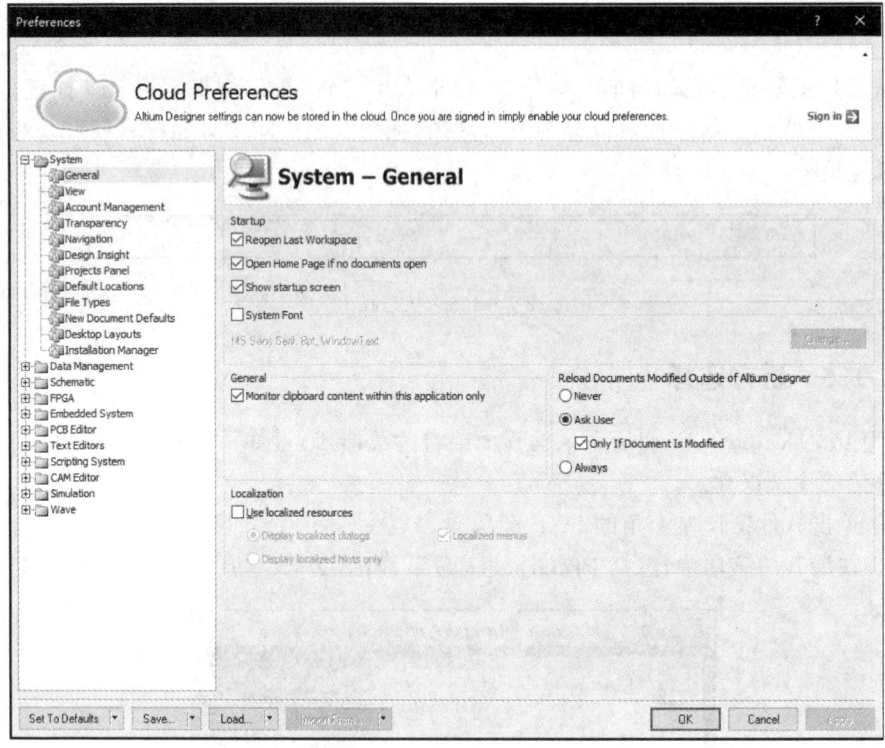

图 2-3.7　启用本地化资源

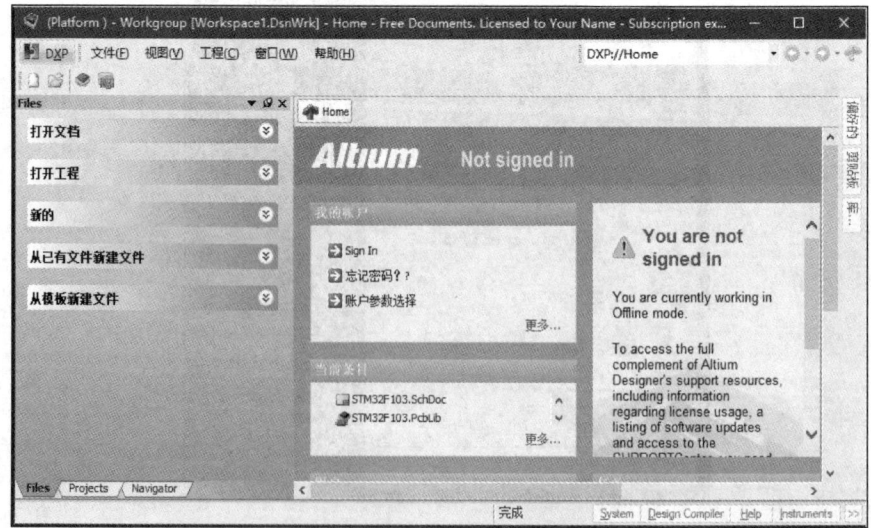

图 2-3.8　汉化后的软件界面

3.2 PCB 工程的创建

Altium Designer 中进行 PCB 设计是以工程为框架进行文档的组织和管理的,因此用户的第一个工作就是创建一个 PCB 工程。

3.2.1 创建 PCB 工程

启动 Altium Designer 10 后,通过选择菜单"文件"→"新建"→"工程"→"PCB 工程"命令可创建一个新的 PCB 工程,如图 2-3.9 所示。完成之后,在工程管理窗口中,可以看到一个名为 PCB_Project1.PrjPCB 的新工程,如图 2-3.10 所示。

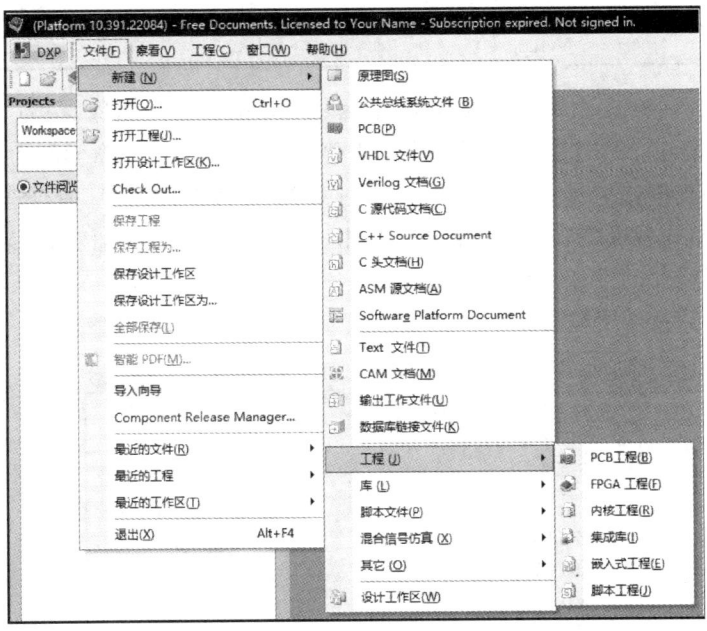

图 2-3.9 创建一个 PCB 工程

工程创建完成后,可在工程名上右击,在弹出的快捷菜单中,选择"保存工程"命令,保存当前文档。为便于项目文档的管理,可以先在指定的硬盘工作盘符下新建一个以设计对象命名的文件夹,然后将 PCB 工程保存在该文件夹路径下。保存工程时,可以将工程名修改为当前设计对象的名称,例如可将工程名修改为我们需要设计的"游戏机",再单击右下角的"保存"按钮进行保存。

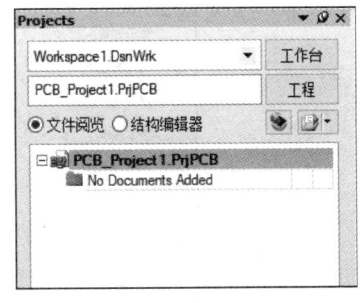

图 2-3.10 默认生成的 PCB 工程名

3.2.2 添加设计文档

在 Altium Designer 不同类型的工程中,需要使用不同类型的设计文档,常见的文档类型见表 2-3.1。

表 2-3.1 Altium Designer 10 中的常用文档类型

文档扩展名	设计文档类型	文档扩展名	设计文档类型
*.SchDoc	原理图文档	*.c	C 文件
*.PcbDoc	PCB 文档	*.cpp	C++ 文件
*.SchLib	原理图库文档	*.h	C 头文件
*.PcbLib	PCB 库文档	*.cam	CAM 文档
*.IntLib	集成库文档	*.OutJob	输出作业文档
*.VHD	VHDL 文档	*.DBLink	数据库链接文档
*.v	Verilog 文档		

原理图文档(*.SchDoc)、PCB 文档(*.PcbDoc)、原理图库文档(*.SchLib)、PCB 库文档(*.PcbLib)是 PCB 设计中的重要文档类型,也是本章学习的重点。

在工程面板中选中对应工程后,可以通过菜单"文件"→"新建"命令选择要新建的设计文档类型;或者也可以在工程名称上右击,然后从"给工程添加新的"菜单命令的下级菜单中选择需要的设计文档类型,如图 2-3.11 所示。向 PCB 工程中创建文档时,可以依次添加原理图文档、PCB 文档、原理图库文档和 PCB 库文档。

图 2-3.11 通过菜单添加各类文档

【例1】向游戏机工程中添加一个原理图文档。

① 选择"文件"→"新建"→Schematic 命令,或者在工程管理面板中工程名"游戏机.PrjPCB"上右击,在弹出的快捷菜单中选择"给工程添加新的"→Schematic 命令。在工程面板的"游戏机.PrjPCB"工程下,将生成一个名为 Sheet1.SchDoc 的原理图文档,如图 2-3.12 所示。同时,窗口右侧会打开空白的原理图编辑区,如图 2-3.13 所示。

图 2-3.12 创建原理图文档

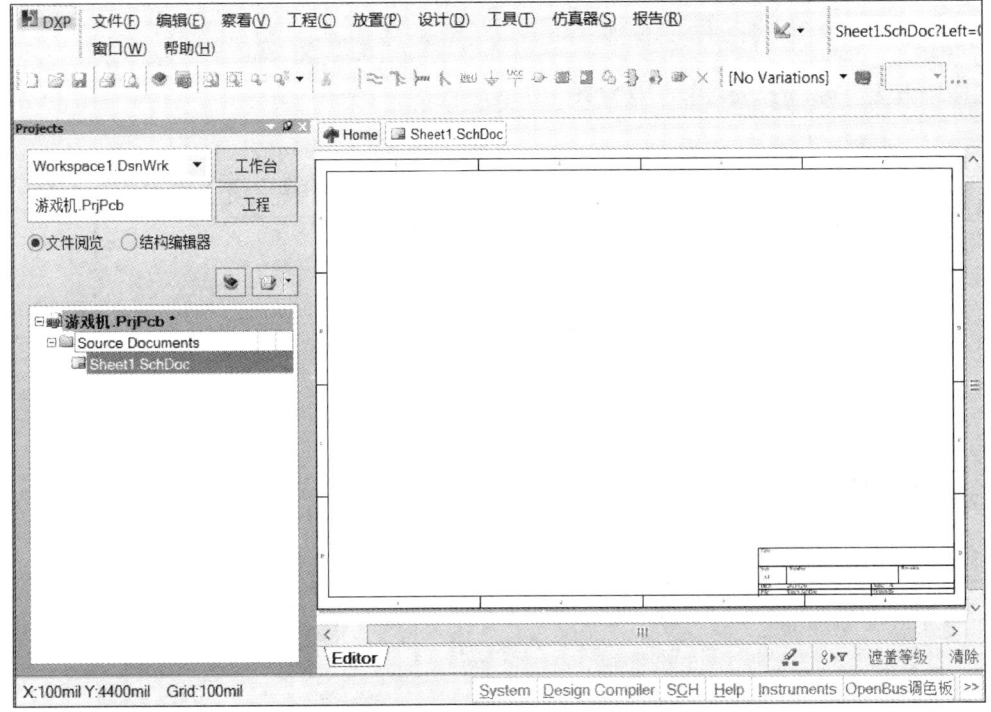

图 2-3.13 创建原理图文档后的编辑界面

② 将光标指向工程面板中的"Sheetl.SchDoc"文档,右击,在弹出的快捷菜单中选择"保存"命令,打开 Save As 对话框。

③ 在 Save As 对话框中选择存放路径（默认路径为该工程所在路径，可不做修改），并输入自定义的文档名，如"游戏机.SchDoc"，单击"保存"按钮，原理图文档即创建成功。同时，工程面板中的原理图文档名将从原来的"Sheet1.SchDoc"变成"游戏机.SchDoc"，如图 2-3.14 所示。

通过以上步骤，可依次再向工程中添加 PCB 文档、原理图库（Schematic Library）文档和 PCB 库（PCB Library）文档。

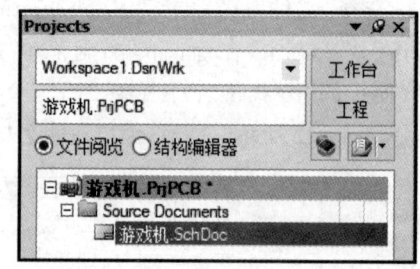

图 2-3.14　修改文档名后的原理图文档

3.3　原理图的绘制

电路原理图是整个电路系统设计的核心，它承载了设计者的设计思想，为电路系统中各元器件之间的连接提供了依据，原理图设计的优劣对电路系统设计是否成功有着重要的作用。

Altium Designer 为用户提供了功能丰富的原理图编辑环境，在此环境中用户可以高效地完成原理图设计的全部操作。

3.3.1　原理图编辑环境介绍

创建或者打开原理图文档后，Altium Designer 10 的原理图编辑器（Schematic Editor）将被启动，系统进入原理图的编辑界面，如图 2-3.15 所示。下面先介绍这些界面元素。

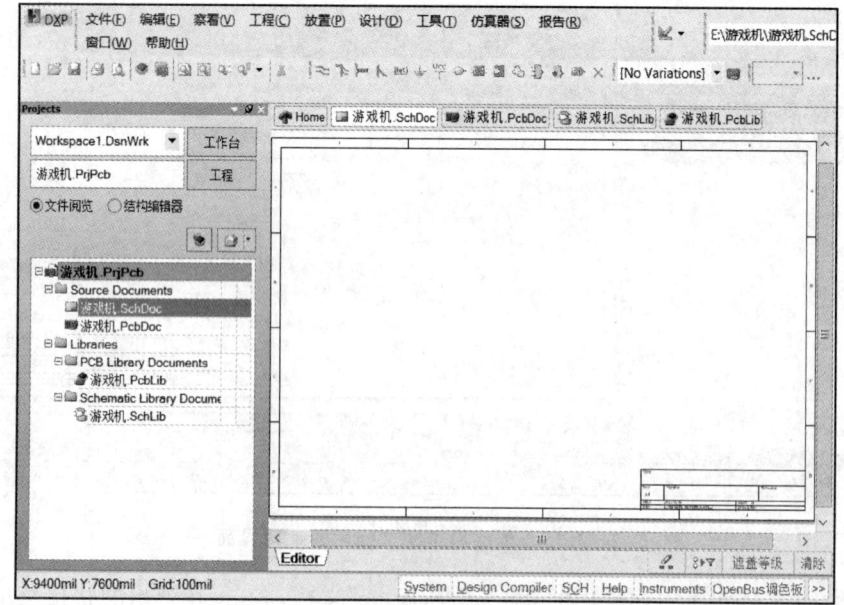

图 2-3.15　原理图编辑界面

1. 菜单栏

原理图编辑环境中的菜单栏如图 2-3.16 所示,包括 12 个主菜单,每个主菜单下又汇集了相关的菜单命令。在设计过程中,对原理图的各种编辑操作都可以通过相应的菜单命令完成。

DXP 文件(F) 编辑(E) 察看(V) 工程(C) 放置(P) 设计(D) 工具(T) Simulator 报告(R) 窗口(W) 帮助(H)

图 2-3.16 原理图编辑界面菜单栏

这些菜单的功能如下:
- DXP 菜单:用于提供系统级别的功能设置,包括自定义工具栏、系统信息以及系统首选项配置等命令。
- 文件(File)菜单:主要用于文件的新建、打开、关闭、保存、打印等操作。
- 编辑(Edit)菜单:用于提供与编辑相关的操作,如对象的选择、复制、粘贴、查找等操作,另外也提供各类对象的排列与对齐、移动与拖动等实用功能。
- 察看(View)菜单:提供编辑窗口与视图显示相关的操作,如缩放、边移功能,工具栏、面板、状态栏的显示与隐藏功能。此外,还提供电路图的栅格设置、长度单位设置等功能。
- 工程(Project)菜单:用于提供工程管理相关的操作,如打开与关闭工程、编译工程、工程差异比对、版本管理等功能。
- 放置(Place)菜单:用于在原理图中放置元件、导线、总线等电气对象,也提供图形、注释、指示符号等非电气对象的放置。
- 设计(Design)菜单:用于提供与元件库、模板、网表等相关的操作,同时还提供层次化电路原理图的相关操作。
- 工具(Tools)菜单:用于提供电路设计的相关工具,包括参数管理器、元件封装管理器、元件自动编号、信号完整性分析等工具,还提供原理图与 PCB 之间的交叉探查工具。
- Simulator(仿真)菜单:用于创建 VHDL 和 Verilog 测试文件。
- 报告(Reports)菜单:用于各种报表输出以及距离的测量。
- 窗口(Window)菜单:用于提供各文档编辑窗口的开启、关闭、隐藏、多个窗口的排列与管理命令。
- 帮助(Help)菜单:用于提供知识中心、初学指南、Wiki、论坛等帮助功能。

2. 工具栏

Altium Designer 有数百个菜单命令,全记忆下来并不容易,但是,一些常用的命令都给出了对应的工具栏按钮,极大地提高工作效率。

① Schematic Standard(原理图标准)工具栏:提供原理图设计的一些基本操作命令,这些命令的功能如表 2-3.2 所列。

表 2-3.2 原理图标准工具栏按钮功能

按 钮	菜单命令	功 能
	新建	创建新文档,单击该按钮打开文件面板
	打开	打开已有文档,单击该按钮打开文档对话框
	保存	保存当前文档
	打印	打印当前文档
	打印预览	打开文档打印预览窗口
	打开器件视图页	打开器件视图页,进行 FPGA 器件配置与仿真
	打开 PCB 发布视图	打开 PCB 发布视图,进行 PCB 设计和发布过程管理
	缩放所有对象	缩放所有对象以填满整个编辑窗口
	缩放区域	缩放指定区域以填满整个编辑窗口
	缩放选择元件	缩放所有选择的元件以填满编辑窗口
	色笔	弹出下拉菜单,选择筛选状态下的色笔颜色
	剪切	剪切选择对象
	复制	复制选择对象
	粘贴	粘贴对象
	橡皮图章	复制选择的对象,并能连续粘贴
	选择区域内对象	单击后拖出一个矩形框,框内所有对象都被选中
	移动选择对象	选择对象后单击,再次在编辑区单击可移动该对象
	取消选择	取消对象的选择状态
	清除当前过滤器	清除当前过滤状态,编辑窗口恢复正常显示
	撤消	取消前次操作
	重复	重做被取消的操作
	上下导航	在层次化电路图的不同层次间切换
	交叉探查	用于在原理图和 PCB 之间相互查看对象
	浏览元件	打开元件库面板

② Wiring(布线)工具栏：用于在绘制原理图过程中放置各种电气对象，是一个使用频率较高的工具栏，如图2-3.17所示。按图中顺序，工具按钮依次为导线、总线、线束、总线入口、网络标签、接地、电源、元件、图纸符号、图纸入口、设备图表符号、线束连接器、线束入口、端口和No-ERC指示符。

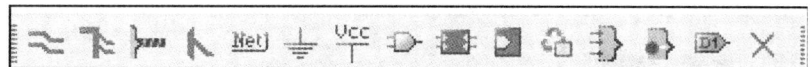

图2-3.17　Wiring工具栏

③ Navigation(导航)工具栏：用于文档间的跳转访问，如图2-3.18所示。其中地址栏用于显示当前活跃文档的路径。以当前活跃文档为基准，单击回退按钮跳转到之前访问的文档，单击前进按钮跳转到之后访问的文档。主页按钮用于跳转到Altium Designer的Home选项卡。其实导航工具栏不仅可以定位到本地文档，如果在地址栏输入网址，则可以访问相应的网页。

图2-3.18　Navigation工具栏

3. 工程面板

工程(Projects)管理面板是用户使用率很高的一个面板，当创建或者打开工程时，工程面板就会被打开，如图2-3.19所示。如果在使用过程中误关了工程面板，可以通过选择编辑区右下方的system→Projects重新打开。

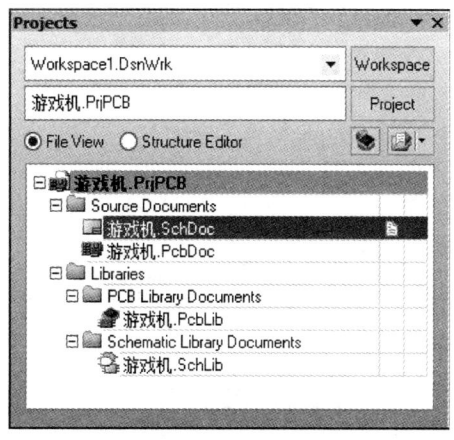

图2-3.19　工程管理面板

从工程面板中可以看到，系统对文档的组织管理分为工作区(Workspace)、工程(Project)和文档(Documents)三级。一个工作区可以包含多个工程，而一个工程中可以包含多个文档。

对于初学者而言，可以不对工作区进行设置，使用系统默认的即可。工程及其包含文档的主要操作如下：
- ➢ 移动光标到工程文档名称上，右击，弹出的快捷菜单中包含了与工程文档相关的操作。
- ➢ 移动光标到工程中所包含的文档名称上，如原理图文档名称上，单击鼠标右键，弹出的快捷菜单中包含了与该文档相关的操作。

3.3.2 放置元器件

当完成工程创建和文档添加的工作以后，就可以在原理图文档中开始原理图的绘制工作了。绘制原理图的第一步是向原理图文档中放置电路设计中所需的各种元器件。

Altium Designer 中，任意一个元器件都至少有一个代表该元器件的原理图符号，而这个符号可以从相应的 Library(库)中进行选择再放置。

Altium Designer 的元器件库包括三类，分别为原理图库、PCB 库和集成库。其中原理图库主要包括了元器件的原理图符号，PCB 库包括了元器件的封装信息，而集成库则是原理图库和 PCB 库的集合体。在放置元器件原理图符号时，主要使用原理图库或集成库。

放置元器件的操作方式有多种，其中最为方便的是使用快捷键的操作方式。进行原理图设计时，用户如果能够熟练使用快捷键，不仅可以快速执行命令和操作，还可以提高用户的工作效率。原理图设计过程中常用的快捷键如表 2-3.3 所列。

表 2-3.3 电路原理图设计中的常用快捷键

快捷键	对应操作
Page Up、Ctrl+滚轮上滑	放大视图
Page Down、Ctrl+滚轮下滑	缩小视图
鼠标滚轮上滑、下滑	视图上下移动
Shift+滚轮上滑、Shift+滚轮下滑	视图左右移动
Esc	取消当前操作
Tab	打开浮动对象的属性窗口
X	使浮动对象沿 X 轴翻转
Y	使浮动对象沿 Y 轴翻转
Ctrl+A	全选所有对象
Ctrl+X	剪切选中的对象
Ctrl+C	复制选中的对象
Ctrl+V	粘贴已复制对象
Spacebar(空格键)	90°旋转选中的浮动对象
Delete	删除选中的对象
P+P	打开放置端口窗口

下面以游戏机原理图的绘制进行元器件放置方法的介绍。

【例 2】向原理图文档"游戏机.SchDoc"中添加一个阻值为 10 kΩ 的电阻。

① 使用快捷键进行操作前,首先需将当前计算机的输入法状态切换为英文输入状态,并在确认当前选中文档为原理图文档后,按下快捷键 P+P(按两次字母 P 键),便可打开放置端口对话框,如图 2-3.20 所示。

图 2-3.20 "放置端口"对话框

② 在"放置端口"对话框中单击 Choose 按钮,可打开元器件选择对话框,如图 2-3.21 所示。通常情况下,当 Altium Designer 软件安装完成后,默认会加载 Miscellaneous Devices.IntLib 和 Miscellaneous Connectors.IntLib 两个集成库,其中分别包含部分常用元器件和接插件。在原理图编辑状态下,还可以看到之前用户自己添加的"游戏机.SchLib"这个原理图库。对于 Altium Designer 没有安装的库,则可以通过菜单命令"设计"→"添加/移除库"来进行安装。

③ 常用的电阻、电容、电感和晶体管器件可以从 Miscellaneous Devices.IntLib 集成库中选择。在对比度(Mask)中输入 RES 可筛选出该库中包含的电阻类元器件,如图 2-3.22 所示。根据需要可以选择其中的 Res2,单击"确定"按钮。

这里需要注意的是,在选择合适的元器件原理图符号时,应该注意其对应的封装是否合适。在这里,Res2 符号对应的是 Axial-0.4 封装形式,其中 Axial 指封装类型是轴向封装,0.4 指两通孔焊盘的中心间距为 0.4 in(0.4 in=400 mil,1 mil =0.025 4 mm)。

④ 单击"确定"按钮后,将返回到"放置端口"对话框,将标识中的"R?"修改为 R1,如图 2-3.23 所示。然后单击"确定"按钮。注意,同一类元器件的标识尽量统一表示,用后面的数字区分不同的器件,原理图绘制中,所有的元器件不能出现多个元器件标识符相同的情况。

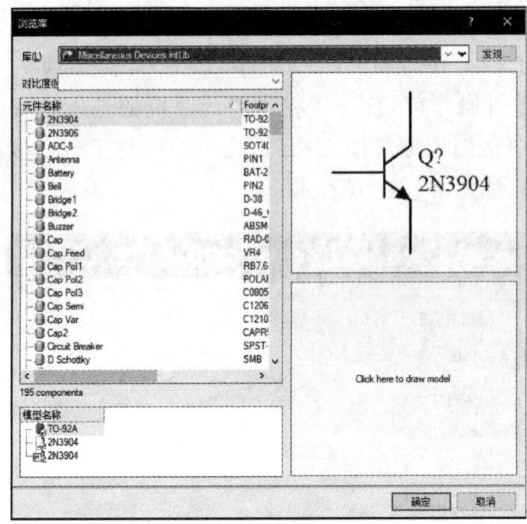

图 2-3.21　元器件选择对话框

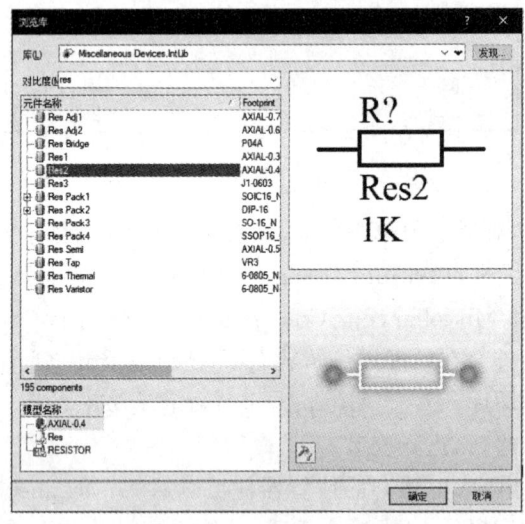

图 2-3.22　筛选出的电阻类元件

⑤ 单击"确定"按钮退出后,将会返回到原理图编辑区界面,此时鼠标光标上将出现一个电阻符号,在将其放置到图纸上之前,它的状态为浮动状态,可以跟随光标移动。在该状态下,按下快捷键 Tab,可以打开这个元器件的属性窗口,将右侧参数框中的 Value 值修改为 10K,如图 2-3.24 所示。

⑥ 单击 OK 按钮后,将该电阻符号移动到合适位置,再单击将其放置在原理图图纸上。

通过上述步骤,可以依次将所需的元器件原理图符号放置到原理图图纸上。但是,在多数原理图绘制过程中,并不能保证每一个元器件都能从库中找到现成的原理图符

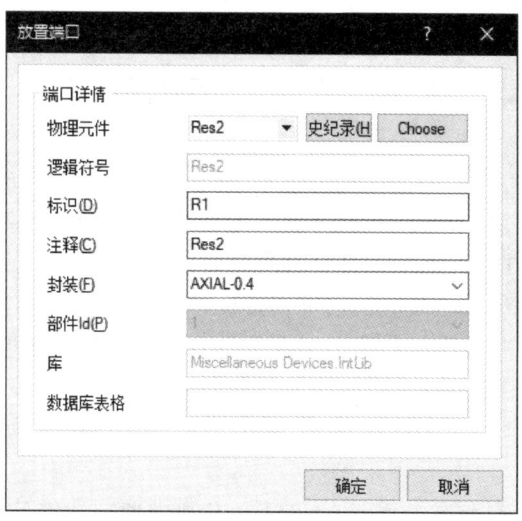

图 2-3.23　修改元器件标识

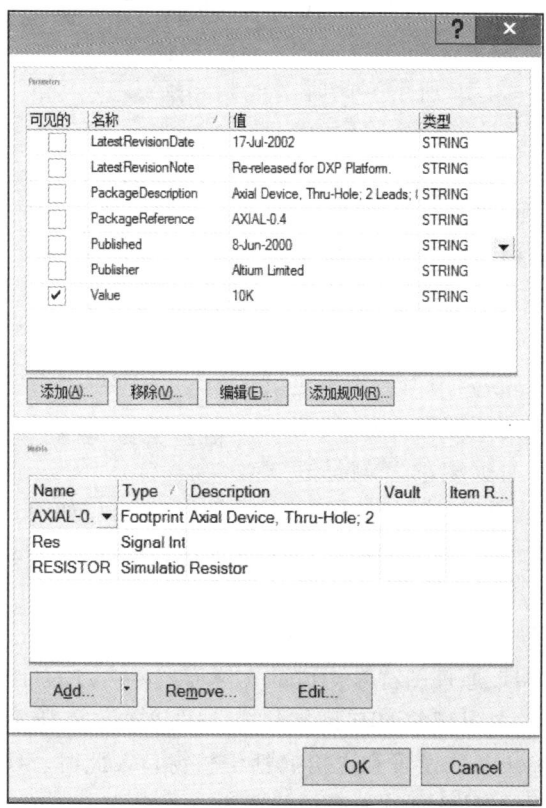

图 2-3.24　修改电阻阻值

号。此时,可以通过网络搜索和下载可用的库文档再安装到 Altium Designer,或者选择自己绘制该元器件的原理图符号。

3.4 绘制原理图符号

Altium Designer 10 中,用户自建原理图符号是在原理图库文档环境下进行的,具体对应的文档扩展名为 *.SchLib。原理图库中的原理图符号是实际元器件的电气图形符号,由原理图元件的外形和元件引脚两个部分组成。

原理图符号外形部分不具有任何电气特性,且对其大小没有严格的规定,并且与实际元器件的大小和形状并没有严格的对应关系。引脚部分的电气特性则需要根据实际元件引脚特性进行定义,原理图元件的引脚编号和实际元件对应的引脚编号必须是一致的,但是在绘制原理图元件时,其引脚排列顺序可以与实际的元件引脚排列顺序有所区别。

下面以游戏机工程中用到的 AT89S51 单片机的原理图符号为例进行操作说明。

【例3】在"游戏机.SchLib"文档中创建一个 AT89S51 单片机的原理图符号。

① 双击工程管理面板中的"游戏机.SchLib"文档,将当前编辑文档切换到原理图库文档,如图 2-3.25 所示。此时,软件的编辑区将切换到原理图符号的编辑窗口,如图 2-3.26 所示。

② 选中工程管理面板下方的 SCH Library 标签,打开原理图库管理面板,如图 2-3.27 所示。此时,在 SCH Library 原理图库管理面板中有一个默认的原理图符号,器件名为 Component_1。为了更好地区分不同元器件的原理图符号,可双击该器件名,或单击面板中的"编辑"按

图 2-3.25 选中"游戏机.SchLib"文档

钮,如图 2-3.28 所示,打开该原理图符号的属性编辑窗口,如图 2-3.29 所示。

接下来修改属性参数中的 Default Designator、Default Comment、Description 和 Symbol Reference 四个参数。其中 Default Designator 可输入"U?",调用时通过改变其中的"?"来表示不同元器件的标识符;Default Comment 和 Symbol Reference 可以修改为 AT89S51 来说明该原理图符号对应的实际元器件名;Description 则填写 DIP40,表示其封装形式为 40 个引脚的 DIP 封装形式,如图 2-3.30 所示。修改后,单击窗口右下角的 OK 按钮确认参数设置和退出属性编辑窗口。此时,SCH Library 管理面板中,当前编辑的原理图符号的名称便会被修改为 AT89S51。

③ 接下来在原理图符号的编辑区内开始绘制该元器件的原理图符号。在此,需要说明的是,各种元器件的原理图符号外形并没有严格的要求,用户可以自由创建,但建议大家按照所绘制的元器件的通用元件符号形状进行绘制,以提高原理图的可读性。

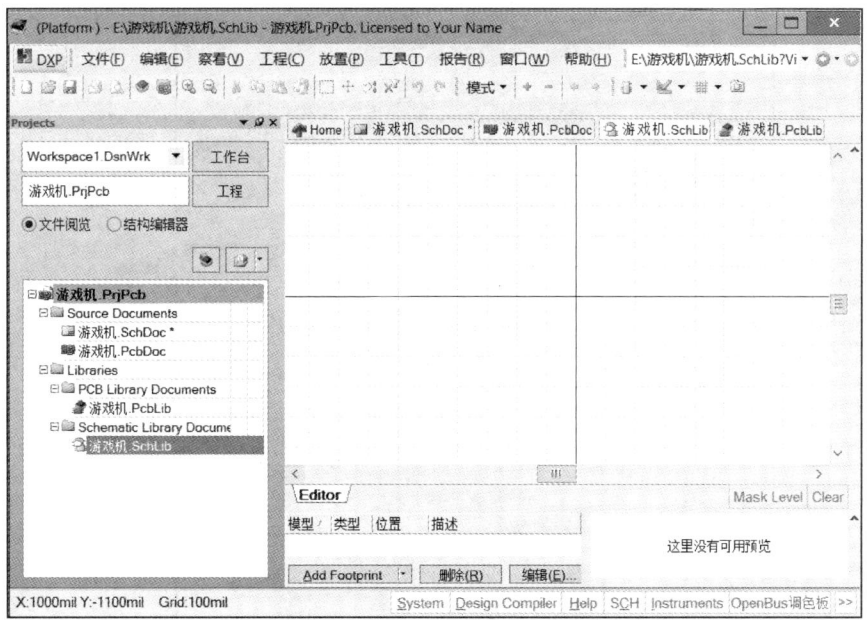

图 2-3.26 原理图符号编辑窗口

图 2-3.27 SCH Library 标签

图 2-3.28 默认的 Component_1 器件

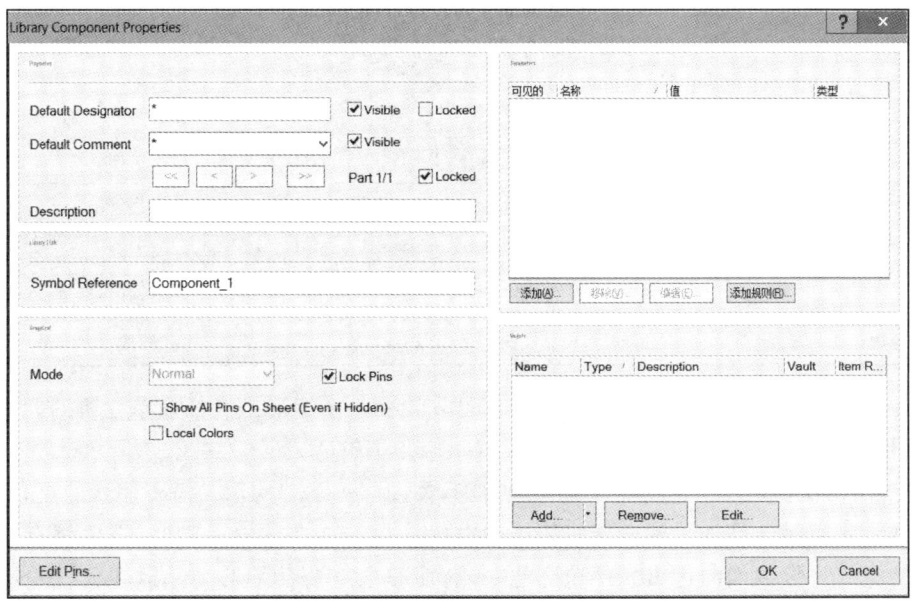

图 2-3.29 原理图符号属性编辑窗口

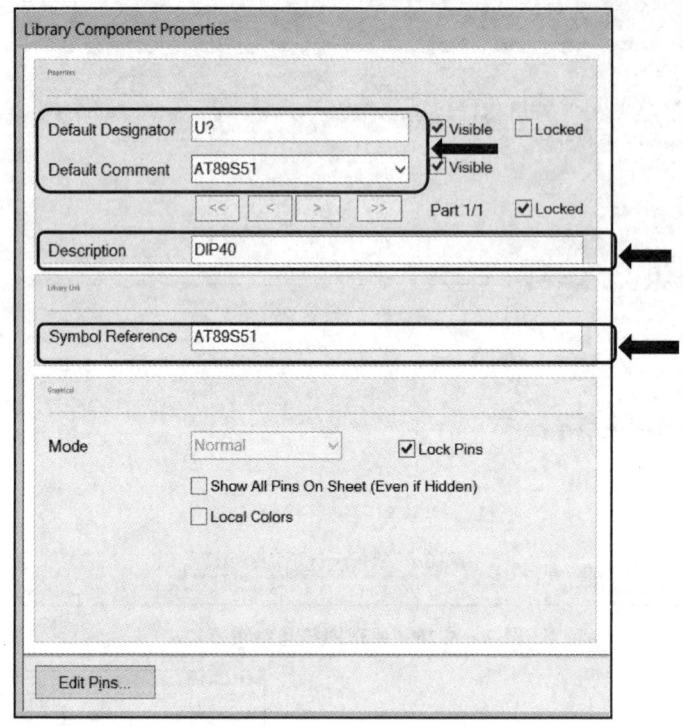

图 2-3.30　修改原理图符号的属性参数

④ 根据需要绘制的原理图符号,可以使用快捷键来放置不同的图形,快捷键组合如表 2-3.3 所列。

表 2-3.3　原理图符号创建过程中常用的快捷键

快捷键	放置对象	快捷键	放置对象
P+P	引脚	P+Y	多边形
P+A	弧线	P+B	贝塞尔曲线
P+R	矩形	P+T	文本字符串
P+I	椭圆弧	P+F	文本框
P+E	椭圆	P+C	饼形图
P+O	圆角矩形	P+G	图像

绘制 AT89S51 单片机原理图符号时,可先绘制一个矩形来表征该单片机的元件外形,使用快捷键 P+R 在合适的位置上放置一个矩形符号,如图 2-3.31 所示。

⑤ 使用快捷键 P+P 放置该器件的引脚,如图 2-3.32 所示。需要注意的是,与光标相连的一端是与其他元件或导线相接的电气连接端。在放置引脚时,需要将有"×"标识的电气连接端朝向远离元件轮廓的一侧,而非电气连接端必须贴放在元件轮廓边沿上。

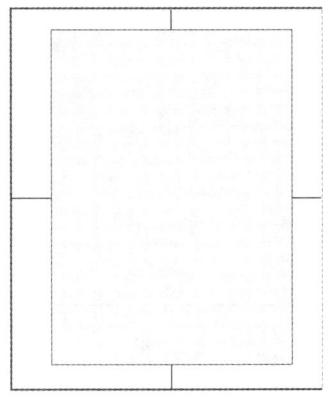
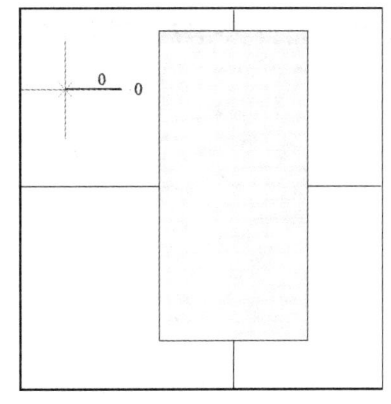

图 2 – 3.31　绘制一个矩形框　　　　图 2 – 3.32　放置引脚

⑥ 在引脚被放置在图纸上之前,或对已经放置在图纸上的引脚进行双击,即可打开引脚的属性编辑窗口,如图 2 – 3.33 所示。对照 AT89S51 数据手册的引脚图符号,将窗口中的"显示名字"修改为 P1.0,"标识"修改为 1,表示这是该器件的 1 号引脚,这里需要严格按照实际芯片的引脚定义来确定。

最后,修改引脚的"电气类型"。引脚的电气类型有 8 种类型可选。
- Input 为输入型,作为输入引脚使用;
- I/O 为双向型,既可作为输入引脚,又可作为输出引脚;
- Output 为输出型,作为输出引脚使用;
- Open Collector 是集电极开路的引脚;
- Passive 为无源型,该引脚为无源引脚,当无法确定所绘制引脚类型时可选择这个类型;
- HiZ 为高阻型,表示高阻状态的引脚;
- Open Emitter 表示引脚为发射极开路;
- Power 为电源端口型,该引脚可接电源或 GND。

根据器件引脚的具体电气特性可选择不同电气类型,这里 AT89S51 的 P1.0 引脚为双向 I/O 端口,因此可选择"I/O"类型。

⑦ 单击"确定"按钮,将引脚 1 放置在矩形框左上位置,如图 2 – 3.34 所示。

注意,在有些器件中,某些引脚具有特殊的特性。比如当数字器件引脚具有"低电平有效"这个特性时,会在引脚名称上加一个非号,以表示该特性。那么,在修改这类引脚的"显示名字"时,需要在引脚名称的每个字母后加上反斜杆符号"\"即可,如图 2 – 3.35 所示。

经过如上步骤,对照 AT89S51 单片机的引脚图,可绘制出其原理图符号如图 2 – 3.36 所示。

所有工作完成后,单击"保存"按钮对所绘制的符号进行保存。

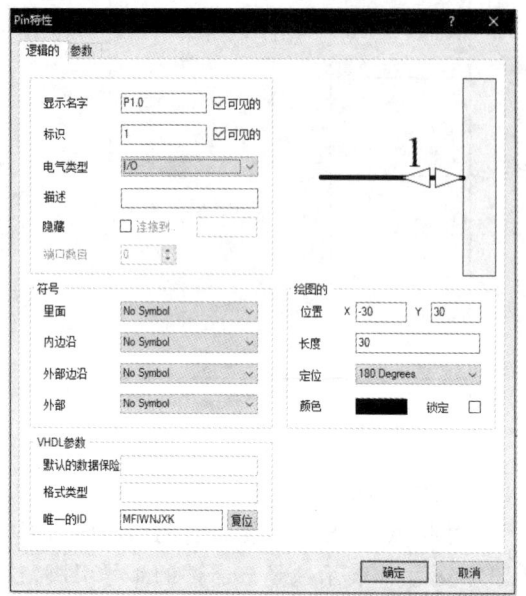

图 2-3.33 修改引脚属性

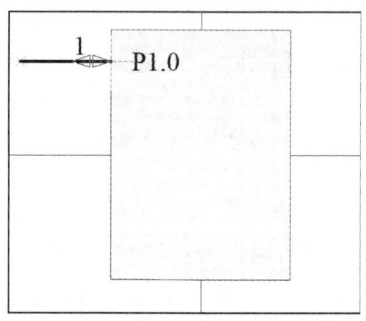

图 2-3.34 修改后的引脚符号

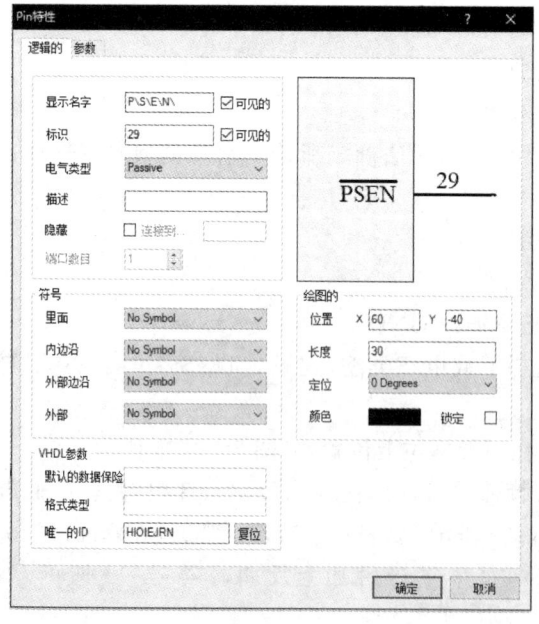

图 2-3.35 设置低电平有效的端口名

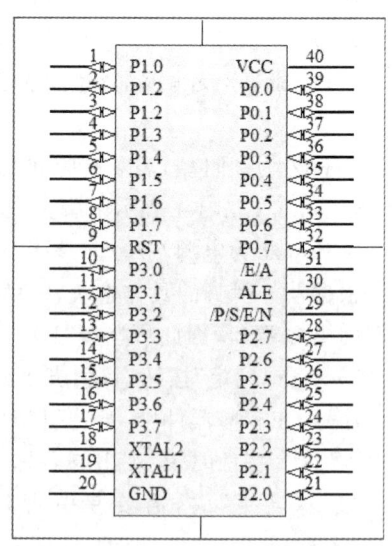

图 2-3.36 AT89S51 原理图符号

3.5 绘制 PCB 封装

对于一个元器件,在使用 Altium Designer 进行 PBC 设计的过程中,除了在绘制原理图时需要用到它的原理图符号外,在 PCB 设计时还需要用到其 PCB 封装。因此,对于用户自己绘制的原理图符号需要再给其添加上对应的 PCB 封装。这个封装可以从已有的 PCB 封装库中调用,也可以由用户自己绘制。下面主要介绍用户自行绘制元器件 PCB 封装的方法。

绘制元器件 PCB 封装,有自动绘制和手动绘制两种方法。对于标准的元件封装,适合使用自动绘制的方法;而手动绘制元器件封装则适用于那些非标准的异形元件封装。绘制元器件封装必须准确掌握元件的外形尺寸、焊盘尺寸、焊盘间距以及元件外形与焊盘之间的间距等参数,而这些参数一般可以通过查阅绘制元器件的数据手册获得。

3.5.1 使用封装向导创建封装

利用 Altium Designer 的封装向导制作元件的封装,对于创建标准型的元器件封装,是非常便捷的,用户只要设置好相关的参数,就能自动创建复杂的封装。Altium Designer 提供了 12 种标准的元器件封装类型供用户使用,其种类如下:
- Ball Grid Arrays(BGA)类型:球状栅格阵列式类型。
- Capacitors 类型:电容式类型。
- Diodes 类型:二极管式类型。
- Dual in-line Package(DIP)类型:双列直插式类型。
- Edge Connectors 类型:边缘连接式类型。
- Leadless Chip Carrier(LCC)类型:无引线芯片装载式类型。
- Pin Grid Arrays (PGA)类型:引脚栅格阵列式类型。
- Quad Packs (QUAD)类型:方形封装式类型。
- Resistors 类型:电阻式类型。
- Small Outline Package(SOP)类型:小型封装式类型。
- Staggered Grid Arrays(SBGA)类型:贴片球状栅格阵列式类型。
- Staggered Pin Grid Arrays(SPGA)类型:贴片引脚栅格阵列式类型。

下面以封装向导创建 AT89S51 元件封装为例,介绍利用系统的封装向导制作元件封装的过程。

【例 4】利用封装向导创建 AT89S51 元件封装。

在本课程设计实例游戏机设计中,采用的 AT89S51 单片机封装为 40 引脚的 DIP 封装形式,利用封装向导创建封装步骤如下:

① 在工程管理面板里双击"游戏机.PcbLib",打开 PCB 库文档编辑器,如图 2-3.37 所示。

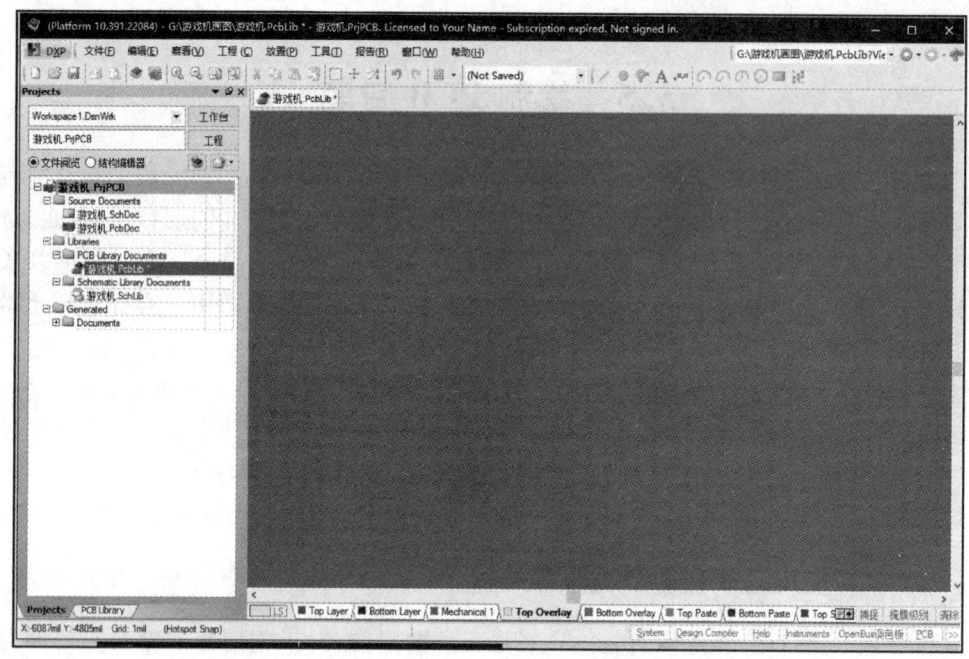

图 2-3.37 PCB 库文档编辑器

② 选择"工具"→"元器件向导"命令,将打开 Component Wizard 向导对话框,如图 2-3.38 所示,然后单击"下一步"按钮。

③ 在器件图案对话框中选择择 DIP 封装(Dual In-line Package),单位选择 mil,如图 2-3.39 所示,然后单击"下一步"按钮进入焊盘尺寸设置。

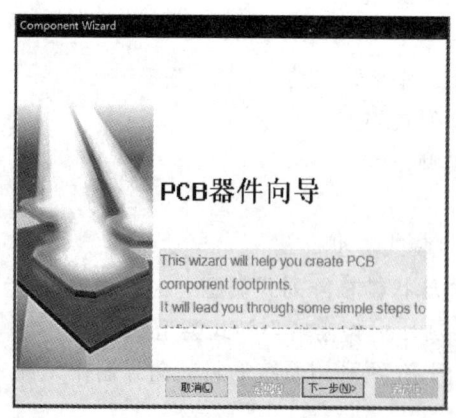

图 2-3.38 Component Wizard 向导对话框

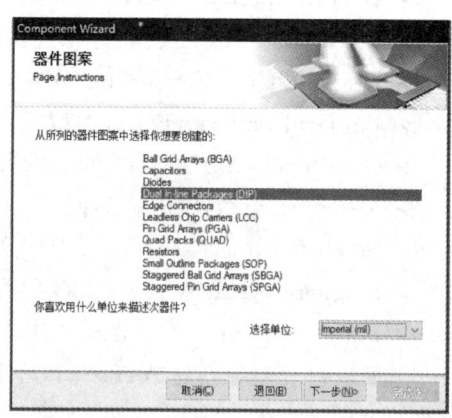

图 2-3.39 选择 DIP 封装

④ 在焊盘尺寸设置对话框中,设置焊盘内径为 25 mil,外径为 50 mil,如图 2-3.40 所示。然后单击"下一步"按钮进入焊盘间距设置。

⑤ 设置焊盘水平间距为 600 mil,垂直间距为 100 mil,如图 2-3.41 所示,然后单

击"下一步"按钮设置轮廓线宽。

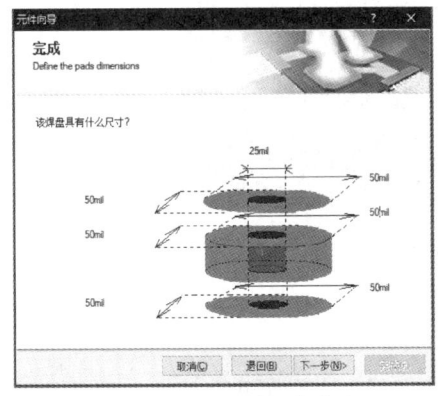

图 2-3.40 设置焊盘大小

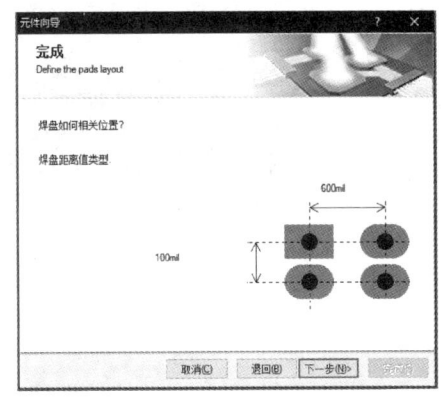

图 2-3.41 设置焊盘间距

⑥ 设置轮廓线宽为 10 mil，如图 2-3.42 所示，单击"下一步"按钮。

⑦ 设置焊盘总数为 40 个，如图 2-3.43 所示，单击"下一步"按钮。

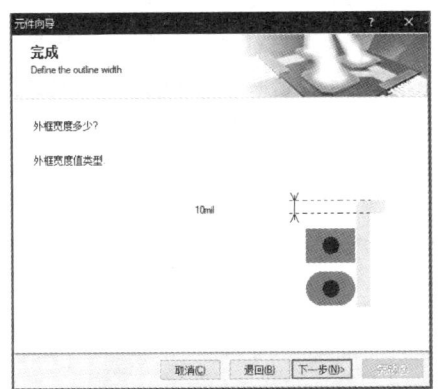

图 2-3.42 设置轮廓线宽

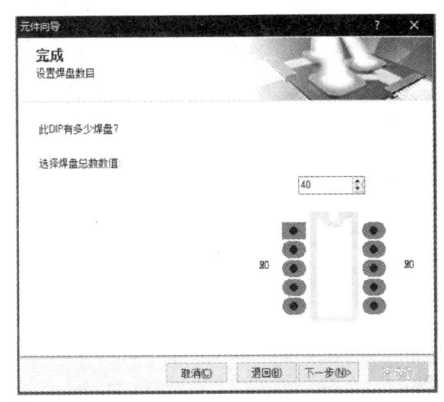

图 2-3.43 设置焊盘数量

⑧ 设置该 PCB 封装名为 DIP40，如图 2-3.44 所示，单击"下一步"按钮。

⑨ 单击"完成"按钮，如图 2-3.45 所示，便可创建一个满足要求的 DIP 封装，如图 2-3.46 所示。

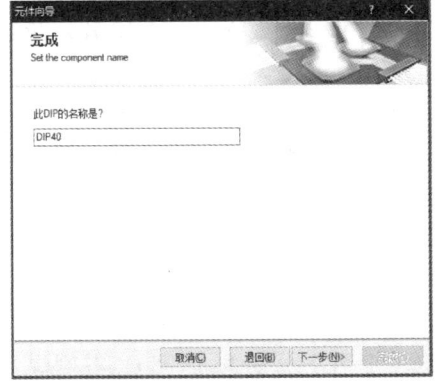

图 2-3.44 设置名称

图 2-3.45 完成向导设置

图 2-3.46 封装向导创建的 PCB 封装

3.5.2 手工绘制 PCB 封装

手工绘制 PCB 封装在总体的思路和步骤方面与封装向导创建是基本一致的,不同之处在于手工创建元件封装对一些异形元件的绘制是非常有效的,熟练掌握手工绘制 PCB 封装对 PCB 设计人员是十分必要的。

PCB 封装通常可由外形轮廓和焊盘组成。外形轮廓线一般绘制在 Overlay(丝印层)。而焊盘又分为两种情形,通孔式焊盘放置在 Multi-Layer,贴片式焊盘则放置在 Top Layer(顶层)或者 Bottom Layer(底层)。实际手工绘制元器件的 PCB 封装时要严格匹配元件实物的形状尺寸。要想获取正确的尺寸,可以参考元件的数据手册或使用测量工具实际测量。

【例 5】手工绘制 AT89S51 元件封装。

① 在工程管理面板上双击"游戏机.PcbLib",打开 PCB 库文档编辑器。

② 使用快捷键 T+W 新建一个新的空元件。

③ 将编辑窗口下方的层标签切换到 Top Overlay(顶层丝印层),如图 2-3.47 所示。

图 2-3.47 层标签切换到顶层丝印层

④ 在丝印层使用快捷键 P+L 绘制一个以画纸坐标原点为中心、宽 520 mil、高 2 060 mil 的矩形框,并使用快捷键 P+E 在矩形框上沿绘制一个半圆作为芯片定位标识,如图 2-3.48 所示。

⑤ 将编程窗口下方的层标签切换到 Multi-Layer 层,使用快捷键 P+P 在矩形框左上角外侧放置一个焊盘,如图 2-3.49 所示,然后双击该焊盘,打开焊盘属性设置窗口进行参数设置。

⑥ 如图 2-3.50 所示,设置焊盘圆心坐标 X 为 −300 mil,Y 为 950 mil,通孔尺寸为 25 mil,标识为 1;尺寸和外形中,X-Size 为 50 mil,Y-Size 为 50 mil,再单击"确定"按钮。以此方法在矩形框左右两侧放置剩余的 39 个焊盘。左侧焊盘圆心 X 坐标与 1 号焊盘相同,Y 坐标依次减小 100 mil,焊盘标识由上至下分别为 1~20。右侧焊盘 X 坐标均为 300 mil,Y 坐标由 950 mil 开始,向下依次减小 100 mil,焊盘标号由上至下

依次为 40~21。

⑦ 最后单击工具栏中的"保存"按钮将其保存,创建的 PCB 封装如图 2-3.51 所示。

图 2-3.48　AT89S51 的封装轮廓　　图 2-3.49　放置一个焊盘

图 2-3.50　设置焊盘属性

173

图 2-3.51　手工绘制的 DIP40 封装

3.5.3　原理图符号关联 PCB 封装

当元器件 PCB 封装绘制完成后,还需要将其与对应的原理图符号关联起来,才能满足后续设计过程的要求而不出现错误。

【例 6】将 AT89S51 的原理图符号与 DIP40 的封装进行关联。

① 在工程管理面板上双击"游戏机.SchLib",打开原理图库文档编辑器,并将面板标签切换至 SCH Library,并单击选中 SCH Library 器件列表中的 AT89S51,如图 2-3.52 所示。

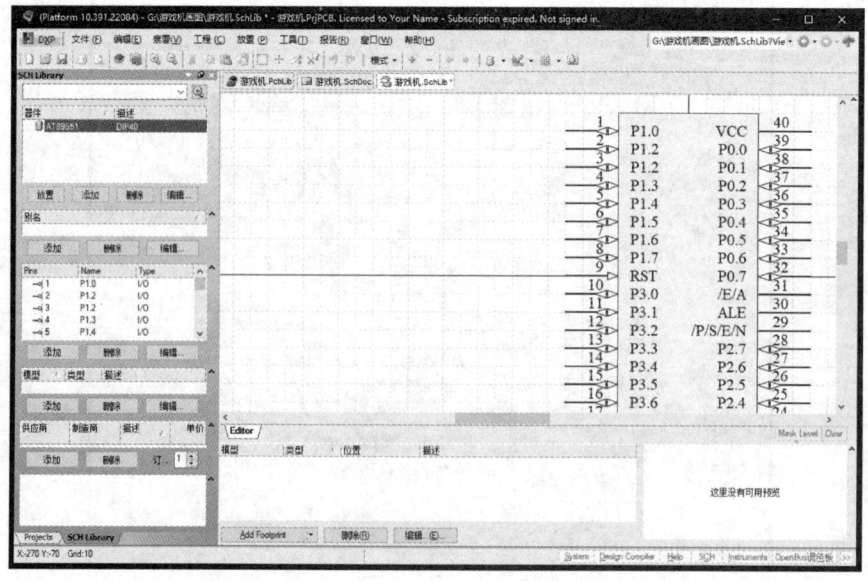

图 2-3.52　切换到原理图库文档

② 单击窗口下方的 Add Footprint 按钮,打开 PCB 模型对话框,如图 2 – 3.53 所示。

③ 单击"浏览"按钮,打开浏览库对话框,选择"游戏机.PcbLib",选择封装列表中的 DIP40,最后单击"确定"按钮,如图 2 – 3.54 所示。

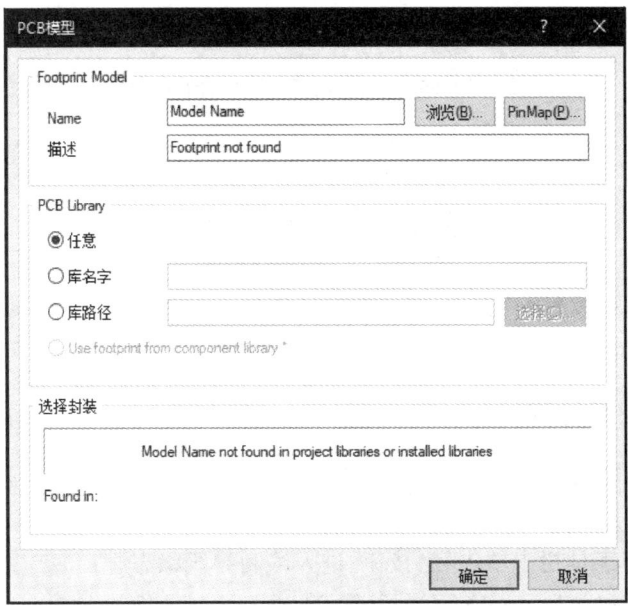

图 2 – 3.53　PCB 模型对话框

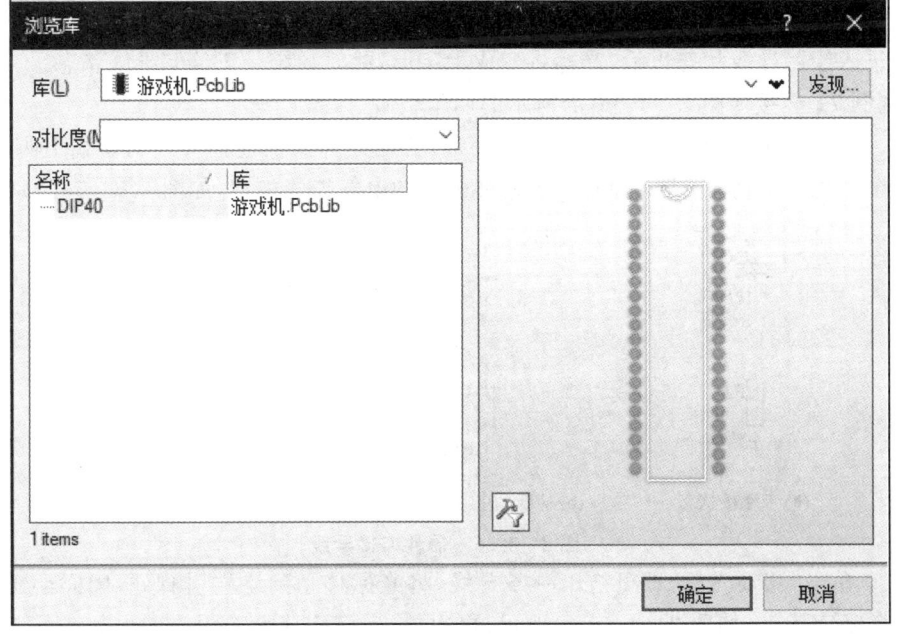

图 2 – 3.54　打开浏览库对话框

175

④ 返回原理图库编辑环境后,可以看到在原理图符号模型窗口中已经关联上 DIP40 的封装,如图 2-3.55 所示。

图 2-3.55 关联封装形式以后的器件模型

3.6 连接元器件

当所有元器件放置好以后就可以进行元器件之间的电气连线,其方法有采用导线和采用网络标签两种。下面就这两种方法进行介绍。

3.6.1 绘制导线

导线是原理图最基本的电气组件,具有建立元器件之间电气连接的意义。启动绘制导线的命令有以下四种方法。

➢ 在原理图工具栏中单击 按钮,进入绘制导线状态。
➢ 选择 Place(放置)→Wire(导线)命令,进入绘制导线状态。
➢ 使用 P+W 快捷键。
➢ 在图纸上右击,选择"放置"→"线"命令。

进入绘制导线状态以后,光标将变成十字形,此时系统处于绘制导线状态。

【例 7】连接如图 2-3.56(a)所示的两个引脚。

① 使用快捷键 P+W,光标变为十字形,移动光标到欲连接导线的始端引脚,会出现一个红色米字标志,表示捕获到了元件引脚的电气连接端口,如图 2-3.56(b)所示。

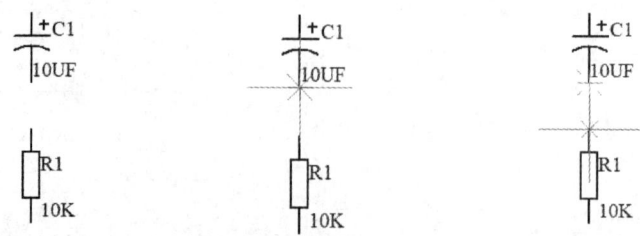

(a) 未连接状态　　　　(b) 捕获到电容引脚端口　　　(c) 光标移动到电阻引脚端口

图 2-3.56 器件连接导线

② 单击,移动光标,即可拖出一条导线,将光标移动到终端引脚处,同样会出现一个红色米字标志,如图 2-3.56(c)所示,再次单击,即完成两个引脚的电气连接。此时仍然处在绘制导线状态,可以按下 Esc 键或右击退出导线绘制状态。

③ 在绘制导线状态下,按下 Tab 键,可打开属性设置对话框,如图 2-3.57 所示。或者,在已经绘制好的导线上双击,同样也可打开导线属性设置对话框。

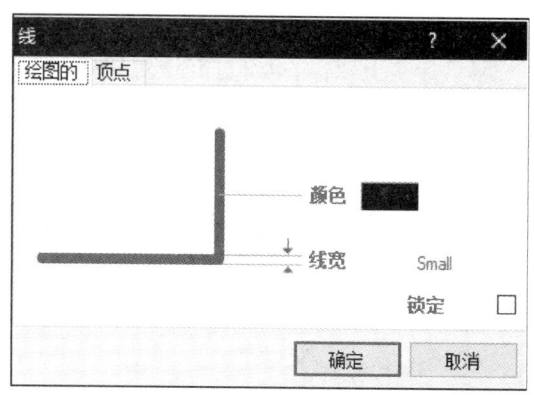

图 2-3.57　修改导线属性

在导线属性设置对话框中,可以对导线的颜色和宽度进行设置。单击 Color(颜色)右侧的颜色框,可打开颜色属性选择框,选择合适的颜色便可进行导线颜色的修改。导线的宽度可以通过右侧 Wire Width(线宽)的下拉按钮进行设置,其中有 Smallest(最细)、Small(细)、Medium(中等)和 Large(粗)四种设置。在多数设计中通常不用对导线属性进行设置。

3.6.2　添加网络标签

在原理图绘制中,如果连线比较复杂,也可使用网络标签来简化电路连接。网络标签可以用来描述两条导线或者导线与元件引脚之间的电气连接关系,具有相同网络标签的导线或元件引脚,其效果等同于使用一根导线直接连接。因此网络标签具有实际的电气意义。

使用时,可以通过以下三种方法放置网络标签。

➢ 选择"放置"→"网络标号"命令。

➢ 单击 Wire 工具栏上的图标按钮 Net1。

➢ 使用快捷键 P+N。

1. 放置网络标签

① 使用快捷键 P+N,原理图编辑器进入到放置网络标签的命令下。

② 此时光标将变成十字形且带有一个网络标签,网络标签的默认值为 NetLabel1。移动光标到需要放置网络标签的电气对象上,当出现红色连接标志"×"时,单击就可放置一个网络标签。

③ 放置完一个网络标签后,系统仍然处于命令状态下,将光标移至其他位置可以继续放置网络标签。

④ 放置完所有的网络标签后,右击退出放置状态。

2. 修改网络标签属性

在网络标签处于悬浮状态下,按下 Tab 键即可打开网络标签属性设置对话框,或者在图纸上已经放置的网络标签上双击,也可打开该对话框,如图 2 - 3.58 所示。对话框中包括两个部分,上方用来设置网络标签的颜色、坐标和方向,下方属性区域用来设置网络标签的名称和字体。

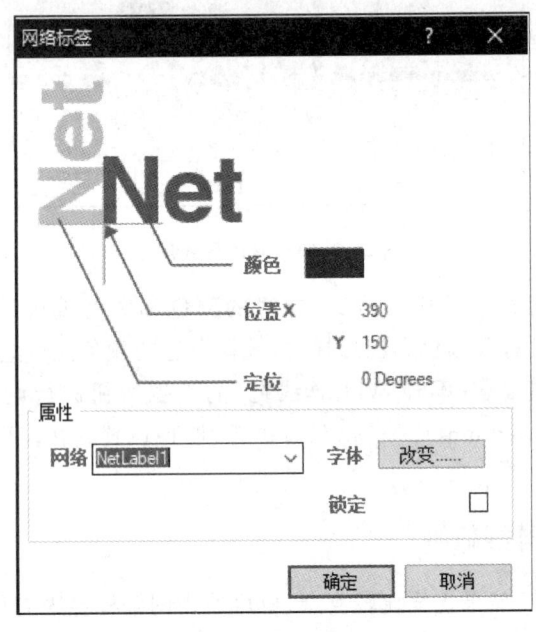

图 2 - 3.58　修改网络标签属性

3.7　电气规则检查

在一个原理图绘制完成之后,为了确保原理图设计的正确性,需要对原理图中具有电气特性的各个电路进行电气规则检查(Electrical Rules Check,ERC),及时发现并找出电路设计中存在的错误,从而有效提高设计质量和效率。

Altium Designer 10 提供了丰富的电气规则检查,基本涵盖了电路设计过程中可能出现的所有错误和警告。电气规则检查,是通过对工程或原理图文件进行编译操作来实现查错的目的。

如果是对工程进行编译,则在 Altium Designer 10 原理图编辑器的主界面上执行菜单命令 Project(工程)→Compile PCB Project PCB_Project1. PrjPCB;如果只需对工程下的某一个原理图文件进行编译,则在 Altium Designer 10 原理图编辑器的主界面上执行菜单命令 Project→Compile Document Sheet1. SchDoc;或者直接右击工程管面板中要编译的工程或文件,在弹出的快捷菜单中同样选择命令 Compile PCB Project PCB_Project1.PrjPCB 或 Compile Document Sheet1.SchDoc 后,即可对工程或文件进行编译。

编译后,系统的检测结果将出现在 Messages 工作面板中,然后根据出现的错误或警告的提示信息对原理图进行修改。

注意：只有当工程或原理图中存在错误时,Messages 工作面板才会自动弹出,只有警告时,Messages 工作面板不会自动弹出。

如果设计人员需要处理系统提示的警告,必须自己调出 Messages 工作面板。有些警告对后续设计是没有影响的,可以忽略,但是建议初学的设计人员尽量根据系统提示的警告信息进行修改原理图设计。

下面以将原理图文件"游戏机.SchDoc"晶振电路中两个电容 C2 和 C3 的标号全部设置成"C2"为例,如图 2-3.59 所示,来说明通过 ERC 查错的具体步骤。

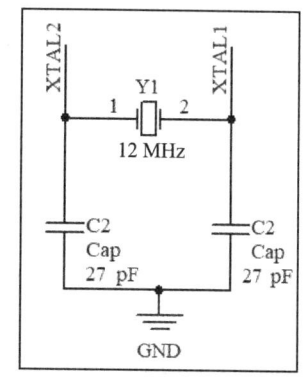

图 2-3.59　修改错误的元器件标号

【例 8】对游戏机原理图进行电气规则检查。

① 右击工程管理面板中要编译的文件"游戏机.SchDoc",在弹出的快捷菜单中选择命令 Compile Document 游戏机.SchDoc。

② 因为文档中出现错误,系统会自动弹出 Messages 工作面板,并在 Messages 面板中显示出项目编译的结果,如图 2-3.60 所示。

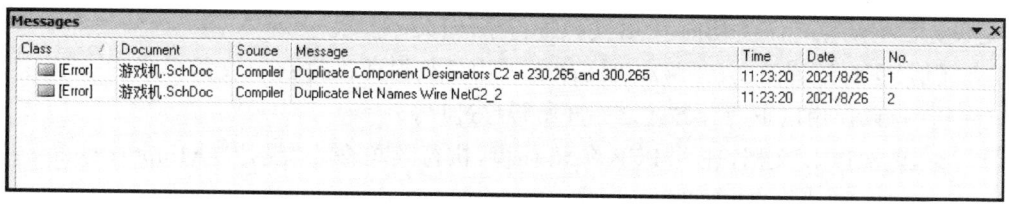

图 2-3.60　自动弹出的 Messages 工作面板

③ 在 Messages 工作面板上双击第一个 Error 信息,如图 2-3.61(a)所示,此时系统会自动跳转到出现错误的对象上,错误的对象被放大且呈高亮状态,其他对象被屏蔽,如图 2-3.61(b)所示。分别单击 Compile Errors 对话框中两个标号为"C2"的电容就可以找到出错的对象,对出错的对象进行修改并保存。

④ 再次对文件进行编译,直至全部的错误被消除为止。这里需要注意的是,系统可以在原理图上实时地用 3 种不同的颜色提示致命错误、错误和警告的信息,用户在设计过程中可以根据颜色判断出是哪种类型的提示信息,至于错误或警告的具体原因,则需要利用电气规则检查来确认。

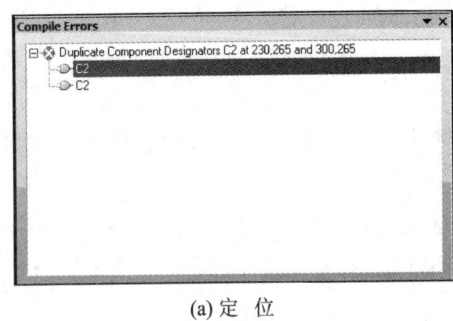
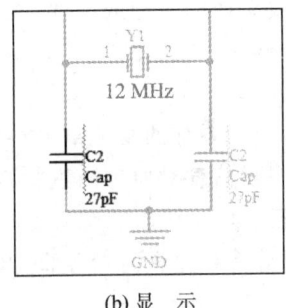

(a) 定 位　　　　　　　　　　　(b) 显 示

图 2 - 3.61　错误信息的定位和显示

3.8　原理图到 PCB 的信息转移

在原理图绘制完成并通过电气规则检查之后,就可以将原理图中的数据信息转移到 PCB 文档中,以实现二者内容的同步。为了成功地进行转移工作,应保证如下条件:
- ➢ PCB 文档和原理图文档在同一个工程中。
- ➢ 原理图所有元件的 PCB 封装所在的库都已加载。
- ➢ 原理图已经通过了编译和差错,并且所有的错误都已改正。

转移数据信息的过程其实是一个将原理图文档和 PCB 文档进行差异比较,然后消除其差异的过程。其目的是以原理图文档作为标准,使 PCB 文档和原理图文档的设计内容保持一致。由于 PCB 文档刚开始时是空白的,所以进行同步以后,从结果上看就是设计数据从原理图文档向 PCB 文档进行了转移。

【例 9】将原理图文档"游戏机.SchDoc"中的数据转移到 PCB 文档中。

① 可以使用以下两种方式之一开始转移过程。
- ➢ 单击 PCB 文档,进入 PCB 编辑环境,执行菜单命令"设计"→Import Changes from 游戏机.PrjPCB。
- ➢ 单击原理图文档,进入原理图编辑环境,执行菜单命令"设计"→Update PCB Document 游戏机.PcbDoc。

② 以上两种方式都会打开工程更改顺序(Engineering Change Order)对话框,如图 2 - 3.62 所示。该对话框列出了所有需要进行更新的信息,包括了作用(Action)列、受影响对象(Affected Object)列以及受影响文档(Affected Document)列。

这些内容反映了原理图文档和 PCB 文档的差异。该对话框的目的是以原理图为基准,通过更新操作,使得 PCB 包含的设计内容和原理图一致。由于 PCB 文档是新的空白文件,因此所有的作用都是"添加(Add)"操作。这样经过更新以后,就可以完成原理图数据向 PCB 文档的转移。

观察工程更改顺序对话框的内容,发现原理图向 PCB 转移的数据可分为四类:元

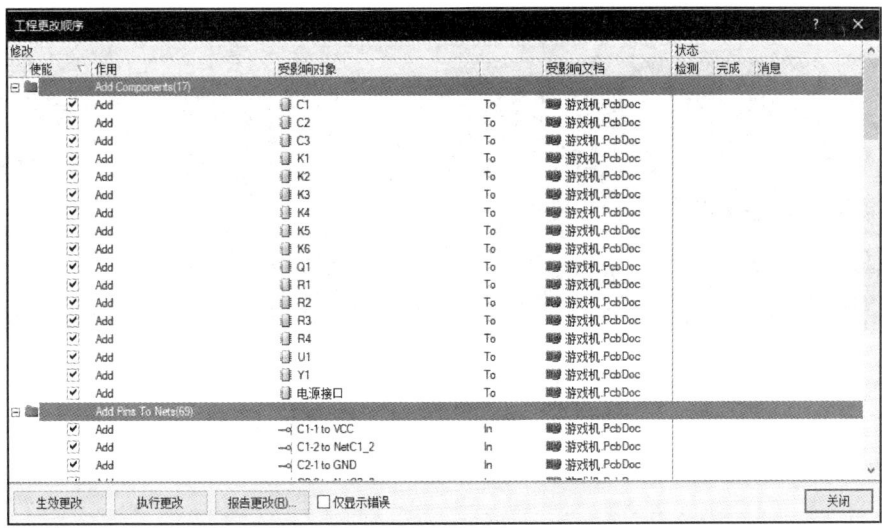

图 2-3.62 Engineering Change Order 对话框

件、网络、网络类、空间(Room)。此外,有时还包括设计规则等数据。一般系统默认会把每张原理图中的所有元件放到一个以原理图文档命名的元件类中,同时为每张原理图生成一个 Room,Room 中包含该原理图中的所有元件。

③ 单击"执行更改"按钮,等到所有更改项全都检测完成,如图 2-3.63 所示,就已完成了原理图信息向 PCB 文档的转移过程。

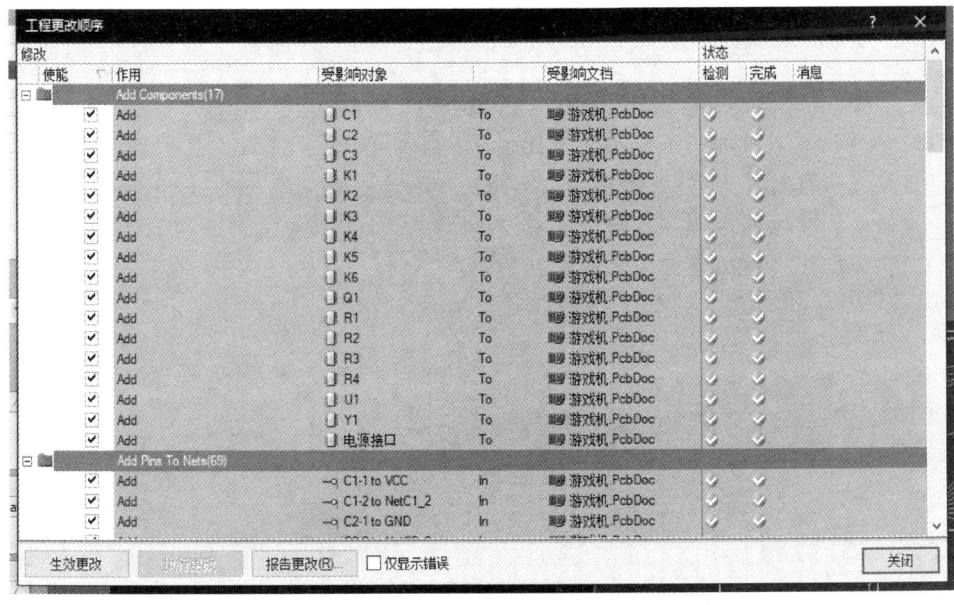

图 2-3.63 执行更改后的对话框

④ 关闭对话框,可以看到在 PCB 文档中已经导入了原理图中所有器件的封装和

电气连接关系,如图 2-3.64 所示。

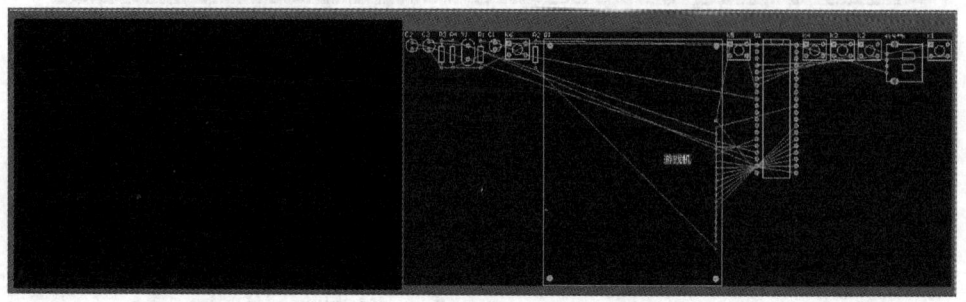

图 2-3.64　完成信息转移后的 PCB 文档编辑窗口

至此,原理图中的元件和网络表就导入到 PCB 文档中了,接下来我们就可以开始绘制 PCB 板形进行 PCB 布局布线等设计了。

☞ 通过编译差错的电路原理图只是符合了软件预设的电气规则,并不能表明该电路的功能性一定是正确的。这就好比用编程语言进行软件的设计,编译成功的程序只能说明没有语法错误,但是否能实现预期功能还需要看有没有逻辑错误。因此,在绘制原理图之前,一定要保证电路设计的正确性。

习　题

1. 熟悉原理图编辑环境,并简述其组成元素。
2. 电路原理图设计的基本步骤是什么?
3. 原理图符号和 PCB 封装有什么不同?
4. 如何创建元器件原理图符号和 PCB 封装?
5. 完成游戏机整体原理图的绘制。

第 4 章 熟悉而又陌生的电路板

电路板也叫印制电路板,印制电路板的英文全称为 Printed Circuit Board,简称 PCB。印制电路板是用来机械支撑与电气连接电子元件的物理载体。印制电路板的主要优点是大大减少了布线和装配的差错,提高了自动化水平和劳动生产率。经过多年的发展过程,印制电路板历经了从单面板、双面板、多层板,到积层法多层板、高密度互连电路板的发展过程。在完成原理图绘制、进行电气规则检查,并检查无误以后,将原理图导入 PCB 就可以进入 Altium Designer 10.0 的 PCB 编辑环境开始印制电路板的设计工作了。印制电路板的设计包括设计准备、PCB 布局、PCB 布线、检查输出几个步骤。

4.1 印制电路板设计准备

印制电路板设计准备工作包括熟悉 PCB 编辑环境、电路板的板形绘制、禁止布线区域设置、板层堆栈设置、设计规则设置等。

4.1.1 PCB 编辑环境

为了更好地熟悉 PCB 的设计环境及操作界面,下面以一个已经完成的游戏机 PCB 工程实例为基础进行讲解。打开电子设计创新课程的"游戏机.PrjPCB"工程,在工程面板中双击工程中的"游戏机(布线).PcbDoc"文档,进入 PCB 编辑环境,整个设计环境如图 2-4.1 所示,设计环境主要由标题栏、菜单栏、工具栏、工作面板、编辑区、状态栏、板层标签栏、工作面板标签栏、实用小工具等组成,下面一一进行介绍。

1. 标题栏

标题栏上显示内容包括软件版本和文件的保存路径等信息,标题栏右边有最小化、最大化和关闭三个按钮。

2. 菜单栏

PCB 编辑环境中的菜单栏包括 12 个菜单,如图 2-4.2 所示,每个菜单下又有相关的子菜单命令。

① DXP 菜单:提供系统功能,包括自定义工具栏、账号登录以及首选项配置等命令。

② 文件(F)菜单:主要用于文件的新建、打开、保存、打印、关闭等操作,F 是文件

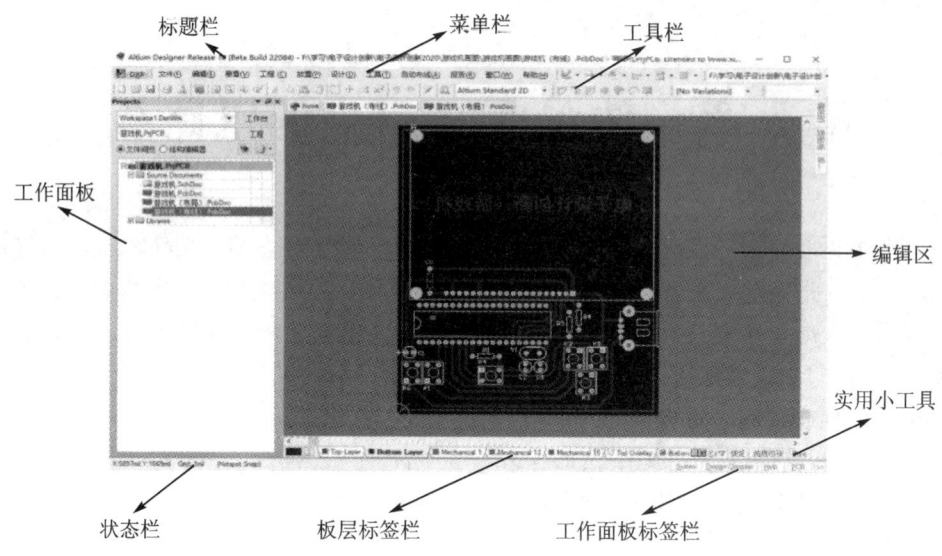

图 2-4.1 PCB 编辑环境

图 2-4.2 菜单栏

菜单打开的快捷键。

③ 编辑(E)菜单：提供编辑相关的操作，如对象的选择、复制、粘贴、查找等编辑操作，另外也提供元件的排列与对齐、移动等实用功能，E 是编辑菜单打开的快捷键。

④ 察看(V)菜单：提供编辑区与显示相关的操作，如缩放、边移、电路板翻转，还提供工具栏、面板、状态栏的显示与隐藏功能，此外还可设置电路图的栅格、度量单位等，V 是察看菜单打开的快捷键。

⑤ 工程(C)菜单：提供与工程管理相关的操作，如工程文档的打开与关闭、编译工程、工程差异比较、版本管理、工程打包等功能，C 是工程菜单打开的快捷键。

⑥ 放置(P)菜单：用于在电路板中放置元件、走线、焊盘、过孔、填充矩形等电气对象，也提供文字、图形、尺寸标注、坐标等非电气对象的放置，P 是放置菜单打开的快捷键。

⑦ 设计(D)菜单：提供原理图与 PCB 同步、设计规则制定、网表等操作，同时还提供电路板堆栈管理、颜色、视图配置等功能。

⑧ 工具(T)菜单：提供 PCB 设计的实用工具，包括设计规则检查、对象与违规浏览、覆铜、泪滴、平面层切割、交叉探查、走线与差分线长度调整等工具，T 是工具菜单打开的快捷键。

⑨ 自动布线(A)菜单：实现全局自动布线，指定网络、元件、区域、空间的自动布

线、添加子网跳线以及扇出等功能,A 是自动布线菜单打开的快捷键。

⑩ 报告(R)菜单:提供各种报表输出以及距离、图元等的测量工具,R 是报告菜单打开的快捷键。

⑪ 窗口(W)菜单:提供各编辑区的开启、关闭、隐藏、多个窗口的排列与管理等命令,W 是窗口菜单打开的快捷键。

⑫ 帮助(H)菜单:提供 Altium Designer 10.0 初学指南、帮助文档、用户论坛、支持中心等帮助功能,H 是帮助菜单打开的快捷键。

3. 工具栏

PCB 编辑器为常用的菜单命令设置了对应的工具栏按钮,单击按钮可以快速执行菜单命令。工具栏的打开和关闭可以通过察看菜单的子菜单工具栏或快捷键 V、T 进行操作。PCB 设计环境中共有 6 个工具栏,分别介绍如下:

① Wiring(布线)工具栏:用来在电路板中放置各种电气对象。

② Utilities(实用)工具栏:提供 PCB 设计过程中的绘图、排列、尺寸标注、空间操作、栅格设置等功能。

③ PCB 标准工具栏:提供 PCB 设计中常用的一些基本操作命令。

④ Navigation(导航)工具栏:用于文档间的跳转访问。

⑤ Filter(过滤)工具栏:用于筛选符合查询条件的网络、元件等对象。

⑥ Variants(装配变体)工具栏:装配变体工具栏使用户能够轻松地管理元件和产品不同版本的差异,而不用对每个不同的版本创建和管理不同的 PCB 工程。

4. 状态栏

状态栏位于 PCB 编辑区的下方,又分为两个区域:左边为坐标和栅格显示区,右边为对象信息显示区。

5. 板层标签栏

板层标签栏位于 PCB 编辑区的下方,包含了当前板层集合中所有允许显示的板层的标签。每个标签由板层名称和颜色块组成。当标签太多无法全部显示时,单击标签栏右侧的右向箭头可以移出更多的标签。

编辑区任何时候都有一个当前板层,当前板层的名称用粗体显示,同时板层标签栏最左边较大的颜色块也显示当前板层的颜色。单击某个板层标签,即可将该板层设为当前板层。放置一些设计对象,如走线、填充矩形、字符串或者贴片焊盘就会放置在当前板层。放置时对象采用当前板层的颜色表示,如果 Top Layer(顶层)默认为红色,则在 Top Layer(顶层)上放置的走线、填充矩形、字符串或者贴片焊盘都显示为红色。

6. 实用小工具

PCB 编辑区右下角还放置了几个实用的小工具按钮,包括选择存储器按钮、捕捉按钮、掩膜级别按钮、清除按钮。

7. 工作面板和面板标签栏

编辑区右下方是面板标签栏,主要作用是单击面板标签栏,会弹出该标签栏对应的面板菜单,借此可以打开工作面板。

4.1.2 板形绘制

几乎所有商用电子产品的电路板对形状和尺寸都有严格要求,必须符合产品的外观设计要求,满足加工制造的约束规范,因此在开始设计电路板时要做好电路板板形绘制。采用新建 PCB 文档的方法创建的空白电路板尺寸默认为 6 000 mil×4 000 mil 的长方形。如果这种默认板形的尺寸和形状不符合设计要求,可以重新定义新的电路板板形,而电路板的边界由电路板板形确定。电路板板形绘制通常在机械层定义,首先通过手工绘制或者导入外部文件数据的方法在任意一个机械层上定义一个具有封闭边界的区域,然后根据该区域的边界创建电路板的外形和尺寸。

在定义板形前,需要先选择合适的度量单位、设置栅格大小以及 PCB 的原点。定义板形可以采用鼠标手工绘制板形、快捷键绘制板形、PCB 设计向导或者导入外部数据等方法,本课程游戏机设计采用快捷键绘制板形。本课程设计制作的游戏机电路板如图 2-4.3 所示,板形形状为长方形,尺寸为长 100 mm、宽 120 mm,具体的操作步骤如下:

① 打开文件:打开电子设计创新课程的"游戏机.PrjPCB"工程,双击导入元件的 PCB 文件"游戏机.PcbDoc"进入 PCB 编辑环境。

② 板层切换:单击板层标签 Mechanical 1 切换到机械层 1。

③ 单位设置:如果当前度量单位不是公制,按 Q 键切换到公制单位 mm,状态栏左边有单位信息显示。

④ 栅格设置:按下 G 键,将栅格大小设为 1 mm,状态栏左边有栅格信息显示。

⑤ 设置原点:执行菜单命令"编辑"→"原点"→"设置"或使用快捷键 E+O+S,光标变为十字形,移动光标到编辑区适当位置单击,即将单击处设为自定义的原点,且用符号 ⊗ 标记,这时状态栏的 X 和 Y 坐标都显示为 0 mm。

⑥ 放置直线:使用快捷键 P+L 进入放置直线状态,光标变为十字形。

⑦ 确定第一个顶点:使用快捷键 Ctrl+End,光标跳转到原点处,连续按 Enter 键两次,确定原点为第一个顶点。

⑧ 确定第二个顶点:使用快捷键 J+L,弹出跳转位置对话框,在 X-Location 文本框中输入 100,按 Tab 键,在 Y-Location 文本框中输入 0,如图 2-4.4 所示。按 Enter 键后,对话框关闭,光标跳转到坐标(100,0)处,再次按 Enter 键后,即可在此处确定第二个顶点。

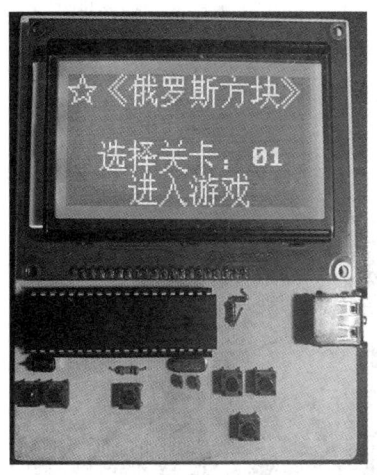

图 2-4.3 游戏机电路板

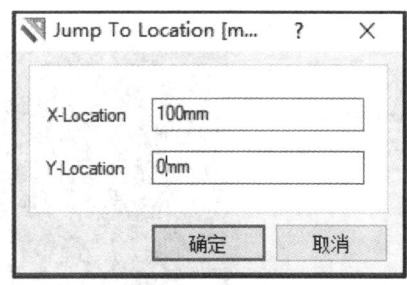

图 2-4.4 跳转位置坐标输入

⑨ 确定第三个顶点：使用快捷键 J + L，在弹出的对话框中输入新的坐标值 (100,120)，按 Enter 键后，光标跳转到坐标(100,120)处，再次按 Enter 键后，确定第三个顶点。

⑩ 确定第四个顶点：使用快捷键 J + L，在弹出的对话框中输入新的坐标值 (0,120)，按 Enter 键后，光标跳转到坐标(0,120)处，再次按 Enter 键后，确定第四个顶点。

⑪ 完成矩形：使用快捷键 Ctrl + End，光标跳转到原点处，连续按 Enter 键两次，回到原点，然后按 Esc 键，退出放置直线状态。长方形板形绘制完成如图 2-4.5 所示。

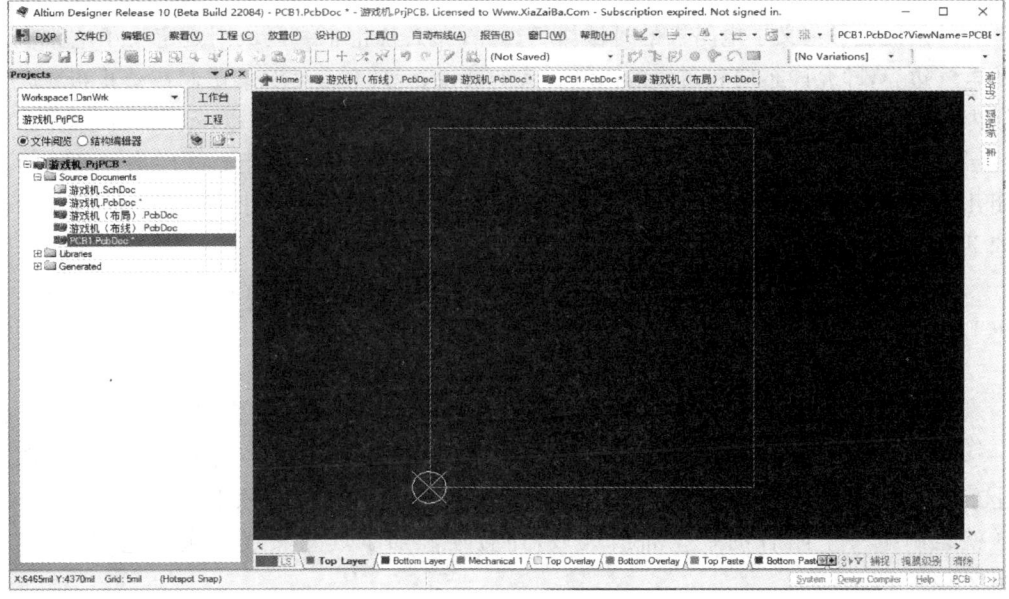

图 2-4.5 板形绘制

⑫ 设计板形：按住鼠标左键从左上往右下拉出一个框，选中绘制的板形全部，使用菜单命令"设计"→"板子形状"按照选择对象定义或使用快捷键 D+S+D 设计板形。板形设计完成如图 2-4.6 所示。

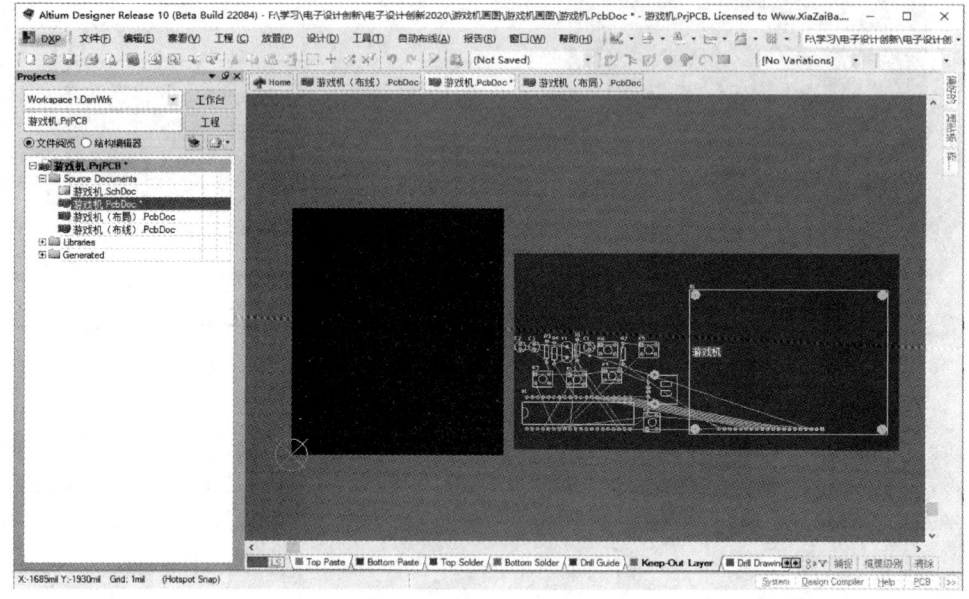

图 2-4.6　板形设计

4.1.3　禁止布线区域设置

如果说板形定义了电路板的机械加工边界，那么禁止布线区域则是定义了电路板的电气边界，即允许布局和布线的区域。换句话说，元件和走线只能限制在禁止布线区域内。板形通常定义在机械层，而禁止布线区域通常定义在 Keep-Out Layer(禁止布线层)。禁止布线区域可由 Line(线)或者 Arc(弧)绘制的位于禁止布线层内的任何封闭几何图形构成，禁止布线区域一般离电路板边缘 2~3 mm。禁止布线区域设置步骤如下：

① 打开电子设计创新课程的"游戏机.PrjPCB"工程，双击"游戏机.PcbDoc"进入 PCB 编辑环境。

② 单击板层标签 Keep-Out Layer 切换到禁止布线层。

③ 执行菜单命令"放置"→"走线"或使用快捷键 P+L，进入放置直线模式。

④ 在编辑区合适位置单击确定起点，然后移动光标至合适的位置分别双击确定禁止布线矩形边界的其余三个顶点，最后回到起始点捕捉，并右击两次退出放置状态。这样就绘制了一个闭合的禁止布线区域，而且还添加了禁止布线区域的电路板，如图 2-4.7 所示。

图 2-4.7 设置禁止布线区域

4.1.4 板层堆栈

在进行 PCB 布局布线前,需要预先设置电路板的板层结构,即确定制作几层板,设计好的多个板层通过制作工艺压合在一起,最终形成多层电路板。在 Altium Designer 中,电路板的板层结构设置是通过层堆栈管理器完成的。执行菜单命令"设计"→"层叠管理"或使用快捷键 D+K,打开层堆栈管理器,如图 2-4.8 所示。层堆栈管理器默认情况下信号层只有顶层和底层,没有内部平面层。如果设计的电路板是多层板,则需要在板层堆栈管理器中按要求添加信号层和内部平面层。本课程中游戏机电路板设计采用单面板,单面板设计采用默认的层堆栈,只是在后续布线过程中只允许走线在底层完成。

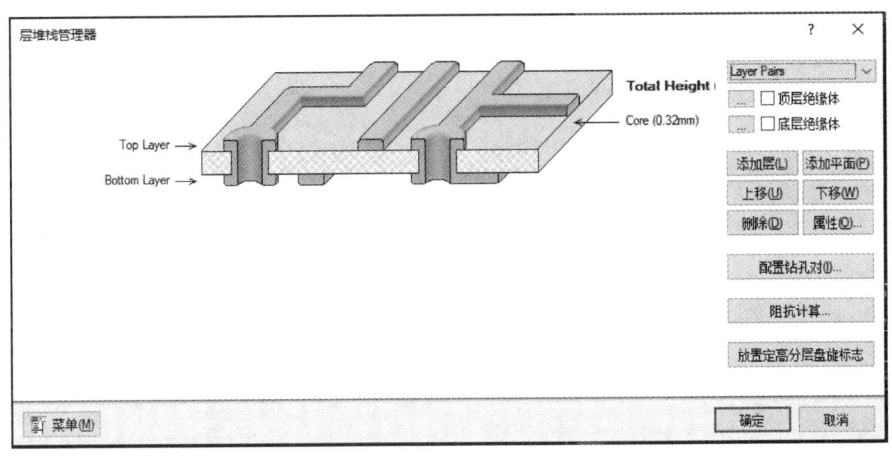

图 2-4.8 层堆栈管理器

4.1.5 规则设置

PCB 编辑器实际上是一个由设计规则驱动的环境。对于自动布局布线操作，系统会严格按照定义好的设计规则执行，以确保满足约束要求。对于手工操作，Altium Designer 按照设计规则对操作过程进行监控，并对违反规则的情况进行警告或者干脆禁止执行违规操作。

Altium Designer 提供了大量的设计规则，涵盖了电气、布局、布线、制造、高速信号等各个方面。尽管对于基本设计规则，系统提供了默认设置，同时也不是所有的设计规则都必须使用；但是掌握设计规则的含义并能根据电路的实际需求创建自定义规则，不仅能够确保电路板设计的正确性，而且还可以提高工作效率，更是一个有经验的 PCB 工程师应该掌握的基本技能。

执行菜单命令"设计"→"规则"或使用快捷键 D+R，打开设计规则与约束编辑器，如图 2-4.9 所示。左边区域为设计规则目录列表。系统共提供了 Electrical（电气）、Routing（布线）、SMT（贴装技术）、Mask（阻焊助焊）、Plane（内部平面层）、Testpoint（测试点）、Manufacturing（制造）、High Speed（高速）、Placement（布局）、Signal Integrity（信号完整性）10 类设计规则，每一类设计规则目录包含若干个设计规则子类，每个子类目录下包含具体的设计规则。右边区域显示的内容由左边区域选择的对象决定。

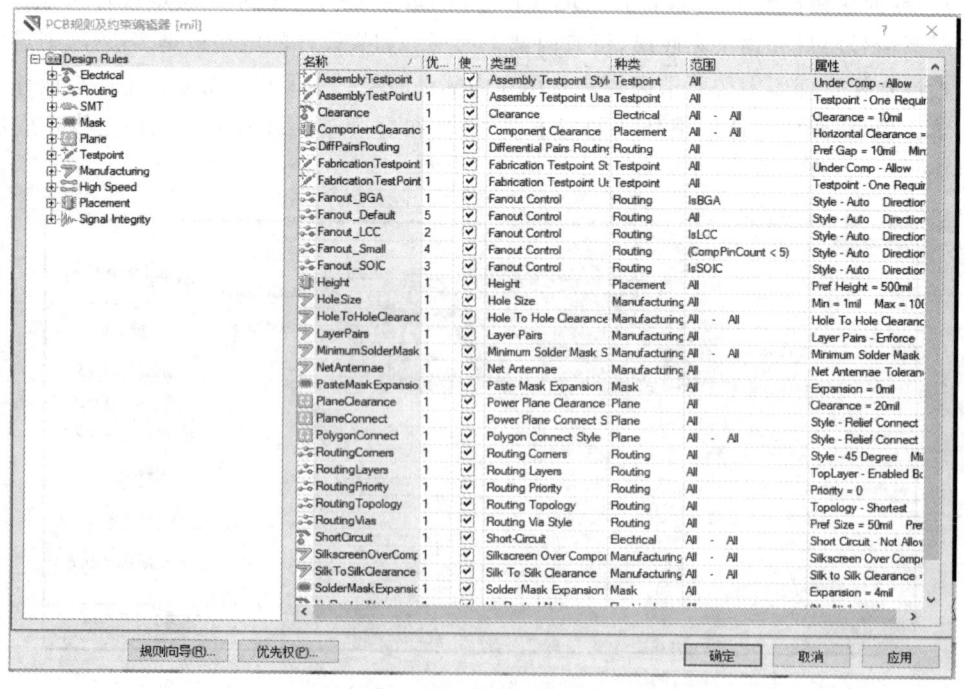

图 2-4.9 PCB 设计规则与约束编辑器

设计规则包含以下几个构成要素：
① 规则名称（RuleName）：建议取有意义的名称，以方便阅读和使用。
② 规则类型（RuleType）：支持10种类型的规则，如电气、布线、SMT等。
③ 规则作用范围（Scope）：确定设计规则作用的对象，如作用于哪些网络、哪些元件。
④ 规则属性（Attribute）：规则自身的属性，具体内容视规则而定。
⑤ 规则的优先级（Priority）：每个优先级都赋予一个数字，数字越小，优先级越高。

下面就以导线线宽为例讲解规则的设置。导线线宽的规则设置在Routing（布线）类的子类Width（线宽）设计规则中，Width设计规则用于设置系统布线时采用的铜箔走线的宽度。系统默认的设计规则规定PCB中Min Width（铜箔走线的最小宽度）、Preferred Width（铜箔走线的首选宽度）、Max Width（铜箔走线的最大宽度）都是10 mil。

在游戏机电路板制作中对导线的宽度有一定的要求，其中电源线和地线要求线宽50 mil，其他线的线宽为40 mil，游戏机电路板线宽规则设置步骤如下：

执行菜单命令"设计"→"规则"或使用快捷键D+R，打开设计规则与约束编辑器。单击左边区域Routing类的Width子类下的Width规则，右边区域中显示的就是默认的线宽设计规则，如图2-4.10所示。

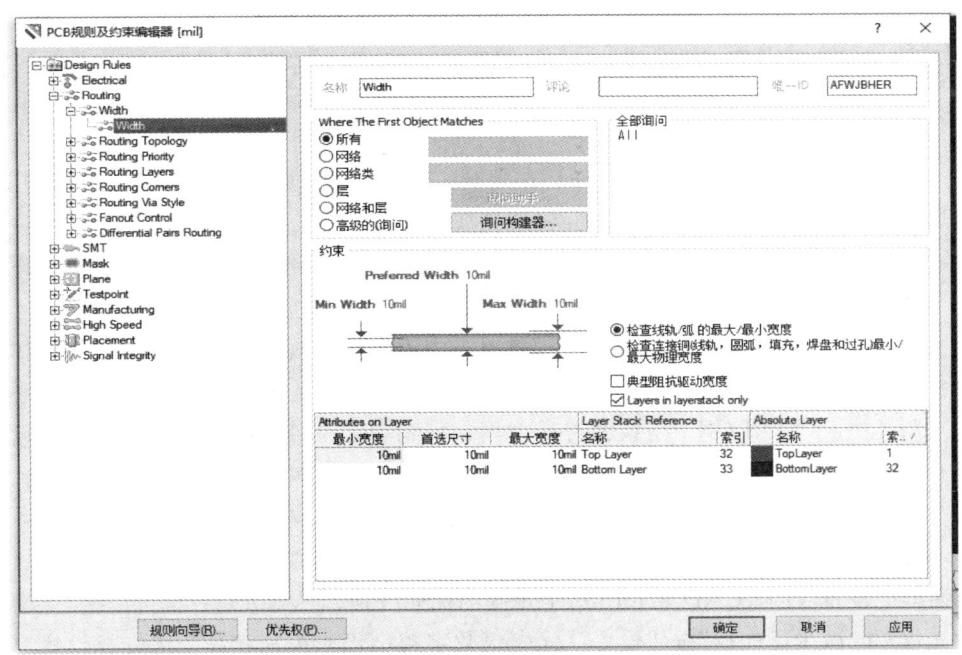

图2-4.10　默认的线宽设计规则

② 将默认线宽规则中 Min Width(铜箔走线的最小宽度)、Preferred Width(铜箔走线的首选宽度)、Max Width(铜箔走线的最大宽度)改成 40 mil,单击窗口右下角"应用"按钮完成规则修改。

③ 对 Routing 类下的 Width 子类右击,在弹出的快捷菜单中选择"新规则",可创建一条新的线宽规则 Width1。重复刚才的操作创建线宽规则 Width2,新建线宽规则如图 2-4.11 所示。

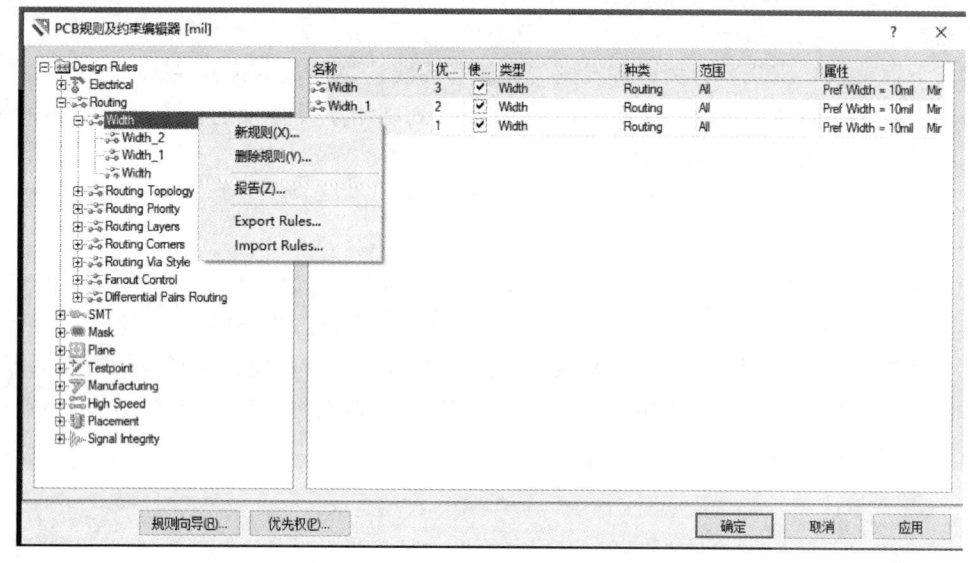

图 2-4.11　新建线宽规则

④ 单击新建的线宽规则 Width1,在规则内容中修改规则名称为 VCC,规则作用对象选择网络,在网络中选择 VCC 网络,规则属性中 Min Width(铜箔走线的最小宽度)、Preferred Width(铜箔走线的首选宽度)、Max Width(铜箔走线的最大宽度)设置成 50 mil,设置完成后单击"应用"按钮,VCC 线宽规则设置完成,如图 2-4.12 所示。

⑤ 单击新建的线宽规则 Width2,在规则内容中修改规则名称为 GND,规则作用对象选择网络,在网络中选择 GND 网络,规则属性中 Min Width(铜箔走线的最小宽度)、Preferred Width(铜箔走线的首选宽度)、Max Width(铜箔走线的最大宽度)设置成 50 mil,设置完成后单击窗口右下角"应用"按钮,GND 线宽规则设置完成,如图 2-4.13 所示。

⑥ 单击设计规则与约束编辑器左下角"优先权"按钮,在弹出的"编辑规则优先权"对话框中设置 VCC、GND、Width 三个规则的优先级别。优先级别设置可以通过"增加优先权"和"减少优先权"按钮设置。优先级数字越小优先级别越高。优先权设置完成如图 2-4.14 所示,优先级别从高到低依次是 GND、VCC、Width。

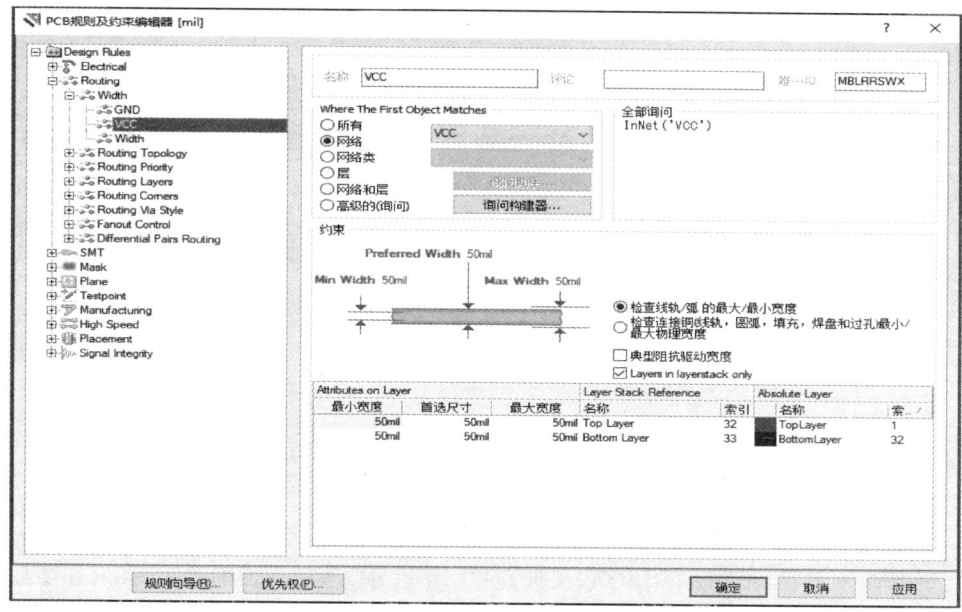

图 2-4.12　VCC 线宽规则设置

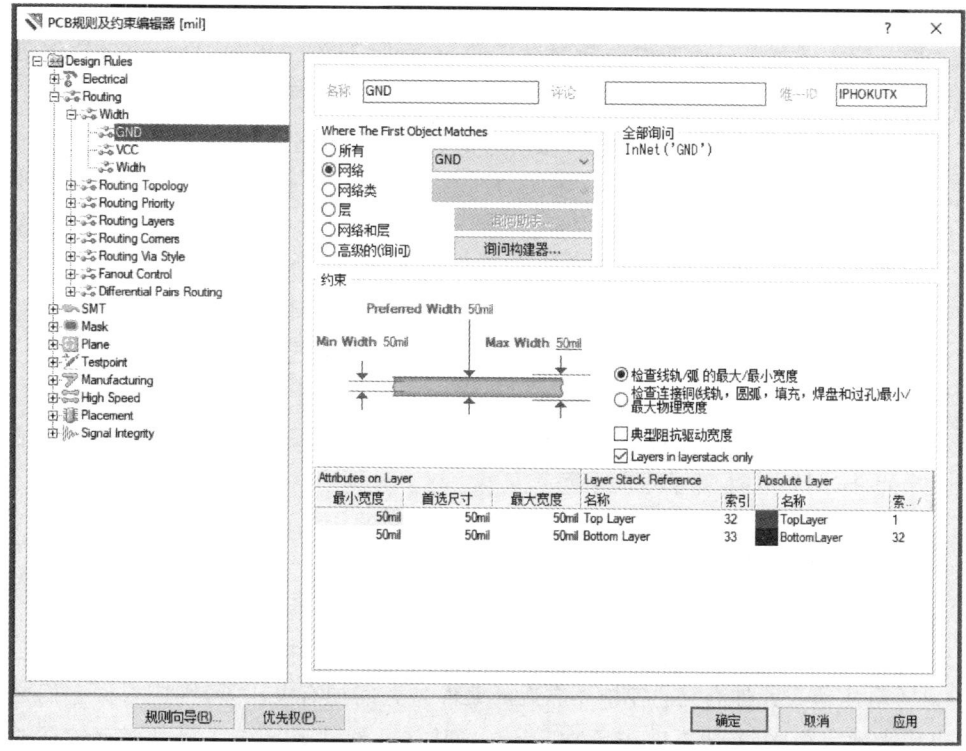

图 2-4.13　GND 线宽规则设置

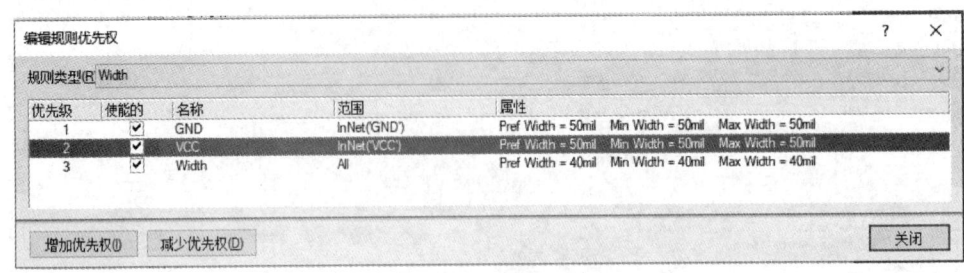

图 2-4.14 优先权设置

4.2 印制电路板布局

电路板布局是指将电路中的各个元件放置在合适的位置,布局需要满足拓扑连接、电气规则、抗干扰、元件装配、散热、机械连接、固定支撑等各方面的要求,同时还要便于电路调试和使用。

4.2.1 布局的基本原则

良好的元件布局是优秀电路板设计的重要保证,虽然 Altium Designer 能够进行自动布局,但是自动布局的效果不好,而且电路板的布局几乎都是手工布局完成的。在手工布局时,一般需要遵循如下原则:

① 整体布局原则:按照电路功能进行布局。如果没有特殊要求,布局尽可能按照原理图的元件排列进行,信号从左边输入、从右边输出,从上边输入、从下边输出。按照信号的流向,安排各个功能电路单元的位置,使信号流通更加顺畅和保持方向一致。以每个功能电路为核心,围绕这个核心电路进行布局,元件安排应该均匀、整齐、紧凑,原则是减少和缩短各个元件之间的引线和连接。数字电路部分应该与模拟电路部分分开布局。元件放置的顺序是,首先放置与结构紧密配合的固定位置的元件,如电源插座、指示灯、开关、连接插件等;再放置特殊元件,例如发热元件、变压器、集成电路等;最后放置小元件,例如电阻、电容、二极管等。

② 高频元件布局:布局时应尽量缩短元件之间的导线连接,减少它们的分布参数和相互间的电磁干扰。

③ 输入/输出元件布局:输入元件和输出元件应尽量远离。

④ 需要操作的元件:布局时放在板的边上,例如开关、接口、可调元件等。

⑤ 电压差大元件布局:各相互靠近的元件外壳间如有电压差,则应根据它们之间的电压来确定距离,一般不应小于 0.5 mm。某些元器件或导线之间可能有较高的电位差,应加大它们之间的距离,以免放电导致意外短路。

⑥ 电磁元件布局:对辐射电磁场较强的元件和对电磁感应较灵敏的元件,应加大

它们相互之间的距离或加以屏蔽。对于会产生磁场的元器件,如变压器、扬声器、电感等,布局时应注意减少磁力线对印制导线的切割,相邻元件的磁场方向应相互垂直,减少彼此间的耦合。有铁芯的电感线圈,应尽量相互垂直放置且远离,以减小相互间的耦合。

⑦ 热干扰元件布局:对于发热的元器件,如电源变压器、功耗大的集成块、大功率晶体管、晶闸管、大功率电阻等,应优先安排在利于散热的位置,并与其他元器件隔开一定距离,必要时可以单独设置散热器或小风扇。发热元件和热敏元件应尽量远离,避免相互的热干扰。

⑧ 元件放置的板层:在通常条件下,所有元件均应布置在印制电路板的顶层上,只有在顶层元件过密时,才能将一些高度有限并且发热量小的元器件,如贴片电阻、贴片电容、贴片芯片等放在底层。

⑨ 元件离电路板边缘的距离:所有元件最好放置在离板边缘 2 mm 以外的位置,或者至少距电路板边缘为 2 倍的板厚。这是由于在大批量生产中进行流水线插件、波峰焊时,要提供给导轨槽使用,同时也是防止由于外形加工引起电路板边缘破损,进而引起铜箔导线断裂。

⑩ 对称式电路布局:对于推挽功放、差分放大器、桥式电路等,应注意元件的对称性,尽可能使分布参数一致。

⑪ 元件标识符号布局:布局时为了区分元器件,应在电路板上标注元件的标识符,元件标识符的位置要靠近元件,便于识别元件与标识符的对应关系。一般情况下,标识符与元件本体不要重叠,以免安装元件后元件本体将标识符遮挡。应特别注意,元件的标识符必须标注在丝印层上,如果将其标注在信号层上,可能会产生不需要的电气连接。

⑫ 质量大的元件的安装:质量超过 15 g 的元件应该用支架固定,然后焊接。对于又大、又重、发热量多的元件,不宜安装在电路板上,应装在整机的机箱底板上,且应考虑散热问题。

⑬ 电路板安装孔和支架孔:布局时应该预留出电路板的安装孔和支架孔的位置,在这些孔的周围不能布线。

⑭ 布局要尽量均衡,疏密有致,尽量避免出现有些区域布线密度过高、有些区域布线密度过低的情况。

4.2.2　元件布局

Altium Designer 支持自动布局和手工布局两种方式,但是自动布局效果并不理想,所以实际中还是采用手工布局。手动布局主要的操作包括移动元件,旋转元件,旋转和移动标识符、注释,修改元件、封装、标识符和注释的属性,元件的排列对齐等操作。

1. 移动元件

单击选中一个元件,或者通过 Shift+单击的方式选中多个元件,按下鼠标并拖动即可移动元件。

2. 旋转元件

在移动元件过程中,按空格键可以将元件逆时针旋转,按 Shift+空格键可以将元件顺时针旋转,按 L 键可以将元件放置到电路板另一面。

3. 旋转和移动元件标识符、注释

旋转和移动元件标识符、注释的操作和移动元件、旋转元件的操作类似,区别是先选中元件的标识符或注释。

4. 修改元件、封装、标识符和注释的属性

双击放置好的元件或者在放置过程中按下 Tab 键,将会打开元件属性对话框,如图 2-4.15 所示。下面介绍该对话框的内容。

图 2-4.15 元件属性对话框

① 元件属性区域:设置元件本身相关的属性。
  ➢ 层:元件放置的板层,只能选择放置在顶层或者底层。
  ➢ 旋转:旋转角度。

- X 轴位置和 Y 轴位置：X 坐标和 Y 坐标。
- 类型：元件类型，这与原理图中的元件属性对话框中的 Type 内容是一致的。
- 高度：元件高度，在 3D 视图中生成元件 3D 模型时，需要用到这个高度。
- 锁定原始的：选中该选项则锁住组成该元件的所有图元，取消该选项则可以单独选中并编辑组成元件的图元，还可以移动这些图元，从而改变元件形状。这些图元包括组成元件的直线、圆弧、焊盘等。
- 锁定串：选中该选项则锁住元件字符串，防止被移动。
- 锁定：选中该选项则锁住元件，否则可以移动元件。

② 标识区域：设置元件标识符属性，这些属性包括标识符的文本、所在的板层、旋转角度、是否隐藏、是否镜像放置等。

- 文本：标识符的文本内容。
- 正片：系统提供以元件本体为参照物的不同方位来放置标识符，包括中心、左上角、右下角等。如果选择了 Manual，则元件旋转时标识符会随之旋转。如果选择了其他选项，则元件旋转时标识符原地不动。
- 隐藏：选中则隐藏元件标识符。
- 映射：选中则镜像显示元件标识符。

③ 注释区域：该区域与标识区域内容相同，不再赘述。

④ 交换选项区域：设置是否允许元件交换。

- 使能引脚交换：选中则允许具有相同功能且能交换的引脚进行交换以便于布线。
- 使能局部交换：选中则允许复合元件中的相同单元电路之间进行交换以便于布线。

⑤ FPGA 区域：使用颜色来标示不同的 FPGA 区域。

⑥ 标识字体区域：提供了 True Type 和笔画两类字体。

- 笔画：系统默认字体，包括了 Defaults、Sans Serif 和 Serif 三种字体。这三种字体都是矢量字体，支持英语和其他欧洲语言。
- True Type：提供 Windows 系统支持的字体，可以从下拉列表中选择具体的字体类型。

⑦ 注释字体区域：该区域与标识字体区域的内容相同，不再赘述。

⑧ 轴区域：

- 原点 X、Y、Z：指定参考坐标轴原点的 X、Y 和 Z 坐标。
- 方向 X、Y、Z：指示参考坐标轴方向的 X、Y 和 Z 坐标。
- 单击"添加"按钮可增加一个参考坐标轴，单击"删除"按钮则删除一个参考坐标轴。

⑨ 封装区域：设置封装的名称、库名称、描述等信息。

⑩ 原理图涉及信息区域：包含了与封装(Footprint)模型相链接的原理图元件的参考信息。

5. 元件的排列对齐操作

排列对齐是元件布局中的常用操作,首先选中要操作的多个对象,然后选择"编辑"→"对齐"命令或使用快捷键 E+G+A,即可弹出"排列对象"对话框,如图 2-4.16 所示。在 PCB 编辑环境中,选中需对齐的元件,执行对齐命令后,还要单击作为基准的对象。PCB 对齐命令和原理图中对齐命令一样,在这里不再赘述。

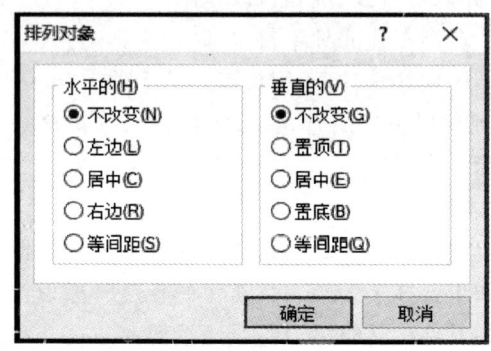

图 2-4.16 "排列对象"对话框

6. PCB 和原理图的交叉访问

PCB 布局应该按照信号流向,以电路模块为单位,以核心元件为中心进行布局。这种按功能划分的电路逻辑结构以及模块之间的信号传递关系在原理图中是非常清楚的,但在 PCB 中则难以体现。对于简单的电路,可以在 PCB 编辑环境中将元件一个个地移动到合适的位置,在记不清电路结构时可切换回原理图查看后再进行布局。但对于复杂电路,这种方法并不高效。一种比较好的方法是利用 Altium Designer 提供的 PCB 和原理图交叉选择模式进行元件布局。通过这种方法,可以在原理图中选取元件,PCB 中对应的封装会被同时选中,反之亦然。

打开电子设计创新的"游戏机.PrjPCB"工程,双击打开其中的"游戏机.SchDoc"和"游戏机.PcbDoc"文档。对于单显示器,执行菜单命令"窗口"→"水平排列"或者"窗口"→"垂直排列"可以将原理图和 PCB 文档在屏幕上并排显示。对于多显示器,只要将其中一个设计文档拖到另一个显示器上即可。交叉访问步骤如下:

① 进入原理图编辑环境,执行菜单命令"工具"→"交叉选择模式",进入交叉选择模式。

② 在原理图中选择一个或多个元件,PCB 中对应的元件会同时被选中,如图 2-4.17 所示。将光标从原理图编辑区移动到 PCB 编辑区右击,进入 PCB 编辑环境。

③ 将光标移动到被选中的 PCB 元件上,拖动元件到合适的放置位置。

印制电路板布局中除了放置元件以外,还可以根据需要放置其他的图元,包括焊盘、过孔、直线、圆弧、坐标、填充、字符串等。游戏机电路板完成布局的效果图如图 2-4.18 所示。

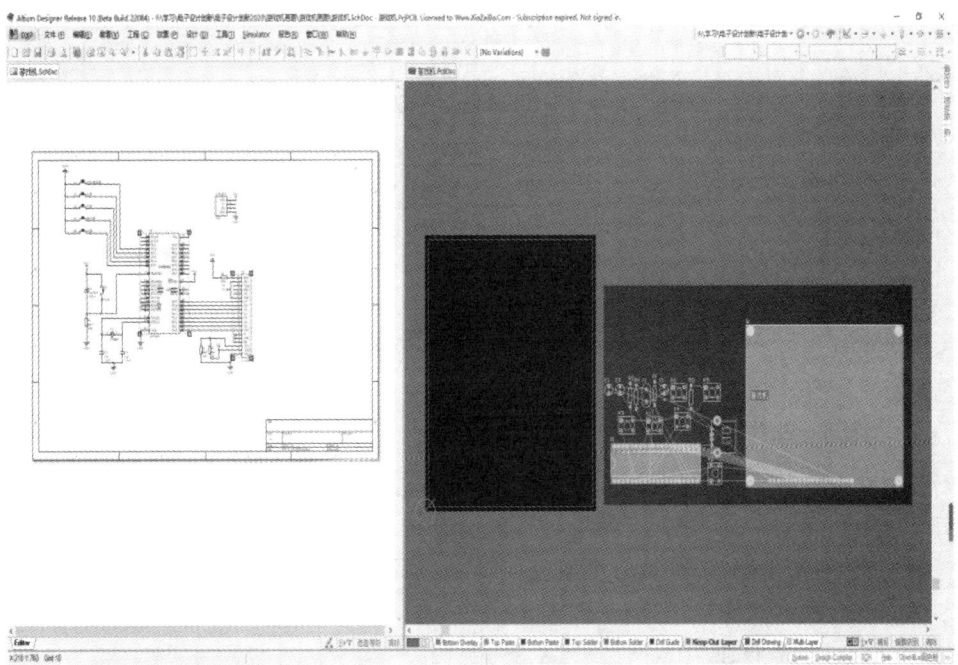

图2-4.17 交叉选择模式

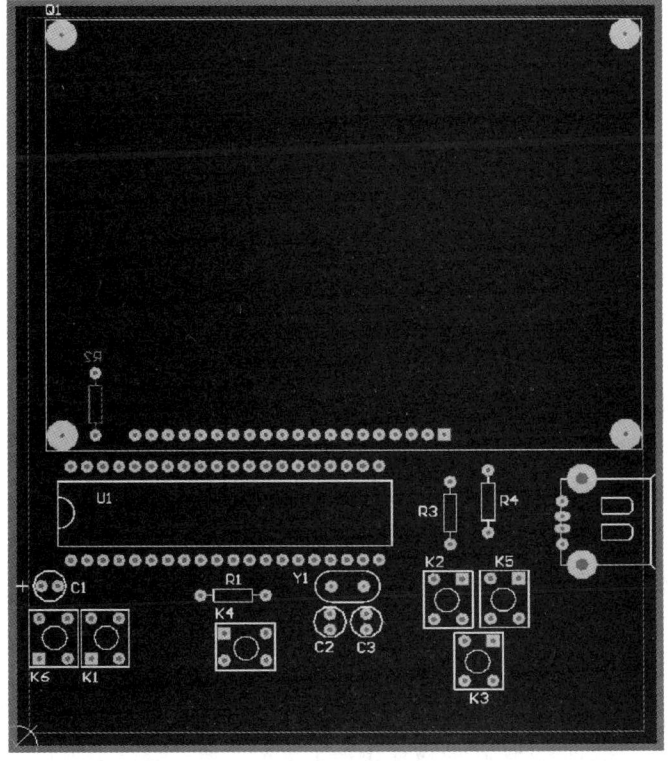

图2-4.18 游戏机电路板布局效果图

4.3 印制电路板布线

元件布局确定后,就可以开始实施布线工作。对于简单电路,可以全部采用手工布线的方式;对于复杂电路,可以使用自动布线与手工布线结合的方式,以减轻劳动强度。

4.3.1 布线的基本原则

为了更好地完成印制电路板布线和提高电路板的电气性能,布线时应尽量遵循以下原则。

1. 布线的顺序

首先对重要、关键线路进行手工布线,这些线路包括电源及接地网络、时钟网络、高速信号线路、总线、差分对走线、射频与高频线路等,确保满足电气功能的需求;然后将这些布线锁定,防止被修改;接着根据设计规则利用自动布线工具完成剩下的布线(当然也可以全部手工完成)。自动布线完成后,再对不满意的地方进行手工调整。

2. 整体走线原则

① 信号在电路板上传输的铜箔走线要尽量短直,尤其是晶体管的基极、高频连接线、高低电位差比较大而又相邻的导线要尽可能短,间距要尽量大,拐弯处呈圆弧状或者钝角,以减少高频信号对外的发射和相互之间的耦合。

② 导线上的过孔数目越少越好,最好不超过两个。

③ 印制电路板同一层上避免长距离平行走线,输入/输出端用的导线应尽量避免相邻平行。如果无法避免平行分布,可在平行走线的反面布置大面积的"地"以大幅减少干扰。

④ 当双面板布线时,两面的导线应该相互垂直、斜交或弯曲走线,避免相互平行,以减少寄生电容。

3. 导线宽度

电路板上的铜箔导线不能太细,其最小宽度主要由导线与绝缘基板间的粘附强度和流过它们的最大电流决定。同时,导线宽度下限还受到生产工艺的限制,太细的导线在生产上可能无法实现。一般而言,不同性质的线路对布线的要求也不同。电源线和地线通过的电流较大,因此需要较宽的铜箔导线。信号线路只是传递信号,因此导线宽度可以相对细一些。导线应该粗细均匀,不应出现宽度的突变。如果确实需要变化,应采用平滑过渡的方式。

4. 导线间距

相邻铜箔导线之间的最小间距主要由最坏情况下的线间绝缘电阻和击穿电压决定,在满足电气安全的前提下,还应该便于加工生产。通常导线间距越宽,干扰越小,但过宽的导线间距降低了电路板的密度,增加了面积和提高了成本,因此应该折中考虑。

一般而言,高频电路因为需要考虑信号辐射与串扰的影响,其导线间距要比低频电路导线间距宽。

5. 特殊走线

振荡器外壳接地,时钟线要尽量短,且不能引得到处都是。时钟振荡电路下面、特殊高速逻辑电路部分要加大地的面积,而不应该走其他信号线,以使周围电场趋于零。通过扁平电缆传送敏感信号时,要用"地线—信号线—地线"的方式引出。

6. 地　线

① 公共地线:如果没有采用内部接地平面层,公共地线一般可以布置在板边缘部位,便于将印制电路板接在机壳上。地线与印制电路板的边缘应留有一定的距离,这不仅便于安装导轨和进行机械加工,而且还提高了绝缘性能。地线(公共线)不能设计成闭合回路。

② 模拟地和数字地:印制电路板上同时安装模拟电路和数字电路时宜将这两种电路的接地系统完全分开,它们的供电系统也要完全分开。只是在 PCB 与外界接口处数字地和模拟地有一点短接。模拟地线、数字地线在接往公共地线时要通过高频铁氧体磁珠进行隔离,以减小模拟电路与数字电路之间的相互干扰。

③ 大功率器件接地:印制电路板上若装有大电流器件,如继电器、扬声器、功放等,它们的地线最好分开独立走,以减少地线上的噪声。总而言之,模拟地、数字地、大功率器件地应分开连接,再汇聚到电源的接地点。

④ 单点接地与多点接地:在低频电路中,信号频率低于 1 MHz,布线和元件之间的电感可以忽略,而地线电路电阻上产生的压降对电路影响较大,所以应该采用单点接地法,实际布线有困难时可部分串联后再并联接地;当信号频率超过 10 MHz 时,地线电感的影响较大,所以宜采用就近接地的多点接地法;当信号频率在 1～10 MHz 之间时,如果采用单点接地法,则地线长度不应该超过波长的 1/20,否则应该采用多点接地。地线应短而粗,这样可以减少电感量,增强抗噪声性能。

⑤ 在印制电路板上应尽可能多地保留铜箔(覆铜)做地线,这样传输特性和屏蔽作用将得到提升。

⑥ 采用地线减小信号间的交叉干扰。当一条信号线具有强脉冲信号时,会对邻近另一条具有高输入阻抗的弱信号线产生干扰,这时采用信号线与地线交错排列或用接地的轮廓线包围信号线(也就是包地),以达到良好的隔离效果。

⑦ 多层 PCB:对复杂电路来说,最好的方法是设计多层 PCB,电源层和接地层位于内层,尽量使每一个信号层都紧邻一个电源层或接地层,即将信号层与电源层或接地层配对设置。例如,对于四层板,可以设置为信号层—接地层—电源层—信号层的形式;对于六层板,可以设置为信号层—接地层—信号层—电源层—接地层—信号层的形式。

7. 电源线设计

电源线设计需要考虑印制电路板电流的大小,尽量加大电源线宽度,以减小环路电阻,但最好不要超过地线的宽度,同时使电源线的走向和数据传递的方向一致,这样有助于增强抗噪声能力。

在直流电源回路中,负载的变化会引起电源噪声,配置去耦电容可以抑制因负载变化而产生的噪声,是印制电路板可靠性设计的一种常规抗干扰措施。其配置原则如下:

① 在逻辑电源输入端和数字地之间以及正、负模拟电源输入端和模拟地之间跨接一个 1~100 pF 的大电容、一个 0.01~0.1 pF 的小电容,如果印制电路板的位置允许,采用 100 pF 以上的电解电容器的抗干扰效果会更好。

② 为每个集成电路芯片配置一个 0.01~0.1 pF 的陶瓷电容器。当遇到印制电路板空间小而装不下时,可每 4~10 个芯片配置一个 1~10 pF 的钽电解电容器。

③ 对于噪声能力弱、关断时电流变化大的器件,如 ROM、RAM 等存储型器件,应在芯片的电源线(VCC)和地线(GND)间直接接入去耦电容。去耦电容的引线不能过长,特别是高频旁路电容不能带引线,高频退耦电容应就近安装在所服务的集成电路旁。一方面保证电源线不受其他信号干扰,另一方面可将本地产生的干扰就地滤除,防止干扰通过空间或电源线等途径传播。

4.3.2 自动布线

Altium Designer 提供了强大的自动布线功能。所谓的自动布线就是根据用户设定的布线规则,利用布线算法,自动在各个元件之间进行连线,实现元件之间的电气连接关系,进而快速完成 PCB 的布线工作。

1. 全局自动布线

执行菜单命令"自动布线"→"全部",打开 Situs 布线策略对话框,如图 2-4.19 所示。Situs 是 Altium Designer 的布线引擎,它会在自动布线前开始规则检查,并在对话框上半部分显示检查报告,报告的内容包括当前定义的设计规则、相互冲突的设计规则、信号层的布线方向、钻孔层对的设置等会影响布线性能的内容。

(1) 编辑层走线方向按钮

单击该按钮打开层说明对话框,其中列出了所有信号层的布线方向,单击实际说明列的单元格,可以在下拉列表中选择布线方向。

(2) 编辑规则按钮

打开设计规则对话框,在规则对话框中可设置规则。

(3) 布线策略

对话框下半部分列出了当前定义的自动布线策略,如 Default 2 Layer Board、Default Multi-Layer Board 等。

> 添加按钮:单击打开 Situs 策略编辑器,用户可以定义一个新的布线策略。
> 删除按钮:移除用户定义的布线策略。
> 编辑按钮:编辑用户定义的布线策略。
> 副本按钮:复制选中的布线策略,可以在此基础上定义新的布线策略。

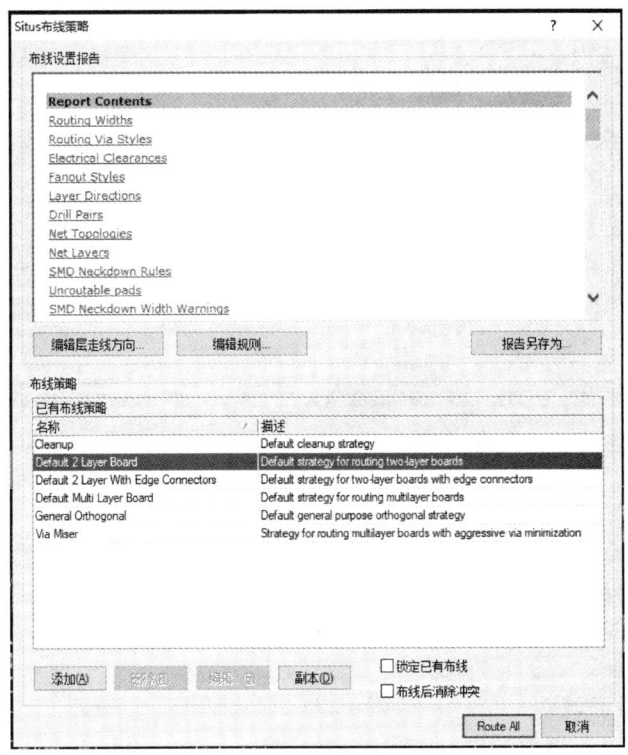

图 2-4.19 Situs 布线策略对话框

(4) 锁定已有布线

选中保留已有的布线。如果已经布好关键布线,在使用自动布线前,需要选中该复选框;否则自动布线器可能会改变已有的布线。

(5) 布线后消除冲突

选中布线后消除冲突,在自动布线完成后会删除违反设计规则的布线。

(6) Route All

开始自动全局布线,此时会出现一个对话框,显示布线的进度。如果布线完全成功,最后一条信息是"routing Finished with 0 contentions. Failed to complete 0 connections in x seconds"。布线对话框如图 2-4.20 所示。

2. 其他自动布线命令

除了全局自动布线命令以外,Altium Designer 在自动布线主菜单下还提供了其他自动布线命令。

(1) 自动布线网络

执行菜单命令"自动布线"→"网络",光标变为十字形,移动光标到焊盘或者预拉线上单击,该焊盘或预拉线所属的网络会自动布线。

(2) 自动布线网络类

执行菜单命令"自动布线"→"网络类",打开网络类布线选择对话框,在其中选择一

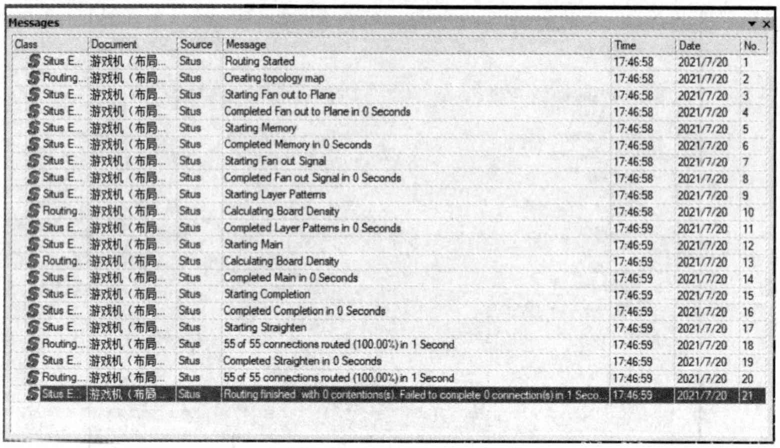

Messages

Class	Document	Source	Message	Time	Date	No.
Situs E...	游戏机（布局...	Situs	Routing Started	17:46:58	2021/7/20	1
Routing...	游戏机（布局...	Situs	Creating topology map	17:46:58	2021/7/20	2
Situs E...	游戏机（布局...	Situs	Starting Fan out to Plane	17:46:58	2021/7/20	3
Situs E...	游戏机（布局...	Situs	Completed Fan out to Plane in 0 Seconds	17:46:58	2021/7/20	4
Situs E...	游戏机（布局...	Situs	Starting Memory	17:46:58	2021/7/20	5
Situs E...	游戏机（布局...	Situs	Completed Memory in 0 Seconds	17:46:58	2021/7/20	6
Situs E...	游戏机（布局...	Situs	Starting Fan out Signal	17:46:58	2021/7/20	7
Situs E...	游戏机（布局...	Situs	Completed Fan out Signal in 0 Seconds	17:46:58	2021/7/20	8
Situs E...	游戏机（布局...	Situs	Starting Layer Patterns	17:46:58	2021/7/20	9
Routing...	游戏机（布局...	Situs	Calculating Board Density	17:46:58	2021/7/20	10
Situs E...	游戏机（布局...	Situs	Completed Layer Patterns in 0 Seconds	17:46:59	2021/7/20	11
Situs E...	游戏机（布局...	Situs	Starting Main	17:46:59	2021/7/20	12
Routing...	游戏机（布局...	Situs	Calculating Board Density	17:46:59	2021/7/20	13
Situs E...	游戏机（布局...	Situs	Completed Main in 0 Seconds	17:46:59	2021/7/20	14
Situs E...	游戏机（布局...	Situs	Starting Completion	17:46:59	2021/7/20	15
Situs E...	游戏机（布局...	Situs	Completed Completion in 0 Seconds	17:46:59	2021/7/20	16
Situs E...	游戏机（布局...	Situs	Starting Straighten	17:46:59	2021/7/20	17
Routing...	游戏机（布局...	Situs	55 of 55 connections routed (100.00%) in 1 Second	17:46:59	2021/7/20	18
Situs E...	游戏机（布局...	Situs	Completed Straighten in 0 Seconds	17:46:59	2021/7/20	19
Routing...	游戏机（布局...	Situs	55 of 55 connections routed (100.00%) in 1 Second	17:46:59	2021/7/20	20
Situs E...	游戏机（布局...	Situs	Routing finished with 0 contentions(s). Failed to complete 0 connection(s) in 1 Seco...	17:46:59	2021/7/20	21

图 2-4.20　布线对话框

个网络类，单击 OK 按钮，该网络类包含的所有网络将自动布线。

(3) 自动布线连接

执行菜单命令“自动布线”→“连接”，光标变为十字形，移动光标到焊盘或者预拉线上单击完成所在连接线的自动布线。

(4) 自动布线区域

执行菜单命令“自动布线”→“区域”，光标变成十字形，单击鼠标左键确定矩形区域一个顶点，移动光标改变矩形大小，再次单击鼠标左键确定整个矩形区域，所有完全包含在矩形区域内的连接线（含起点和终点）会被自动布线。

(5) 自动布线 Room

执行菜单命令“自动布线”→“Room”，光标变成十字形，移动光标到某个 Room 单击，所有完全包含在 Room 区域内的连接线（含起点和终点）会被自动布线。

(6) 自动布线元件

执行菜单命令“自动布线”→“元件”，光标变成十字形，移动光标到某个元件上单击，该元件的所有连接线会被自动布线。

(7) 自动布线元件类

执行菜单命令“自动布线”→“元件类”，打开元件类布线选择对话框，选择一个元件类，该元件类中所有元件的连接线会被自动布线。

(8) 自动布线选中对象的连接

首先选中待布线的一个或多个元件，然后执行菜单命令“自动布线”→“选中对象的连接”，被选中元件的所有连接线会被自动布线。

(9) 自动布线选中对象之间的连接

首先选中待布线的两个或更多元件，然后执行菜单命令“自动布线”→“选中对象之间的连接”，被选中元件之间的所有连接线会被自动布线。

(10) 添加子网络连接器

子网络连接器其实就是一小段铜箔走线。当一个网络的铜箔走线从中间断开时，执行菜单命令"自动布线"→"添加子网络连接器",弹出子网络控制对话框。在最大子网络分离文本框输入最大断开间距,所有间距小于该最大断开间距的断线都会用子网络连接器自动接续上。

(11) 移除子网络连接器

执行菜单命令"自动布线"→"移除子网络连接器",所有添加的子网络连接器会被删除。

(12) 扇出命令

扇出是对贴片元件的一种自动布线操作,菜单命令"自动布线"→"扇出"下包含若干与扇出相关的菜单命令。

(13) 设置命令

执行设置命令后弹出自动布线配置对话框,该对话框基本与单击菜单命令"自动布线"→"全部打开"的对话框相同。

(14) 停止命令

执行停止命令,停止自动布线。

(15) 复位命令

执行复位命令,重置自动布线配置。

(16) Pause(暂停)命令

执行Pause命令,暂停自动布线。

3. 删除布线

在自动或者手工布线后,如果不满意,可以按Ctrl+Z快捷键取消前面的布线操作,或者选中走线后,按Delete键删除,也可以使用Altium Designer提供的删除布线命令。删除布线命令在"工具"→"取消布线"菜单下,这些菜单命令介绍如下:

① "工具"→"取消布线"→"全部":删除电路板上的所有布线。

② "工具"→"取消布线"→"网络":删除某个网络的所有布线。执行该命令后,光标变为十字形,移动到属于某个网络的铜箔走线或者焊盘上单击,即可删除该网络的所有走线。

③ "工具"→"取消布线"→"连接":删除两个焊盘之间的铜箔走线。执行该命令后,光标变为十字形,移动到铜箔走线或者任意一个焊盘上单击,即可删除该走线,取而代之的是预拉线连接。

④ "工具"→"取消布线"→"元件":删除某元件连接的所有铜箔走线。执行该命令后,光标变为十字形,移动到该元件上单击,即可删除该元件所有焊盘连接的走线。

⑤ "工具"→"取消布线"→Room:删除某个Room中的所有铜箔走线。

4.3.3 交互式布线

交互式布线其实就是手工布线,也就是将属于同一个网络的焊盘、过孔用铜箔走线进行手工连接。在布线过程中,可以随时利用快捷键设置走线和过孔的参数,包括走线的线宽、板层、过孔的大小等,还可以控制走线路径、冲突解决方案、转角模式等。总之,交互式布线对布线过程能够完全控制,具有高度的灵活性,能够反映工程师的设计风格和专业水平。在设计美观、实用、稳定工作的电路板时,交互式布线是必不可少的环节。在开始交互式布线之前,需要制定好相应的设计规则,如走线宽度、安全间距等,对于普通电路,可以直接使用系统提供的默认设计规则。

1. 交互式布线操作

执行菜单命令"放置"→Interactive Routing,或者单击布线工具栏上的交互式布线按钮,或者按下快捷键 P+T,光标变为十字形,进入交互式布线状态。移动光标到一个焊盘上单击,该焊盘所属网络高亮显示,而其余对象都变暗。此时移动光标即可拉出一条走线,走线颜色由当前工作层的颜色决定,如顶层信号层的走线默认为红色,底层信号层的走线默认为蓝色。

2. 走线前瞻模式

走线时系统默认采用前瞻模式,前瞻模式走线如图 2-4.21 所示。在这种模式下,当未固定的走线部分包含转角时,直接与光标相连的走线段为空心部分,其余走线段填充有交叉线。当单击时,固定的是填充交叉线的走线段。前瞻模式下可以提前走一段线,待预览合适后再进行固定。这种方式有利于控制走线的趋势,更好地确定各段走线的长度和转折点。当采用前瞻模式从一个焊盘连线到另一个焊盘时,如果最后待固定的走线包含了转角,则需要双击才能将走线固定到终点焊盘。

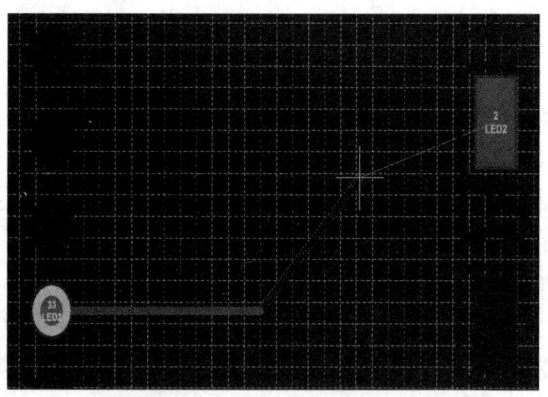

图 2-4.21 前瞻模式

3. 交互式布线快捷键

① 按 Enter 键或者单击固定一段走线。

② 按 Esc 键或者右击终止当前走线。

③ 按 Backspace 键删除前一段走线的固定状态,使其回到自由状态。可以连续按 Backspace 键依次删除前面固定的各段走线直到整条走线都恢复自由状态。

④ 如果起点焊盘连接到多个其他焊盘,按下键 7 可以在这些不同连接间进行循环切换。

⑤ 按下键 9 可以交换起点和终点焊盘。原来的起点焊盘变为终点焊盘,原来的终

点焊盘变为起点焊盘。

4. 交互式布线中的拓扑连接

在布线时,预拉线(也叫飞线,白色的细线)具有指示焊盘连接的作用。但实际上,手工布线时没有必要完全连接到预拉线指示的焊盘,可以用铜箔走线连接属于同一个网络的任意两个焊盘,而不用管这两个焊盘之间是否有预拉线连接。Altium Designer 的连接分析器会实时跟踪分析网络布线的完成情况,并根据需要添加或者删除预拉线,确保整个网络拓扑的连通性。例如在图 2-4.22 中,焊盘 A 与 C 没有预拉线连接,但是属于同一个网络,在交互式布线中可以直接连接这两个焊盘,布线完成后,网络拓扑会自动更新。

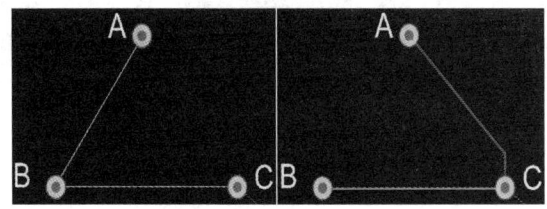

图 2-4.22 布线的拓扑连接

5. 转角模式

在布线时,往往需要改变走线方向,Altium Designer 提供了几种转角模式,这些转角模式决定了相邻走线段之间的连接方式和夹角。几种转角模式如图 2-4.23 所示。在交互式布线状态下,按下 Shift+空格键可以在这些转角模式间切换。Altium Designer 默认选择的转角是相邻两段走线的夹角为 135°,布线时需要注意走线转角尽量不要出现锐角和直角。

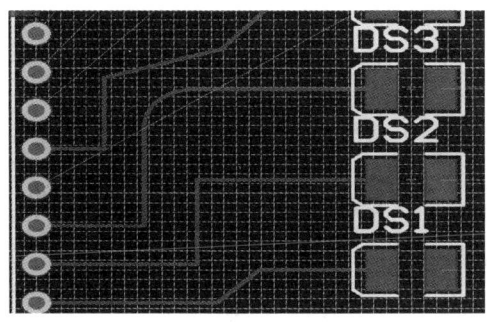

图 2-4.23 转角模式

6. 布线时添加过孔

在布线过程中可以添加过孔。在交互式布线状态,按数字键盘上的"＊"或者"＋"键添加一个过孔并切换到下一个信号层;按"－"键添加一个过孔并切换到上一个信号层;按下键 2 可以添加一个过孔,但并不切换信号层;按"/"键可以插入一个过孔,单击固定过孔位置,同时回到交互式布线状态,允许用户开始新的布线操作。在对通孔焊盘布线时,按 L 键可以直接切换到下一个信号板层进行布线,这个操作不会添加过孔。

7. 调整布线

无论是自动还是手动完成布线后,都需要对不满意的布线进行调整。对于有些不合适的走线,通常先删除该走线,再重新布线。Altium Designer 提供了更高效的自动环路移除功能,用户不必先删除旧的走线,而是直接进行新的布线,当新旧走线形成环路时,旧的走线会自动删除。自动环路移除如图 2-4.24 所示。

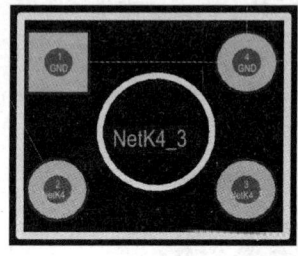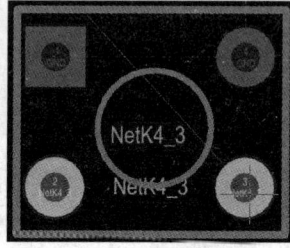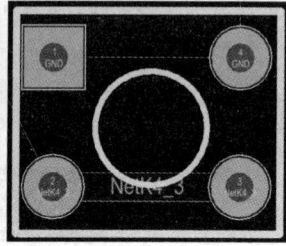

图 2-4.24　自动环路移除

8. 放置字符串

执行菜单命令"放置"→"字符串",或使用快捷键 P+S,或者单击布线工具栏上的 A 按钮,进入放置字符串状态,光标变为十字形,并附着上次放置的字符串,移动到合适位置后单击即可完成字符串的放置。双击放置好的字符串或在放置状态按 Tab 键,打开字符串属性对话框,字符串属性对话框如图 2-4.25 所示。在对话框中,Height 设置文本大小,"文本"框中可输入字符串内容,"层"下拉列表框中选择字符串放置的板层。由于游戏机案例是单面板,只底层有敷铜,所以字符串放置在底层没有走线的地

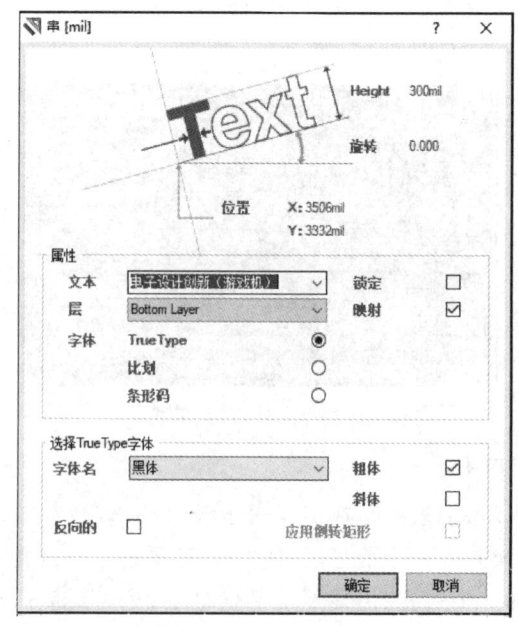

图 2-4.25　字符串属性对话框

方。除此之外,勾选右侧的"映射"复选框选中。

9. 布线完成效果图

布线完成效果图如图 2-4.26 所示。

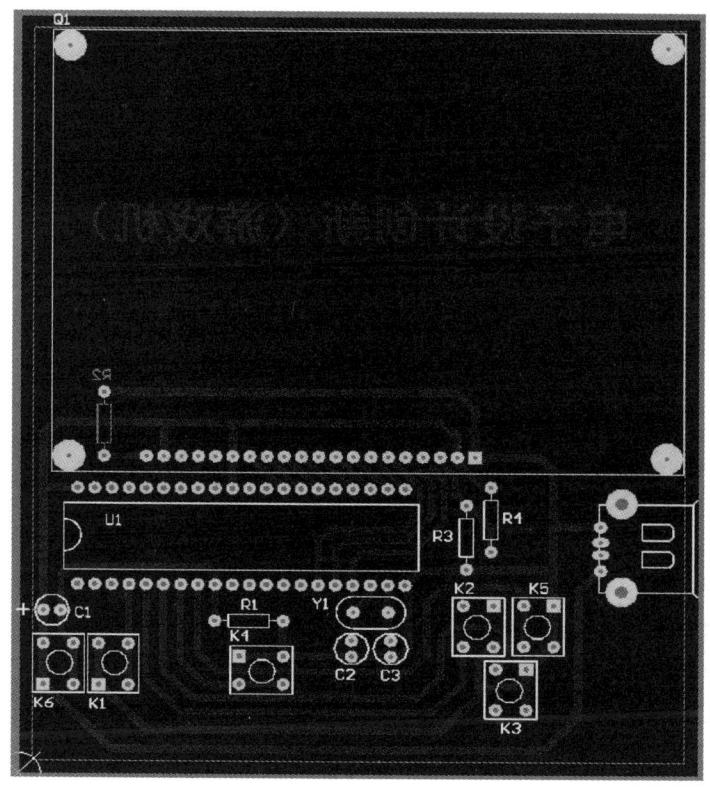

图 2-4.26 布线完成效果图

4.3.4 检查输出

绘制完 PCB 后,需要进行设计规则检查,以检查电路是否有违反设计规则的地方。执行菜单命令"工具"→"设计规则检查",打开设计规则检查对话框,在对话框中可设置检查报告选项和需要检查的设计规则。设置完毕后,单击左下角运行 DRC(设计规则检查)按钮进行检查,检查过程会实时显示在 Messages 面板中,检查完毕后用户可以根据 Messages 面板中的链接定位到设计规则违规处。

下面就以游戏机工程为例讲述设计规则检查,步骤如下:

① 执行菜单命令"工具"→"设计规则检查",打开设计规则检查对话框,单击左侧 Report Options(设置检查报告选项),在右侧设置检查报告选项内容中按图 2-4.27 进行设置。

② 在设计规则检查对话框左侧单击 Rules To Check(规则检查选项),在规则检查

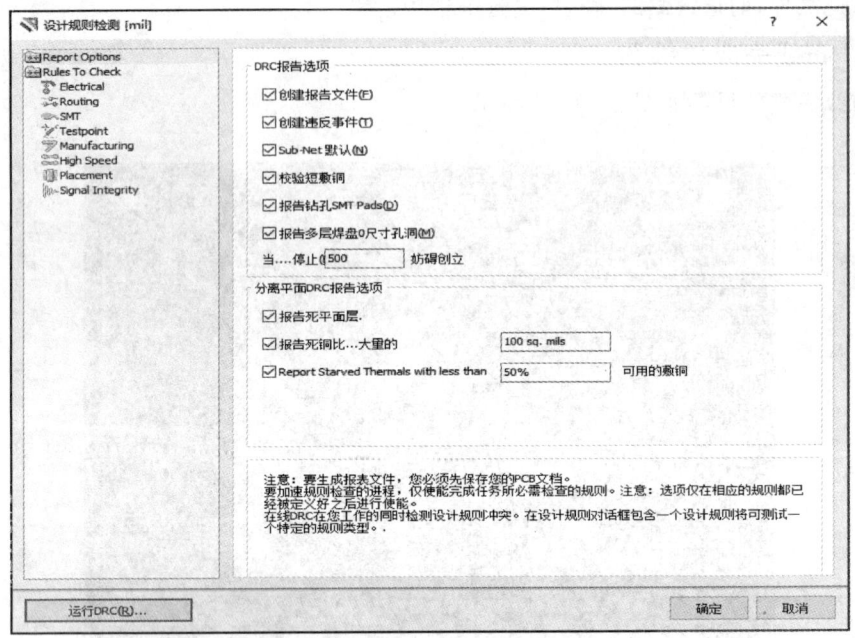

图 2-4.27 设置检查报告选项

选项可依次点击规则进行设置。不是所有的设计规则违规都需要进行纠正,有些违规是可以忽略的。在游戏机案例中设计规则检查可以忽略的规则是 Manufacturing(制造)规则下的 Silkscreen Over Component Pads(丝印层与焊盘间距)。在规则右侧内容中把该规则复选框取消,规则检查选项设置如图 2-4.28 所示。

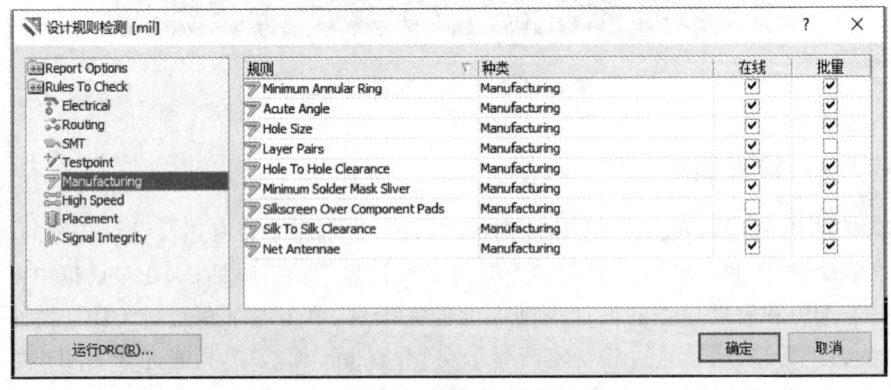

图 2-4.28 规则检查选项设置

③ 单击设计规则检查对话框左下角运行 DRC 按钮,开始进行设计规则检查。运行完成后会弹出 Messages 对话框,Messages 对话框中显示规则检查错误信息。双击违规信息,编辑窗口会跳转到违规处显示进行修改。所有规则错误修改完成以后如图 2-4.29 显示。

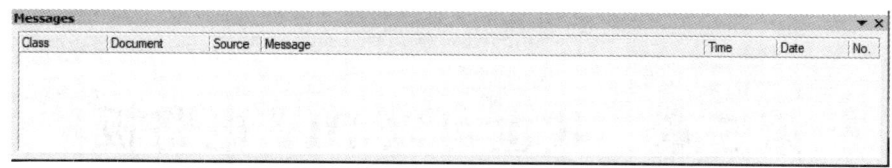

图 2-4-29　规则检查对话框

④ 规则检查错误全部修改完成以后,在工程面板中"游戏机.PCB"文档上右击,在快捷菜单中选择"保存"命令。将光标移到工程文档名称上方右击,然后在弹出的快捷菜单中选择"保存工程"命令。保存的 PCB 文档后续打印输出,将 PCB 图转移到覆铜板上,通过腐蚀、打孔、焊接制作印制电路板。

习　题

1. 简述 PCB 编辑环境的组成元素。
2. 简述 PCB 板形绘制的操作步骤。
3. Altium Designer 10.0 提供的设计规则包含哪些类别?
4. 简述 PCB 布局的基本原则。
5. 简述 PCB 布线的基本原则。

第5章 我也可以DIY电路板

印制电路板(Printed Circuit Board,简称PCB),又称印刷线路板、电子线路板等。几乎每一种电子设备,只要存在电子元器件,它们之间的电气互连就要使用印制电路板。

5.1 印制电路板的分类

印制电路板的分类方法有很多种,按照基材的性质可分为刚性印制板和柔性印制板两大类,按照布线层数可分为单面板、双面板和多层板三类。

5.1.1 按照基材的性质分类

1. 刚性印制板

刚性印制板使用固体刚性基材,具有一定的机械强度,使用它组装成的部件具有平整状态好的特点。根据印制电路板材料的不同可分为四种:酚醛纸基敷铜箔板(又称纸铜箔板)、环氧酚醛玻璃布敷铜箔板、环氧玻璃布敷铜箔板、聚四氟乙烯玻璃布敷铜箔板。一般电子产品中使用的都是刚性印制板。

2. 柔性印制板

柔性印制板,又称软板,常常以软层状塑料或其他软质绝缘材料为基材制作而成。由柔性印制板制成的部件可以弯曲和伸缩,在使用时可根据安装要求将其弯曲。柔性印制板一般用于特殊场合,如某些数字万用表的显示屏是可以旋转竖立起来或放倒的,其内部往往采用柔性印制板,手机的显示屏、按键等往往也采用柔性印制板连接。柔性印制板的突出特点是能弯曲、卷曲、折叠,能连接刚性印制板及活动部件,从而能立体布线,实现三维空间互连,具有体积小、重量轻、装配方便等优点,适用于空间小、组装密度高的电子产品。

常见的刚性印制板和柔性印制板如图2-5.1所示。

 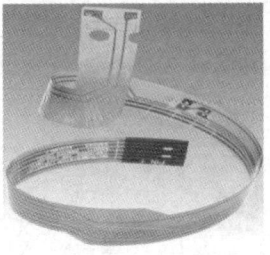

图2-5.1 刚性印制板与柔性印制板

5.1.2 按照布线层数分类

1. 单面印刷电路板

单面印刷电路板,只在基材的一面覆铜,电子元器件一般也是集中在其中的一面。单面印刷电路板通常制作简单,造价低,缺点是无法应用于太复杂的产品上。

2. 双面印刷电路板

双面印刷电路板是单面板的延伸,当单层布线不能满足电子产品的需要时,就要使用双面板了。双面都覆铜、走线,并且由过孔导通两层的线路,从而形成所需要的网络连接。

3. 多层板

多层板是指具有三层及以上导电图形层的电路板,导电图形层与绝缘基材以相隔层压制而成,其间导电图形按要求互连。多层线路板是电子信息技术向高速、多功能、大容量、小体积、薄型化、轻量化方向发展的产物。

5.2 印制电路板的功能

印制电路板是重要的电子部件,是电子元器件的支撑体,是电子元器件电气连接的载体。它在电路中的功能主要体现为:

① 提供集成电路等各种电子元器件固定、装配的机械支撑;
② 实现集成电路等各种电子元器件之间的布线和电气连接或电绝缘;
③ 提供所要求的电气特性,如特性阻抗等;
④ 为自动焊接提供阻焊图形,为元件插装、检查维修提供识别字符和图形。

5.3 印制电路板的制作

我们在学校实习、课程设计过程中,或者在电子产品样机还没有定型的试制阶段,经常需要手工制作印制板,与专业的印制板制作厂家定制相比,手工制作印制板具有耗时短、造价低等优势。因此,掌握手工制作印制板的方法还是很有必要的。

现代 PCB 制造工艺主要分为加成法和减成法。

5.3.1 加成法制造印制电路板

在绝缘基材表面上,有选择性地沉积导电金属而形成导电图形的方法称为加成法。常见的 3D 打印就是典型的加成法生产工艺。

目前,由于加成法制造印制电路板的设备造价还比较昂贵,所以学生制作印制电路板时,选用这种方法的还不是很多。

5.3.2 减成法制造印制电路板

在覆铜箔层压板(简称覆铜板)表面上,有选择性地除去部分铜箔来获得导电图形的方法称为减成法。目前减成法比较常用。

利用减成法手工制作印制板,常见的有刀刻法、漆图法、贴图法、感光法、雕刻机法、热转印法等。目前热转印法最常用。

1. 刀刻法

对于一些电路比较简单、线条较少的印制板,可以用刀刻法来制作。在进行布局排版设计时,要求导线形状尽量简单,一般把焊盘与导线合为一体,形成多块矩形。首先在铜箔上用刻刀雕刻出导线轮廓,然后将多余的铜箔剥离,去除不需要的铜箔。撕去多余铜箔要从板的边缘开始,若操作得当,可以成片地逐步撕掉。这个步骤可以使用小的尖嘴钳来完成。

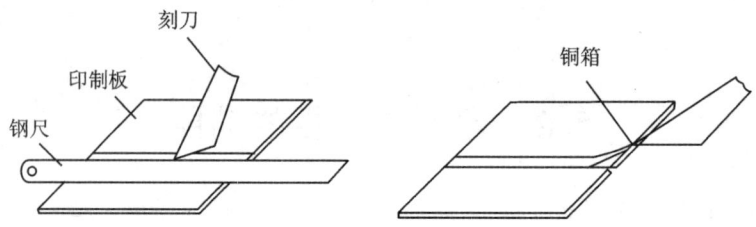

图 2-5.2 刀刻法制作印制板

2. 漆图法

为了将覆铜板上需要的铜箔保存下来,就要将这部分铜箔涂上一层防腐蚀层。也就是说,在所需要的印制导线、焊盘上加一层保护膜;然后利用三氧化铁溶液将没有被保护的裸露铜箔腐蚀掉,得到想要的印制板。

利用防腐保护漆描绘覆铜板制作印制板的方法被称为"漆图法"。漆图法一般可用黑色的调和漆,漆的稀稠要适中,调到用小棍蘸漆后能往下滴为好。另外,各种抗三氧化铁蚀刻的材料均可以用作描图液,但要考虑腐蚀工序完成后,保护漆方便去除(去膜)。

漆图法描图时应先描焊盘;用适当的硬棍蘸点漆料,描焊盘时注意与孔同心,大小尽量均匀。焊盘描完后再描印制导线图形,描线用的漆稍稠,可用鸭嘴笔、毛笔等配合尺子,注意直尺不要与板接触,可将两端垫高,以免将未干的图形蹭坏。漆图法需要等保护漆晾干以后再放入三氯化铁溶液中腐蚀。

漆图法的过程比较麻烦,在以前没有计算机和打印机的时代比较常用,现在已经很少使用了。

3. 贴图法

贴图法可以看做"漆图法"和"刀刻法"的结合。先将不干胶纸或宽的透明胶带贴在已做清洁处理的敷铜板上,在上面描绘出印制板图,然后用切纸刀片沿线条轮廓切出,将需要腐蚀部分的覆盖物撕掉,这样就在覆铜板上得到了类似"漆图法"的保护膜。最后将覆铜板投入三氯化铁溶液中腐蚀,清洗、晾干后即可使用。此法比刀刻法要省不少力气,但贴上的覆盖物一般不够牢靠,需要保护的部分会被腐蚀掉。

4. 感光法

感光法需要使用一种专用的覆铜板,其铜箔层表面预先涂布了一层感光材料,故称为"预涂布感光覆铜板",也叫"感光板"。感光法制作印制板的方法如下:

① 将电路图1:1打印在比较透明(薄)的、最少有一面是比较光滑平整的纸上,要镜像打印在平整的那一面。

② 将纸的光滑面紧贴感光电路板(用玻璃夹紧),放入曝光机中曝光。没有曝光机的,也可以放到太阳下照射2~8 min,时间长短跟太阳强弱有关,阴天甚至需要照射20 min左右。此过程一定不要移动纸和电路板的相对位置,并且要贴紧。

③ 将电路板放到显影药水下显影(洗掉不需要的感光剂),留下的显影剂会形成保护膜,阻止铜跟下一步的三氯化铁反应。此过程一般需要1~3 min。时间跟曝光程度成反比,曝光过度,显影时间就会很短;曝光不足,显影时间就会很长,甚至要10 min以上。另外,还跟显影水的浓度有关。不过,强烈建议曝光不要过度,宁可显影时间长些,这样不会出现失误,可以保证尽量成功。

最后经过三氯化铁溶液腐蚀,制作出印制板。三氯化铁溶液腐蚀覆铜板一般需要5~30 min左右。

由于以上过程是利用光线直接决定铜皮的去留,所以精度可以做得很高,操作熟练者一般可以30 min内做出高精度的电路板。

感光法制作印制板的缺点是制作成本高,因为需要购买专用的感光板。

5. 雕刻机法

电路板雕刻机一般分为机械式定深铣板雕刻机和激光刻板机两种。其原理是利用雕刻刀或激光将覆铜板上多余的铜箔去掉,从而得到印制板。图2-5.3所示是机械式电路板雕刻机和用它雕刻制作的印制板。

电路板雕刻机同计算机连接,在雕刻软件中打开设计好的电路板图,进行简单的设置以后,雕刻机就可以自动雕刻印制板了。这种方法自动化程度高,适合有一定财力的企业单位进行少量验证性电路板的快速设计制作。

6. 热转印法

热转印法是目前制作少量电路板的最佳选择。该方法利用了激光打印机墨粉的防腐蚀特性,具有制板速度快、精度较高、成本低廉等特点。

使用热转印制板,在布线时需要注意以下几个方面:

① 推荐参数。建议:线宽不小于20 mil,线间距不小于10 mil。为确保安全,线宽推荐为35 mil,大电流一般要再加宽。为布通线路,局部线宽可以小到20 mil,但须谨慎。导线间距、焊盘间距要大于10 mil。

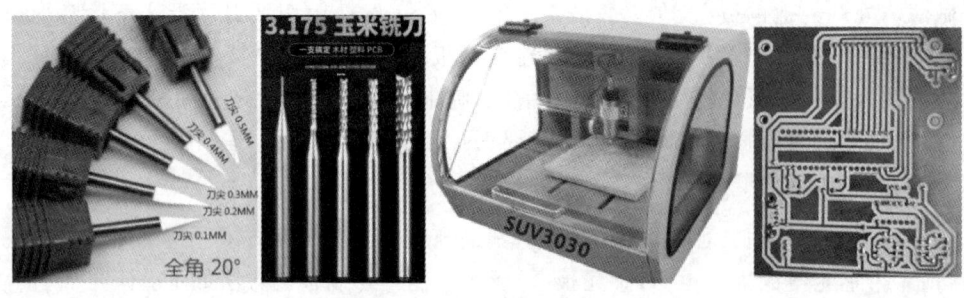

图 2-5.3　电路板雕刻机

② 布线原则。印制电路板在布线时尽量布成单面板,无法布通时可以考虑跳接线(跳线要尽量短);仍然无法布通时,可以考虑使用双面板,但考虑到焊接时要焊两面的焊盘,并排双列或多列封装的元件在顶层(Top layer)不要设置焊盘(顶层不要有连线)。布线时要合理布局,甚至可以考虑调换多单元器件(比如 6 非门)的单元顺序,以有利于布通。尽量使用手工布线,自动布线往往不能满足要求。

③ 焊盘外径参数。在实验室使用热转印法制板时,内径为 0.8 mm 孔的焊盘,外径要在 70 mil 以上,推荐 80 mil;否则会因打孔精度不高损坏焊盘。

④ 焊盘内径参数。在实验室使用热转印法制板时,孔的内径可以全部设成 15~30 mil,不必采用实际大小,这样有利于钻孔时钻头对准。

⑤ 电路板上的文字方向。底层(Bottom layer)的字需要镜像,顶层(Top layer)的字要正着写,这样完成的印制板上的字的方向才会都是正的。

热转印法制板方法简单,但是为了提高制作的质量和效率,需要注意的事项和技巧较多。其制作步骤如下:

(1) 打　印

打印时要打印在热转印纸的光面上。

注意:只能用激光打印机打印! 不能用喷墨打印机。

图 2-5.4 所示为激光打印机和打印的电路板图。

 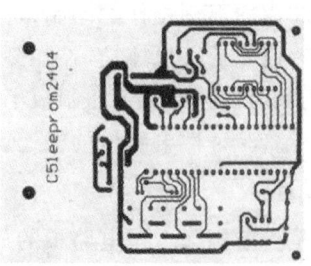

图 2-5.4　用激光打印机打印电路板图

(2) 打磨(空白覆铜板的预处理)

这一步很重要,必不可少。将 PCB 板按需要裁好并将边缘突起的毛刺用砂纸打磨光滑,加强油墨的附着性,使覆铜板在与热转印纸争夺油墨时处于优势。打磨要轻,目的是只磨去表层氧化膜,尽量不要划伤铜,磨后要光亮如镜。最后用水清洗,用干净柔软的布擦干(不要用容易掉渣的卫生纸擦拭)。图2-5.5所示为电路板的打磨处理。

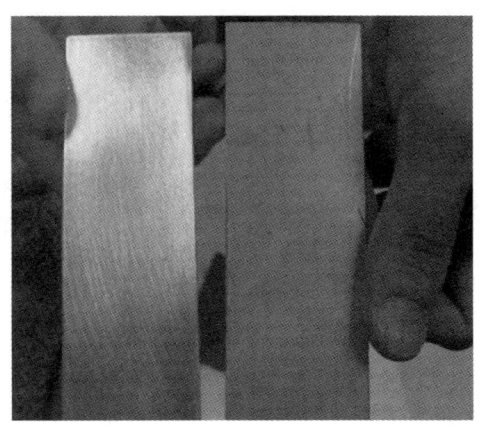

图2-5.5 电路板的打磨处理

(3) 转　印

将热转印机的温度设置到190～200 ℃之间(不同的热转印机,大家可根据经验适当调整),热转印纸上线路图四周的空白只保留一边,其余三边裁剪掉(方便对齐覆铜板)。当热转印机的温度到达190 ℃之后,将热转印纸有线路图的一面贴到覆铜板上(只将热转印纸上空白的一边折叠包裹),小心地送入热转印机中,一般只需要转印一遍即可。揭开热转印纸的一个角(全揭下来就不方便再对齐了),观察线路图是否都转印到了覆铜板上。如果没有完全转印上,可以再转印一遍,但一般不要超过3～5遍。图2-5.6所示为热转印机。

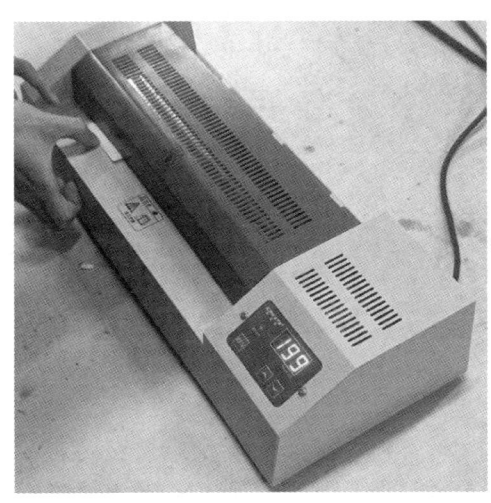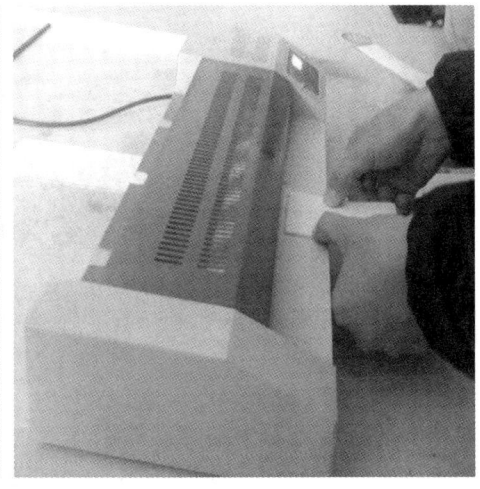

图2-5.6 热转印机

刚转印完成后的PCB还很烫,这时最好不要马上去揭转印纸,先让它自然冷却,然后从一角小心翼翼地揭掉转印纸。这时我们可以看到,转印纸上的墨粉绝大部分已经转移到了覆铜板上面。图2-5.7所示为两种不同的热转印质量对比。

 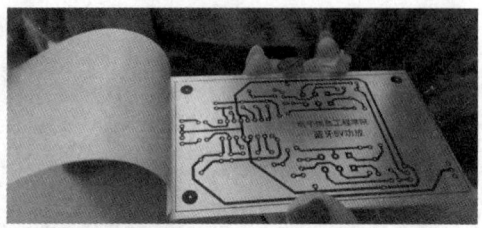

图 2-5.7　两种不同的热转印质量对比

(4) 修　图

覆铜板上断掉的油墨线,可以用油性笔填涂完整。注意:一定要用不溶于水的油性笔,水性的白板笔是不可以的。用油性笔填涂补线时,宁可少涂,也不要造成不必要的连接短路。如果断线不是很严重,也可以暂时不做修图,待腐蚀完成之后断掉的少量铜线可以用金属线补上。

(5) 腐　蚀

图2-5.8所示为电路板的腐蚀。在塑料盆中,用温水配置三氯化铁饱和溶液(往热水中倒入三氯化铁固体,直至不再溶解。一般约用40%的三氯化铁和60%的温水。要控制水量,能淹没电路板即可!不用太多,避免浪费!)。将转印成功后的覆铜板铜箔面向上放入饱和溶液中,缓慢均匀搅液,边摇边观察,直到腐蚀完成,立即取出。一个容器中最好只放入一块覆铜板,防止多块覆铜板相互覆盖和磨蹭。腐蚀过程用时差别较大,能否快速腐蚀成功关键在于温水、饱和溶液、不断搅动。

三氯化铁溶液为棕黄色,而且其附着性和渗透性比较强。如果溶液不小心滴落到桌面或地面,干燥后就非常不容易清理掉,一定要在第一时间擦拭干净。因此,同学们在腐蚀覆铜板的时候,最好将盛三氯化铁的塑料容器放在洗手池中,方便清洗。

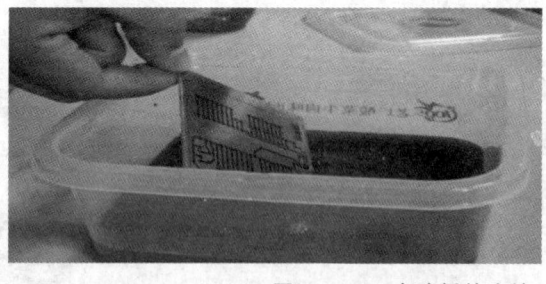 

图 2-5.8　电路板的腐蚀

(6) 冲　洗

腐蚀完成后的覆铜板要立即用水清洗干净,否则它还会继续反应,将线路腐蚀断线。清洗干净后擦干即可,板子上的黑色油墨暂时不要磨掉,方便钻孔时看清中心位置,等到焊接元器件前再磨掉。

(7) 钻　孔

图2-5.9所示为电路板钻孔。电路板钻孔时要根据元器件引脚的粗细不同而选

择不同规格的钻头。一般会用到直径 0.7～1.4 mm 范围的钻头。

为了简化钻孔的操作,根据经验,我们一般只需准备直径 0.8 mm、1.0 mm、1.2 mm 三种规格的钻头,给电路板钻孔时,先将所有焊盘用 0.8 mm 的钻头钻孔,然后再观察元器件引脚的粗细情况,分别用 1.0 mm 或 1.2 mm 的钻头将需要的焊盘孔扩大即可。

安装螺丝的位置,我们还可能会用到直径 3.0 mm 的钻头。

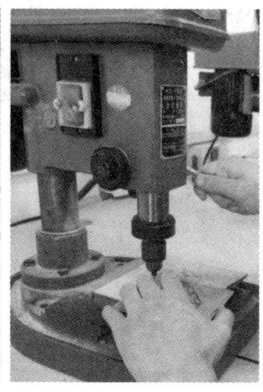

图 2-5.9 电路板钻孔

(8) 可焊性处理

钻完孔,印制板的制作工作就基本结束了,此时黑色的油墨还附着在电路板上,暂时不必清除,它还能保护铜线免遭氧化。

等到焊接前,我们再用砂纸将上面的墨粉清除并冲洗干净,擦干后可以涂上松香水(松香的酒精饱和溶液,酒精要用浓度高的医用酒精)或成品的助焊剂,这样可以很好地避免焊盘因为氧化而"不吃锡"的情况发生。图 2-5.10 所示为电路板可焊性处理。

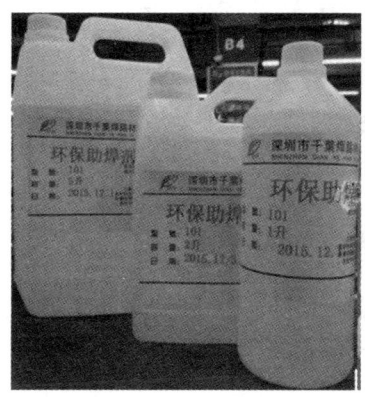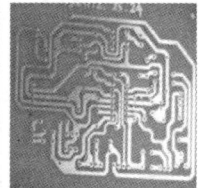

图 2-5.10 电路板可焊性处理

(9) 印制板质量检测

用热转印法制作印制板时,因为在打印、热转印、腐蚀等过程中都有可能造成断线,所以在焊接之前还需要检测一下印制板的质量,主要检查断线和短路等情况。将印制板上的铜导线和正确的电路板图进行比对,找出错误的地方,并将其修复。

检测方法主要有目测法和电测法。目测法就是用眼睛观察,有条件的也可以借助放大镜或者更加高级的光学仪器。电测法通常是指借助万用表的电阻挡或者蜂鸣挡进行检测。图2-5.11所示为电路板的检测。

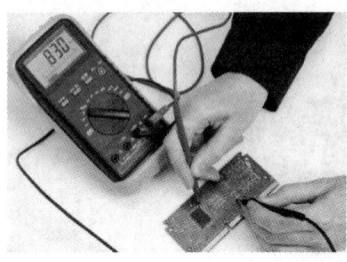

图2-5.11　电路板的检测

掌握了热转印法制作印制板的步骤和技巧之后,用不了半个小时我们就可以做出高质量的印制电路板了。如果想快速地进行电子产品的设计制作,热转印法制作印制板是最佳的选择!

印制板制作完成以后,就可以进行下一步的电路板焊接了。图2-5.12所示为电路板的焊接。

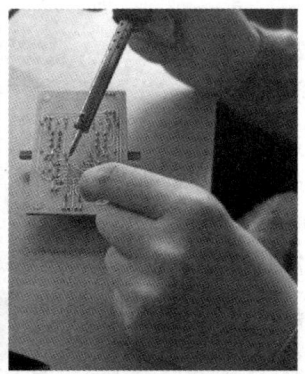

图2-5.12　电路板的焊接

习　题

1. 印制电路板的功能有哪些?
2. 采用热转印法制作电路板时,电路板布线要注意哪些方面?
3. 简述热转印法制作印制板的制作步骤。
4. 谈谈在使用三氯化铁溶液腐蚀电路板时要注意哪些影响因素?
5. 印制电路板质量检测方法主要有哪些?

第6章 焊接技术

任何电子产品,都是由几个或成千上万个零部件按电路工作原理,用一定的焊接工艺连接而成。焊接技术包括焊接方法、焊接材料、焊接设备、焊接质量检测等。焊接技术作为电子工艺的核心技术之一,在工业生产中起着重要的作用。

6.1 焊接的基础知识

6.1.1 焊接与锡焊

焊接是利用加热、加压或其他手段,在两种金属的接触面,依靠原子或分子的相互扩散作用,形成一种新的牢固的结合,使这两种金属永久地连接在一起。焊接具有节省金属、减轻结构重量,焊点的机械性能和紧密性好等特点,因而得到了十分广泛的应用。

1. 焊接分类

在生产中使用较多的焊接方法主要有熔焊、压焊和钎焊3大类。

① 熔焊。熔焊是利用高温热源将需要连接处的金属局部加热到熔化状态,使它们的原子充分扩散,冷却凝固后连接成一个整体的方法。熔焊可以分为电弧焊、气焊、电子束焊和激光焊等。

② 压焊。在焊接过程中,必须对焊件施加压力(加热或不加热)完成的焊接方法。这是一种不用焊料与焊剂即可获得可靠的连接的焊接技术,如点焊、碰焊和超声波焊等。

③ 钎焊。如果在焊接的过程中需要溶入第三种物质,则称为钎焊,第三种物质称为焊料。按焊料熔点的高低又将钎焊分为硬钎焊和软钎焊,通常以450 ℃为界,低于450 ℃的称为软钎焊。

电子产品安装工艺中的所谓"焊接"就是软钎焊的一种,因主要用锡、铅等低熔点合金做焊料,故称为锡焊。

2. 锡焊的特点

① 焊料的熔点低,适用范围广。锡焊的熔化温度为180～320 ℃,对金、银、铜和铁等金属材料具有良好的可焊性。

② 易于形成焊点,焊接方法简便。锡焊焊点是靠融溶的液态焊料的浸润作用而形成的,因此,对加热量和焊料不必有精确的要求就能形成焊点。

③ 成本低廉、操作方便。锡焊比其他焊接方法成本低,焊料也便宜,焊接工具简单,操作方便,并且整修焊点、拆换元器件以及重新焊接都很方便。

④ 容易实现焊接自动化。

3. 锡焊形成的过程

锡焊必须将焊料、焊件同时加热到最佳焊接温度。从微观角度看,锡焊是通过"润湿"、"扩散"和形成"合金层"3个过程来完成的。

(1) 润 湿

润湿过程是指已经熔化了的焊料借助毛细作用的力,沿着母材金属表面细微的凹凸及结晶的间隙向四周流动,从而在被焊母材表面形成一附着层,使焊料与母材金属的原子相互接近,达到原子引力起作用的距离。这个过程称为熔融焊料对母材表面的润湿。润湿过程是形成良好焊点的先决条件。

(2) 扩 散

伴随着润湿的进行,焊料与母材金属原子间的互相扩散现象开始发生,通常金属原子在晶格点阵中处于热振动状态,这种运动随着温度升高,其频率和能量也逐步增加。当达到一定的温度时,某些原子就因具有足够的能量克服周围原子对它的束缚,脱离原来的位置,转移到其他晶格中,这个现象称为扩散。

(3) 合金层

由于焊料与母材的原子间互相扩散,在金属和焊料之间形成一个中间层,称为合金层。从而使母材与焊料之间达到牢固的冶金结合状态。

锡焊,就是让熔化的焊锡分别渗透到两个被焊物体的金属表面分子中,然后让其冷却凝固而使它们之间结合。

以元器件引脚和印制电路板焊盘的焊接为例,两金属(引脚和焊盘)之间有两个界面:其一,是元器件引脚与焊锡之间的界面;其二,是焊锡与焊盘之间的界面。当一个合格的焊接过程完成后,在以上两个界面上都必定会形成良好的扩散层。在界面上,高温促使焊锡分子向元器件引出脚的金属中扩散,同时,引脚的金属分子也向焊锡中扩散。在金属和焊料之间形成一个合金层,于是,元器件引脚和焊盘就通过焊锡紧紧地结合在一起了。

从以上分析可以知道:焊接过程的本质是扩散,焊接不是"粘",也不是"涂",而是"熔入"、"浸润"和"扩散",它们最后形成了"合金层"。

4. 焊点形成的必要条件

要使焊接成功,必须形成合金层,因此应满足以下几个条件:

① 两金属表面必须清洁。因为氧化膜和杂质会阻碍焊锡和焊件相互作用,达不到原子间相互作用距离,在焊接时难以生成真正合金层,容易虚焊。

② 焊接的温度和时间要合适。只有在足够高的温度下,才能使焊料熔化、润湿,并充分扩散形成合金层。然而,受元器件耐温性能和焊剂、焊料等重新氧化的限制,在实际的焊接工艺中,温度和时间都不能过度。合适的加热时间一般为 2~5 s。

③ 冷却时,两个被焊物的位置必须相对固定。在凝固时不允许有位移发生,以便熔融的金属在凝固时重新生成其特定的晶相结构,使焊接部位保持应有的机械强度。

6.1.2 焊接工具

1. 电烙铁

电烙铁是电子制作和电器维修必不可少的工具,用于焊接、维修及更换元器件等。手工锡焊过程中,电烙铁担任着加热被焊金属、熔化焊料、运载焊料和调节焊料用量的多重任务。合理选择和使用电烙铁是保证焊接质量的基础。

(1) 外热式电烙铁

外热式电烙铁由烙铁头、烙铁芯、外壳、手柄和电源引线等部分组成,如图 2-6.1 所示。这种电烙铁的烙铁头安装在烙铁芯内,故称为外热式电烙铁。

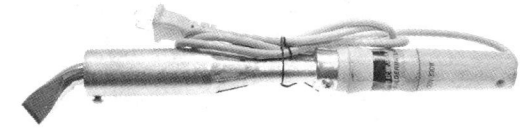

图 2-6.1 外热式电烙铁

电烙铁的发热部件是烙铁芯,它的结构是将电热丝平行地绕制在一根空心瓷管上,中间由云母片绝缘,电热丝的两头与两根交流电源线连接。烙铁头由紫铜材料制成,作用是储存热量和传导热量,它的温度比被焊物体的温度要高得多,烙铁的温度与烙铁头的体积、形状和长短等均有一定的关系。若烙铁头的体积较大,保持温度的时间则较长。

外热式电烙铁规格很多,常用的有 25 W、45 W 和 75 W 等,功率越大烙铁头的温度越高。

(2) 内热式电烙铁

内热式电烙铁是指烙铁芯装在烙铁头的内部,从烙铁头的内部向外传导热。它由烙铁芯、烙铁头、连接杆和手柄等几部分组成,如图 2-6.2 所示。

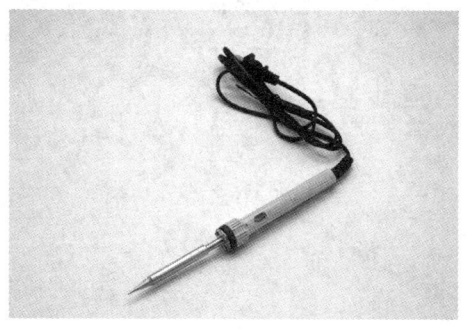

图 2-6.2 内热式电烙铁

内热式电烙铁具有体积小、发热快、重量轻和耗电低等特点。常用的规格有20 W、30 W和50 W等。内热式电烙铁的传导效率比外热式电烙铁高。20 W的内热式电烙铁的实际发热功率与25～40 W的外热式电烙铁相当。

(3) 恒温式电烙铁

图2-6.3所示为一种常见的恒温式电烙铁,它是在普通电烙铁头上安装强磁体传感器作为温控元器件制成的。其工作原理是,接通电源后,烙铁头的温度上升;当达到设定的温度时,传感器里的磁铁达到居里点而磁性消失,从而使磁芯触点断开,此时停止向烙铁芯供电;当温度低于居里点时,磁铁恢复磁性,与永久磁铁吸合,触点接通,继续向烙铁供电。如此反复,自动控温。

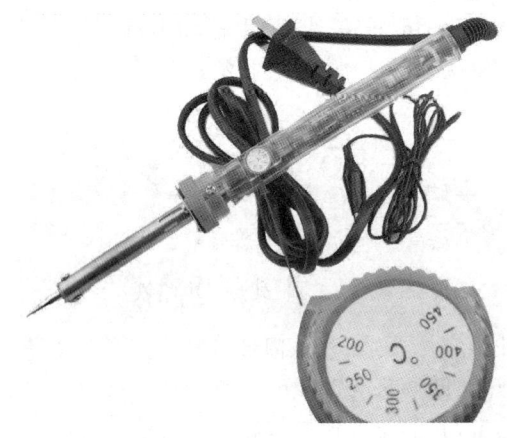

图2-6.3 恒温式电烙铁

(4) 吸锡式电烙铁

图2-6.4所示为一种常见的吸锡式电烙铁,它是将普通电烙铁与活塞式电烙铁融为一体的拆焊工具。使用方法是,接通电源3～5 s后,把活塞按下并卡住,将吸头对准将要拆下的元器件,待锡融化后按下按钮,活塞上升,焊锡被吸入吸管。用完后推动活塞3～4次,清除吸管内残留的焊锡,以便下次使用。

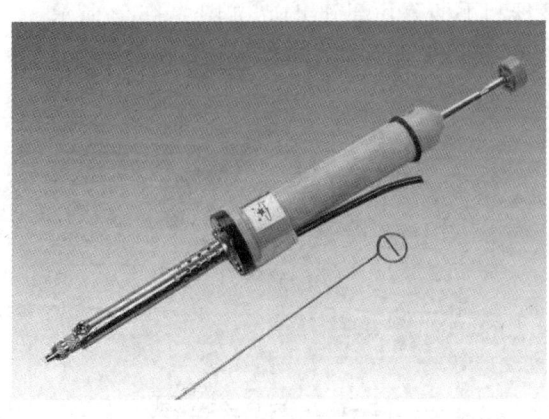

图2-6.4 吸锡式电烙铁

(5) 热风枪

热风枪又称为贴片元件拆焊台,它专门用于表面贴片安装电子元件的焊接和拆焊,如图 2-6.5 所示。热风枪由控制电路、空气压缩泵和热风喷头等组成。其中控制电路是整个热风枪的温度、风力控制中心,空气压缩泵是热风枪的心脏,负责热风枪的风力供应,热风喷头是将空气压缩泵送来的压缩空气加热到可以使 BGA、IC 上焊锡熔化的部件。其中头部还可以装有检测温度的传感器,把温度信号转变为电信号送回电源控制印制电路板。各种不同的喷嘴用于拆装不同的表面贴片元器件。

图 2-6.5 热风枪

2. 电烙铁的选择和使用

电烙铁的种类和规格很多,由于被焊工件的大小、性质不同,因而合理选用电烙铁的功率和种类,对提高焊接质量和效率有直接关系。如果被焊件较大,使用的电烙铁功率较小,则焊接温度过低,焊料熔化较慢,焊剂不易挥发,焊点不光滑、不牢固,会造成外观质量与焊接强度不合格,甚至焊料不能熔化,焊接无法进行。如果电烙铁功率过大,则会使过多的热量传递到被焊件上,使元器件焊点过热,可能造成元器件损坏,印刷电路板的铜箔脱落,焊料在焊接面上流动过快并无法控制等。

(1) 电烙铁功率的选择

① 焊接集成电路、晶体管及其他受热易损元件时,考虑选用 20 W 内热式或 25 W 外热式电烙铁。

② 焊接较粗导线及同轴电缆时,考虑选用 50 W 内热式或 45～75 W 外热式电烙铁。

③ 焊接较大的元器件时,如金属底盘接地焊片,应选 100 W 以上的电烙铁。

(2) 烙铁头的选择

烙铁头的外形主要有直头、弯头之分。工作端的形状有圆锥形、圆柱形、铲形、斜劈形及专用的特制形等,如图 2-6.6 所示。通常在小功率电烙铁上,以使用直头锥形的为多,而弯头铲形的则比较适合于 75 W 以上的电烙铁。

① 烙铁头的形状要适应被焊件物面要求和产品装配密度。烙铁头形状的选择可

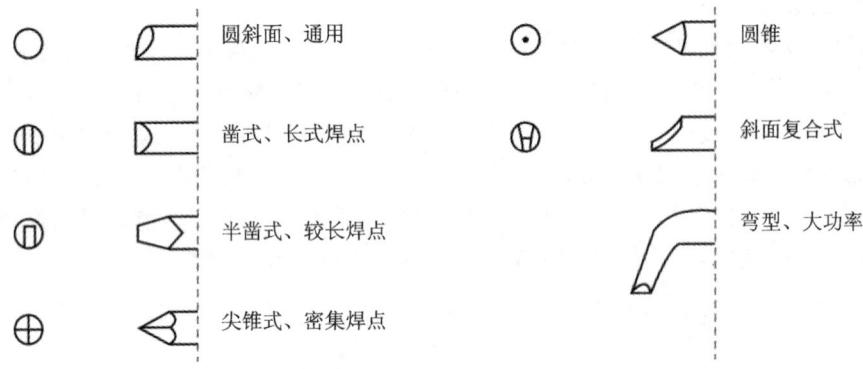

图 2-6.6 烙铁头的外形

以根据加工的对象和个人的习惯来决定,或根据所焊元器件种类来选择适当形状的烙铁头。小焊点可以采用圆锥形的,较大焊点可以采用铲形或圆柱形的。

② 烙铁头的顶端温度要与焊料的熔点相适应,一般比焊料熔点高 30~80 ℃。可以利用更换烙铁头的大小及形状来达到调节烙铁头温度的目的。烙铁头越细,温度越高;烙铁头越粗,相对来说温度越低。

③ 电烙铁的热容量要恰当。烙铁头的温度恢复时间要与被焊件物面的要求相适应。温度恢复时间是指在焊接周期内,烙铁头顶端温度因热量散失而降低后,再恢复到最高温度所需的时间。它与电烙铁功率、热容量及烙铁头的形状、长短有关。

3. 其他焊接工具

焊接所用的工具还有吸锡器、尖嘴钳、斜口钳、剥线钳、镊子、放大镜、小刀和台灯等。

吸锡器是锡焊元器件无损拆卸时的必备工具。吸锡器有很多种形式,但工作原理和结构都大同小异。常用的手动专用吸锡器是利用一个较强力的压缩弹簧,弹簧在突然释放时带动一个吸气筒的活塞抽气,在吸嘴处产生强大的吸力将处于液态的锡吸走,如图 2-6.7 所示。

图 2-6.7 吸锡器

也有将电烙铁和吸锡器合二为一,使其成为吸锡式电烙铁。这种产品具有焊接和吸锡双重功能,拆卸焊点时无须另外的电烙铁加热,可以垂直在焊点引脚上吸锡。

镊子和尖嘴钳用于夹持细小的零件,以及不便直接用手捏拿着进行操作的零件。镊子可选修钟表用的那种不锈钢镊子。尖嘴钳应选用较细长的那一种。斜口钳用来在焊接后修剪元器件过长的引脚,它也是安装焊接中使用较多的一件工具,一定要选购钳嘴密合、刀口锋利、坚韧耐用的一种。使用时要注意保护,不得随便用来剪切其他较硬的东西,比如铁丝等。剥线钳的使用既可提高效率,又可保证剥线质量。小刀和砂纸用于零件上锡前的表面处理。放大镜在检查焊接缺陷时非常有用。

6.2 焊接材料

焊接材料即焊接时所消耗的材料,包括焊料和焊剂。焊接材料在焊接技术中起着重要的作用,选用正确、合适的焊接材料,能使产品的质量和性能得到优化。

6.2.1 焊料

焊料又称为钎料,是一种比被焊金属熔点低的易熔金属。焊料熔化时,在被焊金属不熔化的条件下能浸润被焊金属表面,并在接触面处形成合金层而与被焊金属连接到一起。

1. 焊料的分类

根据其组成成分,焊料可以分为锡铅焊料、银焊料及铜焊料;根据其熔点,焊料又可以分为软焊料(熔点在 450 ℃以下)和硬焊料(熔点在 450 ℃以上)。

在电子产品装配中,常用的是锡铅焊料,即焊锡。焊锡是一种锡和铅的合金,它是一种软焊料,为了提高焊锡的物理、化学性能,有时还特别掺入少量的锑(Sb)、铋(Bi)和银(Ag)等金属。

2. 焊料的规格

根据需要,可以将锡铅焊料的外形加工成焊锡条、焊锡带、焊锡丝、焊锡圈和焊锡片等不同形状;也可以将焊料粉末与焊剂混合制成膏状焊料,即所谓"银浆""锡膏",用于表面贴装元器件的安装焊接。手工焊接现在普遍使用有松香助焊剂的焊锡丝,焊锡丝的直径从 0.5 mm 到 5.0 mm 不等,有十多种规格。

3. 杂质金属对焊料的影响

通常将焊锡料中除锡、铅以外所含的其他微量金属成分称为杂质金属。这些杂质金属会影响焊锡的熔点、导电性、抗张强度等物理和机械性能。

① 铜(Cu)。铜的成分来源于印制电路板的焊盘和元器件的引线,并且铜的熔解速度随着焊料温度的提高而加快。随着铜的含量增加,焊料的熔点增高,速度加大,容易产生桥接、拉尖等缺陷。一般焊料中铜的含量允许在 0.3%~0.5%。

② 锑(Sb)。加入少量锑会使焊锡的机械强度增高,光泽变好,但润滑性变差,会对

焊接质量产生影响。

③ 锌(Zn)。锌是锡焊最有害的金属之一。焊料中熔进0.001%的锌就会对焊料的焊接质量产生影响。当熔进0.005%的锌时,会使焊点表面失去光泽,流动性变差。

④ 铝(Al)。铝也是有害的金属,即使熔进0.005%的铝,也会使焊锡出现麻点,黏接性变差,流动性变差。

⑤ 铋(Bi)。含铋的焊料,其熔点下降。当添加10%以上时,有使焊锡变脆的倾向,冷却时易产生龟裂。

⑥ 铁(Fe)。铁难熔于焊料中。它使焊料熔点升高,难以熔接。

⑦ 银(Ag)。银可以增加导电率,改善焊接性能。含银焊料可以防止银膜在焊接时熔解,特别适合陶瓷器件上有银层处的焊接,在高档音响产品的电路及各种镀银件的焊接。

4. 焊 膏

焊膏(俗称为银浆)是由高纯度的焊料合金粉末、焊剂和少量印刷添加剂混合而成的浆料,能方便地以钢模或丝网印刷的方式涂布于印制电路板上。焊膏适合片式元器件用再流焊进行焊接。由于可将元件贴装在印制电路板的两面,因而节省了空间,提高了可靠性,有利于大量生产,是现代表面贴装技术(SMT)中的关键材料。

5. 无铅焊料

无铅焊料中不含有毒元素铅,是以锡为主的一种锡、银、铋的合金。由于含有银的成分,提高了焊料的抗氧化性和机械强度,因此该焊料具有良好的润湿性和焊接性,可用于瓷基元器件的引出点焊接和一般元器件引脚的搪锡。

6.2.2 助焊剂与阻焊剂

1. 助 焊 剂

助焊剂又称为焊剂(钎剂),是一种在受热后能对施焊金属表面起清洁及保护作用的材料,在整个焊接过程中焊剂起着至关重要的作用。

(1) 焊剂的功能

助焊剂的作用是清除金属表面氧化物、硫化物、油和其他污染物,并防止在加热过程中焊料继续氧化。同时,它还具有增强焊料与金属表面的活性、增加浸润的作用。

助焊剂一般是一种具有还原性的块状、粉状或糊状物质。焊剂的熔点比焊料低,其比重、黏度和表面张力都比焊料小。因此,在焊接时,助焊剂必定会先于焊料熔化,流浸、覆盖于焊料及被焊金属的表面,起到隔绝空气、防止金属表面氧化、降低焊料本身和被焊金属的表面张力、增加焊料润湿能力的作用,能在焊接的高温下与焊锡及被焊金属表面的氧化膜反应,使之熔解,还原出纯净的金属表面来。

(2) 对助焊剂的要求

① 有清洗被焊金属和焊料表面的作用。

② 熔点要低于所有焊料的熔点。

③ 在焊接温度下能形成液状,具有保护金属表面的作用。
④ 有较低的表面张力,受热后能迅速均匀地流动。
⑤ 熔化时不产生飞溅或飞沫。
⑥ 不产生有害气体和有强烈刺激性的气味。
⑦ 不导电,无腐蚀性,残留物无副作用。
⑧ 助焊剂的膜要光亮、致密、干燥快、不吸潮以及热稳定性好。

(3) 焊剂的品种与特点

助焊剂有无机系列、有机系列和松香树脂系列 3 种。其中,无机助焊剂活性最强,有机助焊剂活性次之,应用最广泛的是松香助焊剂,活性较差。

1) 无机系列助焊剂

无机助焊剂包括无机酸和无机盐。无机酸有盐酸、氟化氢酸、溴化氢酸和磷酸等。无机盐有氯化锌、氯化铱和氟化钠等。无机盐的代表助焊剂是氯化锌和氯化铱的混合物(氯化锌 75%,氯化铱 25%)。它的熔点约为 180 ℃,是适用于钎焊的助焊剂。其具有强烈的腐蚀作用,不能在电子产品装配中使用,只能在特定场合使用,并且焊后一定要清除残渣。

2) 有机系列助焊剂

有机助焊剂由有机酸、有机类卤化物以及各种胺盐树脂类等合成。这类助焊剂由于含有酸值较高的成分,具有较好的助焊性能,可焊性好。此类助焊剂具有一定程度的腐蚀性,残渣不易清洗,焊接时有废气污染,限制了它在电子产品装配中的使用。

3) 树脂系列助焊剂

树脂系列助焊剂的主要成分是松香。在加热的情况下,松香具有去除焊件表面氧化物的能力,同时焊接后形成的膜层具有覆盖和保护焊点不被氧化腐蚀的作用。由于松脂残渣具有非腐蚀性、非导电性和非吸湿性,焊接时没有什么污染,且焊后容易清洗,成本又低,所以这类助焊剂被广泛使用。松香助焊剂的缺点是酸值低、软化点低(55 ℃左右)、易氧化、易结晶和稳定性差,在高温时很容易脱羧炭化而造成虚焊。

目前出现了一种新型的助焊剂——氢化松香,它是用普通松脂提炼出来的。氢化松香在常温下不易氧化变色、软化点高、脆性小、酸值稳定、无毒和无特殊气味,残渣易清洗,适用于波峰焊接。将松香熔于酒精(1:3)形成"松香水",焊接时在焊点处蘸以少量松香水,就可以达到良好的助焊效果。但用量过多或多次焊接形成黑膜时,松香即失去助焊作用,需清理干净后再行焊接。对于用松香焊剂难以焊接的金属元器件,可以添加 4%左右的盐酸二乙胺或三乙醇胺(6%)。

在电子技术中主要使用以松香为主的有机助焊剂。松香是天然树脂,是一种在常温下呈浅黄色至棕红色的透明玻璃状固体,松香的主要成分为松香酸,在 74 ℃时熔解并呈现出活性,随着温度的升高,作为酸开始起作用,使参加焊接的各金属表面的氧化物还原、熔解,起到助焊的作用。固体状松香的电阻率很高,有良好的绝缘性,而且化学性能稳定,对焊点及电路没有腐蚀性。由于它本身就是很好的固体助焊剂,可以直接用电烙铁熔化,蘸着使用,焊接时略有气味,但无毒。早期,无线电工程人员没有松香焊锡丝而使用实心的焊锡条,只要有一块松香佐焊,也可以焊出非常漂亮的焊点来。松香佐焊时间过长时会挥发、炭化,因此作助焊剂使用时要掌握好与烙铁接触的时间。

松香不溶于水,易溶于乙醇、乙醚、苯、松节油和碱溶液。通常可以方便地制成松香酒精溶液供浸渍和涂覆用。

2. 阻焊剂

阻焊剂(俗称为绿油)是为适应现代化电器设备安装和元器件连接的需要而发展起来的防焊涂料,它能保护不需要焊接的部位,以避免波峰焊时出现焊锡搭线造成的短路和焊锡的浪费。

在PCB上应用的阻焊剂种类很多,通常可分为热固化、紫外光固化和感光干膜3大类,前两类属于印料类阻焊剂,即先经过丝网漏印然后固化,而感光干膜是将干膜移到PCB上再经过紫外线照射显影后制成。

热固化型阻焊剂使用方便,稳定性较好,其主要缺点是效率低、耗能。感光干膜精度很高,但需要专业的设备才能应用于生产。目前紫外光固化型阻焊剂发展很快,它克服了热固化型阻焊剂的缺点,在高度自动化的生产线中得到了广泛应用。

6.3 手工焊接技术

手工焊接是锡铅焊接技术的基础。尽管目前现代化企业已经普遍使用自动插装、自动焊接的生产工艺,但产品的试制、小批量生产和具有特殊要求的高可靠性产品等目前还采用手工焊接。即使印制电路板结构这样的小型化、大批量、采用自动焊接技术,也还有一定数量的焊点需要手工焊接,所以目前还没有一种方法完全取代手工焊接技术。

6.3.1 手工焊接的过程

1. 焊接前的准备

焊接开始前必须清理工作台面,准备好焊料、焊剂和镊子等必备的工具,选择合适功率的电烙铁,检查电烙铁电源线是否完好,根据被焊工件表面的要求和产品的装配密度选用合适的烙铁头。电烙铁使用时应先对其进行镀锡处理,以便使烙铁头能带上适量的焊锡。如果烙铁头表面有黑色的氧化层,应锉掉氧化层后再镀锡。清洁的电烙铁通电,粘上锡后在松香中来回摩擦,直到烙铁均匀镀上一层锡。

2. 操作姿势

手工操作时,应注意保持正确的姿势,有利于健康和安全。正确的操作姿势是:挺胸端正直坐,鼻尖至烙铁尖端至少应保持20 cm以上的距离,通常以40 cm时为宜(根据各国卫生部门的规定,距烙铁头20~30 cm处的有害化学气体、烟尘的浓度是卫生标准所允许的)。

烙铁架一般放置在工作台右前方,电烙铁用后稳妥地放于烙铁架上,并注意导线等物不要碰烙铁头。焊锡丝含有一定比例的铅,是对人体有害的重金属,因此操作时应戴手套或操作后洗手。

3. 电烙铁的握法

电烙铁的握法有反握法、正握法和握笔法三种,如图 2-6.8 所示。

反握法:适合于较大功率的电烙铁(>75 W)对大焊点的焊接操作。

正握法:适用于中功率的电烙铁及带弯头的电烙铁的操作,或直烙铁头在大型机架上的焊接。

笔握法:适用于小功率的电烙铁焊接印制板上的元器件。

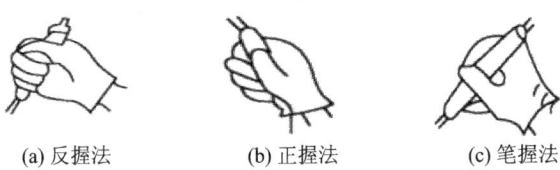

(a) 反握法　　　　(b) 正握法　　　　(c) 笔握法

图 2-6.8　电烙铁的握法

4. 焊锡丝的拿法

手工操作时常用的焊料为焊锡丝。根据连续锡焊和断续锡焊的需要,焊锡丝的拿法有连续焊锡丝拿法和断续焊锡丝拿法两种,如图 2-6.9 所示。

(a) 连续锡丝拿法　　　　(b) 断续锡丝拿法

图 2-6.9　焊锡丝的拿法

(1) 连续焊锡丝的拿法

连续焊锡丝的拿法是用拇指和食指捏住焊锡丝、端部留出 3～5 cm 的长度,其他三指配合拇指和食指把焊锡丝连续向前送进。这种拿法适合成卷(筒)的焊锡丝的手工焊接。

(2) 断续焊锡丝的拿法

断续焊锡丝的拿法是用拇指、食指、中指夹住焊锡丝,焊锡丝不用连续向前送进。这种拿法适合小段焊锡丝的手工焊接。

5. 手工焊接的步骤

焊接操作一般分为准备焊接、加热焊件、熔化焊料、移去焊料和移开电烙铁五个步骤,称为手工焊接"五步法",如图 2-6.10 所示。

① 准备焊接。准备好被焊工件,电烙铁加温到工作温度,烙铁头保持干净并吃锡,

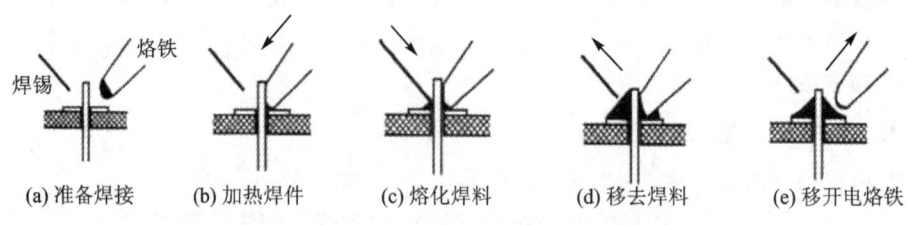

(a) 准备焊接　(b) 加热焊件　(c) 熔化焊料　(d) 移去焊料　(e) 移开电烙铁

图 2-6.10　手工焊接"五步法"

一手握好电烙铁,一手抓好焊料(通常为焊锡丝),电烙铁与焊料分居于被焊工件两侧。

② 加热焊件。烙铁头接触被焊工件,包括工件端子和焊盘在内的整个焊件全体要均匀受热,一般烙铁头扁平部分(较大部分)接触热容量较大的焊件,烙铁头侧面或边缘部分接触热容量较小的焊件,以保持焊件均匀受热。不要施加压力或随意拖动烙铁。

③ 熔化焊料。当工件的被焊部位升温到焊接温度时,送上焊锡丝并与工件焊点部位接触,熔化并润湿焊点。焊锡应从电烙铁对面接触焊件。送焊锡要适量,一般涂以均匀、薄薄的一层焊锡,能全面润湿整个焊点为佳。如果焊锡堆积过多,内部有可能掩盖着某种缺陷隐患,而且焊点的强度也不一定高;但焊锡如果填充得太少,就不能完全润湿整个焊点。

④ 移去焊料。溶入适量焊料(这时被焊件已充分吸收焊料并形成一层薄薄的焊料层)后迅速移去焊锡丝。

⑤ 移开电烙铁。移去焊料后,在助焊剂(市场焊锡丝内一般含有助焊剂)还未挥发完之前,迅速移去电烙铁;否则将留下不良焊点。电烙铁撤离方向与焊锡留存量有关,一般以与轴向成 $45°$ 的方向撤离。撤掉电烙铁时,应往回收,回收动作要迅速、熟练,以免形成拉尖;收电烙铁的同时,应轻轻旋转一下,这样可以吸除多余的焊料。

另外,焊接环境空气流动不宜过快。切忌在风扇下焊接,以免影响焊接温度。焊接过程中不能振动或移动工件,以免影响焊接质量。

对于热容量较小的焊点,可将②和③合为一步,④和⑤合为一步,概括为三步法操作。

6. 手工锡焊技术要领

(1) 焊锡量要合适

实际焊接时,合适的焊锡量才能得到合适的焊点。过量的焊剂不仅增加了焊后清洁的工作量,延长了工作时间,而且当加热不足时会出现"夹渣"现象。合适的焊剂,熔化时仅能浸湿将要形成的焊点。

图 2-6.11 示意了焊料使用过少、过多及合适时焊点的形状。如果焊料过少,焊料未形成平滑过渡面,焊接面积小于焊盘的 80%,机械强度不足。当焊料过多时,焊料面呈凸形。合适的焊料,外形美观,焊点自然成圆锥状,导电良好,连接可靠,以焊接导线为中心,匀称、成裙形拉开,外观光洁、平滑。

(2) 正确的加热方法和合适的加热时间

加热时靠增加接触面积加快传热,不要用烙铁对焊件加力,因为这样不但加速了烙

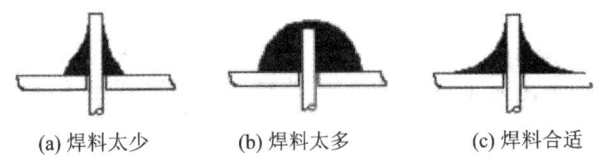

图 2-6.11　焊锡量的掌握

铁头的损耗，还会对元器件造成损坏或产生不易察觉的隐患。所以要让烙铁头与焊件形成面接触，使焊件上需要焊锡浸润的部分受热均匀。

加热时应根据操作要求选择合适的加热时间，一般一个焊点需加热 2～5 s。焊接时间不能太短，也不能太长。加热时间长或者温度高，容易使元器件损坏，焊点发白，甚至造成印制电路板上铜箔脱落；而加热时间太短，则焊锡流动性差，容易凝固，使焊点成"豆腐渣"状。

（3）固定焊件，靠焊锡桥传热

在焊锡凝固之前焊件不要移动或振动，否则会造成"冷焊"，使焊点内部结构疏松，强度降低，导电性差。实际操作时可以用各种适宜的方法将焊件固定。

焊接时，如果所需焊接的焊点形状很多，为了提高烙铁头的加热效率，需要形成热量传递的焊锡桥。所谓焊锡桥，就是靠烙铁上保留少量焊锡作为加热时烙铁头与焊件之间传热的桥梁。由于金属液的导热效率远高于空气，使得焊件很快被加热到焊接温度。应注意，作为焊锡桥的焊锡保留量不可过多。

（4）烙铁撤离方式要正确

烙铁撤离要及时，而且撤离时的角度和方向对焊点的形成有一定的关系。不同撤离方向对焊料的影响如图 2-6.12 所示。

图 2-6.12　撤离方向对焊料的影响

烙铁头温度一般在 300 ℃ 左右，焊锡丝式的焊剂在高温下容易分解失效，所以用烙铁头作为运载焊料的工具，很容易使焊料氧化、焊剂挥发。在调试或维修工作时，不得不用烙铁头蘸焊锡焊接时，动作要迅速敏捷，防止氧化造成劣质焊点。

7. 常见元器件的焊接

（1）电阻器的焊接

按图样要求将电阻器插入规定位置，插入孔位时要注意，字符标注的电阻器的标称字符要向上（卧式）或向外（立式），色环电阻器的色环顺序应朝一个方向，以方便读取。插装时可按图样标号顺序依次装入，也可按单元电路装入，然后就可对电阻器进行焊接。

(2) 电容器的焊接

将电容器按图样要求装入规定位置,并注意有极性电容器的正负极不能接错,电容器上的标称值要容易看见。可先装玻璃釉电容器、金属膜电容器和瓷介电容器,最后装电解电容器。

(3) 二极管的焊接

二极管分辨出正、负极后按要求装入规定位置,型号、标记要向上或朝外。对于立式安装二极管,其最短的引线焊接要注意焊接时间不要超过 2 s,以避免温升过高而损坏二极管。

(4) 晶体管的焊接

按要求将 e、b、c 三个引脚插入相应孔位,焊接时应尽量缩短焊接时间,可用镊子夹住引脚,以帮助散热。焊接大功率晶体管,需要加装散热片时,应将散热片的接触面加以平整,打磨光滑,涂上硅脂后再紧固,以加大接触面积。注意,有的散热片与管壳间需要加垫绝缘薄膜片。引脚与印制电路板上的焊点进行导线连接时应尽量采用绝缘导线。

(5) 集成电路的焊接

将集成电路按照要求装入印制电路板的相应位置,并按图样要求进一步检查集成电路的型号、引脚位置是否符合要求,确保无误后便可进行焊接。焊接时应先焊接 4 个角的引脚,使之固定,然后再依次逐个焊接。

6.3.2 焊接的质量检验

通过焊接把组成整机产品的各种元器件可靠地连接在一起,它的质量与整机产品的质量紧密相关。每个焊点的质量都影响着整机的稳定性、可靠性及电气性能。

1. 焊接的质量要求

① 电气接触良好。良好的焊点应该具有可靠的电气连接性能,不允许出现虚焊、桥接等现象。

② 机械强度可靠。保证使用过程中,不会因为正常的振动而导致焊点脱落。

③ 外形美观。一个良好的焊点其表面应该光洁、明亮,不得有拉尖、起皱、鼓气泡、夹渣和出现麻点等现象;其焊料到被焊金属的过渡处应呈现圆滑流畅的浸润状凹曲面。如图 2-6.13 所示,其 $a=(1\sim1.2)b, c=1\sim2$ mm。

2. 焊接的质量检查方法

焊接的质量检查通常采用目视检查、手触检查和通电检查的方法。

(1) 目视检查

目视检查是指从外观上检查焊接质量是否合格,焊点是否有缺陷。目视检查的主要内容有:是否有漏

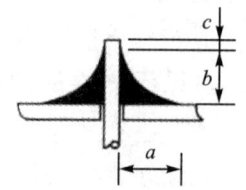

图 2-6.13 良好的焊点外形示意图

焊;焊点的光泽好不好,焊料足不足;是否有桥接、拉尖现象;焊点有没有裂纹;焊盘是否有起翘或脱落现象;焊点周围是否有残留的焊剂;导线是否有部分(或全部)断线、外皮烧焦、露出芯线的现象。

(2) 手触检查

手触检查主要是指用手指触摸元器件,看元器件的焊点有无松动、焊接不牢的现象。用镊子夹住元器件引线轻轻拉动,有无松动现象。

(3) 通电检查

通电检查必须在目视检查和手触检查无错误的情况之后进行,这是检验电路性能的关键步骤。

3. 焊点缺陷及质量分析

(1) 桥　接

桥接是指焊料将印制电路板中相邻的印制导线及焊盘连接起来的现象。明显的桥接较易发现,但较小的桥接用目视法较难发现,往往要通过仪器的检测才能暴露出来。

明显的桥接是由于焊料过多或焊接技术不良造成的。当焊接的时间过长、焊料的温度过高时,焊料流动而与相邻的印制导线相连,以及电烙铁离开焊点的角度过小造成桥接,如图 2 - 6.14(a)所示。

对于毛细状的桥接,可能是由于印制电路板的印制导线有毛刺或残余的金属丝等,在焊接过程中因连接作用而造成的,如图 2 - 6.14(b)所示。

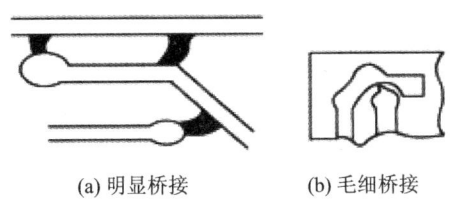

(a) 明显桥接　　(b) 毛细桥接

图 2 - 6.14　桥　接

处理桥接的方法:将电烙铁上的焊料抖掉,再将桥接的多余焊料带走,断开短路部分。

(2) 拉　尖

拉尖是指焊点上有焊料尖产生,如图 2 - 6.15 所示,焊接时间过长,焊剂分解挥发过多,使焊料黏性增加,当电烙铁离开焊点时,就容易产生拉尖现象,或是由于电烙铁撤离方向不当,也可产生焊料拉尖。避免产生拉尖现象的方法是提高焊接技能,控制焊接时间,对于已造成拉尖的焊点,应进行重焊。焊料拉尖如果超过了允许的引出长度,将造成绝缘距离变小,尤其是对高压电路,将造成打火现象。因此,对这种缺陷要加以修整。

(3) 堆　焊

堆焊是指焊点的焊料过多,外形轮廓不清,甚至根本看不出焊点的形状,而焊料又没有布满被焊物引线和焊盘,如图2-6.16所示。

造成堆焊的原因是焊料过多,或者是焊料的温度过低,焊料没有完全熔化,焊点加热不均匀,以及焊盘、引线不能润湿等。

避免堆焊形成的办法是彻底清洁焊盘和引线,适量控制焊料,增加助焊剂,或提高电烙铁的功率。

　　　　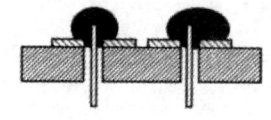

图2-6.15　拉　尖　　　　　　图2-6.16　堆　焊

(4) 空　洞

空洞是由于焊盘的穿线孔太大、焊料不足,致使焊料没有完全填满印制电路板插件孔而形成的。除上述原因外,如印制电路板焊盘开孔位置偏离了焊盘中点,或孔径过大,或孔周围焊盘氧化、脏污、预处理不良,都将造成空洞现象,如图2-6.17所示。出现空洞后,应根据空洞出现的原因分别予以处理。

(5) 浮　焊

浮焊的焊点没有正常焊点光泽和圆滑,而是呈现白色细颗粒状,表面凹凸不平。造成浮焊的原因是电烙铁温度不够,或焊接时间过短,或焊料中的杂质太多。浮焊的焊点机械强度较弱,焊料容易脱落。出现这种情况时,应进行重焊。重焊时应提高电烙铁温度,或延长电烙铁在焊点上的停留时间,也可更换熔点低的焊料重新焊接。

(6) 虚　焊

虚焊是指焊锡简单地依附在被焊物的表面上,没有与被焊接的金属紧密结合,形成金属合金层,如图2-6.18所示。从外形看,虚焊的焊点几乎是焊接良好,但实际上松动,或电阻很大,甚至没有连接。由于虚焊是较常出现的故障,且不易发现,因此要严格焊接程序,提高焊接技能,尽量减少虚焊的出现。

　　　　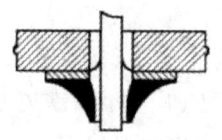

图2-6.17　空　洞　　　　　　图2-6.18　虚　焊

造成虚焊的原因:一是焊盘、元器件引线上有氧化层、油污和污物,在焊接时没有被清洁或清洁不彻底而造成焊锡与被焊物的隔离,因而产生虚焊;二是由于在焊接时焊点上的温度较低,热量不够,助焊剂未能充分发挥作用,被焊面上形成了一层松香薄膜,因而产生虚焊。

(7) 焊料裂纹

焊点上产生裂纹,主要是由于在焊料凝固时移动了元器件位置造成的。

(8) 铜箔翘起、焊盘脱落

铜箔从印制电路板上翘起,甚至脱落,主要原因是焊接温度过高、时间过长。另外,维修过程中拆卸和重插元器件时,操作不当也会使焊盘脱落,有时元器件过重而没有固定好,不断晃动也会造成焊盘脱落。

从上面焊接缺陷产生原因的分析可知,焊接质量的提高要从以下两个方面着手:第一,要熟练掌握焊接技能,准确掌握焊接温度和焊接时间,使用适量的焊料和焊剂,认真对待焊接过程中每一个步骤。第二,要保证被焊面的可焊性,必要时采取涂敷浸焊措施。

6.3.3 手工拆焊技术

在电子产品的研究、生产和维修中,很多时候需要将已经焊好的元器件无损伤地拆下来。锡焊元器件的无损拆卸(拆焊)也是焊接技术的一个重要组成部分。拆焊的方法和拆焊用的工具多种多样。其方法有逐点脱焊法、堆锡脱焊法、吸铜法和吹漏法。

对于只有两三个引脚,并且引脚位点比较分开的元器件,可采用吸锡法逐点脱焊。对于引脚较多,引脚位点较集中的元器件(如集成块等),一般采用堆锡法脱焊。例如拆卸双列直插封装的集成块,可用一段多股芯线置于集成块一列引脚上,将焊锡堆积于此列引脚,待此列引脚焊锡全部熔化即可将引脚拔出。无论采用何种拆焊法,必须保证:拆下来的元器件安然无恙;元器件拆走以后的印制电路板完好无损。

1. 拆焊的基本原则

拆焊的步骤一般与焊接的步骤相反,拆焊前要清楚原焊点的特点,不要轻易动手。

① 不损坏拆除的元器件、导线、原焊接部位的结构件。

② 在拆焊时不损坏印制电路板上的焊盘与印制导线。

③ 对已判断为损坏的元器件可先将引线剪断后再拆除,这样可减少其他损伤。

④ 在拆焊的过程中,应尽量避免拆动其他元器件或变动其他元器件的位置,如确实需要,应做好复原工作。

2. 拆焊工具

常用的拆焊工具除普通电烙铁外,还有以下几种。

① 镊子。镊子以端头较尖、硬度较高的不锈钢为佳,用以夹持元器件或借助电烙铁恢复焊孔。

② 吸锡绳。吸锡绳用以吸取焊接点上的焊锡,也可用镀锡的编织套浸以助焊剂代替,效果也较好。

③ 吸锡器。吸锡器用于吸去熔化的焊锡,使焊盘与元器件引线或导线分离,达到接触焊接的目的。

3. 拆焊的操作要点

(1) 严格控制加热的温度和时间

因拆焊较焊接时间要长、温度要高,所以要严格控制温度和加热时间,以免元器件烫坏或焊盘翘起、断裂。宜采用间隔加热法来进行拆焊。

(2) 在拆焊时不要用力过猛

在高温状态下,元器件封装的强度都会下降,尤其是塑封器件、陶瓷器件、玻璃端子等,过分地用力拉、摇、扭易损坏元器件和焊盘。

(3) 吸去拆焊元器件上的焊锡

拆焊前,用吸锡工具吸去焊锡,有时可以直接将元器件拔下。即使还有少量的焊锡连接,也可以减少拆焊的时间,减少元器件及印制电路板损坏的可能性。在没有吸锡工具的情况下,可以将印制电路板或能移动的部件倒过来,用电烙铁加热拆焊点,利用重力,让焊锡自动流向烙铁头,也能达到部分去锡的目的。

4. 印制电路板上元器件的拆焊方法

(1) 分点拆焊法

对卧式安装的阻容元器件,两个焊接点距离较远,可采用电烙铁分点加热,逐点拔出,如果引线是弯折的,则应用烙铁头撬直后再进行拆除,如图 2-6.19 所示。

(2) 集中拆焊法

像晶体管以及直立安装的阻容元器件,如果焊接点距离较近,可用电烙铁同时快速交替加热几个焊接点,待焊锡熔化后一次拔出,如图 2-6.20 所示。对于多接点的元器件,如开关、插头、集成电路等可用专用烙铁头同时对准各个焊接点,一次加热取下。专用烙铁头的外形如图 2-6.21 所示。

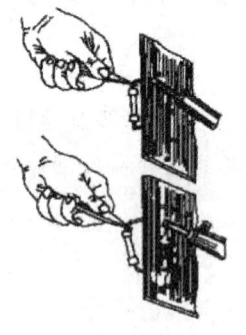

图 2-6.19 分点拆焊　　图 2-6.20 集中拆焊　　图 2-6.21 专用烙铁头的外形

(3) 间断加热拆焊法

在拆焊耐热性差的元器件时,为了避免因过热而损坏元器件,不能长时间连续加热该元器件,应该采用间隔加热法进行拆焊。

(4) 吸锡工具拆焊法

① 吸锡器拆焊法。吸锡器拆焊法是利用吸锡器的内置空腔的负压作用,将加热后

熔融的焊锡吸进空腔,使引线与焊盘分离。

② 空针头拆焊法。空针头拆焊法是利用尺寸相当(孔径稍大于引线直径)的空针头(可用注射器针头),套在需要拆焊的引线上,当电烙铁加热焊锡熔化的同时,迅速旋转针头直到烙铁撤离焊锡凝固后方可停止,这时拔出针头,引线已被分离。

③ 吸锡绳拆焊法。吸锡绳拆焊法是利用吸锡绳吸走熔融的焊锡而使引线与焊盘分离的方法。

习 题

1. 锡焊是通过哪 3 个过程来完成的?
2. 焊点形成的必要条件有哪几个?
3. 什么是手工焊接的"五步法"?
4. 手工锡焊的技术要领有哪些?
5. 如何检测焊接质量的好坏?

第7章 会检测和调试电路才是高手

电子产品焊接完成以后,大家的心情一定是迫不及待地想赶快通电看看自己的成果,可是,糟糕的事情往往就出现在这个时候:刚通上电,随着一股青烟或者一声爆响,电子产品"烧了"。究其原因,就是在焊接完成和通电前缺少了至关重要的一个步骤——检测调试。

7.1 电子产品焊接后的检测

大家在电路板制作和元器件焊接的过程中,难免会出现"短路""断路"或者焊接错误的情况,所以在给刚完成焊接工作的电子产品通电之前,一定要先进行详细的检测,只有在确定没有问题之后才能给电路板通电。

电子产品的检测一般分为"目测""表测""电测"三个过程。

7.1.1 电子产品的"目测"

"目测"就是在通电之前,通过眼睛观察,寻找电子产品中可能存在的错误,对照的参照物一般为电路原理图和设计的电路板图。目测检查的错误项一般为:焊盘焊接点是否出现连焊、虚焊、漏焊的情况;导线是否出现断线、错连的情况;跳接线是否出现漏焊、错焊的情况;元器件是否出现方向(极性)错误、焊接位置错误、元件参数错误等情况。目测的过程不可或缺,既依赖经验又能积累经验,是今后工作少出错、不出错的重要保障。

7.1.2 电子产品的"表测"

"表测"就是在通电之前借助于万用表对电路进行检测。因为此时电路板还没有通电,万用表电压挡和电流挡自然就用不上了。

此时用得最多的就是万用表的蜂鸣挡,检查是否有导线断路或短路,元器件焊接是否有虚焊或连焊,等等。

另外,还可以用万用表的电阻挡来检查电路板上电阻的阻值,与装配图进行比较,检查是否有安装错误的情况。

万用表的二极管挡可用来检测二极管的极性是否安装反向,或者三极管的三个引脚是否安装错误。

注意,此时所说的"表测"是在电子产品还没有通电的情况下,借助于万用表进行的检测。以上几项是比较常用的检查步骤,在检测时,一般需要对照着电路原理图、电路板图和电路板的装配图进行。

7.1.3 电子产品的"电测"

"电测"顾名思义就是"通电检测",虽然已经进行了前面的目测和表测,但是电子产品第一次通电,依旧还是要特别小心。首先要注意的就是通电的电压值和电源接口极性。

电压正常、极性正确是电子产品能够正常工作的前提,所以对电路板的"电测"一般都是从检测电源电压开始的。

在第一次给刚焊接好的电子产品通电时,一定要小心。首先要了解供电电压的范围和电源接口的正负极性,然后将"直流稳压电源"调节到合适的电压,在保证电源极性正确的情况下,连接到电路板上。边通电边观察电子产品工作是否正常,如果通电后出现冒烟、爆炸等异常现象时,一定要在第一时间将电源断开,阻止事态往更坏的方向发展。

如果通电后电子产品没有反应,或者显示的结果与预期的正常结果不一致,我们通常需要先在电源接口和主要元器件上检测电压的数值和极性是否正常。如果电子产品中出现短路等比较严重的情况,往往会因为短路电流过大而使电源电压值出现比较明显的降低。

在排除了电源可能存在的问题之后,我们再根据电路的构成,依据其电路工作的原理,逐步检查电子产品的结构错误和逻辑故障。

因为电路的结构千差万别,所以可能出现的问题也会是千奇百怪的,在此不可能三言两语交代清楚。我们只能平常多学习和分析电路原理,多见识检测电路故障的过程和排除电路故障的方法,逐步积累经验,做到"熟能生巧"。

7.2 电子产品的通电调试

前面我们讲过,电子产品在"目测"和"表测"的检查工作完成之后,就要开始进行"电测",即给电路板通电。

第一次给电路板通电,我们强烈建议使用实验室的"可调直流稳压电源"。特别强调,最好不要使用"充电宝"!

因为,到目前为止,我们还不能保证我们制作的电子产品没有问题,如果此时贸然用"充电宝"给电路板供电,一旦出现电路短路等情况,电流会非常大。若充电宝内部保护电路设计得不完善,或者是没有,很有可能出现充电宝"爆炸"伤人的情况!

实验室的"可调直流稳压电源",过流、过压保护都比较完善和可靠,比较安全。

7.2.1 可调直流稳压电源的使用

目前实验室常用的"可调直流稳压电源"的型号为 GPS-3303,其外观如图 2-7.1 所示。

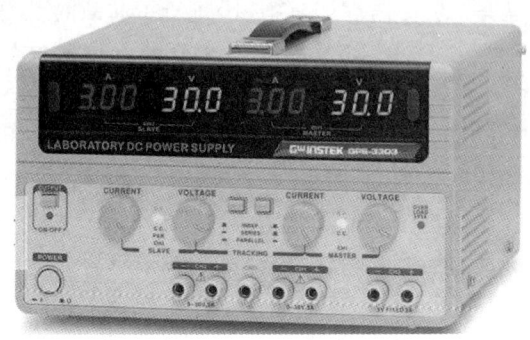

图 2-7.1 可调直流稳压电源

"可调直流稳压电源"GPS-3303 内部由三组直流电源供应器组成。如图 2-7.2 所示,前面板下方的三对接线柱上分别标注的 CH1、CH2、CH3 代表三路电源输出;标注 GND 的接线柱是大地和底座接地端子,一般在没有特殊应用的情况下,这个接线端子是不需要接的。特别注意:不要将这个标注有 GND 的接线端子误当作电路中的 GND 而接入电路中(你可以简单地认为,这个标注 GND 的接线端子是用来接被供电设备的金属外壳的)。

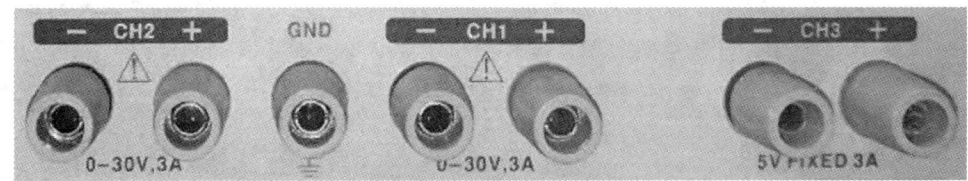

图 2-7.2 可调直流稳压电源的输出接线端子

在 CH1、CH2、CH3 三路电源输出中,CH1(输出端子1)和 CH2(输出端子2)都是可调输出端子,CH3(输出端子3)为固定 5 V 电压输出,输出的最大电流为 3 A。

知道了可调直流稳压电源的三路输出接线端子,下面我们来看看如何使用这台电源给电子产品供电。

1. 通电开机

将可调直流稳压电源后面板接口上连接的电源插头插到 220 V 交流电源上。在前面板的左下方有两个按钮开关,如图 2-7.3 所示。

(1) POWER

圆形按钮为"电源开关"(POWER),是一个带"自锁"功能的开关。当按下这个按钮开关之后,可调直流稳压电源内部电路被供电,此时可调直流稳压电源最上面显示屏的数码管会亮起。

特别注意：此时虽然可调直流稳压电源内部电路被供电，但是在电源的输出接线端子两端并没有电压输出，因为此时"电源输出"还没有被允许。

(2) OUTPUT

方形按钮为"输出开关"(OUTPUT)，它不带"自锁"功能。它下方的 LED 指示灯默认是不亮的，表示这台电源还没有开始允许对外输出。

当按一下方形按钮 OUTPUT，LED 指示灯亮起，表示这台电源允许对外输出电压，电源的输出接线端子两端才有电压输出。再按一次方形按钮 OUTPUT，LED 灯熄灭，表示"电源输出"功能被关闭。

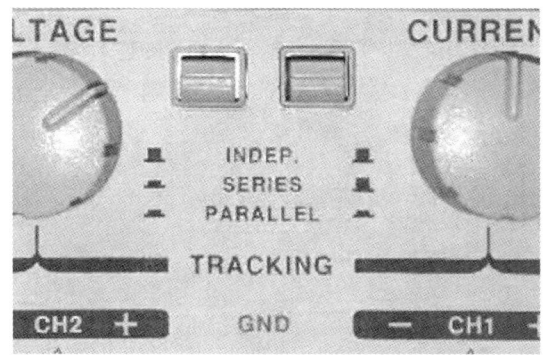

图 2 - 7.3　可调直流稳压电源的两个输出控制开关

2. 检查"追踪模式按键"的设置是否正确

在可调直流稳压电源前面板的中间有两个方形按钮开关，它们一起配合使用，被称为追踪模式按键，如图 2 - 7.4 所示。

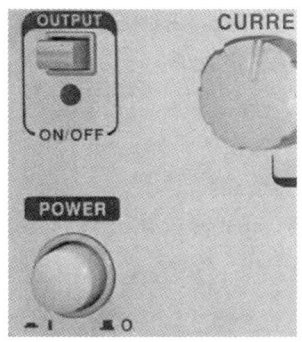

图 2 - 7.4　可调直流稳压电源的两个追踪模式开关

这两个按钮开关可选择 INDEP（独立）、SERIES（串联）、PARALLEL（并联）三种追踪模式。具体如下：

(1) INDEP(独立)追踪模式

当两个按钮开关都未按下时，可调直流稳压电源被设置为 INDEP（独立）模式。此时CH1(输出端子1)和CH2(输出端子2)的输出分别独立。这是可调直流稳压电源最常用的一种模式。

(2) SERIES(串联)追踪模式

只按左键,不按右键时,可调直流稳压电源被设置为 SERIES(串联)追踪模式。此时CH1(输出接口1)和CH2(输出接口2)的输出最大电压完全由CH1电压控制,CH2输出端子的电压追踪CH1输出端子电压,CH2输出端子的正端(红)则在电源内部自动与CH1输出端子负端(黑)连接,此时CH1和CH2两个输出端子可提供0~2倍的额定电压。

(3) PARALLEL(并联)追踪模式

两个按钮开关同时按下时,可调直流稳压电源被设置为 PARALLEL(并联)追踪模式。在此模式下,CH1输出端和CH2输出端会并联起来,其最大电压和电流由CH1主控电源供应器控制输出。CH1 和 CH2 可分别输出,或由 CH1 输出,提供0~1倍的额定电压和0~2倍的额定电流输出。

特别注意:同学们在一般的电子产品创新制作过程中,使用最多的就是INDEP(独立)的追踪模式,此时,两个按钮开关都没有按下。也就是说,如果没有特别的需求,这两个按钮开关都应该处于没有被按下的状态。

3. 输出电流的调节和电压的调节

可调直流稳压电源的输出是可调的,如何调节呢?如图2-7.5所示,前面板上最大的四个旋钮就是用来分别调节输出电压值和允许的最大输出电流值的。

图2-7.5 可调直流稳压电源的四个电流、电压调节旋钮

因为可调直流稳压电源有两路可调输出的直流电源供应器,分别从CH1和CH2两路输出端子输出,所以这四个旋钮也分为左、右两组。

在左边一组的两个旋钮中,旋钮CURRENT调节左边一路(CH2)输出的最大允许电流,旋钮VOLTAGE调节左边一路(CH2)输出的电压值。

在输出端子CH1和CH2的下面标注有"0~30 V,3 A",说明可调直流稳压电源可以对外输出0~30 V电压范围内的任意电压值,由旋钮VOLTAGE来调节;可调直流稳压电源可以对外输出最大0~3 A的电流值,由旋钮VOLTAGE来调节。

可调直流稳压电源最上面显示屏的数码管可以显示四组数据,也分左、右两组。左边一组显示的是左边一路(CH2)的输出状态值。其中三位红色数码管上方标注有

"A",说明它显示的是电流值;三位绿色数码管上方标注有"V",说明它显示的是电压值。

在允许对外输出的状态下(稳压电源前面板左上方 OUTPUT 的 LED 灯亮),当转动电压调节旋钮(VOLTAGE)时,可调直流稳压电源最上面显示屏的绿色数码管显示的电压值会随着变动,我们想要稳压电源输出多大的电压值,可以一边调节电压旋钮 VOLTAGE,一边观察对应的绿色数码管的当前电压输出值。

当转动电流调节旋钮 CURRENT 时,可调直流稳压电源最上面显示屏的红色数码管显示的电流值不会随着变动,永远只显示"0.00"。这是因为我们只是在预先设置稳压电源,稳压电源的输出端子还没有连接负载,此时不会有电流输出,所以输出电流值的数码管只显示"0.00"。我们转动电流调节旋钮 CURRENT,只是设置大致的最大输出电流值。等到连接负载并有电流流过负载时,红色数码管就会显示当时的电流值了。

因为能够输出的最大电流为 3 A,所以当我们将电流调节旋钮 CURRENT 旋转到整个可旋转范围的 1/2 时,允许输出的最大电流就大致是 1.5 A,电流调节旋钮 CURRENT 处没有刻度,只能够大致设置最大允许输出电流的值,以此类推。

注意:当流过负载的实际电流比较大,而设置的允许输出电流值较小时,可调直流稳压电源自动启动"过流保护",输出电压降低直至关闭,前面板最右边的 LED 灯(OVERLOAD)自动点亮,指示"输出负载大于额定值",起到"过流保护"的作用。

4. 可调直流稳压电源的简单使用

下面我们简单介绍一下可调直流稳压电源的使用全过程。

① 连接 220 V 电源。

② 打开电源开关(POWER)和输出开关(OUTPUT)。此时,先不要连接待通电的负载电路板。

③ 检查"追踪模式按键",使两个按键都处于弹出状态(两个按键都不要按下)。

④ 调节准备连接负载的某一路"直流电源供应器"的电流调节旋钮(CURRENT),使设置的额定电流略大于负载工作时的工作电流(此时的负载工作电流要结合电路原理进行预估)。

⑤ 再调节准备连接负载的这一路"直流电源供应器"的电压调节旋钮(VOLTAGE),同时观察这一路的电压输出显示数码管(绿色),使设置的输出电压值尽可能等于负载电路工作所需要的电压值。

⑥ 这样,可调直流稳压电源的设置工作就完成了。然后,关闭稳压电源的输出(点按一下输出开关(OUTPUT),使其旁边的 LED 灯熄灭),稳压电源的电压和电流显示数码管都显示"000"。

⑦ 将负载的电源导线连接到可调直流稳压电源的电源输出端口,这里一定要注意区分两个接线柱的电压正负极,千万不能接反了,否则会损坏负载。

⑧ 连接好以后,检查无误,就可以开始打开稳压电源给负载供电了。方法是:点按一下输出开关(OUTPUT),这时它旁边的 LED 灯点亮,指示电源输出允许。同时,稳压电源的电压和电流显示数码管正常显示数值,负载开始通电工作。

⑨ 如果此时可调直流稳压电源的电压和电流显示数码管显示异常(电压值明显降低或稳压电源进入"过流保护"状态)或者负载工作异常(冒烟或爆响),一定要第一时间关闭电源,检查问题产生的原因,防止损失扩大。

⑩ 可调直流稳压电源使用过程中会产生热量,不要盖住稳压电源的外壳,不要将书、本、包等放在稳压电源上。

⑪ 使用完毕后,要关闭电源开关(POWER)。长时间不用,要拔掉 220 V 电源线,并将稳压电源收纳到适当的位置。

7.2.2 电子产品调试的一般过程

在"电子设计创新"课程中,我们由于接触电子产品的时间还比较短,所以电子产品一般比较简单,电子产品调试所需要做的工作也比较少。但是,随着我们接触到的电子产品越来越复杂,调试的过程和方法都会有所不同。下面我们一起来看看在一般的工业生产实践中,电子产品的调试都需要做哪些工作,希望下面的文字能够起到开阔眼界和抛砖引玉的作用。

在设计和制作电子产品时,即使准确无误地按理论设计的电路图布线、装配电子元件,未经调试便能达到原设计的性能的例子也是很少的。在实际调试工作中,如何使电子电路达到设计水平,有时要花费很多的时间和精力来对电子电路进行调试,查找可能存在的问题,使电路参数达到最优状态。

1. 电子产品的调试过程

电子产品的调试,就是对电子产品排除故障,使之达到规定的技术指标的过程。根据电子产品研制的难易程度,电子产品的调试可分为复杂调试和简单调试。复杂调试包括单板调试、分调、联调三种,简单调试就仅仅一般的调试。不管复杂调试还是简单调试,调试过程都分为五个阶段:调试前的准备、通电前的检查、未插电路板的通电检查、插电路板后的通电检查、调试。

(1) 调试前的准备

调试前的准备工作,一般包括两个方面:

① 仪器、仪表、工具、工作服以及所需元器件的准备。

② 有关设计文件、电路图纸和有关工艺文件以及记录要素的准备。

(2) 通电前的检查

通电前的检查一般包括几个方面:

① 对机架网线和内部连线,按设计的排列表和连线表检查,一般检查三遍,做到准确无误。

② 对设备内部电源线的引线端进行对地短路检查。

③ 对各部分间的电缆连线是否正确进行检查。

(3) 未插电路板的通电检查

未插电路板的通电检查一般包括三个方面:

① 观察是否有打火、放电、保险爆裂等现象。

② 是否闻到有烧焦等怪味现象。
③ 测量机架和内部电源线的引线端电压是否正确。

(4) 插电路板后的通电检查

插电路板后的通电检查一般包括两个方面：

① 如果按未插电路板第①条和第③条检查无误，则将电路板一块一块地插入设备中。

② 每插入一块电路板都按未插电路板第③条监测，若发现异常立刻断电。

(5) 调　试

调试可按调试提纲或工艺文件进行。首先进行逻辑功能的调试。逻辑功能的调试指机器在正常状态下，能正常工作的调试。然后进行稳定性调试。稳定性功能调试指机器处于临界状态或恶劣环境中也能正常工作的调试，如电源电压的高压与低压不正常时。无论进行逻辑功能的调试，还是稳定性功能调试的电子产品，其技术指标必须达到技术条件的规定。

2. 电子产品调试的常规方法

目前，电子产品虽然种类很多，但是对电子产品的常规调试方法，大同小异。在实际中，由于电子元件千差万别，所以元件的安装位置、方向，元件间、布线间、元件与布线间都会存在相互影响。电子产品的故障不仅和电子元件、元件的装配有关，而且还和环境、设备使用条件、性能有着千丝万缕的关系。针对电子产品的调试，比较常规的方法有以下几种。

(1) 观察法

通过目视发现故障。主要用于对电路板进行漏焊、虚焊、线间的短路、断线、装错元件、打火、旋焦等检查。

(2) 触摸法

通过人的手指去触摸元件，从而发现是否有松动、过热或无热现象，间接判断故障。由于温升而发生的故障，加热元器，加热哪个元件有噪声了，则噪声产生于此有关电路。轻击机件，由于轻击声从机箱或底板再输入元器件从而影响输入，加大了噪声振荡，针对这类噪声，用机械的措施来解除。

(3) 动态观测法

用示波器观测关键点的波形来发现故障。从电路的后级往前级，一级一级地注入测试信号，同时用示波器观测该级输出的信号波形，哪一级的信号波形不正常了，就是前方出故障了。

(4) 分割法

在寻找故障过程中，通过拔掉部分插件、拔下部分电路板、在电路板上断线，从前级往末级，逐步分离电路，分离到哪里没噪声了，就是哪里出了故障。

(5) 静态测量法

用万用表测量元件的直流工作电压、电流去发现故障。对于线性电路分立元件，此法尤其重要。

(6) 短路法

采用 2~3 种容量的电容器,从末级开始,使电路的信号输出部分逐一接地,顺次向前查探,直到发现接地时没有噪声,说明噪声产生于此电路前。

(7) 模拟法

通过对无故障机器和有故障机器相同之处的对测,相比较来确定故障。

(8) 替换法

通过对各部分间的电缆连线、内部连线、电路板或某一部件更换,确定故障在某一范围内的方法。

(9) 软件调整法

具备软件自己检测功能的电子产品,调试时能为调试者提供自检信息,显示故障范围,调试者根据显示故障情况,能方便地进行调试。

(10) 假负载法

在寻找电源故障过程中,为了方便调试,断开电源负载,用适当功率的电阻或灯泡来替换,用此方法不仅保全了电源电路、电源负载电路,而且方便电源电路检查。

(11) 排除法

在寻找故障过程中,发现一点线索后,顺着线索追查下去,经测量和分析,某些原因都能构成此类故障。在这种情况下,先用一种方法去排除,如果无效,再用另一种方法去排除。

电子产品的常规调试方法很多,在实际中,只要我们懂得电子技术原理,都可以创新。

以上这些方法,虽然彼此之间是孤立的,但是在实践中,大多是联合运用。比如:"静态测量法"和"触摸法"相结合;"短路法"和"动态观测法"相结合;"观察法"和"触摸法"相结合等,都能又快又好地确定故障。

习 题

1. 电子产品的检测过程一般有哪些?
2. 简述"可调直流稳压电源"的使用过程。
3. 电子产品的调试过程包含哪几步?
4. 电子产品的调试一般都需要借助哪些工具?
5. 电子产品的调试方法一般有哪些?

第 3 篇
机械设计创新

第1章 绪 论

1.1 机械创新设计概述

1.1.1 创 新

创新的概念最早由美国经济学家舒彼特(J. A. Schumpter)在1912年出版的《经济发展理论》一书中提出,他把创新的具体内容概括为以下几个方面:采用新技术,生产新产品,研制新材料,开辟新市场,采用新的组织模式或管理模式。同时,他还提出"创新"是一种生产函数的转移。

在世界进入知识经济的时代,创新更是一个国家经济发展的基石。当今世界中,创新能力的大小已经成为一个国家综合国力强弱的重要因素。在国际竞争中,国防、工业、农业等领域内的竞争越来越表现为科学技术能力和人才的竞争,特别是表现为创新性人才的竞争。因此,培养具有创新意识和创新能力的人才是高等学校的重要任务。

创新在经济、商业、技术、社会学、教育学以及建筑等每个领域的研究中都有着举足轻重的分量。可以说,人类社会从低级到高级、从简单到复杂、从原始到现代的进化历程,就是一个不断创新的过程。从结绳计数到信息高速公路,从刀耕火种到精密数控,从嫦娥飞天神话到人类登上月球,这一系列的成就都归于创新。

从内容上看,一般把创新分为知识创新(也称理论创新)、技术创新和应用创新。

知识创新是指人们认识世界、改造世界的基本理论的总结。一般以理论、思想、规则、方法、定律的形式指导人们的行动。知识创新的难度最大,如哲学中的"辩证唯物主义"、物理学中的"相对论"、机械原理中的"三心定理""格拉肖夫法则"等都是知识创新。知识创新是人们改造世界的指导理论。

技术创新是指针对具体的事物,提出并完成具有新颖性、独特性和实用性的新产品的过程。如计算机、机器人、加工中心、航天飞机、宇宙飞船等许多的高科技产品都是技术创新的具体体现。

应用创新是指把已存在的事物应用到某个新领域,并发生很大的社会与经济效益的具体实现过程。如把军用激光技术应用到民用的舞台灯光、医疗手术刀等,把曲柄滑块机构应用到内燃机的主体机构,把平行四边形机构应用到升降装置中等,都是典型的应用创新。

社会实践中有两种创新方式,一是从无到有的创新,二是从有到新的创新。从无到有的创新都有一个较长时间的过渡期,这种创新的过程就是发明的过程,是知识的积累和思维的爆发相结合的产物。如人类社会先有牲畜驱动的车辆,发明内燃机后,将内燃机安置在车辆上,经过多次实验改进后才发明了汽车,实现了从无到有的突破。原始的汽车经过多年的不断改进,其安全性、舒适性、可靠性、实用性等性能不断提高,这是经过从有到新的不断创新的结果。

创新的概念并不神秘,创新的成果却来之不易。勤奋的工作,持之以恒的努力,坚实的基础知识和思维灵感的结合,是实现创新的途径。

1.1.2 创新设计

创新设计不仅是一种创造性的活动,还是一种具有经济性、时效性的活动。同时创新设计还要受到意识、制度、管理及市场的影响与制约。因此需要研究创新设计的思想与方法,使设计能继续推动人类社会向更高目标发展与进化。归纳起来,创新设计具有如下特点:

① 创新设计是涉及多种学科(包括设计学、创造学、经济学、社会学、心理学等学科)的复合型工作,其结果的评价也是多指标、多角度的。

② 创新设计中相当一部分工作是非数据性、非计算性的,而是要依靠对各学科知识的综合理解与交融,对已有经验的归纳与分析,运用创造性的思维方法与创造学的基本原理开展工作。

③ 创新设计不只是因为问题而设计,更重要的是提出问题、解决问题。

④ 创新设计是多种层次的,不在乎规模的大小,也不在乎理论的深浅,注重的是新颖、独创、及时甚至超前。

⑤ 创新设计的最终目的在于应用。

1.1.3 机械创新设计

常规性设计是以运用公式、图标为先导,以成熟技术为基础,借助设计经验等常规方法进行的产品设计,其特点是设计方法的有序性和成熟性。

现代设计强调以计算机为工具,以工程软件为基础,运用现代设计理念的设计过程,其特点是产品开发的高效性和高可靠性。

创新设计是指设计人员在设计中发挥创造性、提出新方案、探索新的设计思路,提供具有社会价值、新颖、成果独特的设计成果。其特点是运用创造性思维,强调产品的独特性和新颖性。

机械创新设计是指充分发挥设计者的创造力,利用人类已有的相关科学技术知识进行创新构思,设计出具有新颖性、创造性及实用性的机构或机械产品(装置)的一种实践活动。它包含两个部分:从无到有和从有到新的设计。

机械创新设计是相对常规设计而言的,它特别强调人在设计过程中,特别是在总体方案、结构设计中主导性及创造性的作用。

一般来说,创新设计时很难找出固定的创新方法。创新成果是知识、智慧、勤奋和灵感的结合,而现有的创新设计方法大都是根据对大量机械装置的组成、工作原理以及设计过程进行分析后,进一步归纳整理,找出形成新机械的方法,再用于指导新机械的设计中。

1.1.4 机械创新设计的特点

在机械设计的基础上我们才能进行机械创新设计。机械创新设计是指对机械装置的创新和设计,现代的机械创新设计一般都是根据对大量机械装置的组成、工作原理、设计过程及存在的问题进行分析,再进一步归纳整理,找出形成新机械的方法,然后用于指导新机械的创新和设计。

结合创新设计的特点,可归纳出机械创新设计的特点:

① 机械创新设计是涉及多种学科(包括机械、电气、计算机、流体力学、工程力学等)的复合性工作,其结果的评价也是多指标、多角度的。

② 机械创新设计中相当一部分工作是非数据性、非计算性的,要依靠对各个学科知识的综合理解与交融,对已有经验的归纳与分析,运用创造性的思维方法与创造学的基本原理开展工作。

③ 机械创新设计不只是因为问题而设计,更重要的是提出问题、解决问题。

④ 机械创新设计是多种层次的,不在乎规模的大小、理论的深浅,注重的是新颖性、及时性和独创性。

⑤ 机械创新设计的最终目的在于应用。

机械创新设计属于技术创新的范畴,但是比常规设计的要求高了很多。现在的机械创新设计不仅是创造出一种新机械,这个新机械必须具有时效性和经济性,同时,它还特别强调人在设计过程中,特别是在总体方案、结构设计中的主导性和创造性的作用。

1.2 创新教育与创新能力的培养

1.2.1 创新教育

知识是创新的前提,没有一定的知识就不可能掌握现代科学技术,也就没有创新能力。所以教育是提高创新水平的重要手段。

联合国教科文组织的一份报告中说:"人类不断要求教育把所有人类意识的一切创造仅供个人科学教研潜能都解放出来。"即通过教育开发人的创造力,教育在创新人才培养中承担重要任务。联合国教科文组织也做过调研,并预测21世纪高等教育具有五大特点。

① 教育的指导性打破注入式、用统一方式塑造学生的局面,强调发挥学生特长,自主学习;教师从传授知识的权威变为指导学生的顾问。

② 教育的综合性不满足于传授和掌握知识,强调综合运用知识、解决问题的综合能力的培养。

③ 教育的社会性从封闭校园走向社会,由教室走向图书馆、工厂等社会活动领域,开展网络、远程教育。

④ 教育的终身性由于知识迅速交替,由一次性教育转变为全社会终身性教育。

⑤ 教育的创造性改变教育观,致力于培养学生创新精神,提高创造力。

根据以上特点,我国高等教育人才培养也正开展由专才性向通才性过渡,努力培养并造就出大批具有创新精神与创新能力的复合型创新人才。

如何培养、造就一大批高素质的创造型、开拓型人才,则是创新教育必须面对的问题。首先,必须更新教育思想和转变教育观念。教育不仅是教,更重要的是育。教不只是传授传统的知识,还要传授如何获取知识;育就是培育、培养、塑造。其次,要探索创新的人才培养模式。不只是在课堂上教,在学校里教,更要走出教室,走向社会。要积极组织学生开展课外科技活动与社会实践,给学生创造一个良好的探究与创新的条件与氛围。当然还要注重教学内容的改革与更新。在教育中,发明创造的观念、创新的能力是与知识同样重要的内容。开设"机械创新设计"课程也正是教学改革的内容之一。它不仅是传授一些创新技法,而且要激发学生的兴趣,让学生产生主动获取知识的愿望;同时还要培养学生善于思维、善于比较、善于分析、善于归纳的习惯。

1.2.2 创新能力的培养

传统教育重视通过系统的灌输和训练使学生系统、深入地掌握已有的知识体系,并能正确、熟练地运用。为了适应知识经济时代对人才培养的要求,需要更新教育观念,努力探索新的人才培养模式,加强对学生素质教育和创新能力的培养。培养学生的创新能力需要从培养学生的创新意识、提高创造力和加强创新实践训练等几个方面入手。

1. 培养创新意识

创新活动是有目的的实践活动,创新实践起源于强烈的创新意识。强烈的创新意识促使人们在实践中积极地捕捉社会需求,选择先进的方法实现需求,在实践中努力克服来自各方面的困难,全力争取创新实践的成功。

创造学的理论和人类的创新实践都表明,每一个人都具有创新能力,人人都可以从事创造发明。使每一个人意识到自己是有创新能力的,这对提高全民族的创新意识和创新能力都是非常重要的。

诺贝尔物理学奖获得者詹奥吉说:"发明就是和别人看同样的东西却能想出不同的事情。"我国著名教育家陶行知先生在《创造宣言》中提出"处处是创造之地,天天是创造之时,人人是创造之人",鼓励人们破除对创新的神秘感,敢于走创新之路。

在社会实践中只要对现实抱有好奇心,善于观察事物,敢于发现存在于现实与需求之间的矛盾,就能找到创新实践活动的突破点。齿轮是机械装置中的重要零件,渐开线齿轮精度检验项目多,检验中需要使用多种仪器,长期以来一直是加工、使用中的难点。针对这一问题,武汉某研究所设计开发了齿轮综合误差测量仪,通过分析被测齿轮与标准齿轮啮合过程中的角速度变化,可直接得到齿轮的多项误差参数,极大地简化了测量过程。

实现创新的过程是在没有路的地方寻找路的过程,可能会遇到各种各样的困难,要创新就要有克服各种困难的准备。爱迪生在研究白炽灯的过程中,为了寻找适合作为灯丝的材料,曾经试验过6 000多种植物纤维、1 600多种耐热材料。居里夫人为了提取"镭",从1898年到1902年,用了4年的时间在极其简陋的条件下,每天连续几小时不停地搅拌沸腾的沥青铀矿残渣,经过几万次的提炼,处理了几十吨沥青铀矿残渣,终于得到了0.1 g的镭盐,并测得了镭的相对原子质量,证实了镭元素的存在。

发现创新点,发现解决问题的方法,需要对事物具有敏锐的洞察力。我国科学家张开逊在调试某种仪器时,发现每当有人进入房间时,仪器的零点就会发生漂移。他针对这种现象,经过多次试验研究和理论分析,认识了气流温度场对零点漂移的作用规律。在此基础上,他根据人的呼吸对气流温度和密度的影响,开发出精度达到$(1/1\,000)$ ℃的高分辨率的测温仪,用于新生儿和危重病人的呼吸监护,效果很好。

2. 提高创造力

创造力是人的心理特征和各种能力在创造活动中体现出来的综合能力。

提高创造力应从培养良好的心理素质,了解创新思维的特点,养成良好的创新思维习惯,逐步掌握创新原理和创新技法等方面入手。

创造力受智力因素和非智力因素的影响。智力因素包括观察力、记忆力、想象力、思维能力、表达能力和自我控制能力等,是创造力的基础性因素;非智力因素包括理想、情感、兴趣、意志和性格等,是发挥创造力的动力和催化因素。通过对非智力因素的培养,可以更有效地调动人的主观能动性,对促进智力因素的发展起重要作用。

创新技法是以创造学原理、创新思维规律为基础,通过对大量成功创新实践分析和总结得出的技巧和方法。了解并掌握这些创新技法对于提高创新实践活动的质量和效率、提高成功率具有很重要的促进作用。

实践表明,通过学习和有针对性的训练,可以激发人从事创新活动的热情,提高人的创造力。美国通用电气公司在20世纪40年代率先对员工开设创造工程课程,开展创新实践训练,通过学习和训练,员工的创新能力得到明显提高,专利申请的数量大幅度提升。湖南轻工业高等专科学校设有创造发明学校,培养了千余名学员,这些学生毕业前后取得了大量创新发明成果和专利,甚至获得过国际大奖。

3. 加强创新实践训练

创新实践训练是提高创新能力的重要手段。

通过学习可以使学生了解创造学的有关概念、理论,了解各种创新技法,了解大量成功的创新设计实例,了解可能引起创新设计失败的原因。但是,要真正掌握这些理论与方法并能够正确地运用,只能通过不断地参加创新实践来实现。

创新能力是综合实践能力,只能通过实践才能得以表现,才能发现自身优势和不足,才能纠正思维方式和行为方式中不利于创新的缺陷。近年来,在高校中开展的各种创意大赛、创新大赛等创新实践活动吸引了大量学生参加,为学生提供了良好的实践平台,极大地提高了学生参与创新实践活动的兴趣和热情,也有效地提高了学生的创新实践能力。

1.3 机械创新设计对社会发展的影响

杨叔子院士曾在不同场合多次提道:"机械很重要,创新很重要,设计很重要。"由此,我们可以联想到"机械创新设计很重要"。其之所以很重要,主要是机械创新设计与社会的发展进步有紧密的联系,可以这么说,每一个重大的机械创新都会让人类社会有一个质的飞跃。

石器时代人类制造和使用的各种石斧、石锤和木质、皮质的简单工具就是后来出现的机械设备的先驱。几千年前,人类已创造、制作了用于谷物脱壳和粉碎的臼和磨等,所用的动力由人力发展到畜力、风力和水力。最早的人造材料是陶瓷,而制作陶瓷器皿的陶车,具有动力、传动和工作三个部分的完整机械。鼓风器对人类社会发展起了重要的作用,强大的鼓风器使冶金炉获得足够高的温度,从而促成了金属的出现,让人类社会从石器时代向金属时代发展。

15~16世纪以前,机械工程发展缓慢。17世纪以后,随着社会需求的不断增加,光靠人力和当时的机械水平已无法满足,许多人开始致力于改进各产业所需要的工作机械和研制新的动力机械,直到英国发明家瓦特发明了蒸汽机,引发了第一次工业革命,使人类社会进入了蒸汽时代。19世纪,丹麦人奥斯特发现了电流磁效应现象,英国科学家法拉第总结出了著名的电磁感应定律。这些为发电机、电动机、变压器的问世奠定了坚实的理论基础,让人类社会进入了电气时代。将来,机械设计学必将渗透到半导体制造、生物工程、纳米技术等更多学科领域中,在对社会发展做出贡献的同时,不断完善,使理论进一步创新。其特点主要包括以下几点:

① 系统化:把机械产品看作一个系统或整体,依赖计算机技术,实现人、机、环境的相互协调。具体来说,是把总系统分解为若干个子系统,采用各种现代设计理论和方法,以追求系统优化为目标,协调各子系统的设计和匹配。

② 智能化:随着科技的进步和发展,机械设计要越来越多地考虑智能的因素。大量设计内容都可通过建立模型来描述机械产品的各种工况行为,对模型求解可预测产品的性能、设计的合理性和最优性。

③ 绿色化:在环保问题日益突出的今天,机械设计的绿色化势在必行。绿色设计技术是对产品在其生命周期中,按符合环境保护、资源利用率最高、能源消耗最低的要求进行设计的技术。要求设计者从全周期考虑产品的环境属性和基本属性,在设计时始终立足于人的身心健康、环境保护等立场,同时要求所设计的产品具有可回收利用性,对环境的损害降到最低。

④ 深度光机电一体化:光机电一体化技术是将机械技术、电工电子技术、微电子技

术、信息技术、传感器技术、接口技术、信号变换技术等多种技术进行有机结合，并综合应用到实际中去的综合技术。机电一体化技术融入工程机械当中，可以极大地改善机械的性能，对机械的操作平台的建设及使用产生革命性的影响；同时，在工程机械中使用机电一体化技术，对于未来该项技术的发展与深入，对于电子信息技术、控制技术、数据处理技术等的发展，也将产生重要影响。机电一体化技术的广泛应用必然对机械运动方案的构思与拟定产生很大的影响，使所设计的机器更完善、更合理。

现在我们的生活中依然随处可见机械的应用，可以预见的是，机械的创新设计将是人类社会进步发展最重要也最基础的因素。

第 2 章　扳拧工具

2.1　常用创新原理

创新是人类有目的的一种探索活动,它需要一定的理论指导。创新原理是人们长期创造实践活动中的理性归纳,同时也是指导人们开展新的创造实践的基本法则。

1. 参数变化原理
① 改变物体的物理状态,即让物体在气态、液态、固态之间变化。
② 改变物体的浓度和粘度,如液态香皂的粘度高于固态香皂,且使用更方便。
③ 改变物体的柔性,如用三级可调减振器代替轿车中不可调减振器。
④ 改变温度,如使金属的温度升高到居里点以上,金属由铁磁体变为顺磁体。
举例:铸造、锻造。

2. 预先作用
① 在操作开始前,使物体局部或全部产生所需的变化。
② 预先对物体进行特殊安排,使其在时间上有准备,或已处于易操作的位置。
举例:划玻璃、切瓷砖、剥板栗爪、美工刀片。

3. 分　割
① 把一个物体分成相互独立的部分。
② 把物体分成容易组装和拆卸的部分。
③ 增加物体相互独立部分的程度。
举例:组合机床、组合夹具、挖掘机铲斗。

4. 抽　取
① 将一个物体中的"干扰"部分分离出去。
② 将物体中的关键部分挑选或分离出来。
举例:飞机副油箱、空调外机。

5. 动态性
① 使一个物体或其环境在操作的每一阶段自动调整,以达到优化的性能。
② 把一个物体划分成具有相互关系的元件,元件之间可以改变相对位置。
③ 使一个静止的物体变为运动的或可变的。
举例:特斯拉充电桩、柔性夹具。

6. 周期性动作

① 用周期性运动或脉动代替连续运动，如用鼓槌反复地敲击某物体。
② 对周期性的运动改变其运动频率，如通过调频传递信息。
③ 在两个无脉动的运动之间增加脉动。
举例：防抱死制动系统、变频、电锤。

7. 机械振动

① 使物体处于振动状态，如电动剃须刀、具有振动刀片的电动雕刻刀具。
② 如果振动存在，增加其频率，甚至可以增加到超声。
③ 使用共振频率，如利用超声共振消除胆结石或肾结石。
④ 使用电振动代替机械振动，如石英晶体振动驱动高精度表。
⑤ 使用超声波与电磁场耦合，如在高频炉中混合合金。
举例：振动上料机、振动筛、振动除冰以及超声波清洗眼镜。

8. 改变颜色

① 改变物体或环境的颜色，如在洗相片的暗房中要采用安全的光线。
② 改变一个物体的透明度，或改变某一过程的可视性。
③ 采用有颜色的添加物，使不易观察到的物体或过程被观察到。
举例：观火识炉温、切屑颜色。

9. 反　　向

① 将一个问题中所规定的操作改为相反的操作。
② 使物体中的运动部分静止、静止部分运动。
③ 使一个物体的位置倒置。
举例：反向车削、工作台的下降代替刀具的上移。

2.2　案例分析

1. 劈柴机械

在物资匮乏的年代，人们烧柴做饭，劈柴的主要工具是斧子，斧子劈柴的原理是什么？
① 借助惯性力；② 压强。
使用斧子存在一定的操作危险，为了避免这些危险，结合逆向原理制造了新的劈柴机械。这些机械仍然是手动工具，靠人力来工作。
螺旋劈柴机械利用了曲线曲面化原理。

2. 金属切削刀具

可转位车刀包含了局部质量改善原理、复合材料原理、多用性原理。
螺旋铰刀体现了曲线曲面化原理。

第3章　注塑件分离装置

3.1　类比创新法

类比不同于从特殊到一般的归纳方法,也不同于从一般到特殊的演绎方法,而是从特殊到特殊的一种独特的方法。

人们在探索未来的过程中,可以借助于类比的方法,把陌生的对象与熟悉的对象相对比,把未知的东西与已知的东西相对比,这样,由此物及于彼物,由此类及于彼类,可以起到启发思路、提供线索、举一反三、触类旁通的作用。

类比推理,简称类比或类推,可用如下公式表示:

① A对象具有a,b,c,d属性,B对象具有a',b',c'属性类比推理:对象B可能也具有d'属性。

② a',b',c',d'分别与a,b,c,d相同或相似。前三项是共同属性,d'是推理属性。

1. 拟人类比

在进行创造活动时,有时可将创造对象"拟人化"。拟人类比也称感情移入或角色扮演。把创造发明的对象或者某个因素人格化,假设自己是该对象或因素,在该种情况下会如何办。

2. 直接类比

从自然界或者从已有的发明成果中,寻找与创造对象相类似的东西,通过直接类比创造出新的事物。

3. 象征类比

模仿生物的结构和功能等进行创造发明的类比方法,称为象征类比。

4. 因果类比

两个事物的各个属性之间,可能存在着某种因果关系,因此,人们可以根据某一事物的因果关系推出另一事物的因果关系,通过因果类比创造出新的事物。

5. 对称类比

许多事物相互间具有对称性,人们可以通过对称类比创造新的事物。

6. 综合类比

物质属性之间的关系是错综复杂的,但是人们可以综合它们相似的特征进行类比。

3.2 案例分析

3.2.1 背 景

全国花生收获机械化水平仅30.2%。花生摘果机是花生分段机械化生产的重要农机设备;按喂入方式可分为全喂入式和半喂入式。全喂入式花生摘果机,生产效率较高,是人工效率的40倍以上;缺点是功率消耗大、摘果不净、果蔓分离不清、破碎率高,适用干果蔓摘果作业。半喂入式花生摘果机体积小、功率高、移动方便、处理量低、干湿花生果蔓摘果作业是中小面积种植花生农户理想的摘果农机具。

3.2.2 结构原理

HSZ-10型半喂入式花生摘果机采用滚筒式摘果原理,由柔性摘果机构、清选风机、振动筛、机架、电动机(柴油机)及传动部分组成。HSZ-10型半喂入式花生摘果机传动示意图如图3-3.1所示,柴油机或电动机动力通过皮带传动Ⅰ带动清选风机及皮带传动Ⅱ,皮带传动Ⅱ带动摘果机构的下滚筒及齿轮组。齿轮组带动摘果机构的上

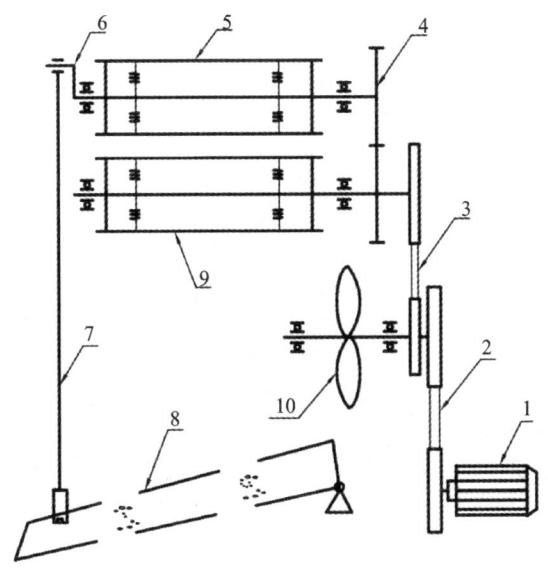

1—柴油机或电动机;2—皮带传动Ⅰ;3—皮带传动Ⅱ;4—齿轮组;5—摘果上滚筒;
6—偏心机构;7—连杆;8—振动筛;9—摘果下滚筒;10—清选风机

图3-3.1 HSZ-10型半喂入式花生摘果机传动示意图

滚筒及偏心机构,偏心机构通过曲轴连杆带动振筛。摘果机构的上滚筒与下滚筒相向转动,滚筒上的柔性摘果杆扯掉茎蔓果上的花生果,人工抽出花生枝蔓。摘下的花生果粒通过溜板滑入振动筛,筛去花生果粒上残留的泥土、小碎石等杂质,经清选风机除去浮杆、渣草等,花生果流入果箱。

3.2.3 创新点及应用

该作品具有以下几个创新点:

① 柔性摘果滚筒。其上、下摘果滚筒的摘果杆柔性开度,能产生有效弹性力压紧因人工喂入而或多或少的花生果蔓。摘果滚筒相向旋转,柔性摘果杆能对花生果蔓产生最佳柔性冲击力,高净摘果,低破损。

② 经振动筛分与风选有效去除杂物。

③ 干果、湿果均可摘除,操作安全。

大型全自动花生收获机虽然方便,但是价格昂贵,不适合小块田地。

3.3 其他案例分析

橄榄采摘的主要机械装置是两个梳齿辊筒,从树的两侧梳理一遍,再通过传送带收集果实进行筛选,如图 3-3.2 所示。

图 3-3.2 橄榄采摘机械

图 3-3.3 所示这款咖啡豆采摘装置的末端有两个可以动的银色钳子,只要用它往树枝上一敲,就可以将成熟的咖啡豆震下来,并且还不会影响到尚未成熟的咖啡豆。

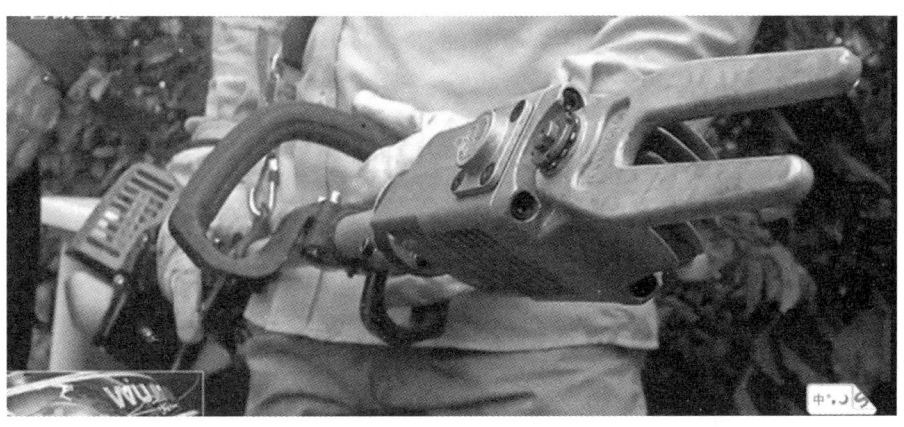

图 3-3.3 咖啡豆采摘装置

第4章 绘图仪内容

4.1 凸轮机构的运动规律

4.1.1 凸轮机构的组成

凸轮机构主要由凸轮、推杆和机架组成。

其结构形式主要取决于凸轮和推杆。其特点是结构简单,只要设计出适当的凸轮轮廓曲线,就可以使从动件实现任何预期的运动规律。但另一方面,由于凸轮机构是高副机构,易于磨损,因此只适用于传递动力不大的场合。

4.1.2 凸轮与从动杆的运动关系

凸轮机构设计的基本任务,是根据工作要求选定合适的凸轮机构的型式、从动杆的运动规律和有关的基本尺寸,然后根据选定的从动杆运动规律设计出凸轮应有的轮廓曲线。所以根据工作要求选定从动杆的运动规律,乃是凸轮轮廓曲线设计的前提。

4.1.3 从动件的常用运动规律

所谓从动杆的运动规律是指从动杆在运动时,其位移 S、速度 v 和加速度 a 随时间 t 变化的规律。又因凸轮一般为等速运动,即其转角 φ 与时间 t 成正比,所以从动杆的运动规律更常表示为从动杆的运动参数随凸轮转角 φ 变化的规律。

1. 等速运动规律

从动件的速度为常数的运动规律称为等速运动规律,如图 3-4.1 所示。

特点:设计简单,匀速进给,起点、末点有刚性冲击。适于低速、轻载、从动杆质量不大以及要求匀速的情况。

2. 等加速等减速运动规律

等加速等减速运动规律是指从动件在前半行程中作等加速运动,在后半行程中作等减速运动,而且加速度的绝对值相等,如图 3-4.2 所示。

特点:a_{max} 最小,惯性力小,起点、中点、末点有柔性冲击。

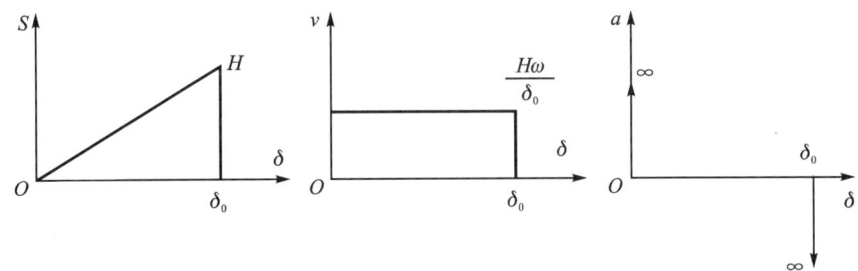

图 3-4.1　等速运动规律

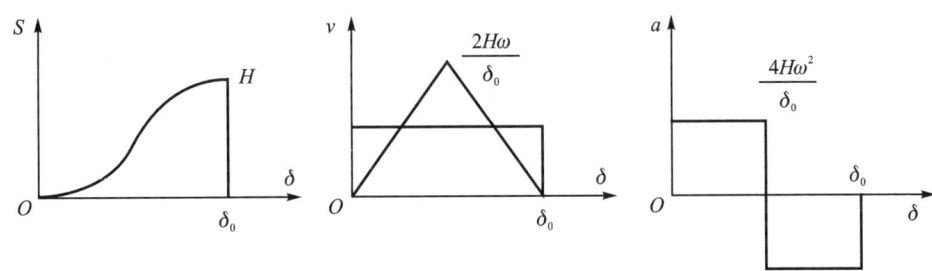

图 3-4.2　等加速等减速运动规律

3. 简谐运动规律

简谐运动规律是当动点在一圆周上做匀速运动时，由该点在此圆直径上的投影所构成的运动，如图 3-4.3 所示。

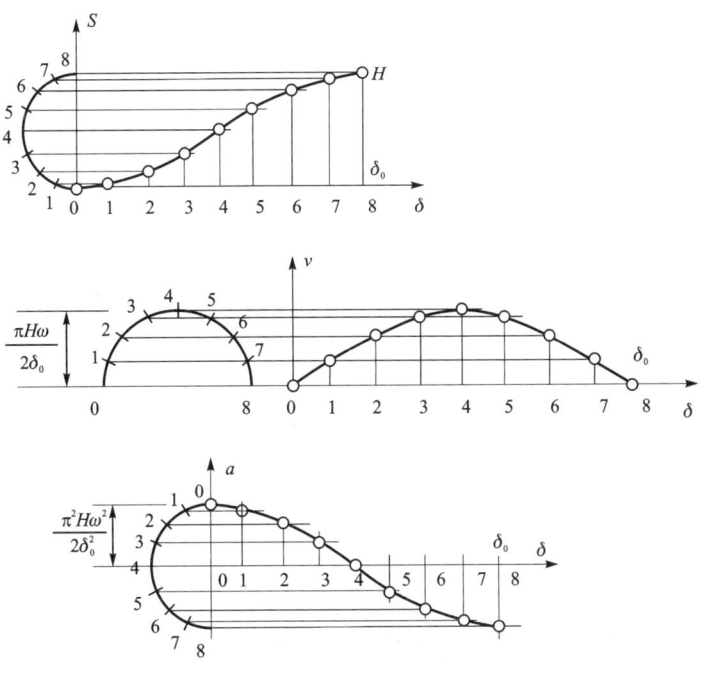

图 3-4.3　简谐运动规律

特点：加速度变化连续平缓，起点、末点有柔性冲击；适于中低速、中轻载。

4. 摆线运动规律

摆线运动规律是指当一个滚圆在一直线上作纯滚动时，滚圆上一点所走过的轨迹，如图3-4.4所示。推杆作正弦加速度运动时，其加速度没有突变，因而不产生冲击，适用于高速凸轮机构。

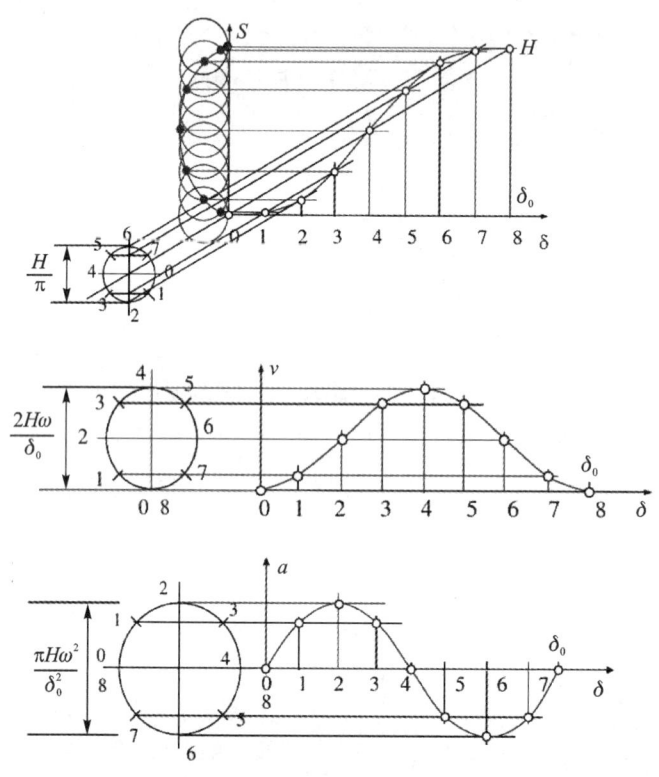

图3-4.4　摆线运动规律

特点：加速度变化连续平缓，$a_{\max}$最大，对加工误差敏感；适于高中速、轻载。

4.2　平面四杆机构

4.2.1　基本概念

连杆机构：机构中各构件只采用低副连接的构件系统称为连杆机构。

平面连杆机构：所有构件均在同一平面或相互平行的平面内运动的连杆机构称为平面连杆机构。

平面四杆机构：四个构件组成的平面连杆机构称为平面四杆机构。

铰链四杆机构：四个构件全部用转动副相连的平面四杆机构称为铰链四杆机构。

铰链四杆机构是平面四杆机构的基本形式。

4.2.2 铰链四杆机构

1. 铰链四杆机构的组成

机架：机构中固定不动的构件。

连架杆：与机架连接的构件。

曲柄：能绕机架作整周回转的连架杆。

摇杆：只能绕着机架在一定范围内摆动的连架杆。

连杆：不直接与机架相连的构件（连接两连架杆的构件）。

2. 铰链四杆机构的三种基本形式

铰链四杆机构可以分为曲柄摇杆机构、双曲柄机构和双摇杆机构三种基本形式。

（1）曲柄摇杆机构

铰链四杆机构的两个连架杆中，若一个是曲柄，另一个是摇杆，则称为曲柄摇杆机构。

应用案例：

① 雷达天线，如图 3-4.5 所示。

运动特点：以曲柄为原动件，带动摇杆作摆动；可将曲柄的连续运动转变为摇杆的往复运动，实现雷达的俯仰运动。

② 缝纫机的脚踏板机构，如图 3-4.6 所示。

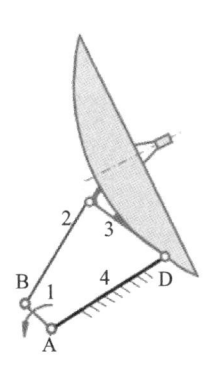

图 3-4.5 雷达天线

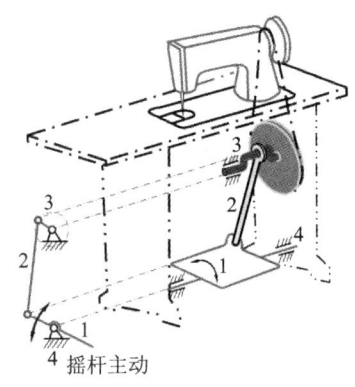

图 3-4.6 缝纫机的脚踏板机构

运动特点：以脚踏板为原动件，通过连杆带动曲柄转动；可将摇杆的摆动转变为曲柄的整周转动。

③ 汽车前窗刮雨器，如图 3-4.7 所示。

④ 颚式破碎机，如图 3-4.8 所示。

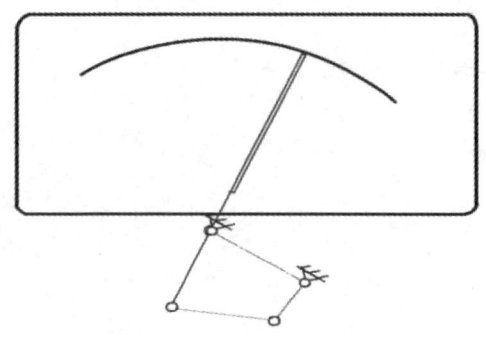
图 3-4.7　汽车前窗刮雨器

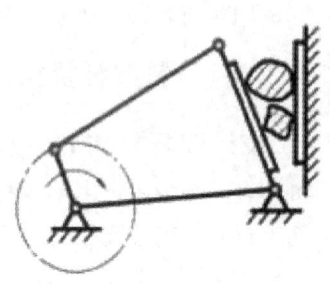
图 3-4.8　颚式破碎机

功能：将连续转动转换为摆动，或者将摆动转换为连续转动。

(2) 双曲柄机构

具有两个曲柄的铰链四杆机构称为双曲柄机构。

应用案例：

① 惯性筛机构，如图 3-4.9 所示。

图 3-4.9　惯性筛机构

运动特点：两曲柄不等长；主动曲柄做匀速转动时，从动曲柄则作变速运动。

② 插床机构，如图 3-4.10 所示。

运动特点：对从动曲柄进行改进，再连接一推杆，从动曲柄和推杆又组成一个曲柄滑块机构，实现刀具的上下往复运动。

③ 火车车轮联动装置，如图 3-4.11 所示。

运动特点：相对两杆平行且长度相等（平行四边形机构）；两曲柄转向相同，转速相等，连杆作平动。

④ 车门启闭装置，如图 3-4.12 所示。

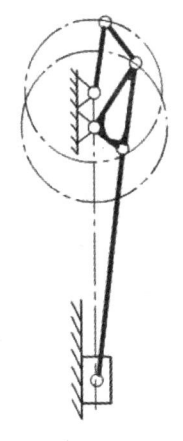
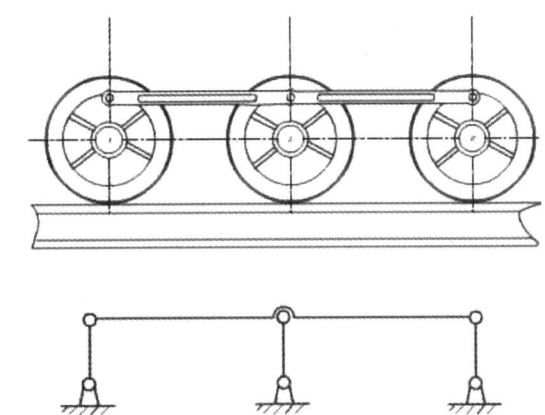

图 3-4.10 插床机构　　　　图 3-4.11 火车车轮联动装置

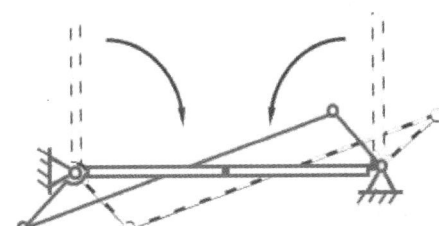

图 3-4.12 车门启闭装置

运动特点：两相对杆的长度分别相等，但不平行（反平行四边形机构）；两曲柄转向相反，转速不相等。

功能：可将等速回转转换为等速或变速回转。

(3) 双摇杆机构

铰链四杆机构的两个连架杆都是摇杆，则称为双摇杆机构。

应用案例：

① 鹤式起重机，如图 3-4.13 所示。

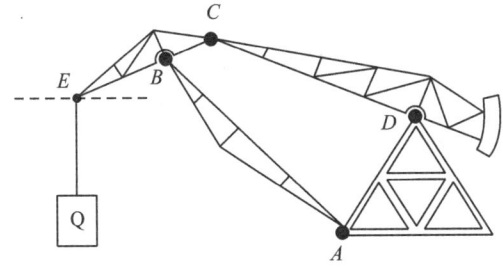

图 3-4.13 鹤式起重机

运动特点：AB 与 CD 为两摇杆，在连杆 EBC 上起吊货物，起吊过程中，E 点的运行轨迹接近水平线。

② 汽车转向装置，如图 3-4.14 所示。

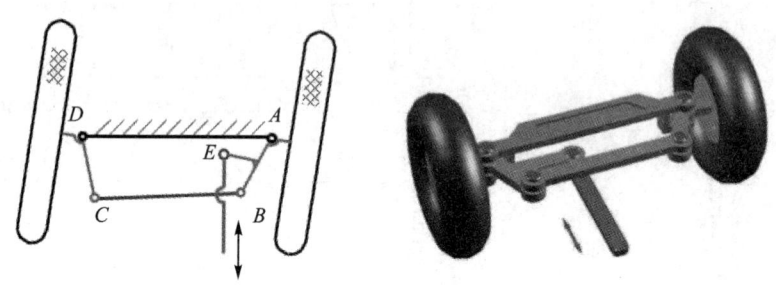

图 3-4.14 汽车转向装置

运动特点：AB 与 CD 为两摇杆且等长，汽车转向时，两个前轮可以同时转向。
功能：将一种摆动转换为另一种摆动。

4.3 机构组合创新

随着机械化和自动化程度的不断提高，对机构输出的运动学和动力学特性的要求也变得更加复杂多样。连杆机构、凸轮机构、齿轮机构等基本机构往往不能满足各种复杂多样的要求。为了满足一些特定的要求，常常将各种基本机构以一定的方式加以组合后使用，称为组合机构。

基本机构的组合方式：串联组合、并联组合、反馈组合等。

4.4 案例分析

4.4.1 背　景

课堂上绘制图形，需要携带长尺等工具，非常不方便而且只能粗略地绘制图形。目前，绘制椭圆、机械教学中的渐开线，没有一种理想的手工绘制工具。针对这种现状，研究人员设计发明了多功能绘图仪。

4.4.2 结构原理

多功能绘图仪主要由直尺、量角器、滑块、导轨等组成，综合利用了机械原理、机械设计、理论力学等知识。该绘图仪能实现三角形、长方形、圆形等常规图形的绘制，能够精确地测量角度、绘制角度；可以画出不同基圆半径所展开的渐开线；给定任意椭圆方程，确定长轴 a、短轴 b，即可准确绘制出椭圆。

纵向导轨通过滑块在横向导轨上移动，纵向导轨上安装有三个滑块，用来连接椭圆、角度、渐开线绘图装置，滑块可以实现在导轨上下滑动，并且可以在固定位置锁死。

椭圆装置通过细杆在纵向导轨上的上下运动，带动两把尺子一起运动，画出椭圆形。小尺子一端安装有磁铁块，在绘制椭圆的过程中，磁铁块吸附在黑板上固定不动，成为支撑点。当要绘制圆形时，大尺子绕支撑点旋转一周即绘出圆形。

角度装置是量角器与直尺通过杆连接，直尺可以任意角度旋转，画出各个角度的直线，也可以轻易地测量出直线间的角度。

渐开线装置通过不同半径的圆上缠绕着直线，直线末端缠绕着粉笔，沿着圆柱作纯滚动，该平面上直线所展成的轨迹即为渐开线。

整体结构图如图 3-4.15 所示。

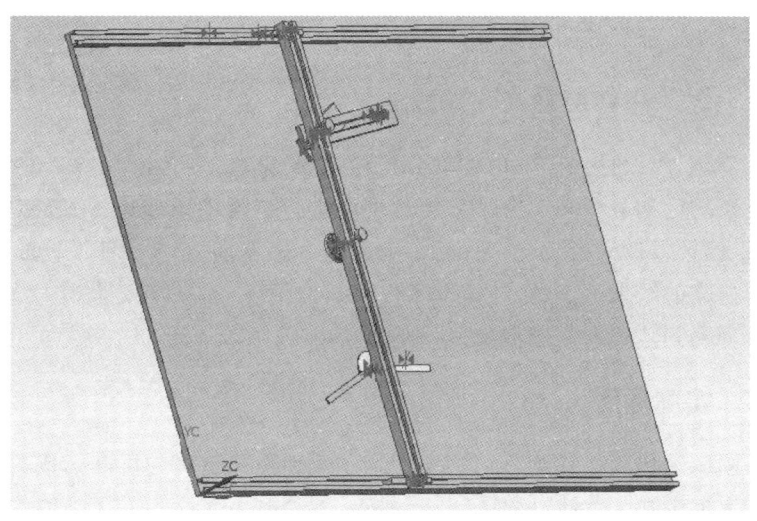

图 3-4.15　整体结构图

4.4.3　创新点及应用

该作品具有以下几个创新点：

① 可以精确实现椭圆大小的绘制。

② 能够精确绘出渐开线，方便课堂教学。

③ 绘图装置结构简单，重量轻，使用方便，可以通过导轨滑到绘图板一侧，不会占用绘图板使用面积。

4.5　知识拓展

4.5.1　运动仿真介绍

在进行机械设计时,建立模型后设计者往往需要通过虚拟的手段,在电脑上模拟所设计的机构,以达到在虚拟的环境中模拟现实机构运动的目的。这对于提高设计效率、降低成本有很大的作用。

对于运动仿真,我们可以借助三维设计软件实现,如 UG、ProE、SolidWorks 等。在软件里模拟产品的机构或结构设计的合理性,从而提高效率、降低成本。更重要的是,与实际的生产活动联系起来,有身临其境的感觉,这对于脱离实际生产的在校生或在职人员具有非常重要的指导意义。

4.5.2　运动仿真的意义

以 UG 为例,可以使用 UG 的运动分析模块(Scenario for Motion),对二维和三维机构进行复杂的运动分析和动力学分析。可以进行机构的干涉分析、跟踪零件的运动轨迹、分析机构中零件的速度、加速度、作用力和力矩等,进一步验证设计的合理性。通过分析运动仿真的结果,可以指导修改零件的结构设计。一旦确定优化设计方案,设计更改可直接反映到装配的主模型中。

4.5.3　实例讲解

以牛头刨床的传动机构为例,使用 UG 的运动仿真模块分析其运动规律等特性。图 3-4.16 为牛头刨床传动机构简图。

已知参数:曲柄 OB 转速 50 r/min,各杆长度分别设置为 $OB=100$ mm,$AC=520$ mm,$CD=120$ mm,$EF=550$ mm,$OA=350$ mm。求刨刀的工作行程、刨刀的速度、行程速比系数 K 及导杆摆动幅度。

1. 建立三维模型

模型可以简化,由于做运动分析,所以模型可以进行适当简化,主要反映出各个构件的长度及几何约束即可,模型如图 3-4.17 所示。

2. 运动仿真

在牛头刨床六杆机构中,OA 和 EF 设置为固定连杆。各个杆件之间组成回转副,套筒(B)和滑块(D)分别与杆件组成滑动副,即 5 个回转副和 2 个滑动副。在曲柄 OB 与机架组成的回转副上添加驱动,角速度设置为 300(°)/s(由转速 50 r/min 换算可得)。

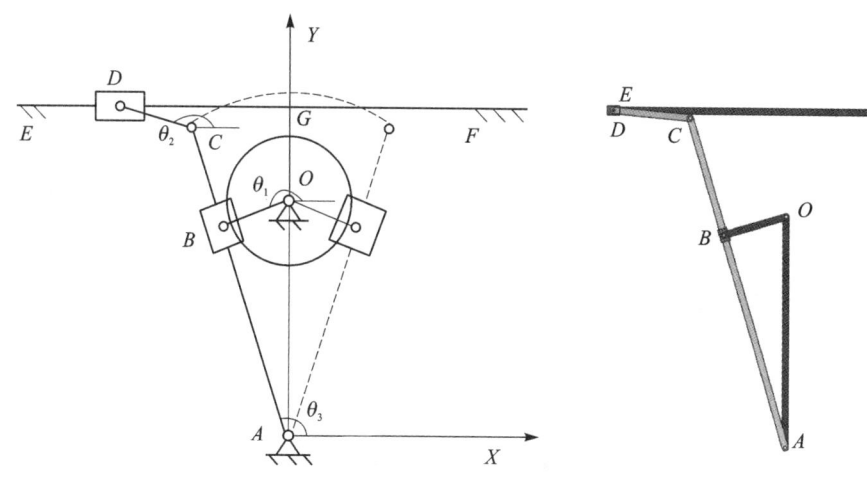

图 3-4.16 牛头刨床传动机构简图　　　　图 3-4.17 三维模型图

3. 仿真结果输出

(1) 测量刨刀的行程

测量刨刀的行程即测量由刨刀和机架 EF 组成的滑动副位移。在系统中选择该滑动副,创建位移函数,导出刨刀行程图,如图 3-4.18 所示。

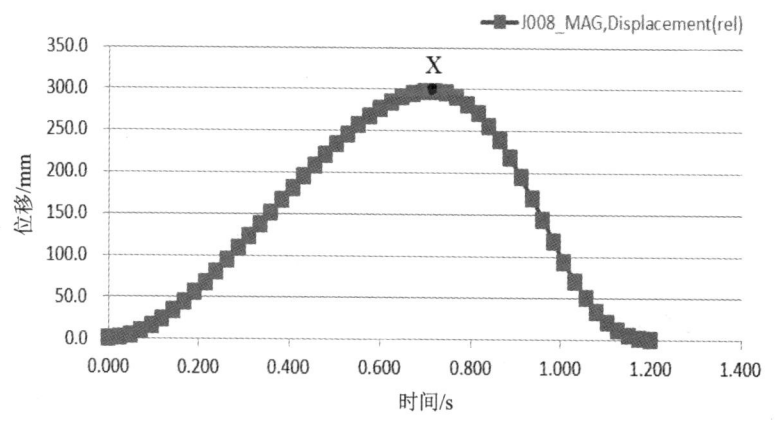

图 3-4.18 刨刀行程图

(2) 测量刨刀速度

选择刨刀和机架 EF 组成的滑动副,创建速度函数,导出刨刀速度图,如图 3-4.19 所示。

(3) 测量导杆角位移

传动机构模型中,选取导杆 AC 和水平面组成的夹角创建测量角度。利用 UG 运动仿真计算导杆相对于水平面的角位移,进而求出导杆往复运动的摆角值。导杆 AC

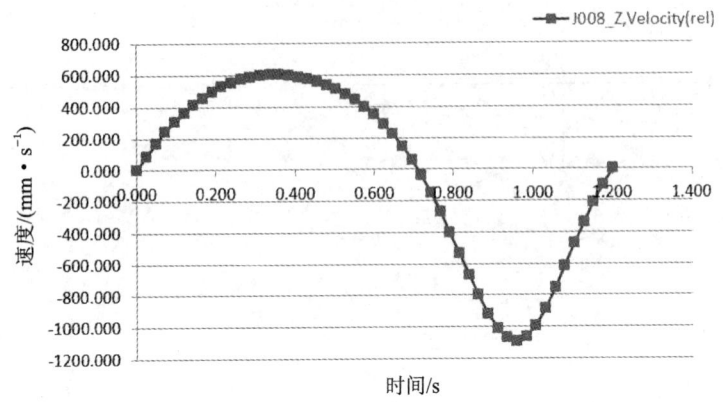

图 3-4.19 刨刀速度图

在 O 和 P 点时处于左右极限位置,角度值分别为 106.6°和 73.4°,摆角幅度为 33.2°。

导杆角位移图如图 3-4.20 所示。

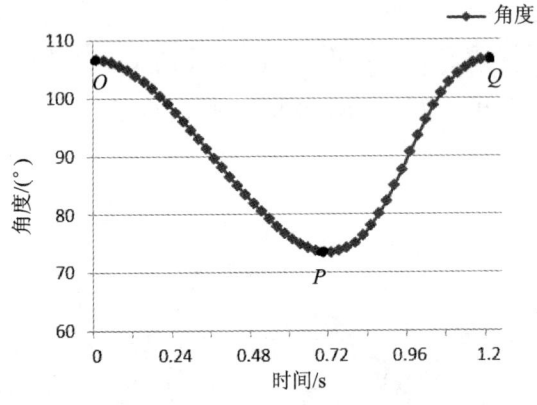

图 3-4.20 导杆角位移图

(4) 行程速比系数 K

从导杆角位移变化曲线可以得出,刨刀在 O、P、Q 三点上,分别位于行程的两端。P 点对应的时间为 0.720 s。OP 段是工作行程,PQ 段是回刀行程。行程速比系数 K 等于 OP 段和 PQ 段所用的时间之比,计算得到 $K=1.5$。

在研究机构运动学方面,用作图法和矢量解析法,过程较为复杂和抽象。运用 UG 软件可以省略大量复杂的计算过程,更加简单快捷、形象直观地模拟构件的运动过程,获得我们所需要的运动参数。

第 5 章　送料机

5.1　送料原理

实际工作中,要设计的机器是复杂的,要求的功能是多种多样的。机械装配自动线上的自动上料装置,可采用如下几种送料方法。

1. 利用机械推压原理

图 3-5.1(a)所示机构采用底部推送料方式,料推出后由夹料板 1 夹走,运动十分简单(只需往复运动)。当板料较长时,还需增加夹料板 1 的抽料运动。该方法只适用于有一定厚度的刚性板料。

2. 利用摩擦原理分离板料

摩擦板 3 在顶层推出最上面的一张板料,板料被推出边缘后由夹料板 1 夹走。该方案中运动规律比较复杂(摩擦板 3 的移动和摩擦轮 4 的转动与移动),如摩擦板 3 要有接近板料的运动、送料运动、退回运动等,其运动轨迹近似于矩形,如图 3-5.1(b)所示。摩擦轮 4 也有类似的运动规律,图 3-5.1(c)表示了利用摩擦轮 4 滚出底层的一张板料,再用夹料板 1 夹走的动作过程。

3. 利用气吸原理分离并输送板料

可采用图 3-5.1(d)所示的顶吸(吸走最上面一张板料)或采用图 3-5.1(e)所示的底吸(吸出板料的边缘后,摩擦板 3 在底层推出最下面的一张板料,推出后由夹料板 1 抽走)。这种气吸方法要求吸头 5 作 L 形的运动,当板料为金属材料时,还可以用磁吸。

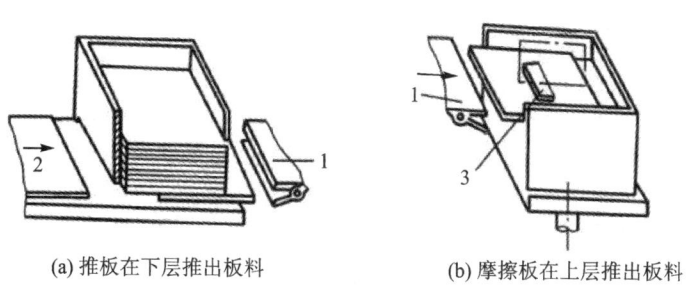

(a) 推板在下层推出板料　　　　(b) 摩擦板在上层推出板料

图 3-5.1　自动上料装置

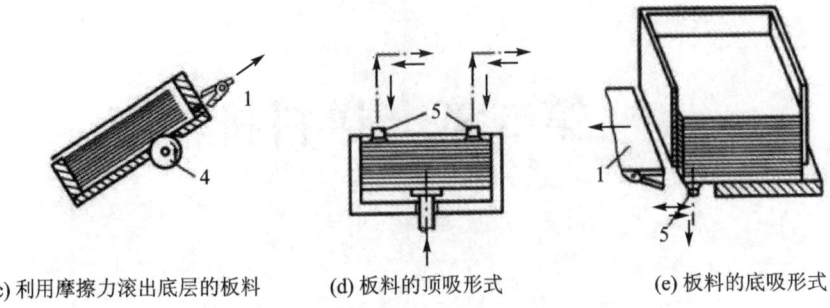

(c) 利用摩擦力滚出底层的板料　　(d) 板料的顶吸形式　　(e) 板料的底吸形式

1—夹料板；2—推板；3—摩擦板；4—摩擦轮；5—吸头

图 3-5.1　自动上料装置(续)

5.2　送料机构

5.2.1　曲柄滑块送料机构

在金属制品的生产中，广泛采用效率极高的冲压工艺使零件成形，而冲压的送料，可采用图 3-5.2 所示的曲柄滑块送料机构供应板料。

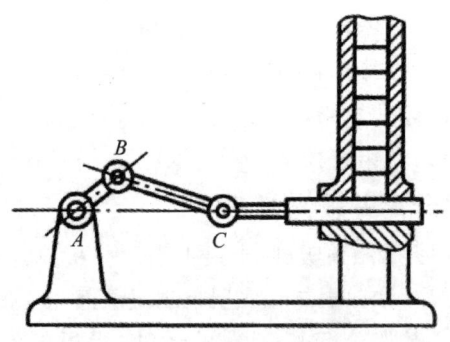

图 3-5.2　曲板滑块供料机构

5.2.2　间歇转动送料机构

在图 3-5.3 所示的间歇转动送料机构中，片状工件排列叠放在料仓 1 中，在料仓 1 的前端设有擒纵装置 2，以防止工件自由落下，料仓 1 底部通过滚子置于固定滑轨 3 上。移置头 4 在槽轮机构 7 和齿轮机构的驱动下作间歇转动。当一个空载移置头到达料仓 1 前停歇取工件时，凸轮 8 通过绕定轴 11 转动的构件 10 和连杆使料仓 1 前移，直至真空吸头 5 吸住最前面的一个工件后，料仓 1 退回。而被真空吸头 5 吸住的那个工件则脱离擒纵装置 2，待其转动到装配夹具 6 的上方时，真空吸头 5 取消真空状态，工件落到装配夹具 6 上。本机构在装配时特别要注意移置头 4 及其同轴的齿轮和凸轮的装配及相位调整,以求各部分动作的协调性。

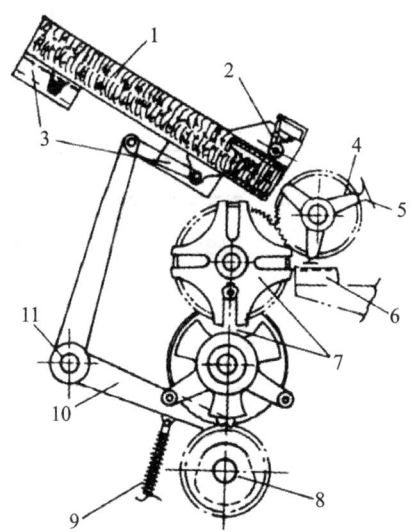

1—料仓;2—擒纵装置;3—固定滑轨;4—移置头;5—真空吸头;
6—装配夹具;7—槽轮机构;8—凸轮;9—弹簧;10—构件;11—绕定轴

图 3-5.3　间歇转动供料机构

5.2.3　电池底盖送料机构

在图 3-5.4 所示的电池底盖送料机构中,连续转动的星轮 1,驱动平行四边形连杆机构做往复摆动,其连杆上的真空吸头 4 沿圆弧平移,当真空吸头 4 经过挡板 3 时,被它吸住的工件受挡板 3 阻挡而下落进入所需的工位,实现送料动作。在机构中,星轮 1 本身转速不高,但真空吸头 4 可获得较高的往复运动频率。

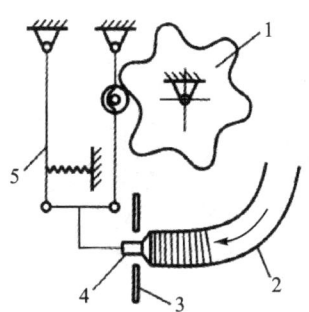

1—星轮;2—供料管;3—挡板;4—真空吸头;5—摆杆

图 3-5.4　电池底盖供料机构

5.2.4　由凸轮-连杆组成的供料机构

如图 3-5.5 所示的由凸轮-连杆组成的供料机构,物料在料仓 3 中连续送进而至前端时,由弹性挡片挡住。由凸轮驱动的作往复运动的推料板2将物料逐个推出料仓,物料沿导槽向下落到规定位置,然后由凸轮1驱动的压料板4将物料压装到所需的工件上。本机构曾用作干电池生产线中碳芯帽的自动安装机构。

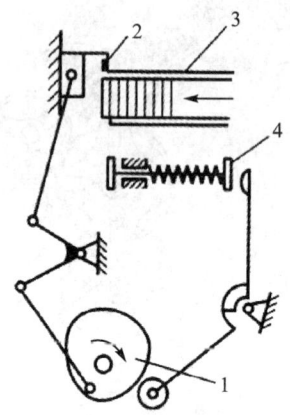

1—凸轮；2—推料板；3—料仓；4—压料板

图 3-5.5 由凸轮-连杆组成的供料机构

5.2.5 由连杆构成的步进供料机构

如图 3-5.6 所示的由连杆构成的步进供料机构,支承4和12为两个固定铰链支承,在支承12上装有连架杆9和10,在支承4上装有连架杆5和6,通过连接杆8将连架杆9和连架杆6连接起来。当原动轴转动而使连架杆9摆动时,输送杆3的运动轨迹11在上部是直线,机构循环一次的运动轨迹是压扁变形了的"D"字形。机体14左、右两侧共有两个输送杆,它们由一个原动轴驱动而作同步运动。该机构是由三套平行四边形机构组合而成的。

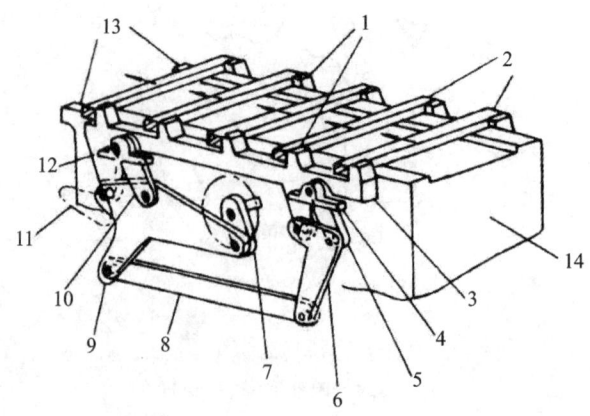

1—输送爪；2—被输送的零件；3—输送杆；4,12—支承；5,6,9,10—连架杆；
7—原动杆；8—连接杆；11—输送杆的轨迹；13—导轨；14—机体

图 3-5.6 由连杆构成的步进供料机构

5.2.6 由齿轮和连杆构成的步进供料机构

如图 3-5.7 所示的由齿轮和连杆构成的步进供料机构,齿数相同的 A、B、C、D 四个齿轮相互啮合,并由原动轴使它们按箭头所示方向回转。齿轮 A、B 与齿轮 C、D 分别通过齿轮销轴 8 和弯杆孔销轴 7 同各自的弯杆相接;弯杆 9 的前端再分别通过输送杆销轴 10 与输送杆 5 相连,构成一组连杆机构。当齿轮转动时,输送杆 5 描绘的运动轨迹呈"D"字形,完成零件的送进运动。这种机构还可用于电影胶片的进给装置。

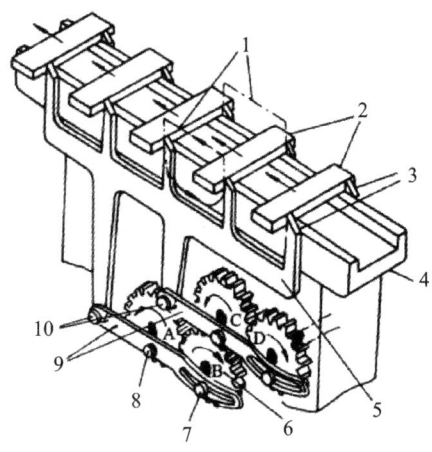

1—输送杆的运动轨迹;2—被输送的零件;3—输送爪;4—导轨;5—输送杆;
6—齿轮;7—弯杆孔销轴;8—齿轮销轴;9—弯杆;10—输送杆销轴

图 3-5.7　由齿轮和连杆构成的步进供料机构

5.3　案例分析

5.3.1　背　景

送料机构是生产自动线上不可缺少的装置,主要功能是将从料仓或料斗经输送装置送来的工件送到机床上预定的位置。其功能的好坏将直接影响自动线的工作效率和产品质量。冲制薄壁零件冲床的创新设计,不仅包括送料机构,也包含了冲压机构,该冲床用于冲制、拉延薄壁零件。

5.3.2　功能分解与工艺动作分解

1. 功能分解

为了实现冲床冲压成形的总功能,将功能分解为上料输送功能、压制成形功能、增压功能、脱模功能及下料输送功能。

2. 工艺动作过程

① 利用成形板料自动输送机构或机械手自动上料,上料到位后,输送机构迅速返回原位,停歇等待下一循环。
② 冲头往下做直线运动,对坯料冲压成形。
③ 冲头(上模)继续下行将成品推出型腔,进行脱模,最后快速直线返回。
④ 将成形脱模后的薄壁零件在输送带上送出。
⑤ 上模退出下模后,送料机构从侧面将坯料送至待加工位置,完成一个工作循环。

5.3.3 方案选择

① 齿轮-连杆冲压机构(凸轮-连杆送料机构),如图 3-5.8 所示。

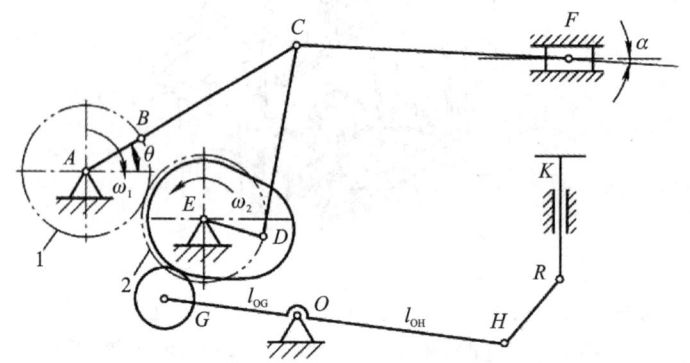

图 3-5.8 齿轮-连杆冲压机构

② 导杆-摇杆滑块冲压机构(凸轮送料机构),如图 3-5.9 所示。

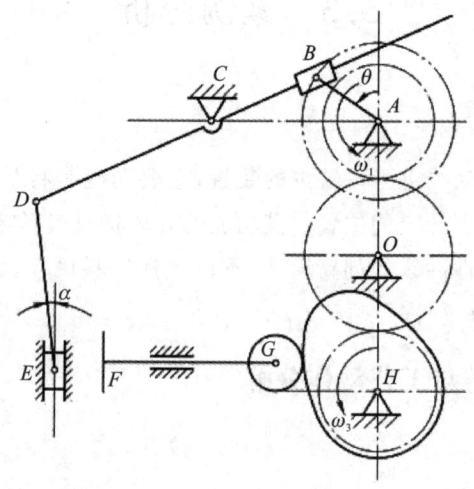

图 3-5.9 导杆-摇杆滑块冲压机构

③ 六连杆冲压机构(凸轮-连杆送料机构),如图 3-5.10 所示。

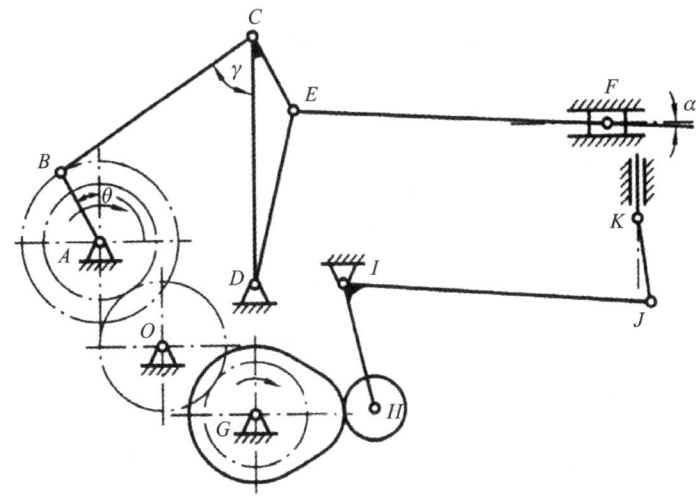

图 3-5.10　六连杆冲压机构

④ 凸轮-连杆冲压机构(齿轮-连杆送料机构),如图 3-5.11 所示。

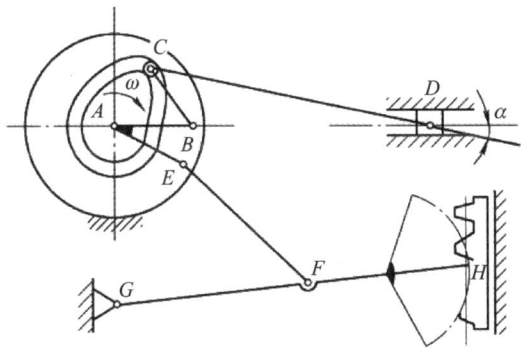

图 3-5.11　凸轮-连杆冲压机构

5.3.4　方案分析与评价

选择原则:所选方案是否能满足要求的性能指标;结构是否简单、紧凑;制造是否方便;成本是否低。

经过前述方法进行方案评价,采用价值工程法进行分析论证,确定齿轮-连杆冲压机构是上述四个方案中最合理的方案。

5.4 知识拓展

抓取机构的创新设计。

图3-5.12所示为蜂窝煤成型机机械系统运动方案。试说明减速传动机构、冲压机构、分度机构和扫屑机构是如何协调运动的？

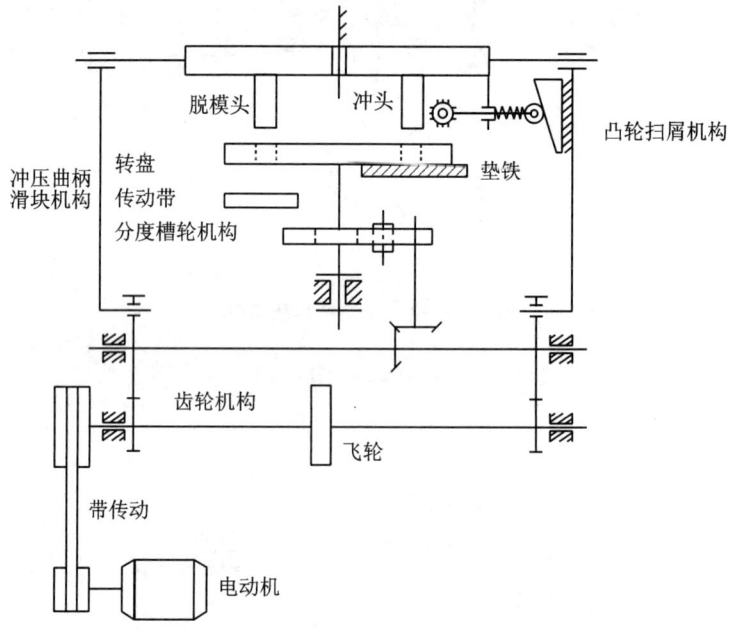

图3-5.12 蜂窝煤成型机机械系统运动方案

第6章 仿生机械

仿生机械(bio-simulation machinery),是模拟生物的形态、结构、运动和控制,是基础功能更集中、效率更高并具有生物特征的机械。

6.1 仿生机械学中的注意事项

1. 了解仿生对象的具体结构和运动特性

仿生机械是建立在对模仿生物体的解剖基础上,了解其具体结构,用高速影像系统记录与分析其运动情况,并运用机械学的设计与分析方法,完成仿生机械的设计过程,是多学科知识的交叉与运用。

2. 避免"机械式"仿生

生物的结构与运动特性,只是人们开展仿生创新活动的启示,不能采取照搬式的"机械式"仿生。飞机的发明史经历了从"机械式"仿生到科学仿生的过程。

"机械式"仿生是研究仿生学的大忌之一。

3. 注重功能目标,力求结构简单

生物体的功能与实现这些功能的结构是经过千万年的进化逐渐形成的,有时追求结构仿生的完全一致性是不必要的。

如人的每只手有14个关节、20个自由度,如果完全仿人手结构,会使得结构复杂、控制也困难。所以仿二指和仿三指的机械手在工程上应用较多。

6.2 案例分析

6.2.1 背 景

《三国演义》相信大家一定都看过,诸葛亮的计谋也一定让你印象深刻吧。还记得用来运输粮草的"木牛流马"吗?如图3-6.1所示,这种神奇的工具,不需要使用人力或者畜力,自己就可以拉货行走。后来人们想了很多办法复原这个厉害的运输工具,都难以完全解开背后的秘密。

不过,在遥远的荷兰,一位艺术家Theo Jansen就花了26年的时间,将中国古代这

图 3-6.1 "木牛流马"模型

种近乎传说的工具进行了神还原,他给自己的巨兽起名 Strand Beest(沙滩怪兽),如图 3-6.2 所示。

图 3-6.2 Strand Beest

6.2.2 结构原理

Theo Jansen 制作的沙滩怪兽是典型的连杆机构形式的腿机构,如图 3-6.3 所示。

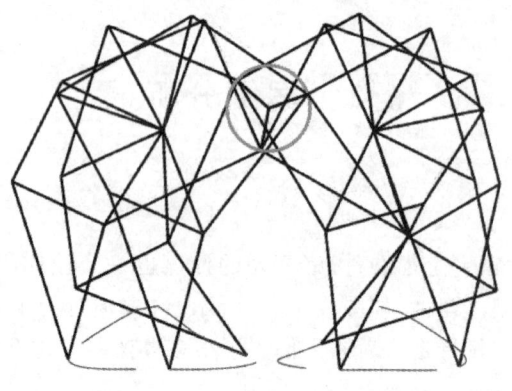

图 3-6.3 沙滩怪兽机构示意图

腿机构(或者叫行走机构)是一种旨在模仿人类或动物行走运动的连杆机构。机械腿可以有一个或多个驱动,可以实现简单的平面运动或复杂的空间运动。

图 3-6.4 所示是 Theo Jansen 和他的仿生兽。

图 3-6.4　Theo Jansen 和他的仿生兽

6.2.3　腿机构的设计

腿机构的设计要求一般可以表述为:
① 接触地面时的垂直速度尽量恒定。
② 当支脚不接触地面时,应尽快移动。
③ 恒定的力矩/力输入(至少不要有极端的峰值)。
④ 足够的步幅高度。
⑤ 对于 2 条腿或 4 条腿机构,支脚需要有至少 1/2 的运动周期接触地面;对于 3 条腿或 6 条腿机构,支脚需要有至少 1/3 的运动周期接触地面。
⑥ 最小化的运动质量。
⑦ 质心总是在支撑底座内部。
⑧ 转向时,每条腿(或每组腿)应分别控制。
⑨ 腿机构能够实现前行和后退。

其实,连杆形式的腿机构,不仅仅只有 Jansen 腿,还有很多构型形式,让我们一起来看看吧。
① Jansen 腿机构如图 3-6.5 所示;4 腿、6 腿 Jansen 行走机构如图 3-6.6、图 3-6.7 所示。
② Klann 腿机构;图 3-6.8、图 3-6.9 所示为 4 腿、6 腿 Klann 行走机构。
③ Ghassaei 腿机构;图 3-6.10、图 3-6.11 所示分别为 4 腿、6 腿 Ghassaei 行走机构。
④ Plantigrade 腿机构如图 3-6.12 所示。
⑤ Trotbot 腿机构如图 3-6.13 所示。

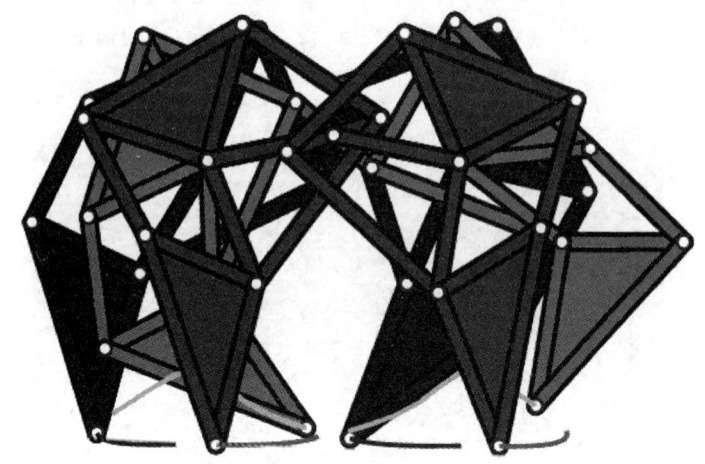

图 3-6.5 Jansen 腿机构

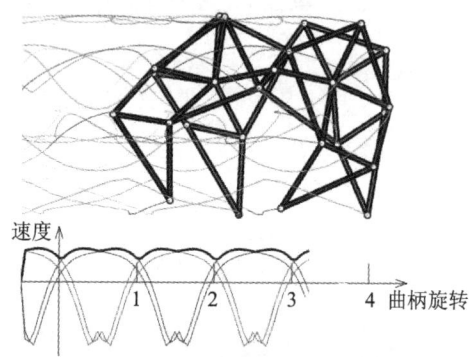

图 3-6.6 4 腿 Jansen 行走机构

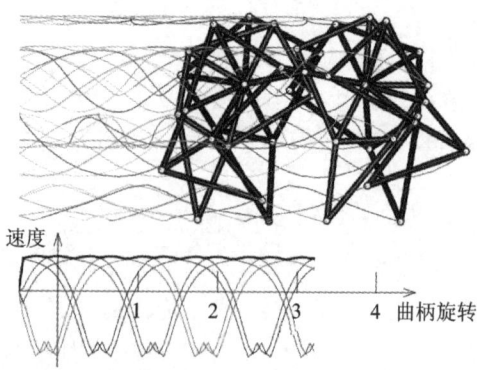

图 3-6.7 6 腿 Jansen 行走机构

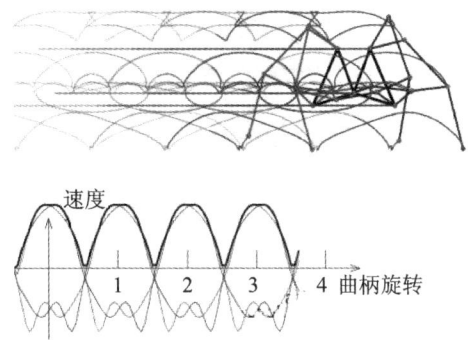

图 3-6.8　4 腿 Klann 行走机构

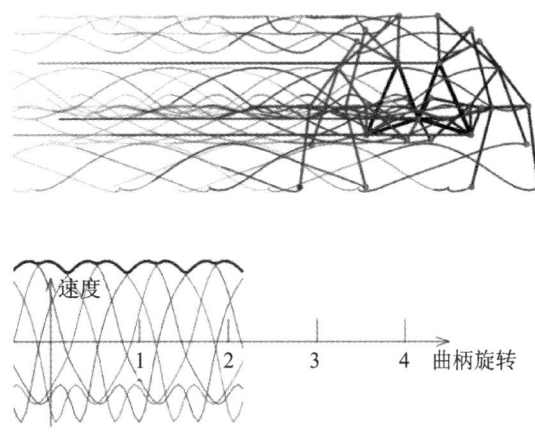

图 3-6.9　6 腿 Klann 行走机构

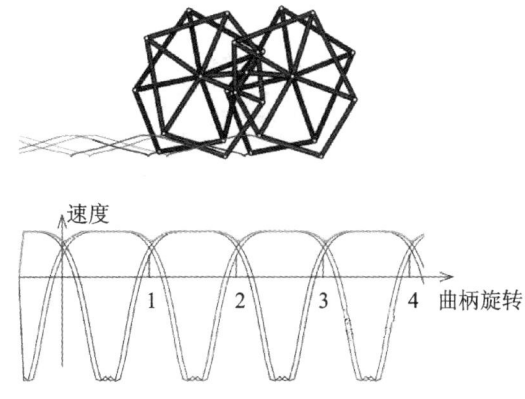

图 3-6.10　4 腿 Ghassaei 行走机构

⑥ 其他腿机构如图 3-6.14～图 3-6.16 所示。

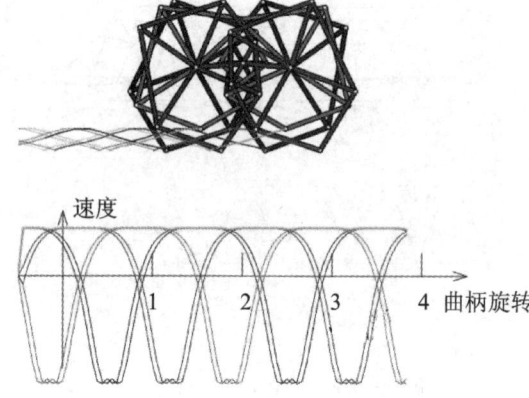

图 3-6.11　6 腿 Ghassaei 行走机构

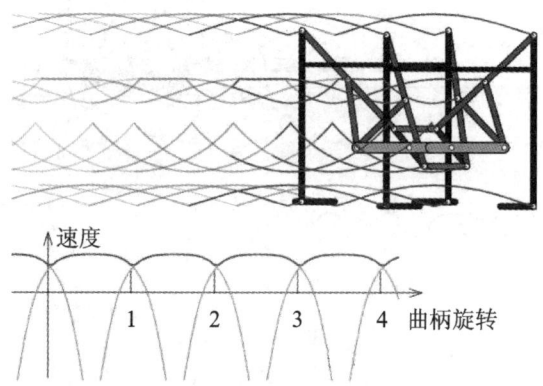

图 3-6.12　4 腿 Plantigrade 行走机构

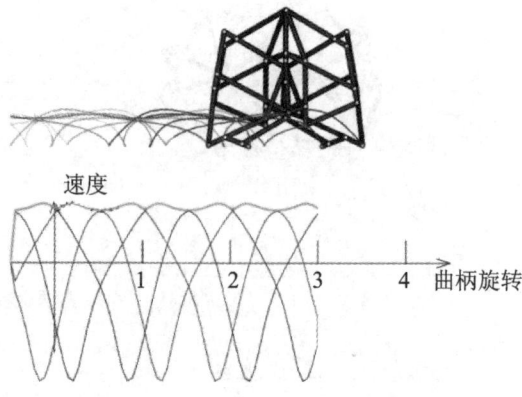

图 3-6.13　Trotbot 腿机构

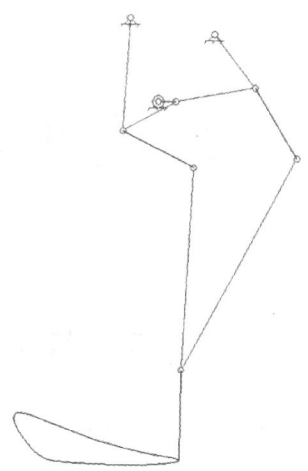

图 3-6.14 8杆腿

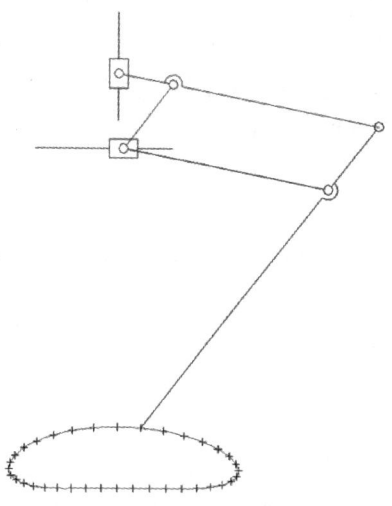

图 3-6.15 缩放腿

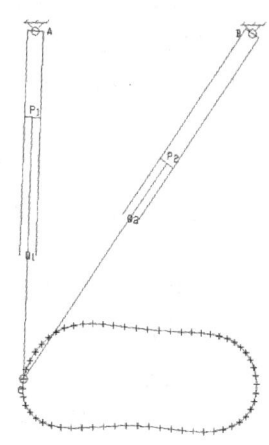

图 3-6.16 RPRPR 支腿

第 7 章　摘果器

7.1　联想创新法

联想是从一事物想到他事物的一种心理活动或思维方式。联想思维由此及彼、由表及里,形象生动、无穷无尽。每个正常人都具有联想本能。世间万物或现象间存在着千丝万缕的联系,有联系就会有联想。联想犹如心理中介,通过事物之间的关联、比较、联系,逐步引导思维趋向广度和深度,从而产生思维突变,获得创造性联想。

相似联想:从某一思维对象想到与它具有某些相似特征的另一思维对象的联想思维。这种相似,既可能是形态上的,也可能是空间、时间、功能等意义上的。尤其是把表面差别很大但意义上相似的事物联想起来,更有助于将创造思路从某一领域引导到另一领域。

接近联想:从某一思维对象想到与它有接近关系的思维对象上去的联想思维。这种接近关系可能是时间和空间上的,也可能是功能和用途上的,还可能是结构和形态上的,等等。

对比联想:客观事物之间广泛存在着对比关系,诸如冷与热、白与黑、动与静等。对比联想就是由事物间完全对立或存在某些差异而引起的联想。由于是从对立的、颠倒的角度去思考问题,因而具有背逆性和批判性,常会产生转变思路、出奇制胜的良好效果。例如:1901 年时的除尘器只能吹尘,飞扬的尘土令人窒息。英国人赫伯布斯运用对比联想:吹尘不好,吸尘会如何?他用捂着手绢的嘴试着吸尘土,结果成功了,他发明了负压吸尘器。

7.2　移植创新法

移植创新法(简称移植法)是将某个学科、领域中的原理、技术、方法等,应用或渗透到其他学科、领域中,为解决某一问题提供启迪、帮助的创新思维方法。

原理:是在各种理论和技术互相之间的转移。一般是把已成熟的成果转移、应用到新的领域,用来解决新的问题,因此,它是现有成果在新情境下的延伸、拓展和再创造。

移植法的基本方法主要有:

① 原理移植,即把某一学科中的科学原理应用于解决其他学科中的问题。例如:

电子语音合成技术最初用在贺年卡上，后来有人把它用到了倒车提示器上，又有人把它用到了玩具上，出现会哭、会笑、会说话、会唱歌、会奏乐的玩具。它当然还可以用在其他方面。

② 技术移植，即把某一领域中的技术运用于解决其他领域中的问题。

③ 方法移植，即把某一学科、领域中的方法应用于解决其他学科、领域中的问题。

④ 结构移植，即将某种事物的结构形式或结构特征，部分地或整体地运用于另外的某种产品的设计与制造中。例如：缝衣服的线移植到手术中，出现了专用的手术线；用衣服鞋帽上的拉链移植到手术中，完全取代用线缝合的传统技术，"手术拉链"比针线缝合快10倍，且不需要拆线，大大减轻了病人的痛苦。

⑤ 功能移植，即通过设法使某一事物的某种功能也为另一事物所具有而解决某个问题。

⑥ 材料移植，就是将材料转用到新的载体上，以产生新的成果。例如：用纸造房屋，经济耐用；用塑料和玻璃纤维取代钢来制造坦克的外壳，不但减轻了坦克的重量，而且具有避开雷达的隐形功能。

7.3 组合创新法

组合创新法，即组合型创新技法，是指利用创新思维将已知的若干事物合并成一个新的事物，使其在性能和服务功能等方面发生变化，以产生出新的价值。以产品创新为例，可根据市场需求分析比较，得到有创新性的新的技术产物的过程，包括功能组合、材料组合、原理组合等。人类的许多创造成果来源于组合。正如一位哲学家所说："组织得好的石头能成为建筑，组织得好的词汇能成为漂亮文章，组织得好的想象和激情能成为优美的诗篇。"同样，发明创造也离不开现有技术、材料的组合。

组合型创新技法常用的有主体附加法、异类组合法、同物自组法、重组组合法以及信息交合法等。

① 主体附加法：以某事物为主体，再添加另一附属事物，以实现组合创新的技法。在琳琅满目的市场上，我们可以发现大量的商品是采用这一技法创造的。例如，在圆珠笔上安上橡皮头，在电风扇上添加香水盒，在摩托车后面的储物箱上装上电子闪烁装置，都具有美观、方便又实用的特点。主体附加法是一种创造性较弱的组合，人们只要稍加动脑和动手就能实现，但只要附加物选择得当，同样可以产生巨大的效益。

② 异类组合法：将两种或两种以上的不同种类的事物组合，产生新事物的技法。

③ 同物自组法：将若干相同的事物进行组合，以图创新的一种创新技法。例如，在两支钢笔的笔杆上分别雕龙刻凤后，一起装入一精制考究的笔盒里，称为"情侣笔"，作为馈赠新婚朋友的好礼物；把三支风格相同、颜色不同的牙刷包装在一起销售，称为"全家乐"牙刷。同物自组法的创造目的，是在保持事物原有功能和原有意义的前提下，通过数量的增加来弥补不足或产生新的意义和新的需求，从而产生新的价值。

④ 重组组合法：任何事物都可以看作是由若干要素构成的整体。各组成要素之间的有序结合，是确保事物整体功能和性能实现的必要条件。重组组合是指有目的地改变事物内部结构要素的次序，并按照新的方式进行重新组合，以促使事物的性能发生变化。在进行重组组合时，首先要分析研究对象的现有结构特点；其次要列举现有结构的缺点，考虑能否通过重组克服这些缺点；最后，确定选择什么样的重组方式。

⑤ 信息交合法：这是建立在信息交合论基础上的一种组合创新技法。信息交合论有两个基本原理：其一，不同信息的交合可产生新信息；其二，不同联系的交合可产生新联系。根据这些原理，人们在掌握一定信息基础上通过交合与联系可获得新的信息，实现新的创造。

7.4 案例分析

7.4.1 背 景

第八届机械创新大赛选题，针对量产水果采摘中存在的劳动工作量大、作业范围广（果实分布高低不均）、触碰力度控制要求高（多汁水果易碰伤）以及需选择性采摘（单果成熟期不一致）等问题，展开小型辅助人工采摘机械装置或工具的创新设计与制作。主要目标是提高水果采摘效率、降低劳动强度和采摘成本，保障水果成品质量。

7.4.2 结构原理

便携式摘果手携带方便，果农可以把便携式摘果手放置在较小空间内，其占地面积小，大多用于采摘苹果、梨子等硬质水果。

剪刀（如图3-7.1(a)(b)所示）：剪断果蒂，在剪刀刀片上有弧形设计，可以防止果蒂从剪刀上滑出。

减速箱（如图3-7.1(c)所示）：逐次降低电动机上的转速，以达到剪刀开合时所需的速度。

伸缩杆：控制剪刀的方向，并适应高低不同的果树蜗轮蜗杆调速装置（如图3-7.1(d)所示），如降低电动机的速度及方向，使伸缩杆完成适当量的伸缩。

传输袋：在采摘过程中，便携式摘果手有固定的果品下落通道，保证水果能够顺利地落入篮筐中。

水果缓冲装置：当水果穿过缓冲装置时，缓冲装置减缓了水果自由落体时的速度，减少果品受到伤害，不破坏水果的品相。

驱动装置：以电能驱动代替传统人力，减少劳动者负担，更加人性化。

便携式摘果器如图3-7.1(e)所示，其整体包括电源、电机、滚珠丝杆、减速箱、果蒂专用剪刀、连杆机构，由外管、内管和锁紧装置构成。电机得电，电动机转动可带动滚珠丝杆的转动从而使内杆向上传递，实现电动控制伸缩杆升降的效果。电动伸缩杆的上部装有一个迷你的电机以及变速箱,最顶端装有专用剪刀。在剪刀与伸缩杆之间用铰链连接在变速箱的偏心轴上,并且通过顶端电机的得电从而控制偏心轴的转动,最终完成剪刀的开合。在整个过程中,剪刀的控制开关被放在了推车手柄右端,通过按动开关控制剪刀闭合,而伸缩杆的上下控制按钮则被设计在了推车手柄的左端。使两种功能开关分开的原因是为了减少果农在摘果时因混淆开关而产生错误操作。

工作流程:果农先推动小车(见图3-7.1(f))移动至果树下方,拿起摘果装置,用手按住手柄左端的上、下控制按钮把伸缩杆调整到适当的高度,使伸缩杆端部的剪刀对准果蒂,踏板控制着剪刀的闭合,当果农踩下踏板时,剪刀闭合,水果顺势落入传送带中。在传送带内部安装了一个弹性质地的网状结构(缓冲装置),水果通过传送带可首先落到缓冲装置上,而后又因自身的重力及加速度穿过缓冲装置。由于水果自由落体时通过传送带中的缓冲装置减弱了一部分势能,所以当水果最终落在果筐之前,已经很大程度上减少了撞击对水果果品产生的损害,从而保护了水果的外观质量。推车上的篮筐可以拆卸,以便果农替换果篮。

(a) 剪刀三维正面

(b) 剪刀三维反面

(c) 减速箱

(d) 伸缩杆调速原理图　　(e) 摘果器总装图　　(f) 手推车总装图

图3-7.1　摘果器

7.4.3　创新点及应用

该作品有以下几个创新点:

① 便携式摘果手利用踏板来代替手动施力,在踏板上运用了杠杆装置,使用起来更不费力了。

② 便携式摘果手的刀片的设计灵感来源于锯齿,增加了果蒂与剪刀直接的摩擦力。在操作的过程中使用便携式摘果手,可以方便地把果实采摘下来。

③ 利用橡皮网的张力,对水果起到缓冲作用,减小了水果在落入果篮的一瞬间受

到的碰撞力,最大限度地保证了果品的质量。

7.5 其他案例

① 菠萝采摘机,如图 3-7.2 所示。
② 草莓采摘机,如图 3-7.3 所示。

图 3-7.2 菠萝采摘机

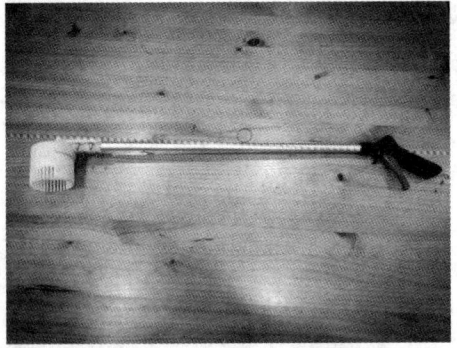

图 3-7.3 草莓采摘机

第8章 破障钳

8.1 全国大学生机械创新设计大赛

8.1.1 大赛的缘起与发展

全国大学生机械创新设计大赛的动议,是在2002年5月召开的机械基础课程教学指导分委员会工作会议上提出的,2002年11月以教育部高等学校机械学科教学指导委员会、机械基础课程教学指导分委员会名义向教育部高教司申请举办全国大学生机械创新设计大赛,提出了第一届全国大学生机械创新设计大赛计划于2004年举行,以后每两年举行一次,采用先分赛区预赛,然后全国决赛的竞赛方式。2003年6月12日,教育部高教司正式批复同意试办"全国大学生机械创新设计大赛"。2003年8月10日,机械基础课程教学指导分委员会联合全国机械原理教学研究会和全国机械设计教学研究会一起发出了"第一届全国大学生机械创新设计大赛通知"。

第一届大赛采用自选题方式,全国分华北、华东、东北、西北、西南、中南六个赛区,约200多所高校(包括多所军事院校、民办高校)的350余件作品参加各大区的预赛。参与的学生约2 000人,指导教师约700人。各赛区共推荐了61件作品参加决赛。

2004年9月11—13日"新三思杯"第一届全国大学生机械创新设计大赛决赛在南昌大学举行,按照决赛评审委员会的工作安排,然后分组观摩、分组答辩,然后对推荐参加角逐一等奖的作品进行第二轮观摩、答辩等方式,共评出一等奖15名、二等奖21名、三等奖24名。在成功举办第一届大赛的基础上,2005年11月教育部高教司发文组建了"全国大学生机械创新设计大赛组委会",使全国大学生机械创新设计大赛成为全国理工科大学生四大竞赛之一。

全国大学生机械创新设计大赛由全国大学生机械创新设计大赛组织委员会和教育部高等学校机械基础课程教学指导分委员会主办,全国机械原理教学研究会、全国机械设计教学研究会、各省市金工研究会联合著名高校和社会力量共同承办的一项大学生机械学科创新设计大赛。大赛每两年举办一次。

8.1.2 大赛的目的及持续开展的意义

全国大学生机械创新设计大赛的目的在于引导高等学校在教学中注重培养大学生的创新设计能力、综合设计能力与团队协作精神;加强学生动手能力的培养和工程实践的训练,提高学生针对实际需求进行创新思维、机械设计和工艺制作等实际工作能力;吸引、鼓励广大学生踊跃参加课外科技活动,为优秀人才脱颖而出创造条件。

大赛已成功举办八届,竞赛结果表明:机械创新设计竞赛是提高大学生创新设计综合能力、实践操作能力和创造设计能力的竞赛活动,是开拓大学生知识面,培养大学生创新精神、合作意识、磨炼意志的一条重要途径。有利于推动全国创新教育的开展,有利于21世纪机械基础课程的教学改革,有利于加强高等院校与企业之间的联系,也有利于吸引更多的学生投身到我国机械工业振兴的事业中。

各高等学校领导的普遍重视和关注,广大教师的积极组织和勤奋工作,参赛学生规模和受益学生人数的扩大,参赛学生热情之高,大赛社会影响之大,作品水平的逐年提高,应用成果的不断涌现,这些足以说明该项赛事持续进行的必要性。

1. 大赛增强了学生的创新意识,培养了学生的创新技能

我国要建成创新型国家,每年招收的600多万大学生和研究生是一支重要的力量。而我国传统的教学模式注重知识的积累和一般性技能的培养,忽视创新意识的启迪和创新技能的培养;学生为了考分和找到理想的工作而学习,几乎没有想到要进行创新,对身边的事物,对工农业生产和社会生活中存在的问题,漠不关心,缺乏创新的冲动和创造激情。开展大学生机械创新设计大赛,有利于调动和保护学生的创新热情。在和平年代,社会和谐发展的今天,没有什么事情比开展竞赛更能激发青年学生关注民生、关注科学技术和社会经济发展。同时,大赛要求学生将创新思想用创新技能表达出来,评价一件作品优劣的重要依据就是创新技能的高低,大赛为学生提高创新技能提供了实训条件。

2. 大赛鼓舞了学生的自信心和使学生获得成就感

学生是受教育者,从幼儿园到大学,他们都是被动地接受别人的指令做事,他们不知道学了那么多知识应该用来做什么,也不知道自己能够做什么,长期的被动学习使他们对自己的能力产生了怀疑,缺乏自信心。大赛为他们提供了一个施展才华的机会,他们能够独立构思自己的作品,自主完成作品的设计和制作,当他们辛苦完成的作品取得预定成效时,他们欣喜若狂,获得极大的成就感,增强了对未来从事机械设计和制造工作的自信心。调查发现,参加过机械创新设计大赛的同学在应聘机械行业的工作时,显得自信和从容。

3. 大赛提升了学生应用所学知识解决实际问题的综合能力

大学的课程是学一门结业一门,学生是结业一门丢一门,最后的毕业设计本意是希望学生将四年所学知识系统总结、综合应用。然而,由于考研和应聘工作等活动的干扰,往往也只是纸上谈兵,即使出现问题也没有弥补的机会。大赛设计的作品以机械为主,机电结合,这些对学生知识面要求广,涉及的课程多,包括力学系列课程、机械设计基础系列课程、电工电子、计算机控制、程序设计系列课程等,所以一般多是3~4年级的本科学生参加。

竞赛从发布大赛通知到完成决赛有一年多的时间,学生从市场调研、方案构思到设计完成制作、参加预赛有 7~9 个月的时间。在一段较长的时间里,学生在产品设计的各个环节中,如市场调研、作品方案设计、机械结构设计、控制电路设计、作品动手制作、设计资料整理以及介绍作品时的表达能力等方面得到了全面的锻炼。竞赛主题一般结合经济社会的热点问题,既可以引导学生关注社会,又与实际应用紧密相结合,是实实在在的真题。大赛许多参赛项目构思新颖巧妙,经济实用。每届大赛的作品中均有部分作品申请了国家专利,还有的作品与有关企业达成转让协议,有些作品则达到了准产品的水平。

4. 大赛有利于强化学生的合作意识,发扬团队精神

大学生活以学习为主,而学习是独立完成的,很少有合作的机会。当今的科学技术体系越来越庞大、越来越复杂,分工更加精细和深入,一个人的力量很难完成一个大的研究项目,因此合作意识和团队精神是科技工作者必备的素质。但这种素质又不是与生俱来的,需要学习和实践。机械创新设计大赛以团队为单位,每队不超过 5 名学生和 2 名指导教师,这样规模的团队对于训练学生为集体完成一项任务而进行协作与分工、组织和管理非常有利,可以有效缩短学生参加工作后人际关系的磨合期和阵痛期。大赛为学生学习与他人合作完成一项任务提供了练习的场所。

8.2 增力机构

实际设计中经常需要增力的功能,能够实现增力的机构有斜楔增力机构、螺旋增力机构、偏心增力机构、杠杆增力机构、铰链增力机构、钢球增力机构、菱形块增力机构及液压夹紧增力机构。

1. 斜楔增力机构

斜楔增力机构(见图 3-8.1)是利用斜楔斜面将原始力转变为夹紧力的装置,用于工件的夹紧表面比较准确并且斜楔的工作表面容易接触到的情况。具有斜楔增力机构的液压机,采用斜楔增力机构,可使小液压油缸、小液压泵的液压设备具有大至几倍、十几倍工作压力或锁模力的大吨位液压机的工作能力;其设备紧凑,制造简单,成本低,耗电少,可靠性和使用寿命明显提高。

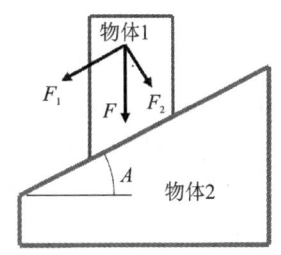

图 3-8.1 斜楔增力机构

2. 螺旋增力机构

螺旋增力机构(见图 3-8.2)中所用的螺杆,相当于把斜楔绕在圆柱体上,因此其作用原理与斜楔是相同的。不过这里是通过转动螺杆,使相当于绕在圆柱体上的斜楔高度发生变化来夹紧工件的。

3. 偏心增力机构(见图 3-8.3)

圆偏心凸轮机构外形为圆,制造方便,应用最广。曲线偏心凸轮机构的外形是某种曲线,目的是升角不变,保持夹紧性能稳定,一般常用阿基米德曲线及对数曲线。但曲线偏心凸轮机构的制造不如圆偏心凸轮机构方便,故只在夹紧工件行程较大时采用。这两类偏心机构虽然结构形式不同,但其夹紧原理完全一样。

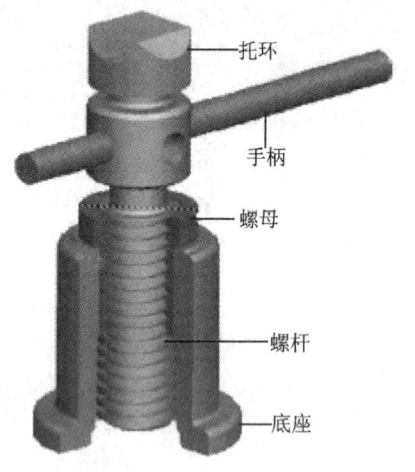

图 3-8.2 螺旋增力机构

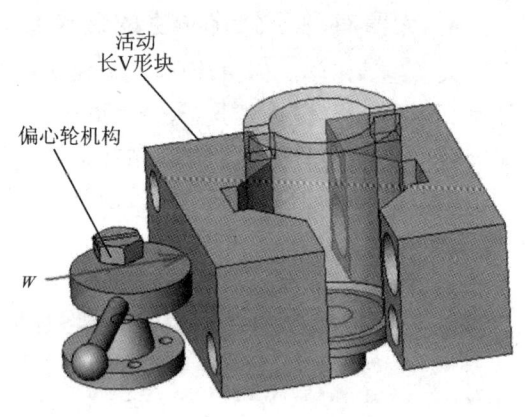

图 3-8.3 偏心增力机构

4. 杠杆增力机构

杠杆增力机构(见图 3-8.4)的目的在于改进已有技术的不足,而提供一种液压驱动机械增力冲压装置,能够在不增加液压机功率的前提下,将压力提高,保证压印质量,提高生产效率,降低能源消耗。

5. 铰链增力机构(铰链杠杆增力机构)

铰链增力机构,有的资料也称之为"铰链杠杆增力机构"。

6. 钢球增力机构

钢球增力机构是利用钢球作为增力组件的机构,但使用时应与其他机构联用。钢球增力机构实质上也是一种铰杆增力机构,是铰杆的长度比较小的情况,钢球增力机构的工作原理和增力系数的计算公式与铰杆增力机构相似。

7. 菱形块增力机构

菱形块增力机构实质上也是铰杆增力机构,与双杠杆双作用铰链夹紧机构工作原理相同。

8. 液压夹紧增力机构(见图 3-8.5)

液压油属于柔性的流动介质,其他一些流动介质与液性塑料有相同的性质,液性塑料夹紧机构其实是基于帕斯卡原理的增力机构,属于面积效应增力机构,应该列入基本增力机构中。面积效应增力机构的增力比与柔性的流动介质的施压工作面积有关，可以实现极大的增力比。

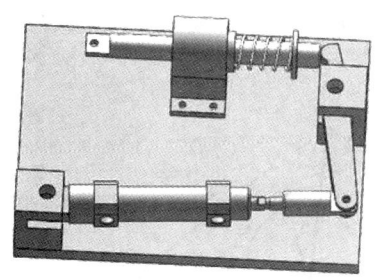

图 3-8.4 杠杆增力机构

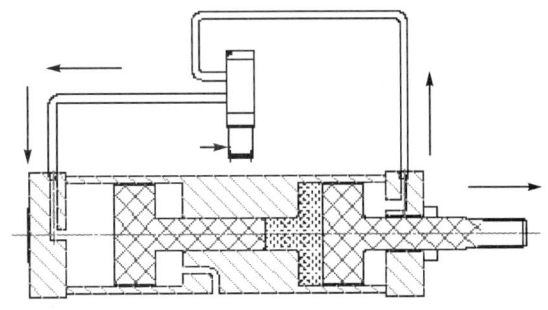

图 3-8.5 液压夹紧增力机构

经过以上叙述可以看出，按实现增力型面的本质，以上的基本增力机构可分为3大类。

① 长度效应增力机构。通过改变动力臂和阻力臂长度的比值来得到不同的增力系数，这就是常见的杠杆类机构，包括杠杆类机构的各种变形，如各种曲杆、弯头压板、齿轮机构、滑轮等可以分解出主动臂和被动臂并能找到支点的机构。

② 角度效应增力机构。通过改变压力角或升角来得到不同的增力系数，它又可以分为两类：一类是增力系数由预先设计好的角度确定，可以是恒定值，也可以是变值，工作位置相对固定，上述斜楔增力机构、螺旋增力机构、偏心增力机构、端面凸轮增力机构都属于这一类；另一类是增力系数在工作中会随着加力的过程逐渐增大，出现越夹越紧的情况，每次的工作位置会随着工作空间的变化而有所改变，上述的铰杆增力机构及其变形的钢球增力机构、菱形块增力机构都属于这一类。

③ 面积效应增力机构。基于流体力学的增力机构属于这种情况，即上述基于帕斯卡原理的增力机构。所使用的柔性流动介质根据在常温常态下的外观形态，可以分为固态球体状、胶体状、膏体状及液体状四大类。最常用的固态球体状浮动介质是小直径钢球，或在喷丸设备中工作过一定时间自然形成球状的仿旧钢质弹丸。

8.3 机构的组合应用

1. 串联式机构组合原理与创新方法

串联式机构组合是指若干个单自由度的基本机构顺序连接，以前一个机构的输出运动作为后一个机构的输入运动的机构组合方式。若连接点设在前置机构中作简单运动的连架杆上，则称其为Ⅰ型串联，如图 3-8.6 所示；若连接点设在前置机构中作平面复杂运动的构件上，则称其为Ⅱ型串联，如图 3-8.7 所示。串联式机构组合的特点是以运动顺序传递,结构简单。

Ⅰ型串联式机构组合常用于改善输出构件的运动和动力性能,常见于后置子机构输出的运动性能不很满意的情况,如速度与加速度有较大波动,从而造成运转不稳定,产生振动等。此外,Ⅰ型串联式机构组合还用于运动或力的放大,可根据运动或力放大的具体要求选择不同的方法。

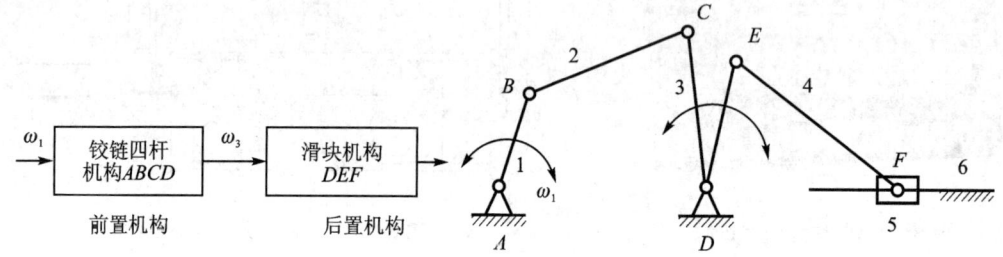

图 3-8.6　Ⅰ型串联机构

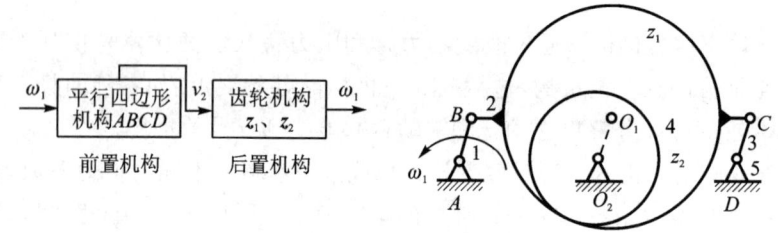

图 3-8.7　Ⅱ型串联机构

在Ⅱ型串联式组合中,后置子机构的输入构件,一般与前置子机构中作平面复杂运动的连杆在某一点连接。若前置子机构为周转轮系,则后置子机构的输入构件与前置子机构中的行星轮连接。这主要是利用前置子机构与后置子机构连接点处的特殊运动轨迹,使机构的输出构件实现某些特殊的运动规律。

图 3-8.8 所示为齿轮连杆串联机构与凸轮串联机构。

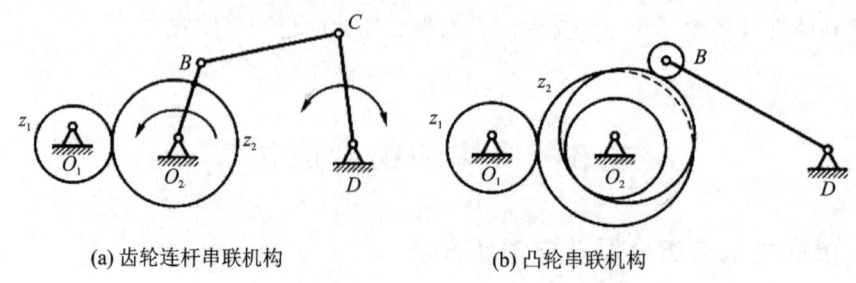

(a) 齿轮连杆串联机构　　　　(b) 凸轮串联机构

图 3-8.8　齿轮连杆串联机构与凸轮串联机构

2. 并联式机构组合原理与创新方法

两个或两个以上基本机构并列布置,运动并行传递,称为并联式机构组合。各个基本机构具有各自的输入构件,而共有一个输出构件的称为Ⅰ型并联;各个基本机构有共同的输入与输出构件称为Ⅱ型并联;各个基本机构有共同的输入构件,但却有各自的输出构件称为Ⅲ型并联(并行连接)。并联式机构组合的特点是,两个子机构并列布置,运动并行传递。

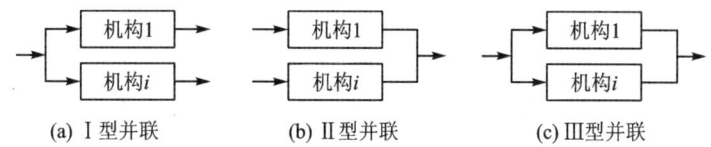

(a) Ⅰ型并联　　　(b) Ⅱ型并联　　　(c) Ⅲ型并联

图 3-8.9　并联式机构组合

图 3-8.10 所示为Ⅰ型并联组合机构。Ⅰ型并联组合机构可实现机构的惯性力完全平衡或部分平衡,还可实现运动的分流。

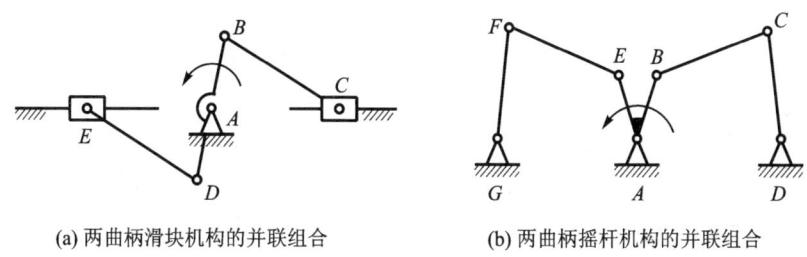

(a) 两曲柄滑块机构的并联组合　　　(b) 两曲柄摇杆机构的并联组合

图 3-8.10　Ⅰ型并联组合机构

Ⅱ型并联组合机构可实现运动的合成,这类组合方法是设计多缸发动机的理论依据。

图 3-8.11 所示为四个主动滑块的移动共同驱动一个曲柄的输出。

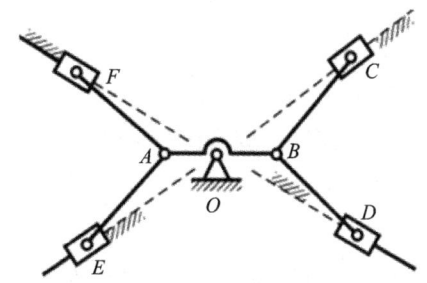

图 3-8.11　四个主动滑块的移动共同驱动一个曲柄的输出

图 3-8.12 所示为Ⅲ型并联组合机构。Ⅲ型并联组合机构可使机构的受力状况大大改善,因而在冲床、压床机构中得到广泛的应用。不同类机构也可以并联组合,这为并联组合的设计提供了广泛的应用前景。

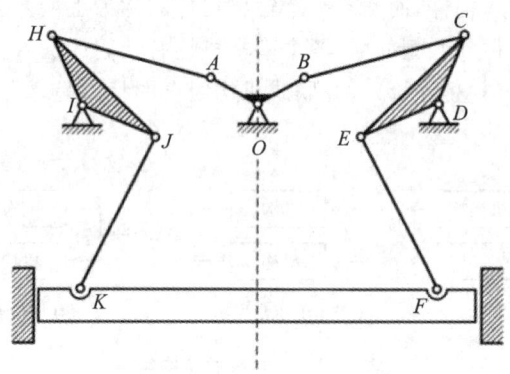

图 3-8.12 Ⅲ型并联组合机构

8.4 破障钳创新设计

1. 背　景

经过大量调研发现,消防队使用的大型破障器材(如液压剪扩器)过于沉重,不易单人携带且在特殊环境(如高空等)里不易操作;小型的破障器材(如绝缘剪)剪切力小,不能直接扩张等。在此情况下,设计了多功能破障钳。

此破障器主要针对复杂环境下的破障救援,如地震、车祸现场和狭小的作业环境等大型的液压破障器材使用受限的情况下,发挥它小巧轻便的优势,实施快速救援。

2. 结构原理

图 3-8.13 所示为多功能破障钳装配图。图中,钳口 1、中心销 2、连杆 3、丝杠螺母 4 组成曲柄滑块机构;丝杠螺母 4、丝杠 5 组成螺旋机构;大小锥齿轮 6 和 7 组成齿轮机构;齿轮机构、螺旋机构、曲柄滑块机构是串联关系,通过齿轮机构和螺旋机构实现了增力目的,同时螺旋机构增加了机构的自锁功能,末端两个曲柄滑块机构并联实现了剪切和扩张功能。图 3-8.14 所示为多功能破障钳结构简图。

3. 创新点及应用

该作品有以下几个创新点:

① 无须动力源。避免了现有剪切和扩张装置必须外加动力源才能工作的缺陷。

② 一钳多用,剪胀一体。不仅可以剪钢筋、铁皮,也可以胀墙体、顶预制板等。

③ 刃口防滑设计。刃口采用防滑设计,防止圆钢滑脱;刃口前端倒齿设计,防止扩张力过大使物体滑落;刃口楔角设计,既保证了足够的强度又保证了锋利程度。

大型破障器材虽然剪切、扩张范围较大,但对适用人群和环境有一定的限制;小型破障器材虽然普及,但剪切力并不理想。本作品最大的优点是操作简单轻便,不需要电力、液压、气动等动力源,是理想的单兵操作破障器材。在灾害现场可以第一时间实施

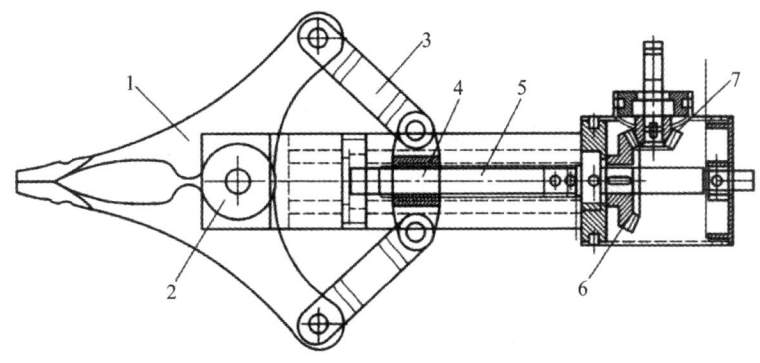

1—钳口；2—中心销；3—连杆；4—丝杠螺母；5—丝杠；6—大齿轮；7—小齿轮

图 3-8.13　多功能破障钳装配图

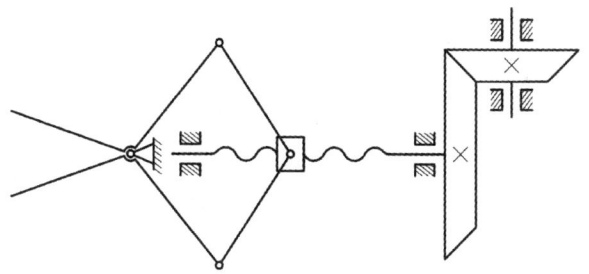

图 3-8.14　多功能破障钳结构简图

自救或他救，最大限度节省救援时间，保障人身财产安全，是消防队、工矿企业、私家车以及其他救灾抢险部门必备理想的破拆工具。

第 9 章　无碳小车

9.1　学情分析

学生掌握了一定的创新技法后,具有了对执行构件的基本运动、机构的基本功能以及机构组合应用的能力,但对于类似全国大学生工程训练综合能力竞赛这种包括 3D 设计、3D 打印制作环节,结构设计方案,加工制造工艺,成本及管理,创业书等综合方案的制定和设计,还有所欠缺。

9.2　教学过程

9.2.1　情景导入

1. 教师活动

讲解无碳小车避障行驶竞赛命题说明,展示各类获奖作品。

2. 学生活动

认真听讲,积极讨论,在老师的引导下认真思考。

9.2.2　知识建构

教师活动

(1) 按功能对机构进行总结性分类

在实际的机械设计时,要求所选用的机构能实现某种动作或有关功能。因此,从机械设计的需要出发,可以将各种机构按运动转换的种类和实现的功能进行分类,便于设计人员的选用或得到某种启示来创造新机构。

(2) 介绍功能分析法

功能分析法是系统设计中拟定功能原理方案的主要方法。一台机器所能完成的功能,常称为机器的总功能。功能分析法就是将机械产品的总功能分解成若干功能元,通过对功能元求解,然后进行组合,得到机械产品方案的多种解。

采用功能分析法,不仅简化了实现机械产品总功能的功能原理方案的构思方法,同时有利于设计人员开阔创造性思维,采用现代设计方法来构思和创新,容易得到最优化的功能原理方案。功能分析法的设计步骤及各阶段应用的主要方法如图 3-9.1 所示。

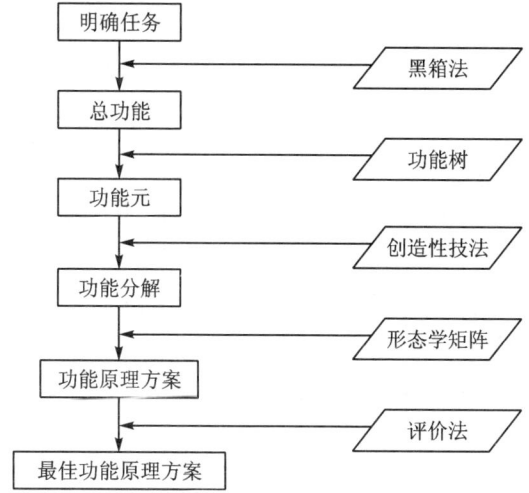

图 3-9.1 功能分析法的设计步骤及方法

1) 总功能分析

在系统工程学中,用黑箱来描述系统的总功能。把技术系统看成一个黑箱,当此技术系统以实现某种任务为目标时,分析、比较它的输入和输出之间的关系,其具体差别和相互关系即反映所设计的机械产品的总功能。

2) 功能分解

在实际工作中,要设计的机械产品往往比较复杂,难以直接求得满足总功能的功能原理方案。因此,必须采用系统分解的原则进行功能分解,将总功能分解为多个功能元,再分别对这些较简单的功能元求解,最后综合成一个对总功能求解的功能原理方案。

总功能可以分解为分功能→二级分功能→功能元。这种分解可以用功能树来表达其功能关系和功能元组成,如图 3-9.2 所示。

(3) 案例分析

讲解第七届全国大学生工程训练综合能力竞赛中无碳小车 S 形、8 字形赛道常规赛和赛道挑战赛。图 3-9.3 所示为无碳小车设计流程。

(4) 结构设计

1) 机械总功能分解及功能元解

表 3-9.1 所列为势能转向小车形态学矩阵。

2) 势能转化机构

原动机构的作用是将势能转化为小车的动能。图 3-9.4 所示为势能转化机构。能实现这一功能的方案有多种,小车对原动机构还有其他的具体要求:

① 驱动力适中,不致小车拐弯时速度过大倾翻,或重块剧烈晃动影响行走。

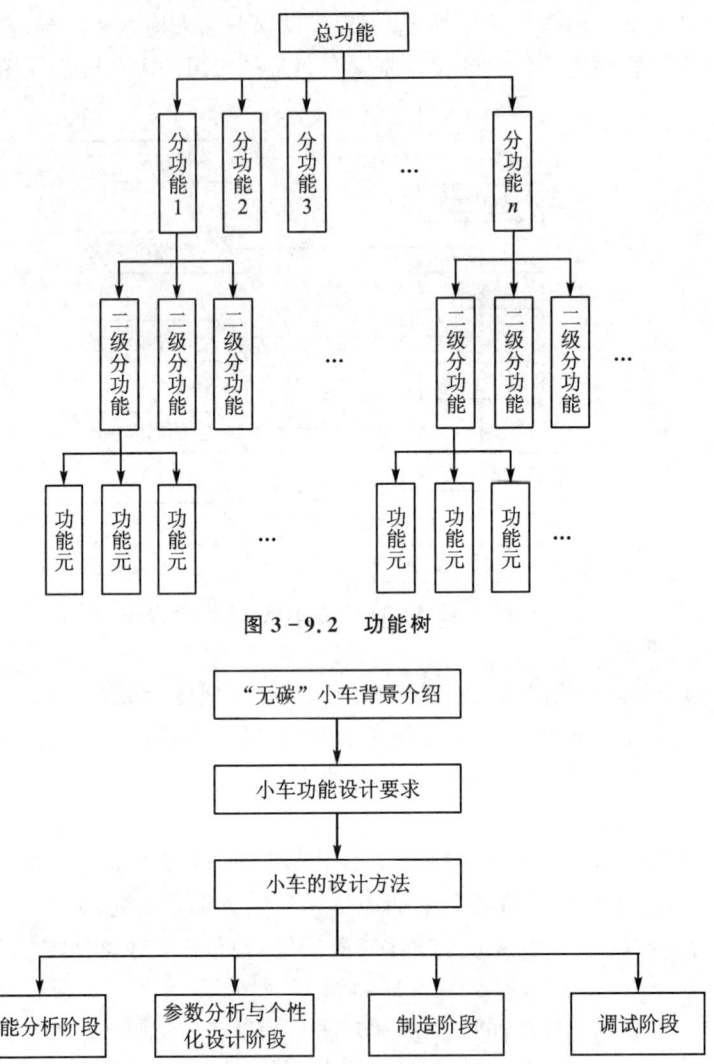

图3-9.2 功能树

图3-9.3 无碳小车设计流程

表3-9.1 势能转向小车形态学矩阵

功能元	功能元解			
	1	2	3	4
A势能转化	重物+滚筒绕线轮	重物+飞轮机构	发条弹簧机构	橡皮盘势能装置
B直线分量行走	后双轮差速驱动			
C前轮摆动	凸轮+推杆机构	曲柄+摇杆机构	不完全齿轮	槽轮+万向节机构
D中间传动	齿轮机构	皮带轮机构		
E微调机构	可调节螺母	可调节连杆	更换凸轮	更换后轮

② 到达终点前,重块竖直方向的速度要尽可能小,避免对小车产生过大的冲击。同时,尽可能将重块的动能转化到驱动小车前进上。

③ 机构简单,效率高。

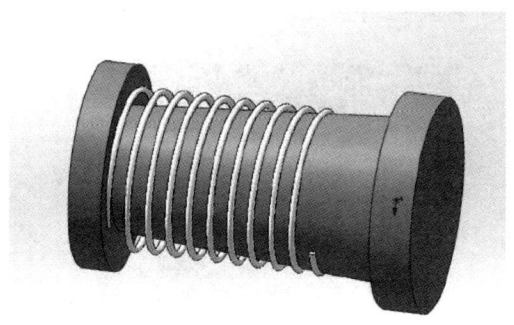

图 3-9.4　势能转化机构

3) 前轮摆动机构分析

转向机构是本小车设计的关键部分,直接决定着小车的功能。同样,转向机构也需要尽可能地减少摩擦耗能、结构简单、零部件已获得等基本条件,而且还需要有特殊的运动特性,能够将旋转运动转化为满足要求的摆动。

凸轮推杆机构功能元解的优缺点:

➤ 优点:适当地设计出凸轮的轮廓曲线后就可以使推杆精准地实现所需的运动规律,而且响应快速。

➤ 缺点:凸轮廓线与推杆之间为点、线接触,易磨损;凸轮精准制造较困难;需使用额外机构,利用弹簧力使凸轮与推杆保持接触。

曲柄摇杆机构功能元解的优缺点:

➤ 优点:连杆机构中的运动副为低副,其运动副元素为面接触,压力较小,易润滑,损耗能量少,且运动副一般是几何封闭,对保证小车行进的可靠性有利。

➤ 缺点:由于连杆机构的运动必须经过中间构件进行传递,因而构件数目多,传动路线长,若加工不能保证适当精度,易产生较大的误差积累,降低机械效率。

4) 中间传动机构分析

传动机构的功能是把动力和运动传递到转向机构和驱动轮上。要让小车行驶的更远并且按设计的轨道精确行驶,传动机构必须传递效率高、传动稳定、结构简单、重量轻。

齿轮传动机构功能元解的优缺点:

➤ 优点:齿轮效率高,适用的载荷和速度范围大,工作可靠,传动比稳定。

➤ 缺点:价格较高,且传动距离比较短。

皮带轮传动机构功能元解的优缺点:

➤ 优点:结构简单,可以远距离传动,价格低廉,缓冲吸震无噪声等,可减缓重物下落速度。

➢ 缺点:其效率及传动精度并不高。

5) 辅助机构之车架机构分析

因为选择了滚筒绳轮机构、凸轮结构和齿轮结构,所以须将车身底板尽量挖空,以减轻车身重量,而且还可防止凸轮、齿轮与车身发生干涉。

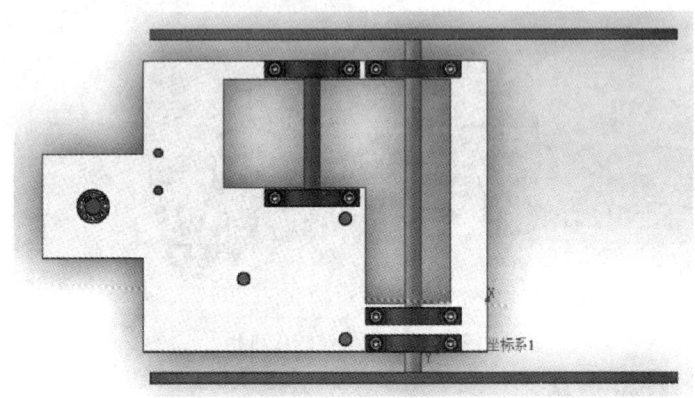

图 3-9.5　辅助机构之车架机构

6) 控制机构之微调机构分析

一台完整的机器包括原动机构、传动机构、执行机构及控制机构。微调机构就属于控制机构,由于本次比赛对轨道精度要求很高,并且上述组合方案机构对于加工误差和装配误差很敏感,小车的行进轨迹可能会发生偏移;另外,再加上本次大赛新要求:8字两杆之间的距离在 300~500 mm 之间变化,因此就必须加上微调机构,对误差进行修正,使小车所走的轨迹最优。

综合各方面的因素,为使小车真正实现微调,我们选用了可调节连杆机构+多组后驱动轮。通过螺栓调节连杆长度,使连着前轮的杆长度发生变化,进而影响前轮最小摆角;加上改变轮子的直径,使得小车走过的路程发生变化,从而改变"8"字大小的变化,如图 3-9.6 所示。

图 3-9.6　小车传动系统方案

7) 方案分析与评价

选择原则：所选方案是否能满足要求的性能指标；结构是否简单、紧凑；制造是否方便；成本是否低。

利用形态学矩阵：理论上可组合出 $4 \times 1 \times 3 \times 2 = 24$ 种方案。

经过对各功能元解机构的优缺点分析，还有比赛要求的分析后，本组最终定的小车组合方案为 A2（绳轮机构）+B1（后双轮差速驱动）+C3（凸轮推杆机构）+D2（齿轮机构）。

(5) 提出问题

结合所学内容设计一种以弹力或重力势能为源动力的无碳小车，要求走 L 形或 L 形叠加。具体要求参看项目训练要求及考核办法。

第10章 创新实例与分析

10.1 多功能齿动平口钳

多功能齿动平口钳首先采用的创新方法是缺点列举法,列举普通钳子存在的问题。如图3-10.1所示,普通钳子在夹持物体时,钳口张开呈V形,使得被夹持物体受到脱离钳口的分力作用,并且钳口张开越大,这个分力也就越大。因此,当夹持较大物体时,这种缺点也就越明显。另外,普通钳子的功能单一,若想转换功能就需要另购置其他相关品种的钳子,实际使用不同功能的结构主要体现在钳口上,整体更换,既造成浪费又占空间。

考虑并分析了普通钳子的这些缺点,设计者开始着手改进与创新。首先明确了钳子是利用杠杆原理手动操作夹持物体的,具有省力的特点,是由旋转运动转化为旋转运动,因而形成了V形钳口。若将手操作的旋转运动转换为移动,就可以改变V形钳口的结构。这是一种机构运动形式转换的问题,可以采用机构创新技法。从机构实现运动形式转换功能分析,可由转动转化为移动的常用机构有曲柄滑块机构、齿轮齿条机构、移动推杆凸轮机构等。曲柄滑块机构中活动构件数量是3个,移动推杆凸轮机构的位移量不能太大,综合考虑后最终确定采用齿轮齿条机构。关于解决功能单一的问题,只有采用功能组合创新法,即在钳口处更换不同的工作块,以适应各种工作要求。余下的工作就是在结构上如何做到更合理了。图3-10.2是创新方案的草图。

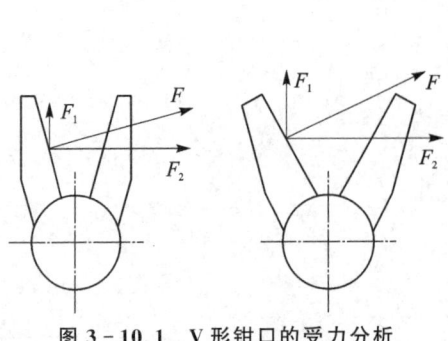

图3-10.1 V形钳口的受力分析

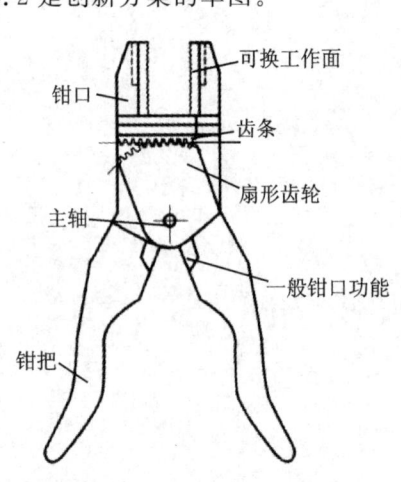

图3-10.2 创新方案草图

在结构上为了实现钳口张开更大,可采用双齿轮齿条机构,如图3-10.3所示。其钳口开口可达100多毫米,而普通钳子仅达16 mm。为实现多功能,可采用模块拼接法进行结构创新,即将钳口制作成燕尾槽,可插接各种工作模块,以实现多功能,如图3-10.4所示。还有许多其他功能的组合,本文就不赘述了。

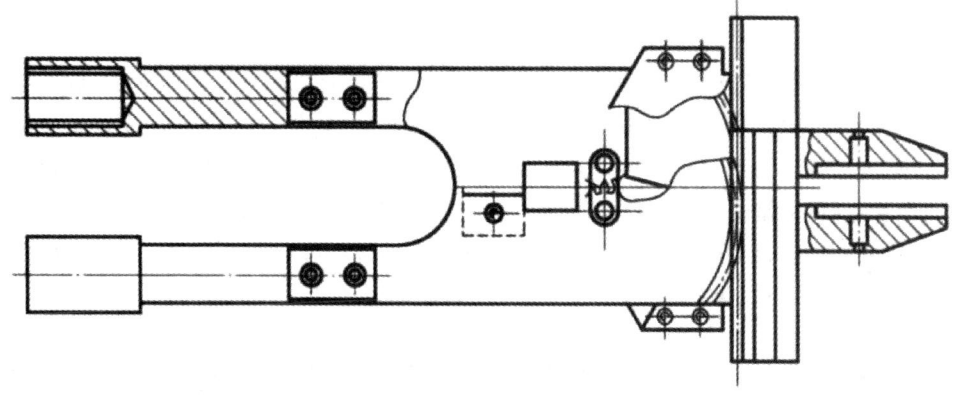

图3-10.3 双齿轮齿条结构

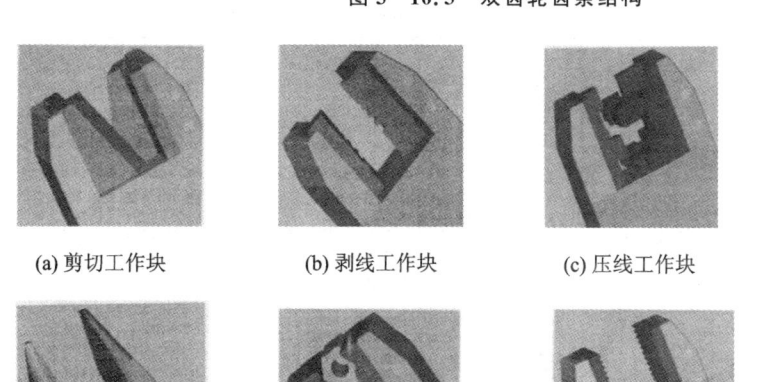
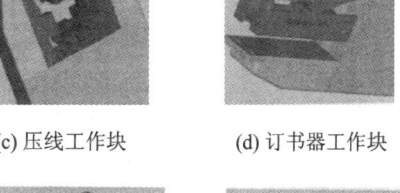

(a) 剪切工作块　　(b) 剥线工作块　　(c) 压线工作块　　(d) 订书器工作块

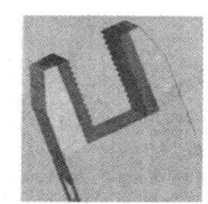

(e) 尖嘴钳工作块　　(f) 绞杠扳手工作块　　(g) 橡胶材料工作块　　(h) 圆弧形工作块

图3-10.4 多功能模块

10.2　省力变速双向驱动车用驱动机构的设计

10.2.1　设计背景

手摇三轮车在室外使用时比轮椅方便得多,还可以进入步行区和公园等禁止车辆通行处,便于下肢不方便的人和老年人出行。但目前市场上的手摇三轮车一般是单向驱动、单一的传动比,使用不方便,人很容易疲劳,且无保护装置,上坡时易倒退,安全性差。因此,本案例设计了省力变速双向驱动车。其驱动机构采用独特的传动装置,使其既具有省力、变速、双向驱动、上坡保护等功能,又操作简单,方便残疾人的出行,并且提高了行车安全性。

10.2.2 设计思路

本设计的创新思路在于改变驱动装置,即驱动装置的内部采用行星轮式结构,装有单向离合器(单向轴承),可实现特有的功能;双向驱动均向前行车,可以缓解手臂运动疲劳;向前、后不同方向驱动时,传动比不同,即反向驱动可实现变速功能,从而提高了行车效率,减轻了旅途疲劳;采用防止后退装置,能够自动防止后退,保证上坡时的人身安全;采用单向离合器(单向轴承)代替传统的棘轮机构,可以减小摩擦,延长机构使用寿命。其设计思路如图3-10.5所示。

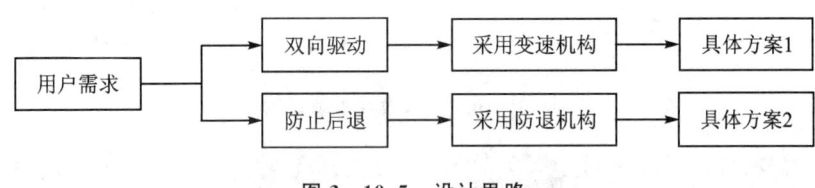

图 3-10.5 设计思路

10.2.3 工作原理与方案

整个驱动机构由一个轮系组成,分别为内齿轮、太阳轮、3个行星轮,如图3-10.6所示。

图 3-10.6 驱动机构——轮系部分

1. 方案设计

① 运动装置:行星轮和带键小轴之间为单向离合器。图3-10.7所示为后摇控制

与防止后退装置,其上带有斜槽和一个能自动弹回的楔块,将其罩于图 3-10.6 所示的轮系之上。当向前摇车时,单向离合器(单向轴承)锁定,整个轮系形成一个整体,这样就实现了向前摇车,车轮向前转,车向前走;当向后摇车时,单向轴承可逆时针旋转,这时楔块将圆盘卡住,齿轮相互啮合,整个轮系成为一个定轴轮系,实现了向后摇车,车轮向前转,车向前走。

图 3-10.7 后摇控制与防止后退装置

② 防止后退装置:当车主动向后退时,单向轴承锁定,太阳轮欲带动整个轮系逆时针转动,但这时楔块卡住了外面的圆盘,轮系不能转动,车便不能向后退,保证了摇车上坡时的安全。需要倒车时,拉一下车把上的手柄,使楔块与圆盘分离即可。

2. 设计参数

(1) 轮系参数设计

3 个齿轮的模数均为 $m=2$ mm,根据单向轴承的外径尺寸 $D=24$ mm 可知,行星齿轮分度圆直径 $d_2 \geqslant D+5+2(h_a^* + c^*)m = 34$ mm,其中 h_a^* 为齿轮齿顶高系数,取 1;c^* 为齿轮齿顶隙系数,取 0.25。取 $z_2=17$,由同心条件、装配条件以及 3 个行星轮可以得到 $z_3=25, z_1=59$。

(2) 传动比计算

往前摇的传动比:
$$i_1 = 1$$

往后摇的传动比:
$$i_2 = \frac{z_3}{z_1} \approx 0.424$$

由此可知,向后摇比向前摇速度快,约为向前摇车时的 2.4 倍。

3. 主要创新点

根据用户需求,设计了省力变速双向驱动车用驱动机构,该机构集省力、变速于一体,手臂可顺时针、逆时针双向驱动车,可省力、减轻臂部疲劳、双速行驶,提高行车效率;可自动进行倒车保护,保证上坡时的人身安全;使用单向轴承代替传统的棘轮机构,减小了摩擦,延长了机构的使用寿命;兼容性好,无须另行改装自行车,避免了使用电动机构操作烦琐、可靠性差的弊端。

10.3 机器螃蟹的机械运动方案设计

10.3.1 设计要求

设计一只机械螃蟹,能模拟螃蟹横行和转弯,要求结构简单、运动灵活,与螃蟹外形及主运动相似度高。

10.3.2 设计构思与设计过程

1. 总体构想

首先成立设计小组,查阅相关生物学资料和仿生研究现状,调研螃蟹活体结构、实际爬行运动、图片、录像等,对螃蟹的生物种类、生活习性、运动特点、其他机器螃蟹结构等有较深入的理解。螃蟹共有五对足,前面一对螯足主要用于捕食和防御,后面一对步足为划行足,中间三对步足起到爬行的作用。

在此基础上,设计小组展开"头脑风暴",集体研讨,确定设计一只六足的机器螃蟹,由一个电动机驱动,可实现横向爬行、行进中左右转向及原地转向。为简化设计,六足拟采用相同机构和尺寸,通过六足相互配合实现机器螃蟹的横向爬行运动。

因此,机器螃蟹的构思和设计可以划分为三个较为独立的任务,分别是蟹腿机构的构思和设计、转向机构的构思和设计以及传动系统的构思和设计。核心任务是蟹腿机构的构思和设计。

2. 机器螃蟹单足机构构思与时序设计

根据上述总体构想,先进行蟹腿机构的构思和设计。首先是单足机构的设计,机器螃蟹的设计与其他机器设计不同,在自然界有一个真实的对象供参考和模仿。因此,单独对一只蟹腿的运动过程进行观察和分析,发现螃蟹在行进的时候,足尖前伸抓地,带动蟹身横行,到极限位置时该足抬起再前伸抓地,循环往复横向爬行。相对于蟹身,单条腿的足尖运动轨迹大致如图 3-10.8 所示。

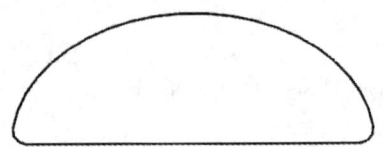

图 3-10.8 螃蟹单足足尖在蟹身坐标系中的运动轨迹

在此基础上,构思单足机构的设计方案:一是从各类机构设计手册中查找能实现

图 3-10.8 轨迹的机构方案,用形态学矩阵表示,构成备选机构解;二是在现有机构启发下,自己构思新的机构方案。

在设计单足机构时,设计小组进行了新方案的构思。首先构思出图 3-10.9(a)所示的机构设计方案,用一套连杆机构组合来实现爬行轨迹。该机构的组合结构较为复杂,可以实现整条腿的运动轨迹功能。但螃蟹可以原地抬腿,此机构难以实现单独抬腿或迈腿的功能。在分析该机构方案的不足的基础上,进一步提出新的机构设计方案。

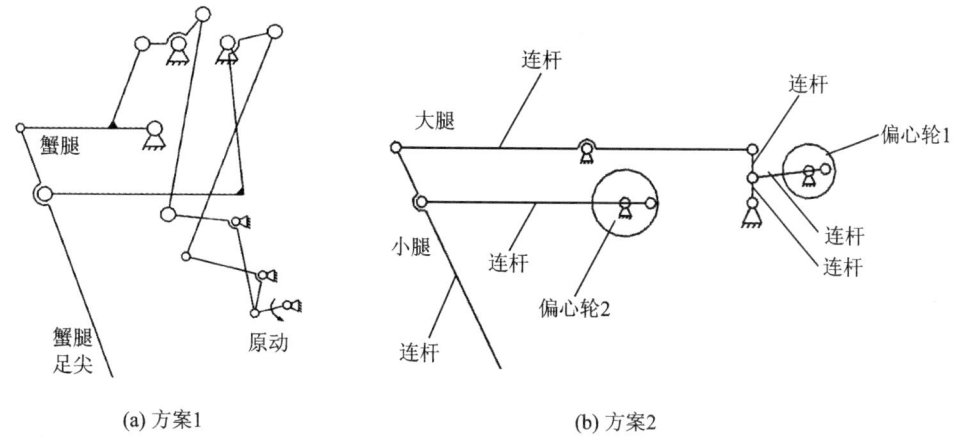

(a) 方案1　　　　　　　　　(b) 方案2

图 3-10.9　机器螃蟹的单足机构设计方案

经观察,从运动角度出发可认为螃蟹腿主要由大腿和小腿两段组成,腿部对蟹身的支撑发生在小腿足尖接触地面的过程中,此时大腿可保持不动。再联想到人类的行走,肌肉主要提供抬放腿所需的力,支撑身体主要靠骨关节位于"死点"位置来实现。因此,设计小组在蟹腿机构设计中引入"死点"概念,以减轻电动机负荷,提高机构的合理性。同时,把图 3-10.8 所示步行曲线看成是蟹腿的摆动与抬放两个基本运动复合的结果,这样不仅更符合蟹腿的真实运动,也简化了单足机构的设计。反复修正,最终设计出图 3-10.9(b)所示的两自由度单足机构,其中偏心轮 1 与连杆 1、2、3 和 4 组成大腿实现抬放腿功能,偏心轮 2、连杆 5 和连杆 6 组成小腿完成摆动功能。图示瞬时,连杆 2 和连杆 3 正好处于"死点"位置,此时大腿处于支撑蟹身的状态。

一条蟹腿在爬行过程中,需要遵循一定的运动规律。通过观察,初步确定图 3-10.10(a)所示的机器螃蟹单足爬行步伐,即小腿完成一次伸展、收回运动,摆动幅度约为 60°(图上半部分所示)。在小腿伸展过程中,大腿要完成抬起和落地两个动作(图下半部分所示),小腿收回运动时,大腿保持停歇状态,二者传动比为 1∶2。为保证上述关系,并实现一个电动机驱动,大腿和小腿的两只偏心轮需要用传动机构连接起来。通过对比分析,最终确定采用图 3-10.11 所示的齿轮加槽轮的传动方案,槽轮槽数为 4,圆销数为 2,夹角为 90°。由于槽轮运动的非匀速特性,通过运动仿真发现大小腿的伸展、收回与抬腿、落地之间存在时间冲突,为此,将单足爬行步伐修改为图 3-10.10(b)所示的情况,保证了大小腿的运动协调。

图 3-10.11 所示为机器螃蟹单足机构内的传动设计。

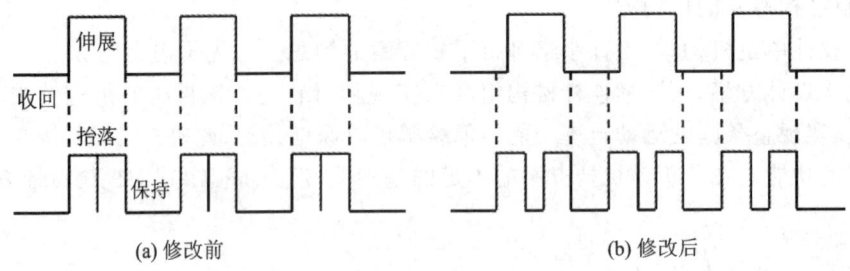

(a) 修改前　　　　　　　　　(b) 修改后

图 3-10.10　机器螃蟹爬行步伐

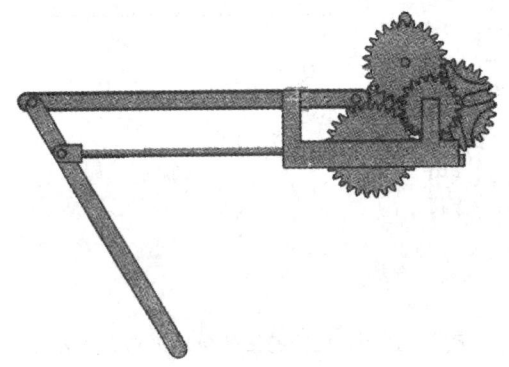

图 3-10.11　机器螃蟹单足机构内的传动设计

3. 机器螃蟹六足爬行时序的构思与设计

通过六只蟹足的配合,可实现机器螃蟹的爬行运动。如图 3-10.12 所示,考虑到螃蟹的初始位姿及蟹腿的运动协调,将六只蟹足分为两组,一组编号为 1-d-m、1-d-a、1-d-b,另一组编号为 1-u-m、1-u-a、1-u-b。描述六只蟹足运动时序配合的机械运动循环图如图 3-10.13 所示,图中虚线为机器螃蟹装配时的蟹足初始位姿。

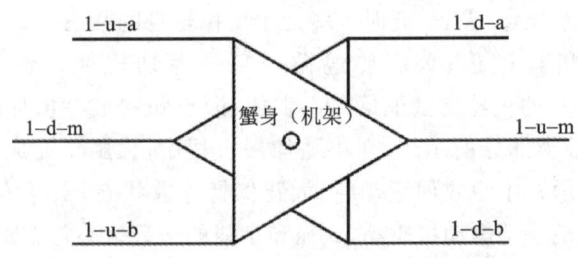

图 3-10.12　机器螃蟹的蟹足分组情况

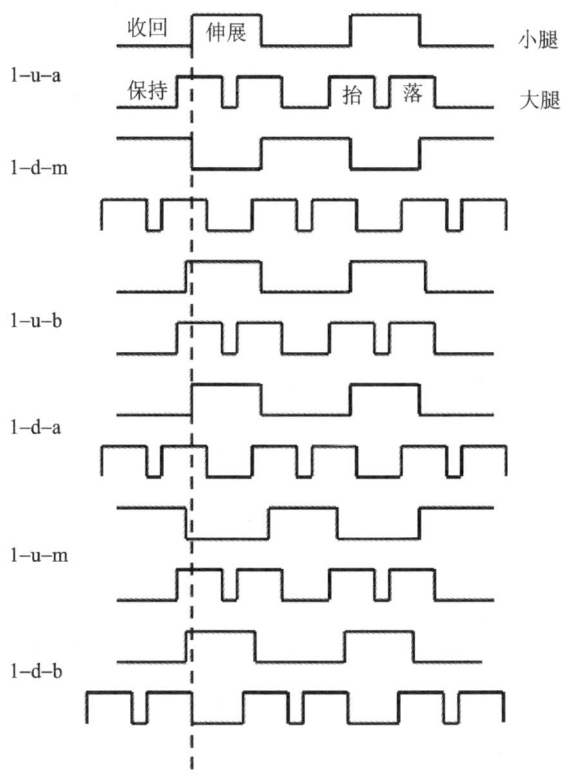

图 3-10.13　机器螃蟹六足爬行的机械运动循环图

4. 机器螃蟹转向机构的构思与时序设计

螃蟹的转向是一个很复杂的过程。设计小组构思了多种方案,最终因受一种起重机的双层前向爬行机构启发,把机器螃蟹身体布置成上、下两层结构,如图 3-10.12 所示。六只蟹足也分成两组,分别固定在上、下两层机器螃蟹身上,u 组腿(1-u-m、1-u-a、1-u-b)固定在上层机器螃蟹身上,d 组腿(1-d-m、1-d-a、1-d-b)固定在上层机器螃蟹身上。上、下两层机器螃蟹身体可以绕中心轴作小幅相对转动。当下层机身的足尖抓地时,上层机器螃蟹身体的腿抬起,上层机器螃蟹身体绕中心轴作小幅转动,然后放下腿,让足尖抓地;接着,下层机器螃蟹身体的腿抬起来,下层机器螃蟹身体绕中心轴同方向再作小幅转动,然后放下腿让足尖抓地。如此往复,机器螃蟹就可以完成转向动作了。

如果以下层机器螃蟹身体为参考,上层机器螃蟹身体相对于下层机器螃蟹身体做往复摆动,经多种方案比较,决定采用曲柄摇杆机构来实现两层机器螃蟹身体间的往复摆动(见图 3-10.14),并使摇杆往复摆动的时间相同。

5. 机器螃蟹传动设计

根据对市场上可提供电动机的调研和机器螃蟹的运动速度,决定采用额定转速

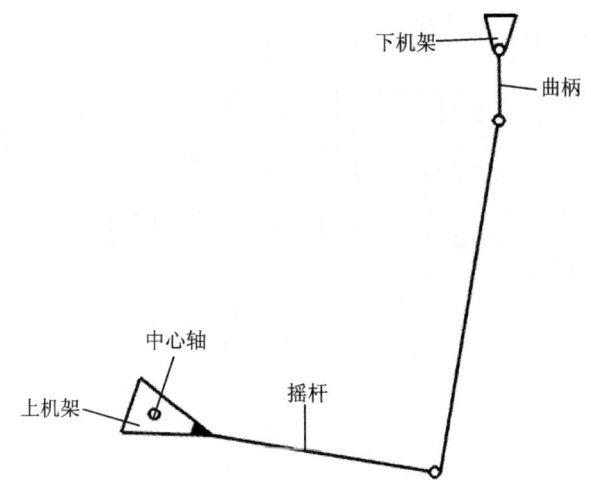

图 3-10.14 机器螃蟹的转向机构

7 500 r/min 的某型玩具电动机,据此考虑传动系统的设计。

考虑到蟹身有两层,转向时上、下两组蟹足与蟹身一起绕中心轴相对转动,因此以中心轴作为传动主轴,将电动机固定在下层机身上,电动机与蟹腿间采用小模数标准齿轮机构作为传动机构。下层机身蟹腿传动链较简单,如图 3-10.15(a)所示,但要总量做到结构紧凑,以保证螃蟹底盘尽量远离地面,避免在凹凸不平的地面上爬行时蹭到地面。上层机身蟹腿传动链较为复杂一些,如图 3-10.15(b)所示,为消除转向时上、下层机身间相对转动的影响,在主轴与上层机身间安排一差动轮系,保证转向与不转向时电动机与上层机身蟹腿间的传动比不变。

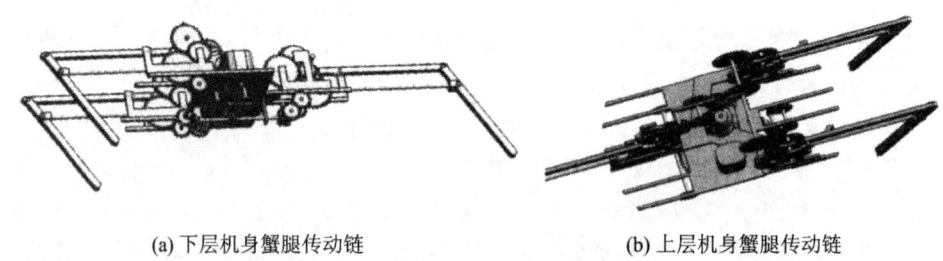

(a) 下层机身蟹腿传动链　　　　(b) 上层机身蟹腿传动链

图 3-10.15 机器螃蟹的蟹腿传动设计

10.3.3 设计方案与设计点评

1. 最终设计方案

建立机器螃蟹三维实体模型,通过运动仿真的观察和机构参数的逐步修正,最终获得较为完美的机器螃蟹设计方案,如图 3-10.16(a)所示。该机器螃蟹逼真地再现了自然界中螃蟹的爬行和转向运动,同时其整体结构也比较紧凑,与螃蟹的外形很接近,如图 3-10.16(b)所示,较好地实现了预期的设计目标。

(a) 机器螃蟹总体设计　　　　　　　　　　　(b) 自然界中的螃蟹

图 3-10.16　机器螃蟹和自然界中的螃蟹

2. 设计点评

① 通过对自然界螃蟹的观察和相关资料的检索,较好地把握了机器螃蟹的设计要点。

② 善于抓住设计中的主要矛盾,即六足横向爬行的机构和时序配合,切入点合理有效。

③ 在构思和设计过程中,将机构构型、时序配合、机构参数始终结合在一起考虑,借助三维建模和运动仿真手段,不断进行修正,较好地解决了机器螃蟹这类复杂机构的综合问题。

④ 需要注意力学性能分析,包括支撑体重上限、传力特性、电动机力矩和功率、重心稳定性等,避免爬行过程中的机构失控。

10.4　新型内燃机的开发

动力机械是近代人类社会进行生产活动的基本装备之一,发动机为机械提供原动力。

动力机械中的燃气机按其工作方式分为内燃机和外燃机两大类。自 19 世纪 60 年代第一台实用的内燃机诞生以来,已经发展了多种形式,在经济建设和国防工业中得到了广泛的应用。

本案例就新型内燃机开发中的一些创新思路作简单分析。

1. 往复式内燃机的技术矛盾

目前,应用最广泛的往复式内燃机由气缸、活塞、连杆、曲轴等主要机件和其他辅助设备组成。

活塞式发动机的主体是曲柄滑块机构,如图 3-10.17 所示。它利用气体燃烧使活塞 1 在气缸 3 内作直线往复运动,经连杆 2 推动曲轴 4 作旋转运动,并输出转矩。进气阀 5 和排气阀 6 的开启与关闭由凸轮机构控制。

活塞式发动机工作时具有吸气、压缩、做功(燃烧)、排气四个冲程,如图 3-10.18

所示,其中只有做功冲程输出转矩,对外做功。

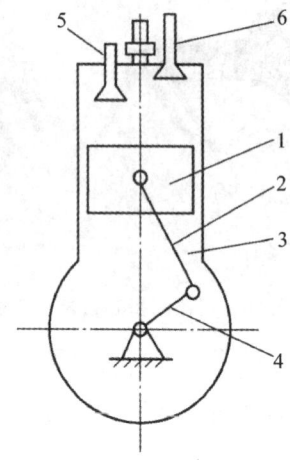

1—活塞;2—连杆;3—气缸;4—曲轴;5—进气阀;6—排气阀

图 3 - 10.17　活塞式发动机

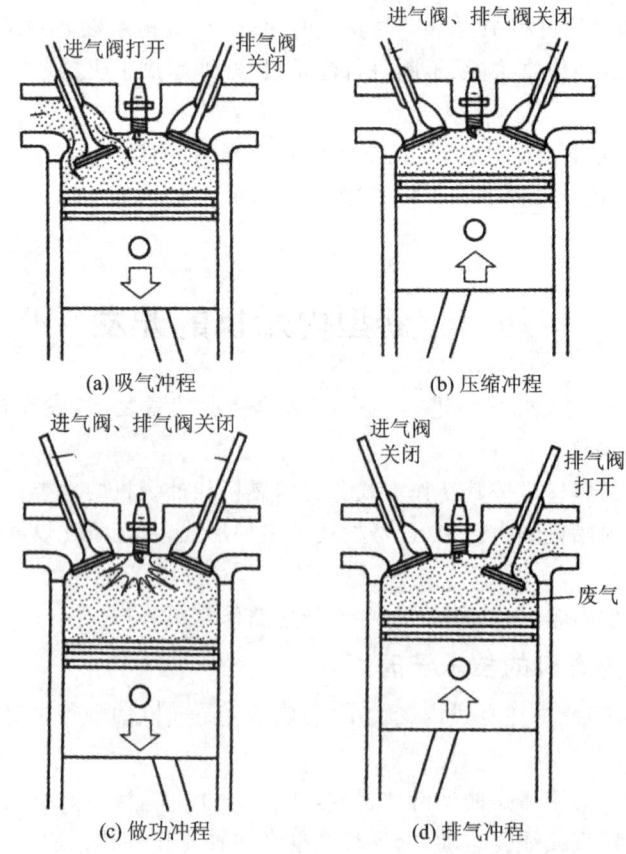

图 3 - 10.18　活塞式发动机的四个冲程

这种往复式活塞发动机存在以下缺点：

① 工作机构及气阀控制机构的组成复杂，零件多；曲轴、凸轮轴等零件结构复杂，工艺性差。

② 活塞往复运动造成曲柄连杆机构承受较大的惯性力，这种惯性力与转速的平方成正比，转速增高会使轴和轴承承受的惯性力急剧增大，系统由于惯性力不平衡会引起剧烈振动，从而限制了发动机工作转速的提高。

③ 曲轴每旋转两圈，活塞输出一次动力，工作效率低。

由于往复式活塞发动机的这些缺点，使人们产生了对它进行改进设计的愿望。社会需求是创新设计的基本动力，多年来人们提出了很多关于内燃机的新的设计思路。

2. 无曲轴式活塞发动机

无曲轴式活塞发动机采用机构取代的方法，以凸轮机构代替发动机中原有的曲柄滑块机构，取消了原有的关键零件——曲轴，使零件数量减少，结构简单，成本降低。

日本名古屋机电工程公司生产的二冲程单缸发动机采用无曲轴式活塞发动机，如图 3-10.19 所示，其关键部分是圆柱凸轮动力传输装置。

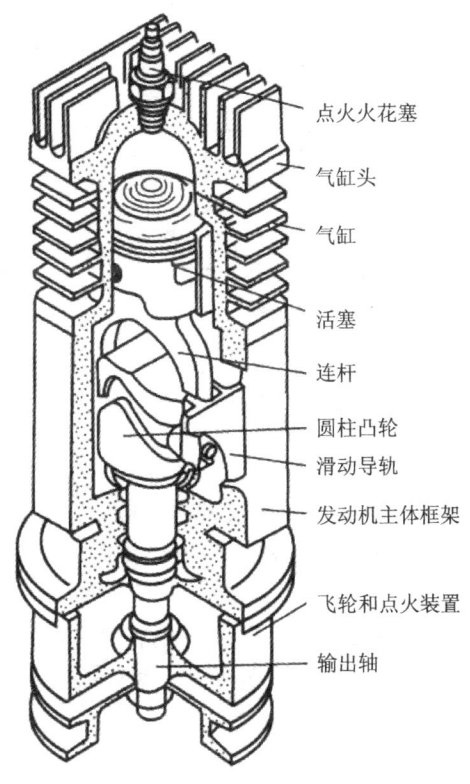

图 3-10.19 单缸无曲轴式活塞发动机

一般圆柱凸轮机构是将回转运动转变为从动件的往复运动，而在无曲轴式活塞发动机中进行了相反的应用。在活塞往复运动过程中，通过连杆端部的滑块在凸轮槽中的滑动推动凸轮转动,经输出轴输出转矩。活塞往复运动两次,凸轮旋转一圈。系统中设有飞轮,使输出轴平稳运转。

这种无曲轴式活塞发动机如果将圆柱凸轮安装在发动机的中心,可以在它的周围沿圆周方向布置多个气缸,构成多缸发动机。通过改变圆柱凸轮的凸轮廓线形状,可以改变输出轴的转速,达到减速增矩的目的。这种凸轮式无曲轴发动机已用于船舶、重型机械、建筑机械等行业中。

3. 旋转式内燃发动机

在改进往复式发动机的过程中人们发现,如果能直接将燃料燃烧产生的动力转化为回转运动将是更合理的途径。类比往复式蒸汽机到蒸汽轮机的发展过程,很多人在探索旋转式内燃发动机的设计。

1910年以前,人们曾提出过2 000多个关于旋转式内燃发动机的设计方案,但是大多数结构复杂,气缸的密封问题无法解决。直到1945年,德国工程师汪克尔经过长期的研究,突破了气缸密封这一关键技术,才使旋转式内燃发动机首次运转成功。

(1) 旋转式内燃发动机的工作原理

汪克尔所设计的旋转式内燃发动机如图3-10.20所示,其由椭圆形缸体1、三角形转子2(转子孔内有内齿轮)、外齿轮3、吸气口4、排气口5和火花塞6等组成。

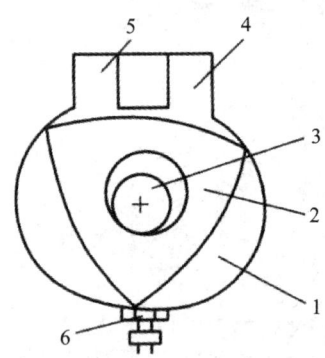

1—缸体;2—三角形转子;3—外齿轮;4—吸气口;5—排气口;6—火花塞

图3-10.20　旋转式内燃机发动机简图

旋转式内燃发动机运转时同样有吸气、压缩、做功(燃烧)和排气四个冲程,如图3-10.21所示。当转子旋转一周时,以三角形转子上的AB弧进行分析。

① 吸气冲程:转子处于图3-10.21(a)所示的位置,AB弧所对内腔容积由小变大,产生负压效应,由吸气口将燃料与空气的混合气体吸入腔内。

② 压缩冲程:转子处于图3-10.21(b)所示的位置,内腔体积由大变小,混合气体被压缩。

③ 做功冲程:如图3-10.21(c)所示,在高压状态下,火花塞点火,使混合气体燃烧,体积迅速膨胀,产生强大的压力驱动转子旋转,并带动输出轴输出运动和转矩,对外做功。

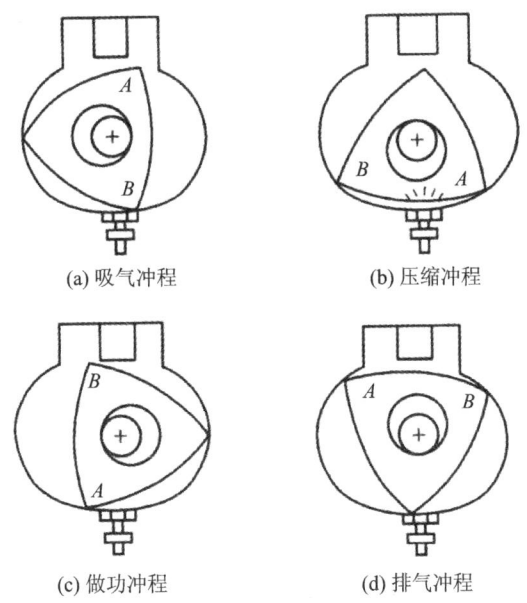

(a) 吸气冲程　　　　　(b) 压缩冲程

(c) 做功冲程　　　　　(d) 排气冲程

图 3-10.21　旋转式内燃发动机运行过程

④ 排气冲程：转子由图 3-10.21(c)所示的位置转到图 3-10.21(d)所示的位置，内腔容积由大变小，挤压废气经排气口排出。

由于三角转子有三个弧面，因此每转一周有三个动力冲程。

(2) 旋转式内燃机发动机的设计特点

1) 功能设计

内燃机的功能是将燃料燃烧释放的能量转化为回转动力输出，通过内部的容积变化完成燃气的吸气、压缩、做功、排气四个冲程，实现能量转化的目的。旋转式内燃发动机的设计针对容积变化这个关键特征，以三角形转子在椭圆形气缸中偏心回转的方法达到功能的要求。而且三角形转子的每一个表面与缸体的作用相当于往复式发动机的一个活塞和气缸，依次平稳连续地工作。转子各表面还兼有开、闭进气门和排气门的功能，设计十分巧妙。

2) 运动分析

在旋转式内燃发动机中采用内啮合行星齿轮机构，如图 3-10.22 所示。三角形转子相当于行星内齿轮 2，它一边绕自身轴线自传，一边绕中心外齿轮 1 在缸体 3 内公转。系杆 H 则是发动机的输出轴。

行星内齿轮与中心外齿轮的齿数比为 1.5∶1，转子每转 1 周，输出轴转 3 周，即 $z_2/z_1=1.5$、$n_H/n_2=3$，输出转速较高。

根据三角形转子的结构可知，输出轴每转 1 周即产生一个动力冲程，对比四冲程往复式发动机曲轴每转 2 周产生一个动力冲程可知，旋转式发动机的功率容积比是四冲程往复式发动机的 2 倍。

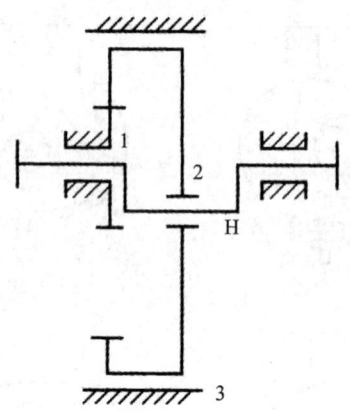

1—中心外齿轮；2—行星内齿轮；3 缸体；H—输出轴

图 3-10.22 行星齿轮机构

3）结构设计

旋转式发动机结构简单，只有三角形转子和输出轴两个运动部件。它需要一个化油器和多个火花塞，但不需要连杆、活塞及复杂的阀门控制装置。与往复式发动机相比，零件数减少了 40%，体积减小了 50%，质量减小了 1/2~1/3。

(3) 旋转式内燃发动机的实用化

旋转式内燃发动机与传统的往复式发动机相比，在输出相同功率的条件下，具有体积小、质量轻、噪声小、旋转速度范围大以及结构简单等优点，但是在实用化生产的过程中还有很多问题需要解决。

日本东洋公司从德国纳苏公司购买汪克尔旋转式内燃发动机的专利后，进行了实用化生产。经过样机运行和大量的试验，发现气缸上产生振纹是最主要的问题，而形成振纹的原因不仅在于气缸体本身的材料，同时与密封片的形状和材料有关，密封片的振动特性对振纹影响极大。该公司抓住这个关键问题，开发出浸渍炭精材料并做成密封片，成功地解决了振纹问题。他们还与多个厂家合作，相继开发了特殊密封件、火花塞、化油器、O 形圈、消声器等多种零部件，并采用了高级润滑油，使旋转式内燃发动机在全世界首先实现了实用化。20 世纪 80 年代，该公司生产了 120 万台用于汽车的旋转式内燃机发动机，获得了很好的经济效益。

随着生产技术的发展，必然会出现更多新型的内燃机和动力机械。人们总是在发现矛盾和解决矛盾的过程中不断进步。在开发设计中敢于突破，善于运用类比、组合、代用等创新技法，认真进行科学分析，将会得到更多的创新产品。

参考文献

[1] 寺守奎,孙兆亮.数学建模算法与应用[M].2版.北京:国防工业出版社,2019.

[2] 卓金武,王鸿钧.MATLAB数学建模方法与实践[M].北京:北京航空航天大学出版社,2018.

[3] 姜启源.数学模型[M].5版.北京:高等教育出版社,2019.

[4] 付文利,刘刚.MATLAB编程指南[M].北京:清华大学出版社,2017.

[5] 肖华勇.大学生数学建模竞赛指南(修订版)[M].北京:电子工业出版社,2019.

[6] 马昌凤,柯艺芬,谢亚君.机器学习算法(MATLAB版)[M].北京:科学出版社,2021.

[7] 姜伟伟.大学数学教学与创新能力培养研究[M].延吉:延边大学出版社,2019.

[8] 刘兰娟,等.经济管理中的计算机应用[M].北京:清华大学出版社,2018.

[9] 王国栋,李兴龙,王丽娜.数学创新思维[M].武汉:武汉大学出版社,2018.

[10] 王庚,詹鹏.统计模型与统计试验[M].北京:清华大学出版社,2014.

[11] 全国大学生数学建模竞赛组织委员会.走进数学——数学建模篇[Z/OL].中国大学MOOC[2021-11-28]. https://www.icourse163.org/learn/cumcm-1001674011?tid=1460496443.

[12] 张智丰,梅红,覃森.数学实验(MATLAB)[Z/OL].中国大学MOOC[2021-11-28]. https://www.icourse163.org/course/HDU-1002850006.

[13] 刘杰,解忧,郭强,等.数学建模与创新实践[Z/OL].中国大学MOOC[2021-11-28]. https://www.icourse163.org/course/XUST-1206498809.

[14] 刘超,等.Altium Designer原理图与PCB设计精讲教程[M].北京:机械工业出版社,2018.

[15] 薛楠,等.Protel DXP 2004原理图与PCB设计实用教程[M].北京:机械工业出版社,2017.

[16] 高雪飞,等.Altium Designer 10原理图与PCB设计教程[M].北京:北京希望电子出版社,2014.

[17] 董作霖,杨其锋.电路CAD实用技术[M].郑州:河南科学技术出版社,2014.

[18] 牛百齐,周新虹,王芳.电子产品工艺与质量管理[M].2版.北京:机械工业出版社,2018.

[19] 王建花,茆姝.电子工艺实习[M].北京:清华大学出版社,2010.

[20] 黄金刚,位磊.电子工艺基础与实训[M].武汉:华中科技大学出版社,2016.

[21] 张春林.机械创新设计[M].北京:机械工业出版社,2016.

[22] 徐起贺.机械创新设计[M].北京:机械工业出版社,2016.

[23] 王哲能.机械创新设计[M].北京:清华大学出版社,2011.

[24] 张有忱.机械创新设计[M].北京:清华大学出版社,2011.

[25] 王红梅.机械创新设计[M].北京:科学出版社,2011.

[26] 王志平.机械创新设计[M].北京:高等教育出版社,2013.

[27] 王树才,吴晓.机械创新设计[M].武汉:华中科技大学出版社,2013.

[28] 王凤兰.创新思维与机构创新设计[M].北京.清华大学出版社,2018.

[29] 贾瑞清,刘欢.机械创新设计案例与评论[M].北京.清华大学出版社,2016.

[30] 杨家军.机械创新设计与实践[M].武汉:华中科技大学出版社,2014.

[31] 温兆麟.创新思维与机械创新设计[M].北京:机械工业出版社,2012.

[32] 李彦.创新设计方法[M].北京:科学出版社,2013.

[33] 檀润华.TRIZ及应用[M].北京:高等教育出版社,2010.

[34] 沈萌红.TRIZ理论及机械创新实践[M].北京:机械工业出版社,2012.

[35] 周苏.创新思维与TRIZ创新方法[M].北京:清华大学出版社,2015.